R语言编程指南

Learning
R Programming

任坤 著

王婷 赵孟韬 王泽贤 译

人 民 邮 电 出 版 社
北 京

图书在版编目（CIP）数据

R语言编程指南 / 任坤著 ; 王婷, 赵孟韬, 王泽贤译. -- 北京 : 人民邮电出版社, 2017.10
ISBN 978-7-115-46264-0

Ⅰ. ①R… Ⅱ. ①任… ②王… ③赵… ④王… Ⅲ. ①程序语言—程序设计—指南 Ⅳ. ①TP312-62

中国版本图书馆CIP数据核字(2017)第193676号

版权声明

◆ 著　　　　任　坤
译　　　　王　婷　赵孟韬　王泽贤
责任编辑　胡俊英
责任印制　焦志炜
◆ 人民邮电出版社出版发行　　北京市丰台区成寿寺路 11 号
邮编 100164　　电子邮件 315@ptpress.com.cn
网址 http://www.ptpress.com.cn
固安县铭成印刷有限公司印刷
◆ 开本：800×1000　1/16
印张：34　　　　2017 年 10 月第 1 版
字数：676 千字　　　　2024 年 7 月河北第 5 次印刷
著作权合同登记号　图字：01-2016-9391 号

定价：99.00 元

读者服务热线：(010)81055410　印装质量热线：(010)81055316
反盗版热线：(010)81055315
广告经营许可证：京东市监广登字20170147号

内容提要

R 是一个开源、跨平台的科学计算和统计分析软件包，它提供了丰富多样的统计功能和强大的数据分析功能。随着数据科学的快速发展，R 已经成为数据分析领域非常流行的语言。

本书通过 15 章内容，向读者全面讲解了 R 的基础知识和编程技巧。本书不仅介绍了 R 的安装、基本对象、工作空间管理、基本表达式、基本对象操作、字符串的使用等基础内容，还对数据处理、R 的内部机制、元编程、面向对象编程、数据库操作、数据操作进行了讲解，同时也涉及高性能计算、网页爬虫和效率提升等重要主题。

本书面向数据领域的从业人员，尤其适合想要通过学习 R 编程及相关工具提升数据处理效率的读者阅读，也适合计算机或统计相关专业的学生参考使用。通过阅读本书，读者将全面掌握 R 的相关特性及其在数据处理和分析方面的应用，极大地提升自己的专业技能。

序

我毕业后一直在量化投资的一线工作，每天大量的工作都是以 R 语言为主要工具来研究金融数据，期间也在 GitHub 上开发和维护着几个 R 扩展包，每年也参加几场 R 语言会议。在这个过程中，我接触了不少还在学校的初学者，或者已经步入数据相关工作的研究人员，也有一些发来邮件寻求帮助的世界各地的用户。我有这样一种感觉，我们的同学、数据研究者经常有丰富的想法，但原始数据的形式与这些想法常常有相当大的距离。许多用户是因为对工具和编程本身不够熟悉而难以自由地操作数据，因而在面对稍显复杂的问题时便止步不前。如果是这样的原因放慢了我们探索数据世界的脚步，岂不是太可惜了？于是，我萌生了一个想法，写一本关于 R 语言编程的书。2015 年 10 月，Packt 出版社的编辑邀请我写一本面向初学者和专业用户的 R 语言图书，这正合我的想法！经过一年的时间，便有了本书。

本书与其他 R 语言图书有一个重要的不同：该书更倾向于帮助读者系统化地认识 R 作为一门编程语言的设计和行为，通过许多例子和实验帮助读者弄清楚 R 语言中各种常用数据结构的行为，以及所有这些行为背后统一的设计原则和行为准则。对于许多初学者以及其他编程语言的用户来说，R 语言是难以预料、充满怪癖的，至少不是十全十美的。但是，当了解到这些统一的行为准则后，你可能会惊叹 R 语言本身的一致性，以及表达数据和逻辑的灵活性。这些特性允许我们高效地进行数据探索、分析、可视化、报告等。本书将用一半的篇幅来介绍基本的 R 语言和对象，然后探索 R 语言的高级特性，让读者更加深入地理解其行为，形成一个整体的知识脉络。此时，当你写出一个 R 语言表达式，就能立刻猜想会发生什么，即使和想象的不一样，也能很快找到问题所在。打好了这个基础后，我们会介绍数据相关的主要技术，包括关系性与非关系性数据库，实现快速数据操作的扩展包等。掌握了语言和对象的特性以及流行的扩展工具后，我们就可以随时根据问题选择工具，因而生产力就能大幅提升，可以将主要经历投入在思考和解决业务问题，而非一知半解、绞尽脑汁地去找代码中的纰漏且摸不着头脑。最后，本书介绍了一系列工具，涵盖数据研究的多个方面，读者可以根据自己的需要继续学习。

本书原版为英文版，对于国内的读者可能阅读中文版更加方便。为了保证翻译的质量，我推荐厦门大学经济学院和王亚南经济研究院（WISE）的研究生学弟、学妹们翻译本书。他们来自于一个自发组织的数据科学小组 WISER Club，经受过严格的学术训练，参与过多种数据研究项目，对 R 语言相关的应用已经有相当的经验，并且对推广数据科学充满热情。

希望本书能让你更加深入地了解 R 语言和相关工具，更加自信、自由地探索数据的海洋。

——任坤

作者简介

任坤 在量化交易中使用 R 以及 C++和 C#已有近 4 年的时间，他一直致力于开发有用的但社区尚未提供的 R 包（每天工作 8～10 小时）。他为其他作者开发的扩展包做出过很多贡献，指出其中存在的问题并给出改进建议。他也是中国 R 语言大会的重要嘉宾，在 R 会议上做过多次演讲。在众多社交媒体中，任坤也受到了广泛关注。此外，他对很多项目都做出了很大贡献，从其 GitHub 账户可见一斑：

- https://github.com/renkun-ken
- https://cn.linkedin.com/in/kun-ren-76027530
- https://renkun.me
- https://renkun.me/formattable
- https://renkun.me/pipeR
- https://renkun.me/rlist

我要感谢我的爱人，她一年前就鼓励我开始编写这本书。同时还要感谢两位编辑，Rohit Kumar Singh 和 Vivek Pala，以及对本书做出贡献的所有人。他们的工作使本书的编写和出版都非常顺利。

技术评阅者简介

Kelly Black 佐治亚大学数学系的成员。他的研究方向是随机微分方程，在很多场景中都在使用统计软件，包括利用蒙特卡罗模拟进行数据分析、教育评估等。

我很感谢 Izzat Contractor 的友善和耐心，是他的帮助和指导使本书最终得以出版。

译者简介

本书译者王婷、赵孟韬、王泽贤是 WISER CLUB 的成员。WISER CLUB 是由经济学院、WISE 硕士研究生和本科生联合自发组织的数据科学互助学习组织，依托于厦门大学经济学院与王亚南经济研究院（WISE）强大的计量和统计背景以及丰富的数据科学资源。它旨在让更多的人了解、学习数据科学知识，分享数据科学在学术界和业界的最新动态，并且与学术界和业界合作向在校同学提供广阔的发展前景与机会。

本书凝结了 WISER CLUB 全体成员的努力付出。除三位主要译者外，感谢于海悦、杨琬妮对第 7 章和第 15 章以及王柳盈对第 11 章的翻译做出的重要贡献，感谢胡帆、洪祺琳、林嘉文、段孙蓬等 WISER CLUB 全体同学的支持与付出。

特别感谢贾茹学姐、黄耀鹏和邓光宏学长对校对工作的大力支持。

前言

R 是为统计计算、数据分析和可视化而设计的。近年来，它已成为数据科学和统计学中最受欢迎的语言。R 语言编程很大程度上涉及数据处理。对于不熟悉 R 语言的人来说，用 R 进行编程可能是一个挑战。

作为一种动态语言，R 可以灵活地使用不同的数据结构，不像 C++、Java 和 C#这类编译型语言那么严格。当我开始使用 R 处理和分析数据时，发现它的行为很古怪，不可预测，而且有时非常不稳定。

一些数据分析项目并没有在构建模型上做很多工作。相反，数据清洗、处理和可视化花了更多时间。事实上，在代码运行报错或返回的结果很奇怪时，找到问题的根源才是最耗时的。处理编程问题比处理专业领域内的问题更令人受挫，尤其是在遇到错误，但搞了几小时仍然毫无头绪的时候。

但是，随着项目的增多，也积累了更多的经验，我逐渐了解了对象和函数的行为，并且发现 R 比我想象的更优雅、更稳定。这就是我编这本书的原因，以分享我对 R 语言编程逐步深入的认识过程。

通过阅读本书，你会对 R 编程语言及其大量的工具有一个普遍一致的理解，并将学习到提高效率的最佳实践方法，更深入地了解如何使用数据，并且对如何在 R 中编程，以及用正确的技巧解决问题等更有信心。

本书主要内容

第 1 章“快速入门”讨论了一些有关 R 的基础内容，包括如何部署 R 环境，如何在

RStudio 中编写代码。

第 2 章“基本对象”介绍基本的 R 对象及其性质。

第 3 章“工作空间管理”介绍工作目录、R 环境和扩展包库的管理方法。

第 4 章“基本表达式”介绍 R 语言的基本表达式：赋值、条件和循环。

第 5 章“基本对象操作”讨论每个数据分析师都应该了解的基本函数，以便在 R 中使用基本对象。

第 6 章“字符串的使用”讨论与字符串相关的 R 对象，以及一些字符串操作技术。

第 7 章“数据处理”解释一些简单的读写数据的函数，并通过一些使用基本对象和函数的实际案例进行演示。

第 8 章“R 的内部机制”通过介绍惰性计算、环境、函数和词法作用域，探讨 R 的计算模式。

第 9 章“元编程”介绍元编程技术以帮助理解语言对象和非标准化求值。

第 10 章“面向对象编程”阐释 R 中众多的面向对象编程系统：S3、S4、RC 和社区提供的 R6。

第 11 章“数据库操作”介绍在 R 中如何使用 SQLite 和 MySQL 等流行的关系型数据库，以及 MongoDB 和 Redis 等非关系型数据库。

第 12 章“数据操作”介绍如何使用 data.table 和 dplyr 处理关系型数据，以及使用 rlist 处理非关系型数据的技术。

第 13 章“高性能计算”讨论 R 的性能问题和提高计算性能的常用方法。

第 14 章“网页爬虫”讨论网页、CSS 和 XPath 选择器的基本结构，以及如何使用 rvest 包从简单的网页中抓取数据。

第 15 章“效率提升”演示了如何利用 R Markdown 和 shiny app 结合交互式图形来提高数据分析报告和展示的效率。

阅读本书还需要什么

运行书中的示例代码，需要安装 R 3.3.0 或更高版本，推荐使用 RStudio 开发环境。

对于第 11 章，运行示例代码需要一个可用的 MongoDB 服务器和一个 Redis 实例。

对于第 13 章，在 Windows 操作系统下需要安装 Rtools 3.3 来创建 Rcpp 代码，在 Linux 或 macOS 操作系统下，则需要 gcc 工具链。

本书的目标读者

本书主要面向从事数据相关项目并希望提高工作效率的读者，但可能不适合对编程语言和相关工具一无所知的人阅读。

本书也适用于想要系统地学习 R 编程语言、相关技术和推荐的扩展包及其实际应用的专业数据分析师。

书中的一些章节对于初学者来说比较高深，尽管阅读这些章节并不要求你是计算机专家或者专业的数据分析师，但我认为对基础编程概念有一些了解并具有数据处理的基本经验，会有助于对本书内容的理解。

约定

在本书中，你会发现一些用于区分不同信息的文本样式。以下是这些样式的示例及其含义的解释。

文本中包含的代码、数据库表名、文件夹名、文件名、文件扩展名、路径、虚拟的网址（URL）、用户输入和推特名称用代码体显示，如下所示：“`apply( )`函数也支持数组输入和矩阵输出。”

内联代码（变量和函数名）和代码块的样式设置如下：

```
x <- c(1, 2, 3)
class(x)
## [1] "numeric"
typeof(x)
## [1] "double"
str(x)
##  num [1:3] 1 2 3
```

当某个函数名或变量名被选中时，相同的函数名或变量名就会高亮显示：

```
x <- rnorm(100)
y <- 2 * x + rnorm(100) * 0.5
```

```
m <- lm(y ~ x)
coef(m)
```

第一次出现的**术语**和**重要词汇**会以粗体显示。

> **小技巧：**
> 警告或重要的提示出现在这样的框中。

> **提示：**
> 提示和技巧以这种形式出现。

读者反馈

我们欢迎并重视读者的反馈。请让我们知道你对本书的看法——喜欢或不喜欢什么。读者的反馈对我们很重要，它有助于我们推出对读者更有价值的产品。

若想反馈给我们，可直接发送邮件到 feedback@packtpub.com，并在邮件主题中注明书名。

如果你精通某一主题，并有兴趣编写或撰稿，请前往作者指南网页：www.packtpub.com/authors。

用户支持

作为 Packt 图书的拥有者，我们准备了很多服务来最大化你的消费权益。

下载示例代码

你可以在 http://www.packtpub.com 登录账户并下载本书对应的示例代码。如果你是在其他地方购买的本书，可以访问 http://www.packtpub.com/support 进行注册，我们会将代码文件直接发到你的邮箱。

你可以按照以下步骤下载代码文件。

1. 使用电子邮箱和密码在网站登录或注册。

2. 将鼠标指针悬停在顶部的 **SUPPORT** 选项卡上。

3．单击 **Code Downloads & Errata** 按钮。

4．在 **Search** 对话框中输入书名。

5．选择想要下载的代码文件对应的书名。

6．从下拉菜单中选择购买本书的途径。

7．单击 **Code Download** 按钮。

也可以访问 Packt 出版社网站上的网页，单击 **Code Files** 按钮下载代码文件，还可以在搜索框中输入书名来访问该网页。请注意，需要登录你的 Packt 账户才能执行以上步骤。

文件下载好之后，请务必使用以下软件的最新版本进行解压：

- WinRAR/7-Zip for Windows
- Zipeg/iZip/UnRarX for Mac
- 7-Zip/PeaZip for Linux

本书的代码同时托管在 GitHub 上：https://github.com/PacktPublishing/learningrprogramming。我们的 GitHub 主页上还有更多图书和视频资源：https://github.com/PacktPublishing/。快来浏览一下吧！

勘误

尽管我们已经尽全力确保本书内容的准确性，但是错误还是在所难免。如果你在我们的某本书中发现了错误（可能是文字或代码错误），请告知，我们将不胜感激。这样，你可以帮助其他读者避免困惑，并帮助我们改进本书的后续版本。如果您发现任何错误，请打开 http://www.packtpub.com/submit-errata 网页，选择相应图书，单击勘误表的提交表单链接，输入勘误表的详细信息。一旦您的勘误经过验证，我们将接受您提交的内容，并将勘误上传到网站，或追加到该题目现有勘误表的下面。

若想查看之前提交的勘误表，请转到 https://www.packtpub.com/books/content/support，并在搜索栏中输入书名，所需信息将显示在勘误部分的下方。

盗版

网络上的盗版问题是所有媒体一直面对的问题。在 Packt，我们非常严肃认真地保护版权和许可。如果你在网络上发现有关作品的任何形式的盗版版本，请立即向我们提供网址或者网站名称，以便我们及时采取补救措施。

请通过 copyright@packtpub.com 与我们联系，并附上可疑盗版资料的链接。

衷心地感谢你帮助我们保护作者的权益以及我们为你带来宝贵知识的能力。

问题

如果您对本书的任何方面有任何问题，可以通过 questions@packtpub.com 与我们联系，我们会尽全力为你解决。

目录

第 1 章 快速入门

卓越的数据分析需要建立在出色的工具平台上，没有合适的工具，数据分析也是空中楼阁。即使对专家来说，没有得力的分析工具，从大数据集中直接提取模式并得到结论也几乎是不可能的。因此，一款合适的工具，例如 R，会显著地提升处理数据的效率。就我的经验而言，学习一门编程语言就类似于学习一种人类语言。通常情况下，我们先对一门语言有一个全局的了解，激发学习兴趣，然后通过一些小项目进行尝试，这是一条不错的学习路径。而在此之前，若是纠结于词汇和语言的细节就有些本末倒置了。本章对 R 进行全面概述，以便帮助你快速入门。

本章我们将介绍以下内容：

- R 简介
- 对 R 的需求
- R 的安装
- R 的编辑工具

一旦软件和工具准备就绪，你就可以编写一个简单的 R 程序来体验它的基本运行方式了。接下来，我们便开始了 R 的学习之旅，从基础方法到高级技术和应用，一步一步领略 R 语言的编程之美。

1.1 R 简介

R 是一门强大的编程语言和统计计算环境，也是数据探索、分析和可视化的利器。它是免费、开源的，并且具有一个活跃且强大的、快速成长的社区。在这里，用户和开发者共享彼此的经验，他们贡献了超过7500个扩展包，因此，R可以处理众多领域的各种各样的问题（参见 https://cran.r-project.org/web/views/）。

尽管R编程语言的起源只追溯到1993年，但数据相关行业普遍采用R语言编程，因此在近十年里，R已迅速成长并成为数据科学领域的通用工具。

一般来说，R不仅是一门编程语言，而且是一个综合计算环境，一个活跃且强大的社区，一个快速生长和扩大的生态系统。

1.1.1 编程语言

作为一门编程语言，R已经演变和发展了20多年。开发者的目标非常清晰，就是使R成为一款简单易用且灵活的，能够综合执行统计计算、数据探索和可视化的工具。

然而，易用性和灵活性通常是相互冲突的。如果可以通过简单单击几个按钮就可以完成多种多样的统计分析任务，那么在实现自定义和自动化，并保证工作的可重复性时就不可能兼具灵活性。另一方面，R可以非常灵活地使用多种函数进行数据转换，构建复杂的图形等，但学习和正确地组合这些函数就会有一定的难度。R良好地平衡了易用性和灵活性，使得它在众多工具中脱颖而出。

1.1.2 计算环境

作为一个计算环境，R具有轻量级和安装即用的特点。相比其他著名的统计软件，例如Matlab和SAS，R更小且更容易配置。

在本书中，我们使用RStudio处理绝大部分R中的工作。该集成开发环境提供了丰富的功能，如语法高亮、自动补齐、扩展包管理、图形查看器、帮助查看器、环境查看器以及调试功能。这些功能极大地提高了用户的工作效率。

1.1.3 社区

作为一个社区，R是强大且活跃的。你现在就可以访问Try R（http://tryr.codeschool.com/），通过交互式教程对R的基本知识有个初步的了解。在实际编写代码时，你可能会遇到各种各样的问题，但是不必独自解决所有问题。你可以在google上搜索一个R的问题，就会发现几乎总是可以在Stack Overflow（http://stackoverflow.com/questions/tagged/r）上找到很多解答。如果你的问题没有完全解决，也可以在上面继续提问，往往几分钟就可以得到回答。

如果你需要使用某个扩展包，并且详细地了解它的工作方式，可以访问它的在线存储库（repo）获取源代码。许多存储库托管在 GitHub（https://www.github.com）上。在 GitHub 上，你可以做更多事情。当发现一个扩展包不能正确运行时，你可以提交一份问题报告。如果你需要的某个功能正好契合某个扩展包的开发目的，也可以提交一份需求报告。同样，如果你有兴趣解决某个扩展包的问题或者丰富它的功能，也可以加入该项目，编辑代码并发送合并请求，这样你做的更改就可以被原开发者接收到。如果你的更改被接受了，那么，恭喜你，你就会成为该扩展包的一个贡献者。令人惊奇的是，R 和它的数千个扩展包就是被世界各地的贡献者们开发创建的。

1.1.4 生态系统

作为一个生态系统，R 在除 IT 行业以外的所有数据相关领域中迅速发展壮大。大多数用户并不是专业开发者，而是数据分析师和统计人员。这些用户可能不会写最优质的代码，但是他们有助于拓展 R 语言的前沿工具，任何人都可以自由地使用这些工具，而不必重新研究开发。

举个例子，假设一个计量经济学家写了一个扩展包，实现了检测某类时间序列模式的新方法。一些用户可能会发现它有趣又有用。还有一些专业用户可能改进了原来的代码使其更快、更通用。不久之后，量化投资者可能会将该方法纳入到交易策略中，因为它可以检测到通常在其投资组合中引起风险的模式。一天结束时，投资者会发现，将计量经济学家的工具应用到现实世界中，借此构建的投资组合风险较小。

这就是 R 生态系统的工作方式。这也是 R 在这些领域闪耀的原因之一：它能够快速地将 IT 行业之外（通常是数据科学、学术界和工业界）的前沿知识应用到生态系统中可用且合适的工具上。换句话说，它有助于将这些领域的知识和数据科学转变为生产力和价值。

1.2 对 R 的需求

在众多统计软件中，R 能够脱颖而出，有以下几个方面的原因。

- **免费**：R 是完全免费的。你不需要购买许可证书，因此，使用 R 和大部分扩展包是没有准入障碍的。
- **开源**：R 和大部分扩展包都是完全开源的。数以千计的开发者不断地审查包的源代码，查看是否存在需要修复的漏洞或者可以改进的地方。如果你遇到了异常，可以研究和挖掘源代码，找到问题所在，并解决问题。

- **流行**：即使 R 不是最流行的编程语言，但在统计编程语言和数据挖掘、数据分析与可视化平台方面，它也是相当受欢迎的。高度通用性意味着你和其他用户之间的沟通更加方便，因为你们“讲”同一种语言。
- **灵活**：R 是动态脚本语言。它的高度灵活性允许多种范式的编程风格，包括函数式编程和面向对象编程，它还支持灵活的元编程。此外，R 的灵活性使你能够执行高度定制的复杂的数据转换和可视化。
- **可重复性**：当使用基于图形用户界面的软件时，你只需要从菜单中点选。但是，如果你没有编写脚本，就很难自动并准确地复制你已经完成的工作。

  在大多数科研领域和许多工业应用中，由于各种原因，重复性是必要的。R 脚本可以精确地描述和记录你使用计算环境和数据的各项操作，因此，可以从头开始完全重现之前的所有步骤。
- **丰富的资源**：R 拥有数量巨大、增速迅猛的在线资源。一类资源就是扩展包。当我编写本书时，在 **CRAN（Comprehensive R Archive Network）**上就有超过 7500 个扩展包。CRAN 是一个全球网络镜像服务器，你可以从中获取一致的最新版本的 R 软件和扩展包。

  世界各地有超过 4500 个开发者创建并维护着这些扩展包，开发者们几乎遍布所有的数据相关领域，例如多元统计分析、时间序列分析、计量经济学、贝叶斯推断、最优化、金融学、遗传学、化学计量学、计算物理学等。你可以访问 CRAN 任务视图（https:// cran.r-project.org/web/views/）获取全面的总结。

  除了这些数量庞大的扩展包之外，还有很多开发者经常编写个人博客，并在 Stack Overflow 上回答问题，分享他们的观点、经验和一些实战方法。同时，还有很多关于 R 的社区网站，例如 R-bloggers（http://www.r-bloggers.com/）、R documentation（http://www.rdocumentation.org/）和 METACRAN（http://www.r-pkg.org/）。
- **强大的社区**：R 的社区成员不仅有 R 的开发者，还有（并且大多数都是）R 用户，他们有不同的专业背景，例如统计学、计量经济学、金融学、生物信息学、机械工程学、物理学、医学等。

  有非常多的 R 开发者积极地贡献开源项目或者扩展包。社区的共同目标就是使数据分析、数据探索和可视化变得简单有趣。

如果你在使用 R 的过程中被某个问题绊住了，只需在 Google 上搜索一下，极有可能已经存在解决方案了。如果没有，你也可以在 Stack Overflow 上提问，并且很快就会得到回复。

- **前沿**：很多 R 用户都是统计学、计量经济学或其他学科的专业研究者。很多时候，作者在发表一篇新论文的时候都会贡献一个新的扩展包，该扩展包就纳入了论文中前沿技术的实现算法，可能是一个新的统计检验、一种模式识别方法或者更好的调整优化算法。

  无论是何种前沿技术，R 社区都有幸将数据科学知识应用于现实世界，进一步提高其功能并揭示其潜力。

1.3 R 的安装

为了安装 R，你需要前往 R 的官网（https://www.r-project.org/）去下载 R 软件（https://cran.r-project.org/mirrors.html），选择适合的镜像，并下载与你的计算机操作系统相适应的版本。在编写本书时，R 最新的版本是 3.2.3。本书中的例子就是在这个版本下创建和运行的，适用的操作系统是 Windows 和 Linux，但是使用更早版本的 R 或者其他操作系统，其运行结果也没有显著差异。

如果你使用的是 Windows 操作系统，只需下载最新版的安装程序，并运行安装。安装过程简单便捷，但是仍会有许多使用者在某一些步骤上遇到问题。

当你在 Windows 操作系统下进行安装时，在选择安装内容时，会看到安装列表中有 4 项内容。其中，**Core files** 是指 R 的核心库，**Message translations** 提供了关于警告和错误的多种翻译版本。可能使你感到困惑的是选择 **32-bit Files** 选项，还是 **64-bit Files** 选项。其实不必担心，你只需了解 64 位版本的 R 比 32 位的在单一过程中能够处理更多数据即可。如果你的计算机是最近几年买的，那么，极有可能是 64 位操作系统，支持 64 位程序，因此，默认选择 64 位文件。如果你使用的是 32 位操作系统，很遗憾的是，你不能使用 64 位的 R，除非你的计算机硬件支持并安装了 64 位的操作系统。

我建议使用默认选项进行安装，如图 1-1 所示。

另一个可能使你感到困惑的选项是要不要保存许可证中的数字。检查这些选项会使其他程序识别安装的是 R 的哪个版本更简单。如果你确定仅在 R 环境中使用，请保持默认选项，直接下一步即可，如图 1-2 所示。

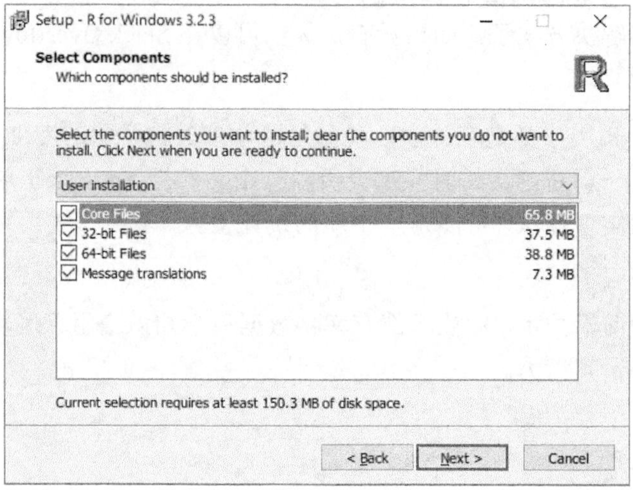

图 1-1

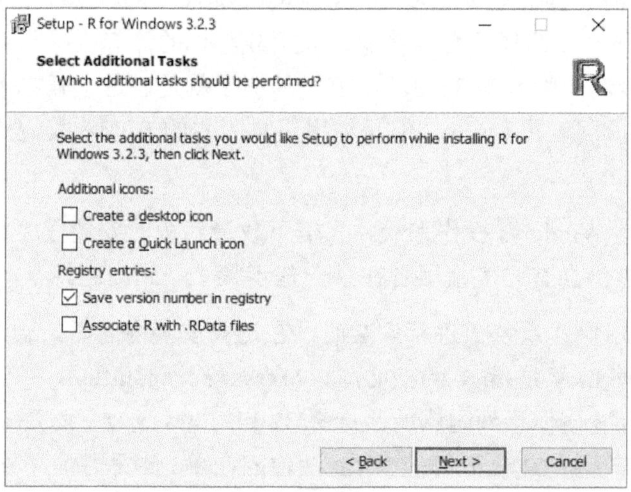

图 1-2

然后，安装程序开始将文件复制到你的硬盘中，如图 1-3 所示。

最终，R 就部署在你的计算机中了。此时，你只能通过两种方式使用 R：命令提示符（终端）或者 R GUI。

如果允许安装程序创建快捷方式到桌面上，你就会发现有两个 R 的快捷方式。R 在命令提示符中运行，R GUI 在极其简单的 GUI 中运行。

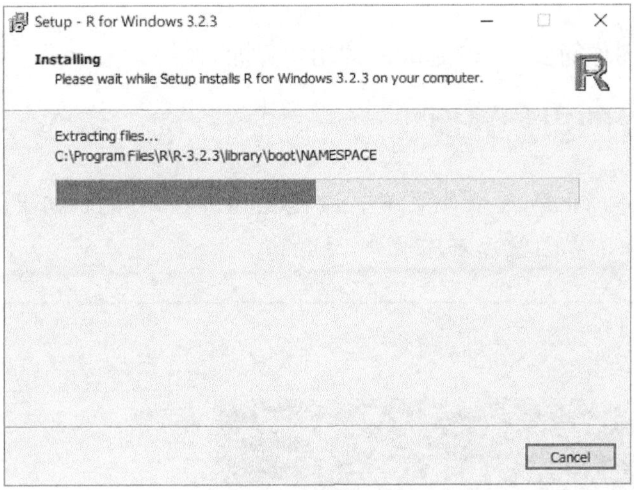

图 1-3

尽管你现在就可以启动 R，但不意味着就要用这种方式使用它。我强力推荐使用 RStudio 编辑和调试 R 脚本。实际上，本书就是在 RStudio 的 R Markdown 中编写的。虽然 RStudio 很强大，但没有正确安装 R 的话，它也没有办法工作。换句话说，R 是底层，RStudio 是前端，RStudio 帮助你更好地使用 R。

如果你使用 Windows 操作系统，也可以安装 Rtools（http://cran.rstudio.com/bin/ windows/ Rtools/），这样就可以在 R 中编写、编译和调用 C++代码，也可以安装包含 C++代码的扩展包，并在 C++的环境中进行编译。

1.4 RStudio

RStudio 是 R 编程语言强大的用户界面。它是免费、开源的，适用于多种操作系统，包括 Windows、Mac 和 Linux。

RStudio 具有非常强大的功能，能够极大地提升数据分析和可视化的工作效率。它支持语法高亮、自动补齐、多标签视图、文件管理、图形窗口、扩展包管理、集成帮助查看器、代码格式化、版本控制、交互式调试以及其他功能。

你可以从 https://www.rstudio.com/products/rstudio/download 下载最新发布的 RStudio。如果你想体验预览版本的新功能，就需要从 https://www.rstudio.com/products/rstudio/download/ preview 下载预览版。注意，RStudio 并没有内嵌在 R 中，所以你需要确保在使用 RStudio

时已经安装了 R。

接下来，我将向你简要介绍 RStudio 的用户界面。

1.4.1 RStudio 的用户界面

图 1-4 展示的是 Windows 操作系统中的 RStudio 用户界面。如果你使用 Mac OS X 或者 Linux 支持的版本，界面看起来几乎是一样的。

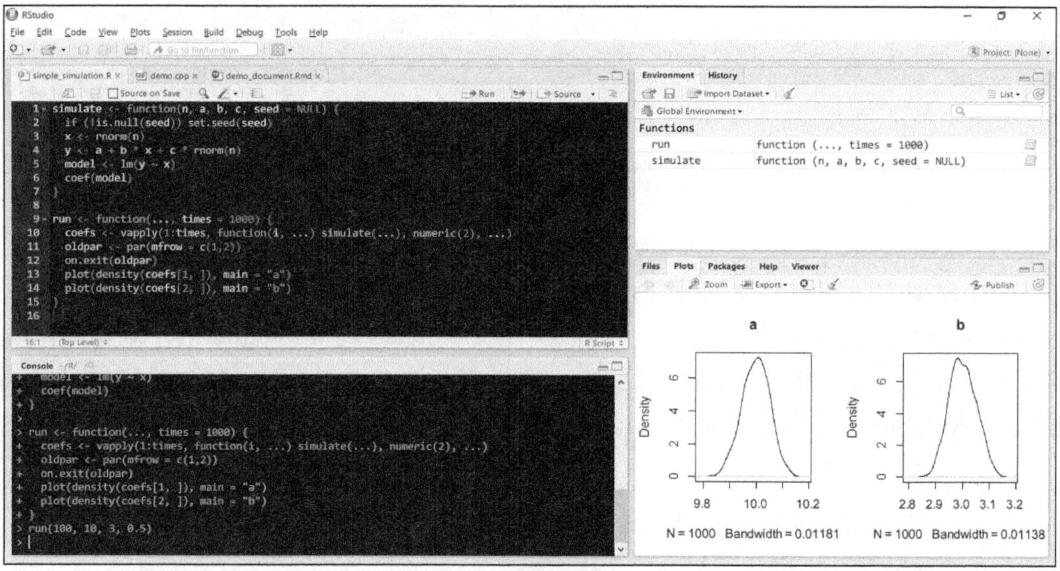

图 1-4

你可能注意到，主窗口是由几部分构成。每个部分都称为一个窗格，分别执行不同的函数。这些窗格都是为数据分析师处理数据而精心设计的。

1. 控制台

图 1-5 展示的是内嵌在 RStudio 中的 R 控制台。在大多数情况下，控制台的工作原理和命令提示符或者终端完全一致。实际上，当你在控制台输入一条命令时，RStudio 便向 R 引擎提交请求，由 R 引擎执行所有命令。RStudio 的作用就是中介传输，将用户的输入提交给 R 引擎，再将返回的结果呈现出来。

使用控制台，你可以很方便地执行一条命令，定义一个变量，或者交互式地执行表达式来计算一个统计测度，转换数据，或者生成图表。

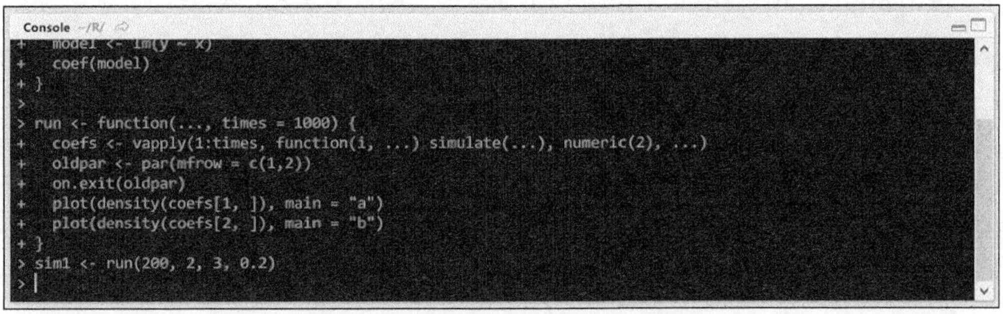

图 1-5

2．编辑器

处理数据时，我们通常不在控制台输入命令。相反，我们会编写一份脚本文件，即一组命令的集合，来表示整个操作过程的逻辑流，该脚本文件可以直接读取并由 R 引擎执行。如图 1-6 所示，脚本文件的编写就是在编辑器中完成的。编辑器可用于编辑 R 脚本、markdown 文档、网页，以及许多类型的配置文件，甚至是 C++源代码。

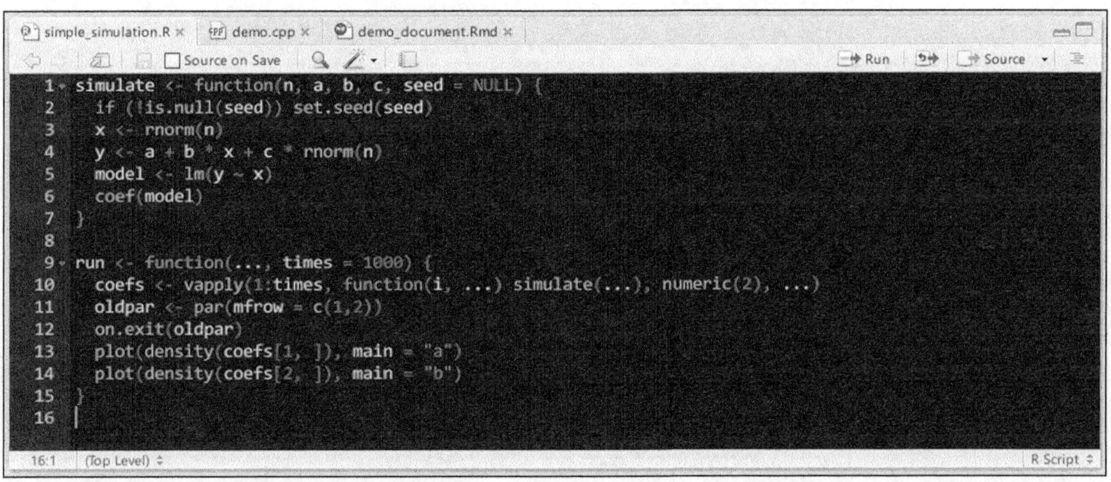

图 1-6

代码编辑器的功能比纯文本编辑器的功能多很多：它支持语法高亮、自动补齐 R 代码、断点调试等。具体来说，当编辑 R 脚本时，你可以使用以下快捷键。

- 按 Ctrl + Enter 组合键运行选中的命令行。
- 按 Ctrl + Shift + S 组合键执行当前文档，也就是依次执行当前文档中的所有表达式。

- 按 Tab 键或 Ctrl + Space 组合键展示匹配当前输入变量和函数的自动补齐列表。
- 单击行数的左侧边缘并设置一个断点；下次执行这行命令时，程序会停下来等待检查。

3. 环境窗格

环境窗格展示已经被创建的变量和函数，这些变量和函数可以重复使用。默认情况下，它展示的是全局环境中的变量，即你正在使用的工作空间，如图 1-7 所示。

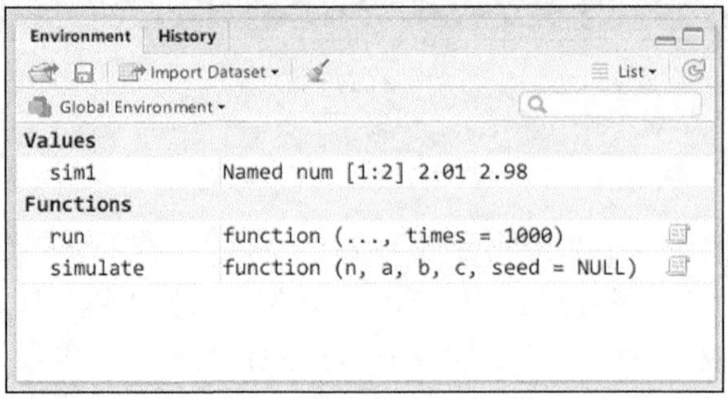

图 1-7

每次创建一个新的对象（一个变量或函数），**环境**窗格中就会出现一个新的元素。这个元素展示了变量名和其值的简短描述。当你改变某个符号的值，或者移除这个符号时，实际上是修改了环境，因此环境窗格会反映出你的更改。

4. 历史窗格

历史窗格展示了在控制台执行过的表达式。只需双击命令行或者选中命令行再单击“To Console”，你就可以重复执行之前运行过的任务，如图 1-8 所示。

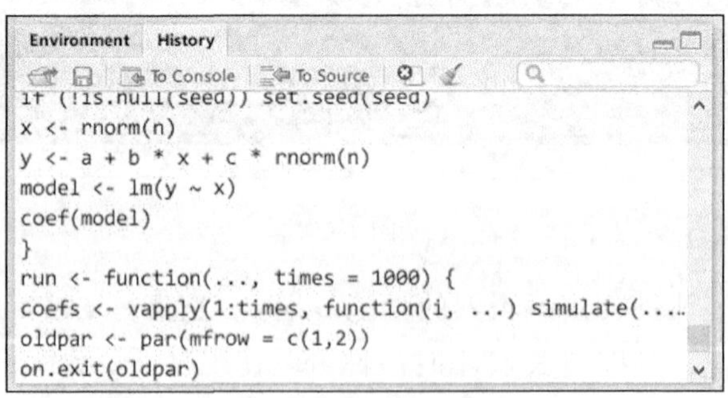

图 1-8

历史记录保存在工作目录中的`.Rhistory`文件中。

5. 文件窗格

文件窗格展示了文件夹中的文件列表。你可以在文件夹之间进行操作：创建新文件夹、删除或重命名文件夹或文件等，如图 1-9 所示。

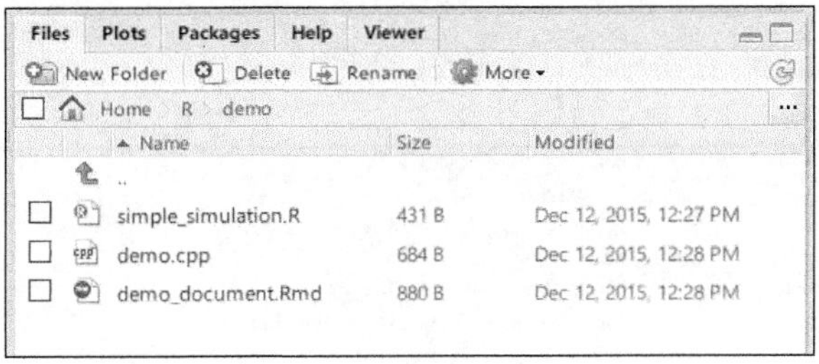

图 1-9

如果你的工作正在一个 RStudio 项目上进行，在**文件**窗格可以很方便地查看和整理项目文件。

6. 绘图窗格

绘图窗格用来展示 R 代码生成的图形。如果你生成了多个图形，前面的图形会被保存下来，单击向前或向后便可以查看所有图形（只要你没有清除它们），如图 1-10 所示。

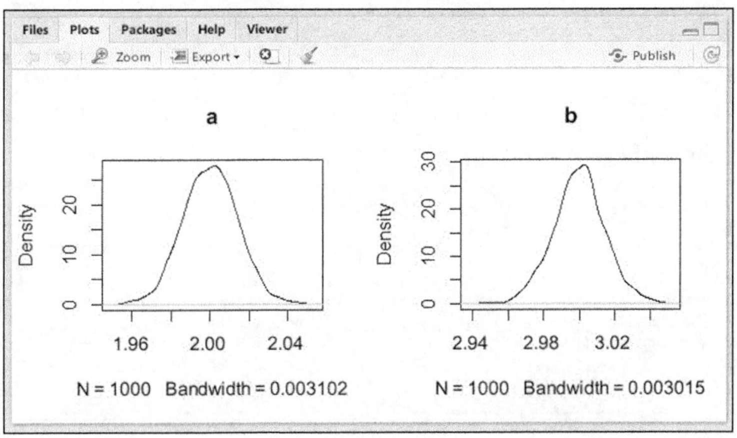

图 1-10

当你调整绘图窗格的尺寸时，其中的图形会自动调整以适应窗格大小，这样一来，图形看起来就像未曾调整过一样友好，你也可以将图形导出到文件中备用。

7. 扩展包窗格

R 的很多强大之处来自于它的扩展包。**扩展包**窗格展示所有安装的扩展包，你可以从

CRAN 中安装或更新包，或将已有包从库中移除，如图 1-11 所示。

图 1-11

8. 帮助窗格

R 的强大之处也源自其非常详细的帮助文档。如图 1-12 所示，**帮助**窗格展示帮助文档，这样你就可以很方便地学习如何使用函数。

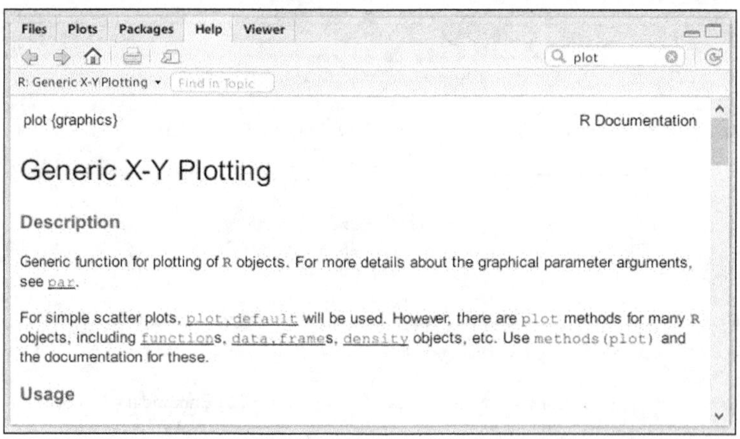

图 1-12

有很多方式可以查看函数的帮助文档。

- 在搜索框输入函数名就可以直接找到。
- 在控制台输入函数名并按 F1 键。
- 输入“?函数名”，并执行它。

实战中，你不必记住所有的 R 函数，只需记住，在面对不熟悉的函数时要如何寻求帮助。

9. 查看器窗格

查看器窗格是一项新特征；R 包的数量一直在增加，**查看器**窗格的引入，就是将 R 和现有的 JavaScript 库的功能相结合，使数据的展示形式更加丰富，也增加了交互功能。

图 1-13 就是我编写的 formattable（http://renkun.me/formattable）扩展包中的一个例子，这个例子展示了在 R 的数据框中进行 Excel 的条件化格式操作的一种简单实现。

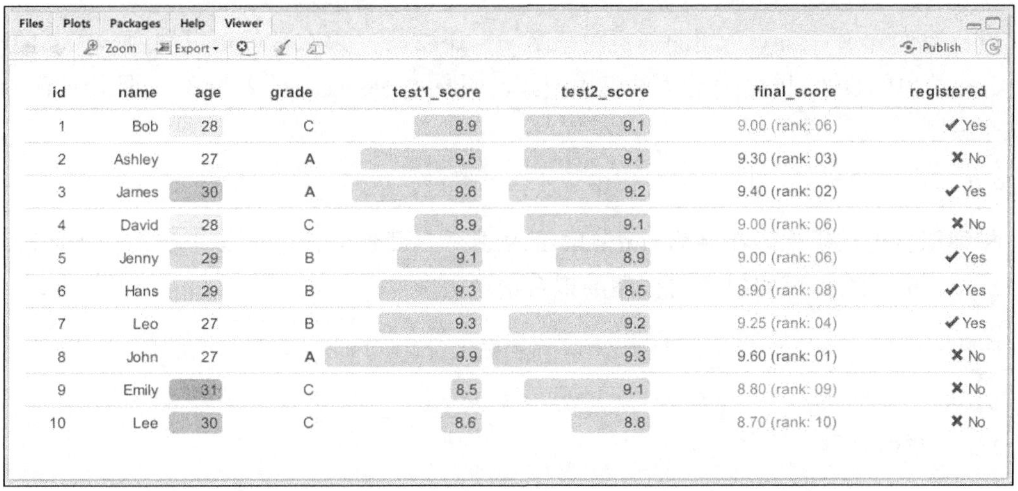

id	name	age	grade	test1_score	test2_score	final_score	registered
1	Bob	28	C	8.9	9.1	9.00 (rank: 06)	✔ Yes
2	Ashley	27	A	9.5	9.1	9.30 (rank: 03)	✖ No
3	James	30	A	9.6	9.2	9.40 (rank: 02)	✔ Yes
4	David	28	C	8.9	9.1	9.00 (rank: 06)	✖ No
5	Jenny	29	B	9.1	8.9	9.00 (rank: 06)	✔ Yes
6	Hans	29	B	9.3	8.5	8.90 (rank: 08)	✔ Yes
7	Leo	27	B	9.3	9.2	9.25 (rank: 04)	✔ Yes
8	John	27	A	9.9	9.3	9.60 (rank: 01)	✖ No
9	Emily	31	C	8.5	9.1	8.80 (rank: 09)	✖ No
10	Lee	30	C	8.6	8.8	8.70 (rank: 10)	✖ No

图 1-13

1.4.2 RStudio 服务器

如果你使用的是基于 Linux 的版本，就可以轻松地构建 RStudio 或 RStudio Server 的服务器版本。这样一来，RStudio 在主机服务器（可能比你的笔记本电脑更强大更稳定）上运行，你就可以在网页浏览器中运行 RStudio 中的 R 会话。虽然用户界面没有什么差别，但是连接至服务器后，就可以像使用本地计算机一样使用服务器的计算和内存资源。

1.5 入门示例

在这一小节中，我将通过一个简单的例子，演示如何在控制台中输入命令来执行计算、模型拟合和生成图形。

首先，我们创建一个向量 x，它由 100 个服从正态分布的随机数构成。然后，创建另一个向量 y，它也包含 100 个数，而且每一个数都是 x 中对应数的 3 倍加 2，再加上一些随机噪声。注意，<-是赋值操作符，我们后面会讲到。使用 str( ) 函数输出向量的结构：

```
x <- rnorm(100)
y <- 2 + 3 * x + rnorm(100) * 0.5
str(x)
##  num [1:100] -0.4458 -1.2059 0.0411 0.6394 -0.7866 ...
str(y)
##  num [1:100] -0.022 -1.536 2.067 4.348 -0.295 ...
```

既然我们知道 x 和 y 之间的真实关系是 $y = 3x+2+\varepsilon$，那么，就可以利用 x 和 y 的样本拟合一个简单的线性回归，并查看线性模型如何还原线性参数（即 2 和 3）。调用 lm(y~x)拟合这个模型：

```
model1 <- lm(y ~ x)
```

模型拟合的结果保存在名为 model1 的对象中。我们只需输入 model1 或者明确地输入 print(model1)就可以查看模型的拟合情况：

```
model1
##
## Call:
## lm(formula = y ~ x)
##
## Coefficients:
## (Intercept)
x
##       2.051       2.973
```

如果你想查看更多细节，可以对 model1 调用 summary( )：

```
summary(model1)
##
## Call:
## lm(formula = y ~ x)
##
## Residuals:
##      Min       1Q   Median       3Q      Max
## -1.14529 -0.30477  0.03154  0.30042  0.98045
##
## Coefficients:
##             Estimate Std. Error t value Pr(>|t|)
## (Intercept)  2.05065    0.04533   45.24   <2e-16 ***
```

```
## x            2.97343     0.04525   65.71    <2e-16 ***
## ---
## Signif. codes: 0 '***' 0.001 '**' 0.01 '*' 0.05 '.' 0.1 ' ' 1
##
## Residual standard error: 0.4532 on 98 degrees of freedom
## Multiple R-squared:  0.9778, Adjusted R-squared:  0.9776
## F-statistic:  4318 on 1 and 98 DF,  p-value: < 2.2e-16
```

我们将样本点和拟合的模型展示在图 1-14 中：

```
plot(x, y, main = "Simple linear regression")
abline(model1$coefficients, col = "blue")
```

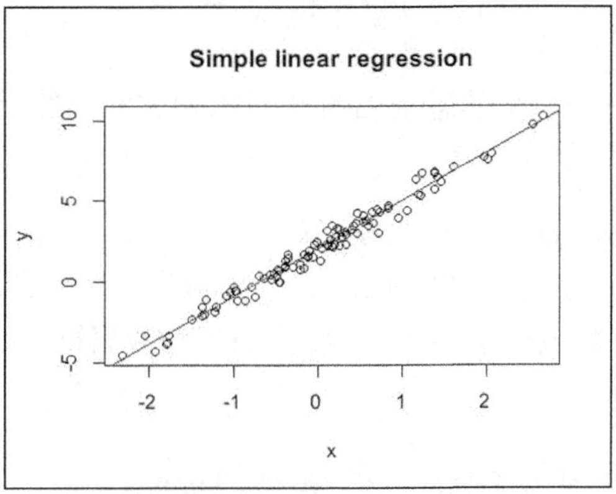

图 1-14

上面这个例子演示了一些简单函数，帮助你对如何使用 R 建立一个初步印象。即使不熟悉例子中出现的符号和函数，也没有关系，后面的章节会讲解你需要了解的基本对象和函数。

1.6 小结

在本章中，你掌握了 R 的基本情况和主要优点。我们已经学习了如何在 Windows 操作系统下安装 R。为了使 R 编程更简单，我们选择使用 RStudio。通过 RStudio 的用户界面，你了解了主窗口中各个窗格的功能。最后，我们通过运行几行 R 命令拟合了一个模型，并绘制了一幅简单的图形，对使用 R 有了初步的认识。

下一章将介绍 R 中的基本概念和数据结构，帮助你熟悉 R 对象的行为。之后，你便可以轻松地展示、操作和处理各种形式的数据。

第 2 章 基本对象

学习 R 语言编程的第一步是熟悉基础的 R 对象和它们的性质。在本章中，你将学到以下内容。

- 原子向量（atomic vector）的创建和构建子集（subsetting vector），例如数值向量（numeric vector）、字符向量（character vector）和逻辑向量（logical vector），以及矩阵（matrice）、数组（array）、列表（list）和数据框（data frame）。
- 定义和使用函数。

“*万物皆对象，万事乃函数。*”——John Chambers

例如，在统计分析中，我们经常将一组数据输入到一个线性回归模型中来获得回归系数。

尽管在 R 中有不同类型的 R 对象，但在实际工作中，我们仅需提供一个包含数据集的数据框，将其代入一个线性回归模型中，获得一个包含回归结果的信息列表，最后从这一列表中提取出另一种类型的对象——数值向量，来展示回归系数。

每项工作都涉及各种各样的对象，每个对象都有不同的用途和性质。其中非常重要的一点是，要理解一个基础对象在解决现实问题的过程中是如何运作的，尤其是如何用更优雅更简练的代码，以更少的步骤来实现它。更为重要的是，越是深入地了解对象的行为，越能让你有更多的时间用在解决实际问题上，而不是花费大量时间调试编程中的小问题。

在接下来的小节中，我们将看到多种多样的 R 对象，它们展示了不同类型的数据结构，并且能够使数据集的分析和可视化变得简单易行。你将对这些对象如何工作，以及它们之间如何互动有一个基本的了解。

2.1 向量

一个向量是由一组相同类型的原始值构成的序列。它可以是一组数字、一组逻辑值、一组文本或者是其他类型的值。它是所有 R 对象的基础数据结构之一。

在 R 中，有多种类型的向量，区别在于它们存储的元素类型互不相同。在接下来的小节中，我们将会看到最常使用的向量类型，包括数值向量、逻辑向量和字符向量。

2.1.1 数值向量

一个数值向量就是由数值组成的向量。单个数值（标量数值）就是最简单的数值向量。举一个例子：

```
1.5
## [1] 1.5
```

数值向量是最常用的数据类型，也几乎是所有数据分析的基础。在其他流行的编程语言中，存在一些标量类型，例如整型、双精度型和字符串型。这些标量是构成如向量等其他容器类型的基础。然而，在 R 中并没有对于标量类型的正式定义。标量数值只不过是数值向量的特例，并且仅仅特殊之处在其长度为 1。

当我们创建一个值的时候，会很自然地想到如何存储它以备后续使用。为了存储这个值，我们可以使用<-将这个值赋给一个“符号”。换句话说，我们为这个值（1.5）创建了一个名为 *x* 的变量：

```
x <- 1.5
```

这个值被分配给了符号 *x*，之后我们可以用 *x* 来表示它：

```
x
## [1] 1.5
```

创建一个数值向量有许多种方法。我们可以调用 `numeric( )`来创建一个由 0 组成的指定长度的向量：

```
numeric (10)
## [1] 0 0 0 0 0 0 0 0 0 0
```

我们也可以使用 `c( )`把多个向量组合成一个向量。最简单的情况是，组合多个单元素向量构成一个多元素向量：

```
c(1, 2, 3, 4, 5)
## [1] 1 2 3 4 5
```

我们还可以将多个单元素向量和多元素向量连接起来构成一个向量，使其和之前创建的向量具有相同的元素：

```
c(1, 2, c(3, 4, 5))
## [1] 1 2 3 4 5
```

如果想要创建一系列连续的整数值，运算符“:”能够轻松地实现这一点。

```
1:5
## [1] 1 2 3 4 5
```

准确地说，以上代码产生的是整数值向量而不是数值向量。在很多情况下，它们之间的区别并不重要。我们之后将会讨论这个问题。

产生一个数值序列，更通用的方法是使用 `seq( )`。例如，以下代码产生了一个数值向量，它由从 1 开始，到 10 结束，步长为 2 的序列组成：

```
seq(1, 10, 2)
## [1] 1 3 5 7 9
```

像 `seq( )`这样的函数有很多参数。我们可以通过提供其所有的参数来调用这个函数，但在大多数时候并不必要。大部分函数对其部分参数提供了合理的默认值，这使得我们能够更加轻松地调用它们。在现在这种情况下，我们只需指定想要更改的参数即可。

例如，可以通过指定 `length.out` 这个参数来创建另外一个从 3 开始，长度为 10 的数值向量：

```
seq(3,  length.out = 10)
## [1]  3 4 5 6 7 8 9 10 11 12
```

如上所示的函数调用过程，只修改了参数 `length.out` 的取值，其他参数的值保持默认值。

尽管我们可以使用多种方法定义数值向量，但是必须始终小心地使用“:”运算符，举一个例子：

```
1 + 1:5
## [1] 2 3 4 5 6
```

从结果来看，`1 + 1:5` 并不意味着一个从 2～5 的序列，而是一个从 2～6 的序列。这是因为“:”比“+”具有更高的优先级，这使得首先产生的是 `1:5`，接着才对每一个值加 1，这才产生了你在结果中所看到的序列。我们之后会讨论关于运算符优先级的问题。

2.1.2 逻辑向量

与数值向量不同，一个逻辑向量储存一组 `TRUE` 或 `FALSE` 值。它们基本上以“是”或“否”来表示对一组逻辑问题的回答。

最简单的逻辑向量是 `TRUE` 或者 `FALSE` 本身：

```
TRUE
## [1] TRUE
```

获得一个逻辑向量更一般的方法是询问关于 R 对象的逻辑性问题。例如，我们可以询问 R，1 是否大于 2：

```
1 > 2
## [1] FALSE
```

如果回答“是”，就返回 `TRUE`；如果回答是“否”，就返回 `FALSE`。有时，写 `TRUE` 或者 `FALSE` 太繁琐了，我们可以使用 `TRUE` 的缩写 `T` 和 `FALSE` 的缩写 `F`。如果我们想同时进行多个比较，可以直接在问题中使用数值向量：

```
c(1, 2) > 2
## [1] FALSE FALSE
```

R 会将这一表达式理解为在 `c(1, 2)` 和 2 之间依次进行元素比较。换句话说，这实际上等价于 `c(1 > 2, 2 > 2)`。

我们可以比较两个多元素数值向量，只要较长向量的长度是较短向量长度的整数倍：

```
c(1, 2) > c(2, 1)
## [1] FALSE TRUE
```

上述代码等价于 `c(1 > 2, 2 > 1)`。为了验证两个不同长度的向量是如何比较的，请看下面的例子：

```
c(2, 3) > c(1, 2, -1, 3)
## [1] TRUE TRUE TRUE FALSE
```

这个结果可能会使你有些困扰。以上代码的运算机制是不断地循环较短的向量并进行比较，等价于 c(2 > 1, 3 > 2, 2 >-1, 3 > 3)。更明确地说，较短的向量将会不断地循环直到和较长向量中的元素全部完成比较。

在R中，定义了一些二元逻辑运算符，例如“==”表示相等，“>”表示大于，“>=”表示大于或等于，“<”表示小于，“<=”表示小于或等于。此外，R还提供了一些其他运算符，例如用%in%判断运算符左侧向量的每一个元素是否都包含在运算符右侧的向量中：

```
1 %in% c(1, 2, 3)
## [1] TRUE
c(1, 4) %in% c(1, 2, 3)
## [1] TRUE FALSE
```

你可能注意到了所有等式运算符都执行了循环，但是%in%并没有。相反，它总是通过迭代左侧向量的单个元素，在上述例子中，就像c(1 %in% c(1, 2, 3), 4 %in% c(1, 2, 3))这样完成运算。

2.1.3 字符向量

一个字符向量是由字符串组成的向量。这里的一个字符不是指着文学意义上的单独的字母或者符号，而是一个类似 this is a string 这样的字符串。双引号和单引号都可以用来生成字符向量，例如：

```
"hello, world!"
## [1] "hello, world!"
'hello, world!'
## [1] "hello, world!"
```

我们也可以使用组合函数 c( )来创建一个多元素的字符向量：

```
c("Hello", "World")
## [1] "Hello" "World"
```

使用==来判断两个向量中处于对等位置的值是否相等，这同样适用于字符向量：

```
c("Hello", "World") == c('Hello', 'World')
## [1] TRUE TRUE
```

因为单引号 ' 和双引号 " 都可以用来生成字符串并且不影响其含义，所以上述两个字符向量相等：

```
c("Hello", "World") == "Hello, World"
## [1] FALSE FALSE
```

上述表达式产生了两个 FALSE，是因为 Hello 和 World 都不等于 Hello, World。两种引号之间的唯一区别是，当生成一个包含引号的字符串时，它们的行为是不同的。

如果你想要在双引号内部嵌套双引号时，需要用反斜杠（\）来转义内部的双引号，类似使用“生成一个包含了其本身的字符串（一个单元素的字符向量），你需要在字符串内部输入\ 来转义”，用以防止编译时将字符串内部的”当作字符串的末引号。

接下来的例子展示了引号的转义。我们使用函数 cat( )来生成指定文本：

```
cat("Is \"You\" a Chinese name?")
## Is "You" a Chinese name?
```

如果你感觉这不易于阅读，也可以使用 ' 来生成该字符串，这样可以变得更简单：

```
cat('Is "You" a Chinese name?')
## Is "You" a Chinese name?
```

也就是说，双引号内部可以嵌套单引号，同样，单引号内部也可以嵌套双引号，即："允许'存在于没有转义过的字符串中，'也允许"存在于没有转义过的字符串中。

现在我们掌握了关于生成数值向量、逻辑向量和字符向量的基本知识。实际上，在 R 中也有复数向量（complex vector）和原向量（raw vector）。复数向量是由复数组成的向量，例如 c(1 + 2i, 2 + 3i)。原向量主要存储用十六进制格式表示的原始二进制数据。这两种类型的向量很少使用，但是它们与之前介绍过的 3 种类型的向量（整数型、逻辑型、字符型）具有很多相同的性质。

在下一节中，我们将学习到几种访问向量子集的方法。通过对向量取子集，你将理解不同类型的向量间是如何相互联系的。

2.1.4 构建向量子集

如果想访问一些特定元素或者向量的一个子集，使用向量子集是一个不错的方法。在这一节中，我们将展示几种不同的构建向量子集的方法。

首先，生成一个简单的数值向量并且赋值给 v1：

```
v1 <- c(1, 2, 3, 4)
```

接下来的每一行都是用来获取 `v1` 的特定子集。

例如，提取第 2 个元素：

```
v1[2]
## [1] 2
```

也可以提取第 2～4 个元素：

```
v1[2:4]
## [1] 2 3 4
```

还可以获取除第 3 个以外的其他所有元素：

```
v1[-3]
## [1] 1 2 4
```

这个模式很清晰，我们可以在向量后面的方括号中放入任何一个数值向量获取相应的子集：

```
a <- c(1, 3)
v1[a]
## [1] 1 3
```

上述所有例子都是通过位置信息来构造子集，也就是说，通过指定元素的位置来得到一个向量的子集。方括号中使用负数将排除相应位置的元素。需要注意的一点是，在方括号中不能同时使用正数和负数：

```
v1[c(1, 2, -3)]
## Error in v1[c(1, 2, -3)]: 只有负下标里才能有零
```

如果使用向量范围之外的位置来获取子向量会发生什么呢？接下来的例子尝试获取向量 `v1` 的子集，范围是 `v1` 的第 3～6 个（不存在）元素：

```
v1[3:6]
## [1]  3  4 NA NA
```

正如我们所看到的一样，在不存在元素的位置用 NA 替代了缺失值。在现实世界的数据中，缺失值是普遍存在的。一方面，对所有包含 NA 的数据进行数值运算的结果都是 NA，而不是其他不确定的结果；另一方面，因为直接假设数据中不存在缺失值并不恰当，所以我们需要付出额外的工作来处理数据。

另一种构造子集的方法是使用逻辑向量。我们可以输入与要获取向量子集的向量具有相等长度的逻辑向量，以此决定每一个元素是否要被获取：

```
v1[c(TRUE, FALSE, TRUE, FALSE)]
## [1] 1 3
```

除此之外，我们也可以给向量中特定的子集重新赋值（覆盖原值）：

```
v1[2] <- 0
```

在这种情况下，v1 变成：

```
v1
## [1] 1 0 3 4
```

也可以同时覆盖处于不同位置的多个元素：

```
v1[2:4] <- c(0,1,3)
```

现在，v1 变成：

```
v1
## [1] 1 0 1 3
```

同样，重新赋值时，逻辑选择也是适用的：

```
v1[c(TRUE, FALSE, TRUE, FALSE)] <- c(3, 2)
```

正如你所期待的，此时 v1 变成：

```
v1
## [1] 3 0 2 3
```

一个常用的技巧是可以通过逻辑标准来选择元素。例如，以下的代码挑选出 v1 中所有不大于 2 的元素：

```
v1[v1 <= 2]
## [1] 0 2
```

这种方法也适用于更复杂的选择标准。下面的例子挑选出 v1 中所有满足 $x^2-x+1\geqslant 0$ 的元素：

```
v1[v1 ^ 2 - v1 + 1 >= 0]
## [1] 3 0 2 3
```

以下代码用 0 替代所有满足 $x <= 2$ 的元素：

```
v1[v1 <= 2] <- 0
```

像你期待的一样，此时 v1 变成：

```
v1
## [1] 3 0 0 3
```

如果我们对一个并不存在的元素重新赋值，向量将自动用 NA 填充未被指定的位置，当作缺失值处理：

```
v1[10] <- 8
v1
##  [1]  3  0  0  3 NA NA NA NA NA  8
```

2.1.5　命名向量

命名向量是一种不同于数值向量或逻辑向量的特定向量类型。它指的是该向量中的每一个元素都有相应的名称。我们可以在创建向量的同时对其命名：

```
x <- c(a = 1, b = 2, c = 3)
x
## a b c
## 1 2 3
```

这样就可以通过单值字符向量来访问其中的元素：

```
x["a"]
## a
## 1
```

也可以通过一个字符向量来获取多个元素：

```
x[c("a", "c")]
## a c
## 1 3
```

如果字符向量中含有重复元素，则会选出相应的重复元素。

```
x[c("a", "a", "c")]
## a a c
## 1 1 3
```

除此之外，其余所有的能够用于向量中的操作也适用于命名向量。我们可以通过names( )获取向量中的元素名称：

```
names(x)
## [1] "a" "b" "c"
```

向量中的名称不是固定的，可以通过对向量赋予不同的字符向量来更改元素名称：

```
names(x) <- c("x", "y", "z")
x["z"]
## z
## 3
```

当不需要元素名称时，也可以用 NULL 来移除原有的名称。NULL 表示一个未定义值的特殊对象：

```
names(x) <- NULL
x
## [1] 1 2 3
```

你可能会比较好奇，如果访问一个不存在的名称时会发生什么呢？我们对原始的 *x* 进行测试：

```
x <- c(a = 1, b = 2, c = 3)
x["d"]
## <NA>
## NA
```

直觉上，访问一个不存在的元素应该会报错，但结果却返回一个无名的缺失值：

```
names(x["d"])
## [1] NA
```

如果你提供的字符向量中，只有部分名称存在，其余不存在时，返回的向量长度与选择向量（该字符向量）保持一致：

```
x[c("a", "d")]
## a <NA>
## 1 NA
```

2.1.6 提取向量元素

`[ ]`能够创建一个向量子集，`[[ ]]`可以提取向量中的元素。我们可以将一个向量比作10盒糖果，你可以使用`[ ]`获取其中的3盒糖果，使用`[[ ]]`打开盒子并从中取出一颗糖果。

对于简单的向量，使用`[ ]`和`[[ ]]`取出一个元素会产生相同的结果。但在某些情况下，它们会返回不同的结果。例如，对于命名向量，创建一个子集与提取一个元素将会产生不同的结果：

```
x <- c(a = 1, b = 2, c = 3)
x["a"]
## a
## 1
x[["a"]]
## [1] 1
```

糖果盒的比喻比较易于理解。`x["a"]`使你得到标签为`"a"`的糖果盒，而`x[["a"]]`则使你得到标签为`"a"`的糖果盒里面的糖果。

由于`[[ ]]`只能用于提取出一个元素，因此不适用于提取多个元素的情况。

```
x[[c(1, 2)]]
## Error in x[[c(1, 2)]]: attempt to select more than one element
```

此外，`[[ ]]`也不能用于负整数，因为负整数意味着提取除特定位置之外的所有元素。

```
x[[-1]]
## Error in x[[-1]]: attempt to select more than one element
```

至此，我们知道了使用含有不存在的位置或名称来创建向量子集时将会产生缺失值。但当我们使用`[[ ]]`提取一个位置超出范围或者对应名称不存在的元素时，该命令将会无法运行并产生错误信息：

```
x[["d"]]
## Error in x[["d"]]: 下标出界
```

对很多初学者来说，代码中同时使用`[[ ]]`和`[ ]`可能会感到混乱，并且容易造成误用。此时，你只需记得糖果盒的比喻即可。

2.1.7 识别向量类型

有时我们需要在处理向量之前辨别向量的类型。class( )函数用于判断任意R对象的类型：

```
class(c(1, 2, 3))
## [1] "numeric"
class(c(TRUE, TRUE, FALSE))
## [1] "logical"
class(c("Hello", "World"))
## [1] "character"
```

如果我们需要确认某一对象是否为某个特定类型的向量，可以用 is.numeric( )、is.logical( )、is.character( )以及其他类似函数进行判断：

```
is.numeric(c(1, 2, 3))
## [1] TRUE
is.numeric(c(TRUE, TRUE, FALSE))
## [1] FALSE
is.numeric(c("Hello", "World"))
## [1] FALSE
```

2.1.8 转换向量类型

不同类型的向量可以被强制转换为一种特定类型的向量。例如，有些数据是数值字符串，如 1 和 20。如果不进行转换处理，就无法对其进行数值运算。幸运的是，这两个字符串可以转换为数值向量。转换后，R 就能够将它们识别为数值数据而不是字符串，这样我们就能对其进行数值运算了。

在演示典型的向量类型转换之前，先创建一个字符向量：

```
strings <- c("1", "2", "3")
class(strings)
## [1] "character"
```

正如前面所提到的，字符串不能够直接进行数值运算：

```
strings + 10
## Error in strings + 10: 二进列运算符中有非数值参数
```

我们可以用as.numeric( )将字符向量转换为数值向量：

```
numbers <- as.numeric(strings)
numbers
## [1] 1 2 3
class(numbers)
## [1] "numeric"
```

现在就能够对数字进行数值运算了：

```
numbers + 10
## [1] 11 12 13
```

is.*函数（例如is.numeric( )、is.logical( )以及is.character( )）用来检验给定对象的类型，as.*函数用来转换向量的类型：

```
as.numeric(c("1", "2", "3", "a"))
## Warning: 强制改变过程中产生了 NA
## [1]  1  2  3 NA
as.logical(c(-1, 0, 1, 2))
## [1]  TRUE FALSE  TRUE  TRUE
as.character(c(1, 2, 3))
## [1] "1" "2" "3"
as.character(c(TRUE, FALSE))
## [1] "TRUE"  "FALSE"
```

这似乎意味着所有类型的向量都能转换为其他任意类型。然而，事实上，向量类型转换需要遵循一系列规则。

上述代码块的第一行试图将一个字符向量转换为数值向量，这和我们之前的示例一样。显然，最后一个元素不能被转换为数字，因此相应位置产生了缺失值。除了最后一个元素，其他都完成了转换。

将数值向量转换为逻辑向量的规则是：只有0转换为FALSE，其他所有非零数字均转换为TRUE。

所有数据都可以表达成字符形式，因此每种类型的向量均可转换成字符向量。然而，如果数值向量或逻辑向量被强制转换成字符向量，那么除非再被转换回来，否则转换后的向量不能直接与其他数值向量或逻辑向量进行算术运算。这就是上文所述，以下代码无法运行的原因：

```
c(2, 3) + as.character(c(1, 2))
## Error in c(2, 3) + as.character(c(1, 2)): 二进列运算符中有非数值参数
```

从上面的例子可知，尽管 R 没有对数据类型强加严格的规则，但是这并不意味着 R 足够聪明到可以自动并且精确地执行你想做的事情。在大多数情况下，最好事先确认参与运算的向量类型是正确设定的；否则，可能会发生意想不到的错误。换言之，只有使用正确类型的数据对象，才能进行正确的数学运算。

2.1.9 数值向量的算术运算符

数值向量的算术运算很简单，主要遵循两个原则：对相应位置的元素进行计算，并自动循环利用较短的向量（循环补齐功能）。下面的例子展示了运算符对数值向量的作用方式：

```
c(1, 2, 3, 4) + 2
## [1] 3 4 5 6
c(1, 2, 3) -c(2, 3, 4)
## [1] -1 -1 -1
c(1, 2, 3) * c(2, 3, 4)
## [1]  2  6 12
c(1, 2, 3) / c(2, 3, 4)
## [1] 0.5000000 0.6666667 0.7500000
c(1, 2, 3) ^ 2
## [1] 1 4 9
c(1, 2, 3) ^ c(2, 3, 4)
## [1]  1  8 81
c(1, 2, 3, 14) %% 2
## [1] 1 0 1 0
```

虽然向量元素可以有名称，但并不会对其进行运算。只有左侧向量的元素名称会被保留下来，右侧向量的名称会被忽略：

```
c(a = 1, b = 2, c = 3) + c(b = 2, c = 3, d = 4)
## a b c
## 3 5 7
c(a = 1, b = 2, 3) + c(b = 2, c = 3, d = 4)
## a b
## 3 5 7
```

通过以上内容，我们已经了解了数值向量、逻辑向量和字符向量的一些基本性质。向量是最常用的数据结构，同时也是构建其他各种有用对象的基本成分。例如矩阵，它主要应用于统计学和计量经济学理论的公式化简洁表述，并且在表示二维数据和求解线性系统方面有着良好的应用。下一节将会介绍如何在 R 中创建矩阵，以及它是如何植根于向量的。

2.2 矩阵

矩阵是一个用两个维度表示和访问的向量。因此，适用于向量的性质和方法大多也适用于矩阵。例如，每一种向量（例如数值向量或逻辑向量）都有对应的矩阵形式，即数值矩阵（numeric matrice）、逻辑矩阵（logical matrice）等。

2.2.1 创建一个矩阵

我们可以调用 `matrix( )` 函数将一个向量变成矩阵，方法是设定矩阵的其中一个维度。

```
matrix(c(1, 2, 3, 2, 3, 4, 3, 4, 5), ncol = 3)
##      [,1] [,2] [,3]
## [1,]    1    2    3
## [2,]    2    3    4
## [3,]    3    4    5
```

设定 `ncol = 3` 意味着我们提供的向量应该被当作一个列数为 3 的矩阵（行数自动也为 3）。你可能觉得原来的向量不如它的矩阵形式直观。为了让代码对用户更加友好，我们可以按行书写向量：

```
matrix(c(1, 2, 3, 4, 5, 6, 7, 8, 9), nrow = 3, byrow = FALSE)
##      [,1] [,2] [,3]
## [1,]    1    4    7
## [2,]    2    5    8
## [3,]    3    6    9
matrix(c(1, 2, 3, 4, 5, 6, 7, 8, 9), nrow = 3, byrow = TRUE)
##      [,1] [,2] [,3]
## [1,]    1    2    3
## [2,]    4    5    6
## [3,]    7    8    9
```

我们可能经常需要创建一个对角矩阵，使用 `diag( )` 函数是最便捷的方式：

```
diag(1, nrow = 5)
##      [,1] [,2] [,3] [,4] [,5]
## [1,]    1    0    0    0    0
## [2,]    0    1    0    0    0
## [3,]    0    0    1    0    0
## [4,]    0    0    0    1    0
## [5,]    0    0    0    0    1
```

2.2.2 为行和列命名

在默认情况下，创建矩阵时不会自动分配行名和列名。当不同的行列有不同的含义时，为其命名就显得必要且直观。在创建矩阵时就可以为行和列命名：

```
matrix(c(1, 2, 3, 4, 5, 6, 7, 8, 9), nrow = 3, byrow = TRUE, dimnames
= list(c("r1", "r2", "r3"), c("c1", "c2", "c3")))
##    c1 c2 c3
## r1  1  2  3
## r2  4  5  6
## r3  7  8  9
```

也可以在矩阵创建后，再对其行和列命名：

```
m1 <- matrix(c(1, 2, 3, 4, 5, 6, 7, 8, 9), ncol = 3)
rownames(m1) <- c("r1", "r2", "r3")
colnames(m1) <- c("c1", "c2", "c3")
```

这里我们遇到了两个新对象：一个列表和一种函数，比如 `rownames(x)<-`。我们将在本章的后续内容中进行讨论。

2.2.3 构建矩阵子集

和处理向量一样，我们不仅需要创建矩阵，也需要从中抽取数据，这称为**构建矩阵子集**（**matrix subsetting**）。

矩阵是用两个维度表示和访问的向量，可以用一个二维存取器（accessor）`[ , ]`来访问，这类似于构建向量子集时用的一维存取器`[ ]`。

我们可以为每个维度提供一个向量来确定一个矩阵的子集。方括号中的第 1 个参数是行选择器（row selector），第 2 个是列选择器（column selector）。与构建向量子集一样，可以在两个维度中使用数值向量、逻辑向量和字符向量。

以下代码展示了构建矩阵子集的多种方式：

```
m1
##    c1 c2 c3
## r1  1  4  7
## r2  2  5  8
## r3  3  6  9
```

提取位于第 1 行第 2 列的单个元素：

```
m1[1, 2]
## [1] 4
```

也可以通过设定位置范围来构建子集：

```
m1[1:2, 2:3]
##    c2 c3
## r1  4  7
## r2  5  8
```

若一个维度的参数空缺，则该维度的所有值都会被选出来：

```
m1[1,]
## c1 c2 c3
##  1  4  7
m1[,2]
## r1 r2 r3
##  4  5  6
m1[1:2,]
##    c1 c2 c3
## r1  1  4  7
## r2  2  5  8
m1[, 2:3]
##    c2 c3
## r1  4  7
## r2  5  8
## r3  6  9
```

负数表示在构建矩阵子集时可排除该位置，这和向量中的用法完全一致：

```
m1[-1,]
##    c1 c2 c3
## r2  2  5  8
## r3  3  6  9
m1[,-2]
##    c1 c3
## r1  1  7
## r2  2  8
## r3  3  9
```

注意到矩阵有行名和列名，我们可以使用字符向量来构建子集：

```
m1[c("r1", "r3"), c("c1", "c3")]
##    c1 c3
## r1  1  7
## r3  3  9
```

需要注意的是，矩阵是一个用两个维度表示和访问的向量，但它本质上仍然是一个向量。因此，向量的一维存取器也可以用来构建矩阵子集：

```
m1[1]
## [1] 1
m1[9]
## [1] 9
m1[3:7]
## [1] 3 4 5 6 7
```

因为一个向量只能包含相同类型的元素，矩阵也是如此。所以它们的操作方式非常相似。如果输入一个不等式，它会返回另一个大小相同的逻辑矩阵。

```
m1 > 3
##       c1   c2   c3
## r1 FALSE TRUE TRUE
## r2 FALSE TRUE TRUE
## r3 FALSE TRUE TRUE
```

我们可以使用一个大小相同的逻辑矩阵来构建子集，就好像它是一个向量一样：

```
m1[m1 > 3]
## [1] 4 5 6 7 8 9
```

2.2.4 矩阵运算符的使用

所有适用于向量的算术运算符也适用于矩阵，就如同它们也是向量一样。这些运算符在元素上进行运算，除了一些矩阵专用的运算符，例如矩阵乘法%*%：

```
m1 + m1
##    c1 c2 c3
## r1  2  8 14
## r2  4 10 16
## r3  6 12 18
m1 - 2 * m1
##    c1 c2 c3
```

```
## r1 -1 -4 -7
## r2 -2 -5 -8
## r3 -3 -6 -9
m1 * m1
##    c1 c2 c3
## r1  1 16 49
## r2  4 25 64
## r3  9 36 81
m1 / m1
##    c1 c2 c3
## r1 1  1  1
## r2 1  1  1
## r3 1  1  1
m1 ^ 2
##    c1 c2 c3
## r1  1 16 49
## r2  4 25 64
## r3  9 36 81
m1 %*% m1
##     c1 c2  c3
## r1  30 66 102
## r2  36 81 126
## r3  42 96 150
```

可以使用 t( ) 函数对矩阵进行转置：

```
t(m1)
##    r1 r2 r3
## c1  1  2  3
## c2  4  5  6
## c3  7  8  9
```

很多情况下，向量和矩阵就够用了。然而，一些特定的问题需要使用更高维的数据结构。下一节将简要介绍数组（array），你将会看到这些数据结构有相似的性质。

2.3 数组

数组是矩阵向更高维度的自然推广。具体来说，数组就是一个维度更高（通常情况下大于 2）、可访问的向量。如果你对向量和矩阵已经很熟悉，就不会对数组的操作方式感到诧异了。

2.3.1 创建一个数组

我们可以提供一个向量，然后调用 `array( )` 函数来创建一个数组，指定数组的不同维度，有时也可以给出不同维度的行名和列名。

假设数据是 0～9 这 10 个整数，需要将其分配到 3 个维度中，其中第 1 维长度为 1，第 2 维长度为 5，第 3 维长度为 2：

```
a1 <- array(c(0, 1, 2, 3, 4, 5, 6, 7, 8, 9), dim = c(1, 5, 2))
a1
## , , 1
##
##      [,1] [,2] [,3] [,4] [,5]
## [1,]    0    1    2    3    4
##
## , , 2
##
##      [,1] [,2] [,3] [,4] [,5]
## [1,]    5    6    7    8    9
```

显然，同样可以通过指定位置访问数组中的元素。

此外，还可以在创建数组时对每个维度进行命名：

```
a1 <- array(c(0, 1, 2, 3, 4, 5, 6, 7, 8, 9), dim = c(1, 5, 2), dimnames
= list(c("r1"), c("c1", "c2", "c3", "c4", "c5"), c("k1", "k2")))
a1
## , , k1
##
##    c1 c2 c3 c4 c5
## r1  0  1  2  3  4
##
## , , k2
##
##    c1 c2 c3 c4 c5
## r1  5  6  7  8  9
```

若存在已经创建的数组，可以提供一个包含若干个字符向量的列表，用 `dimnames(x)<-` 对数组的各个维度命名：

```
a0 <- array(c(0, 1, 2, 3, 4, 5, 6, 7, 8, 9, 10), dim = c(1, 5, 2))
dimnames(a0) <- list(c("r1"), c("c1", "c2", "c3", "c4", "c5"), c("k1",
```

```
"k2"))
a0
## , , k1
##
##    c1 c2 c3 c4 c5
## r1  0  1  2  3  4
##
## , , k2
##
##    c1 c2 c3 c4 c5
## r1  5  6  7  8  9
```

2.3.2 构建数组子集

从数组中提取子集的原理与矩阵完全相同。我们通过给每个维度提供一个向量来提取数组子集。

```
a1[1,,]
##    k1 k2
## c1  0  5
## c2  1  6
## c3  2  7
## c4  3  8
## c5  4  9
a1[, 2,]
## k1 k2
##  1  6
a1[,,1]
## c1 c2 c3 c4 c5
##  0  1  2  3  4
a1[1,1,1]
## [1] 0
a1[1,2:4,1:2]
##    k1 k2
## c2  1  6
## c3  2  7
## c4  3  8
a1[c("r1"),c("c1", "c3"),"k1"]
## c1 c3
## 0  2
```

细心的读者可能会发现，原子向量、矩阵和数组的性质和操作方式几乎完全相同。最基本的共同特征就是它们都属于**同质数据类（homogeneous data types）**，即所存储的一定是相同类型的元素。但是在 R 中也存在**异质数据类（heterogeneous data types）**，即可以存储不同类型的元素，这大大提高了存储的灵活性，但同时也降低了存储效率和运行效率。

2.4 列表

列表（list）是一个广义的向量，它可以包含其他类型的对象，甚至可以包括其他列表。

列表的灵活性使得它非常有用。举个例子，用 R 拟合一个线性模型，其结果本质上就是一个列表，其中包含了线性回归的详细结果，如线性回归系数（数值向量）、残差（数值向量）、QR 分解（包含一个矩阵和其他对象的列表）等。

因为这些结果全都被打包到一个列表中，我们可以很方便地提取所需信息，而无需每次调用不同的函数。

2.4.1 创建一个列表

顾名思义，我们可以用 `list( )` 创建一个列表。不同类型的对象可以被装进同一个列表中。例如，以下代码创建了一个列表，包含 3 个成分[①]：一个单元素的数值向量、一个两元素的逻辑向量和一个长度为 3 的字符向量：

```
l0 <- list(1, c(TRUE, FALSE), c("a", "b", "c"))
l0
## [[1]]
## [1] 1
##
## [[2]]
## [1]  TRUE FALSE
##
## [[3]]
## [1] "a" "b" "c"
```

可以用命名参数（named arguments）为列表中的每个成分指定名称：

```
l1 <- list(x = 1, y = c(TRUE, FALSE), z = c("a", "b", "c"))
l1
```

① 第 1 个成分只包含 1 个元素：1；第 2 个成分包含 2 个元素：TRUE 和 FALSE；第 3 个成分包含 3 个元素："a" "b" 和 "c"。使用[[ ]]提取成分，使用[ ]提取成分的元素，例如 l0[[2]][2] 提取第 2 个成分的第 2 个元素 FALSE。

```
## $x
## [1] 1
##
## $y
## [1]  TRUE FALSE
##
## $z
## [1]  "a" "b" "c"
```

2.4.2 从列表中提取元素

有许多方法可以提取列表中的元素。最常用的方法是使用美元符号`$`，通过成分的名称来提取列表元素的值。

```
l1 <- list(x = 1, y = c(TRUE, FALSE), z = c("a", "b", "c"), m = NULL)
l1$x
## [1] 1
l1$y
## [1]  TRUE FALSE
l1$z
## [1] "a" "b" "c"
l1$m
## NULL
```

注意，如果访问一个不存在的成分 `m`，将会返回 `NULL`。

或者，我们可以在双层方括号中输入一个数字 *n*，来提取列表中第 *n* 个成分的值。比如，通过以下方法取出列表 `l1` 中第 2 个成分的值：

```
l1[[2]]
## [1] TRUE FALSE
```

也可以在双层方括号中输入一个列表成分的名称，以取出对应元素的值，效果类似于美元符号：

```
l1[["y"]]
## [1] TRUE FALSE
```

使用双层方括号来提取列表中的值可能会更加灵活，因为在计算之前我们有时可能不知道需要取出哪个元素：

```
member <- "z" # 你可以随时改变想要取出的成分
```

```
l1[[member]]
## [1] "a" "b" "c"
```

这里在括号中使用了一个可即时赋值的单元素字符向量。但是为什么我们要用双层方括号呢？为什么不再使用单层方括号了呢？

2.4.3 构建列表子集

许多场合下，我们需要从列表中提取多个元素。由这些元素组成的列表构成了原列表的一个子集。

构建一个列表子集，我们可以用单层方括号，就像提取向量和矩阵中元素一样。我们可以取出列表中的一些元素，然后放到一个新的列表中。

这里方括号的用法与其在向量中的用法非常相似。我们可以用字符向量表示成分名称，用数值向量表示成分位置，或用逻辑向量指定选择标准，来取出列表元素[①]。

```
l1["x"]
## $x
## [1] 1
l1[c("x", "y")]
## $x
## [1] 1
##
## $y
## [1]  TRUE FALSE
l1[1]
## $x
## [1] 1
l1[c(1, 2)]
## $x
## [1] 1
##
## $y
## [1]  TRUE FALSE
l1[c(TRUE, FALSE, TRUE)]
## $x
## [1] 1
##
```

① 使用[ ]提取成分时，返回列表的子集，还是一个列表；使用[[ ]]提取成分时，返回对应成分的元素。

```
## $z
## [1] "a" "b" "c"
```

总而言之，我们可以说，[[用来提取向量或列表中的一个元素，而[用来提取一个向量或列表的子集。向量的子集是一个向量。同样的，列表的子集也是一个列表。

2.4.4 命名列表

无论在列表创建之初是否有为各列表成分命名，我们总能通过一个用于命名的向量，为这些列表成分命名或重命名。

```
names(l1) <- c("A", "B", "C")
l1
## $A
## [1] 1
##
## $B
## [1]  TRUE FALSE
##
## $C
## [1]  "a" "b" "c"
```

若想移除它们的名称，可以将 l1 的名称赋值为 NULL：

```
names(l1) <- NULL
l1
## [[1]]
## [1] 1
##
## [[2]]
## [1] TRUE FALSE
##
## [[3]]
## [1] "a" "b" "c"
```

一旦移除了列表成分的名称，就不能再通过名称来访问列表成分，但是仍可以使用位置索引和逻辑准则访问。

2.4.5 赋值

在列表中赋值和给向量赋值一样直观：

```
l1 <- list(x = 1, y = c(TRUE, FALSE), z = c("a", "b", "c"))
l1$x <- 0
```

如果给一个不存在的成分赋值，列表会自动地在对应名称或位置下增加一个新成分：

```
l1$m <- 4
l1
## $x
## [1] 0
##
## $y
## [1] TRUE FALSE
##
## $z
## [1] "a" "b" "c"
##
## $m
## [1] 4
```

也可以同时给多个列表成分赋值：

```
l1[c("y", "z")] <- list(y = "new value for y", z = c(1, 2))
l1
## $x
## [1] 0
##
## $y
## [1] "new value for y"
##
## $z
## [1] 1 2
##
## $m
## [1] 4
```

如果想要移除列表中的某些成分，只需赋值为 NULL：

```
l1$x <- NULL
l1
## $y
## [1]  "new value for y"
##
## $z
```

```
## [1]  1 2
##
## $m
## [1]  4
```

还可以同时移除列表中的多个成分：

```
l1[c("z", "m")] <- NULL
l1
## $y
## [1] "new value for y"
```

2.4.6 其他函数

R 中有许多和列表相关的函数。例如，如果我们不能确定一个对象是否是列表，可以调用 is.list( )进行判断：

```
l2 <- list(a = c(1, 2, 3), b = c("x", "y", "z", "w"))
is.list(l2)
## [1] TRUE
is.list(l2$a)
## [1] FALSE
```

这里的 l2 是一个列表，但 l2$a 是一个数值向量而不是列表。

我们也可以调用 as.list( )函数将一个向量转换成一个列表：

```
l3 <- as.list(c(a = 1, b = 2, c = 3))
l3
## $a
## [1] 1
##
## $b
## [1] 2
##
## $c
## [1] 3
```

通过调用 unlist( )，可以很容易地将一个列表强制转换成一个向量。该函数基本上对所有列表成分进行了转换，并把它们存储在一个类型兼容的向量中：

```
l4 <- list(a = 1, b = 2, c = 3)
```

```
unlist(l4)
## a b c
## 1 2 3
```

如果我们对一个混合了数值和文本的列表进行去列表化（unlist），则每个成分都会被转换为其所能转换成的最近类型（closest type）：

```
l4 <- list(a = 1, b = 2, c = "hello")
unlist(l4)
## a b c
## "1" "2" "hello"
```

这里的 `l4$a` 和 `l4$b` 都是数字，可以被转换为一个字符；但是，`l4$c` 是一个字符向量，无法被转换为数值。因此，能够兼容这些元素的最近类型就是字符向量。

2.5 数据框

数据框是指有若干行和列的数据集。它与矩阵类似，但并不要求每列都是相同的类型。这与最常见的数据形式是一致的：每行或每条记录由不同类型的列来描述。

表 2-1 充分展示了数据框的特点。

表 2-1

姓名	性别	年龄	专业
Ken	Male	24	Finance
Ashley	Female	25	Statistics
Jennifer	Female	23	Computer Science

2.5.1 创建一个数据框

我们可以调用 `data.frame( )` 函数，对每一列提供相应类型的列向量来创建一个数据框。

```
persons <- data.frame(Name = c("Ken", "Ashley", "Jennifer"),
  Gender = c("Male", "Female", "Female"),
  Age = c(24, 25, 23),
  Major = c("Finance", "Statistics", "Computer Science"))
```

```
persons
##   Name     Gender Age  Major
## 1 Ken      Male   24   Finance
## 2 Ashley   Female 25   Statistics
## 3 Jennifer Female 23   Computer Science
```

注意到，数据框的创建方式与列表完全一致。本质上讲，数据框就是一个列表，该列表的每个成分都是一个向量，并且长度相同，以表格的形式展现。

除了根据原始数据创建数据框，我们也可以对一个列表直接调用 data.frame( )或者 as.data.frame( )将其转换为数据框：

```
l1 <- list(x = c(1, 2, 3), y = c("a", "b", "c"))
data.frame(l1)
## x y
## 1 1 a
## 2 2 b
## 3 3 c
as.data.frame(l1)
##   x y
## 1 1 a
## 2 2 b
## 3 3 c
```

也可以用同样的方式将矩阵转换为数据框：

```
m1 <- matrix(c(1, 2, 3, 4, 5, 6, 7, 8, 9), nrow = 3, byrow = FALSE)
data.frame(m1)
##   X1 X2 X3
## 1  1  4  7
## 2  2  5  8
## 3  3  6  9
as.data.frame(m1)
##   V1 V2 V3
## 1  1  4  7
## 2  2  5  8
## 3  3  6  9
```

注意到，这种转换会自动给新数据框赋予列名。实际上，可以验证，如果矩阵已经有了列名或者行名，那么它们在转换中会被保留下来。

2.5.2 对行和列命名

数据框既是列表的特例，也是矩阵的推广，因此访问这两类对象的方式都适用于数据框。

```
df1 <- data.frame(id = 1:5, x = c(0, 2, 1, -1, -3), y = c(0.5, 0.2, 0.1,0.5, 0.9))
df1
##   id  x   y
## 1  1  0 0.5
## 2  2  2 0.2
## 3  3  1 0.1
## 4  4 -1 0.5
## 5  5 -3 0.9
```

与矩阵类似，我们也可以对数据框的行和列重命名：

```
colnames(df1) <- c("id", "level", "score")
rownames(df1) <- letters[1:5]
df1
##   id level score
## a  1     0   0.5
## b  2     2   0.2
## c  3     1   0.1
## d  4    -1   0.5
## e  5    -3   0.9
```

2.5.3 构建数据框子集

因为数据框是由列向量组成、有着矩阵形式的列表，所以我们可以用两种操作方式来访问数据框的元素和子集。

1. 以列表形式构建数据框子集

如果把数据框看作是由向量组成的列表，我们可以沿用列表的操作方式来提取元素或构建子集。

例如，可以使用$按列名来提取某一列的值，或者用[[符号按照位置提取。

```
df1$id
## [1] 1 2 3 4 5
df1[[1]]
## [1] 1 2 3 4 5
```

以列表形式构建子集完全适用于数据框，同时也会生成一个新的数据框。提取子集的操作符（[）允许我们用数值向量表示列的位置，用字符向量表示列名，或用逻辑向量指定

TRUE 和 FALSE 的选择标准，来取出相应的列。

```
df1[1]
##   id
## a  1
## b  2
## c  3
## d  4
## e  5
df1[1:2]
##  id level
## a 1     0
## b 2     2
## c 3     1
## d 4    -1
## e 5    -3
df1["level"]
##  level
## a    0
## b    2
## c    1
## d   -1
## e   -3
df1[c("id", "score")]
##   id score
## a  1   0.5
## b  2   0.2
## c  3   0.1
## d  4   0.5
## e  5   0.9
df1[c(TRUE, FALSE, TRUE)]
##   id score
## a  1   0.5
## b  2   0.2
## c  3   0.1
## d  4   0.5
## e  5   0.9
```

2. 以矩阵形式构建数据框子集

不过，以列表形式操作并不支持行选择。与此相反，以矩阵形式操作更加灵活。如果我们将数据框看作矩阵，其二维形式的存取器可以很容易地获取一个子集的元素，同时支持列选择和行选择。

换句话说，我们可以使用 [行,列] 指定行或列来提取数据框子集，[,] 内可以是数值向量、字符向量或者逻辑向量。

例如，选择指定的列：

```
df1[, "level"]
## [1] 0 2 1 -1 -3
df1[, c("id","level")]
##  id level
## a 1     0
## b 2     2
## c 3     1
## d 4    -1
## e 5    -3
df1[, 1:2]
##  id level
## a 1     0
## b 2     2
## c 3     1
## d 4    -1
## e 5    -3
```

或者，选择指定的行：

```
df1[1:4,]
##   id level score
## a  1     0   0.5
## b  2     2   0.2
## c  3     1   0.1
## d  4    -1   0.5
df1[c("c","e"),]
##   id level score
## c  3     1   0.1
## e  5    -3   0.9
```

也可以同时选择指定的行和列：

```
df1[1:4, "id"]
## [1] 1 2 3 4
df1[1:3, c("id", "score")]
##   id score
## a  1   0.5
## b  2   0.2
## c  3   0.1
```

以矩阵形式操作会自动简化结果，也就是说，如果只提取一列，那么结果将不再是数据框形式，而仅仅返回这一列的值。即便结果只有单列，我们也可以结合使用两种操作方式来保留数据框的形式：

```
df1[1:4,]["id"]
##   id
## a  1
## b  2
## c  3
## d  4
```

这里，第1组方括号以矩阵形式提取数据框的前4行和所有的列。第2组方括号再以列表形式提取列名为 id 的这一列，结果即表现为数据框的形式。

另一种方法是通过设定 drop = FALSE 避免简化结果：

```
df1[1:4, "id", drop = FALSE]
##   id
## a  1
## b  2
## c  3
## d  4
```

如果想要数据框的子集总是保留数据框的形式，你可以设置 drop = FALSE；否则，一些特殊情况（例如只选择提取一列）可能会导致意想不到的结果，你觉得将会得到一个数据框，但却返回一个向量。

3. 筛选数据

以下代码按照 score >= 0.5 筛选 df1 的行，并选择 id 和 level 两列：

```
df1$score >= 0.5
## [1] TRUE FALSE FALSE  TRUE  TRUE
df1[df1$score >= 0.5, c("id", "level")]
##   id level
## a  1     0
## d  4    -1
## e  5    -3
```

以下代码按照行名必须在 a、d 或者 e 中的准则来筛选 df1 的行，并选择 id 和 score 两列：

```
rownames(df1) %in% c("a", "d", "e")
```

```
## [1] TRUE FALSE FALSE  TRUE  TRUE
df1[rownames(df1) %in% c("a", "d", "e"), c("id", "score")]
##   id score
## a  1   0.5
## d  4   0.5
## e  5   0.9
```

以上两个例子都以矩阵形式对数据框进行操作，根据逻辑向量选择行，字符向量选择列。

2.5.4 赋值

处理列表和矩阵的两种方法都可以用来为一个数据框子集赋值。

1. 以列表方式赋值

我们可以同时使用`$`和`<-`对列表中的成分重新赋值。

```
df1$score <- c(0.6, 0.3, 0.2, 0.4, 0.8)
df1
##   id level score
## a  1     0   0.6
## b  2     2   0.3
## c  3     1   0.2
## d  4    -1   0.4
## e  5    -3   0.8
```

此外，`[`也是适用的，而且它允许在一个语句中进行多重修改，但是使用`[[`每次只能修改一列。

```
df1["score"] <- c(0.8, 0.5, 0.2, 0.4, 0.8)
df1
##   id level score
## a  1     0   0.8
## b  2     2   0.5
## c  3     1   0.2
## d  4    -1   0.4
## e  5    -3   0.8
df1[["score"]] <- c(0.4, 0.5, 0.2, 0.8, 0.4)
df1
##   id level score
## a  1     0   0.4
## b  2     2   0.5
## c  3     1   0.2
```

```
## d  4    -1   0.8
## e  5    -3   0.4
df1[c("level", "score")] <- list(level = c(1, 2, 1, 0, 0), score = c(0.1,
0.2, 0.3, 0.4, 0.5))
df1
##    id level score
## a  1     1   0.1
## b  2     2   0.2
## c  3     1   0.3
## d  4     0   0.4
## e  5     0   0.5
```

2. 以矩阵方式赋值

当我们以列表方式对数据框进行赋值时，会遇到与构建子集时同样的问题，即只能访问列。若需要更加灵活地进行赋值操作，可以以矩阵方式进行。

```
df1[1:3, "level"] <- c(-1, 0, 1)
df1
##    id level score
## a  1    -1   0.1
## b  2     0   0.2
## c  3     1   0.3
## d  4     0   0.4
## e  5     0   0.5
df1[1:2, c("level", "score")] <- list(level = c(0, 0), score = c(0.9, 1.0))
df1
##    id level score
## a  1     0   0.9
## b  2     0   1.0
## c  3     1   0.3
## d  4     0   0.4
## e  5     0   0.5
```

2.5.5　因子

值得注意的是，在默认情况下，数据框会以更有效地利用内存的方式来存储数据。但有时，这种存储方式会导致意想不到的问题。

例如，当我们用一个字符向量作为创建数据框的列时，R 会默认将其转换成因子，相同值只存储一次，以免重复存储占用过多内存。因子本质上是一个带有水平（level）属性的整数向量，其中“水平”是指我们事前确定的可能取值的有限集合。

我们可以通过对已经创建的数据框 persons 调用 str( )来说明：

```
str(persons)
## 'data.frame': 3 obs. of  4 variables:
## $ Name  : Factor w/ 3 levels "Ashley","Jennifer",..: 3 1 2
## $ Gender: Factor w/ 2 levels "Female","Male": 2 1 1
## $ Age   : num 24 25 23
## $ Major : Factor w/ 3 levels "Computer Science",..: 2 3 1
```

正如我们所看到的，姓名（Name）、性别（Gender）和专业（Major）不是字符向量而是因子。因为性别（Gender）只可能是女（Female）或男（Male），所以它被表示为一个因子是合理的。显然使用两个整数表示这两种水平要比即使取值重复也全部保存下来的字符向量更加有效。

然而，如果某些列并不限于几个可能的取值，使用因子可能会引起问题。例如，我们想在 persons 中设置一个名字。

```
persons[1, "Name"] <- "John"
## Warning in `[<-.factor`(`*tmp*`, iseq, value = "John"): invalid factor
## level, NA generated
persons
##         Name  Gender Age            Major
## 1       <NA>    Male  24          Finance
## 2     Ashley  Female  25       Statistics
## 3 Jennifer  Female  23 Computer Science
```

此时，出现了一个警告。之所以出现警告，是因为在最初设定 Name 这一列时，相应的水平集合中并没有 John 这个词。因此我们无法给第一个人赋予一个不存在的名字。将任意一个 Gender 设置成 Unknown 时也会出现同样的情况，原因是一样的。当我们定义一个数据框时，用一个字符向量作为数据框的一列，该列将默认被转换为因子，其取值只能从由对应字符向量的唯一值构成的水平集合中选取。

有时候这种情况令人非常恼火。特别是在内存已经很便宜的今天，这种设定真没有多大帮助。避免这种情况最简单的方式是在使用 data.frame()创建一个数据框时，设置 stringsAsFactors = FALSE：

```
persons <- data.frame(Name = c("Ken", "Ashley", "Jennifer"),
  Gender = factor(c("Male", "Female", "Female")),
  Age = c(24, 25, 23),
  Major = c("Finance", "Statistics", "Computer Science"),
  stringsAsFactors = FALSE)
str(persons)
```

```
## 'data.frame':  3 obs. of  4 variables:
## $ Name  : chr  "Ken" "Ashley" "Jennifer"
## $ Gender: Factor w/ 2 levels "Female","Male": 2 1 1
## $ Age   : num  24 25 23
## $ Major : chr  "Finance" "Statistics" "Computer Science"
```

如果我们真的想让一个因子对象发挥它的作用，可以直接在特定的列上调用 factor( ) 函数，就像 Gender 那一列。

2.5.6 数据框中的实用函数

对一个数据框而言，有很多实用的函数，这里我们只介绍几个最常用的。

summary( )函数作用在数据框上，将生成一个汇总表来显示每一列的情况：

```
summary(persons)

## Name Gender Age Major
## Length:3 Female:2 Min. :23.0 Length:3
## Class :character Male :1 1st Qu.:23.5 Class :character
## Mode :character Median :24.0 Mode :character
## Mean :24.0
## 3rd Qu.:24.5
## Max. :25.0
```

对于因子 Gender，汇总了取每一个值或每一个水平的行数。对于一个数值向量，返回重要的分位数。对于其他类型的列，则显示列的长度、类型和模式。另一个常见的需求是将多个数据框按行或按列进行合并。要实现这个目的，我们可以使用 rbind( )和 cbind( )，正如函数名一样，它们分别表示按行合并和按列合并。

如果想向数据框中添加一些行，例如，在这个例子中，要添加一个人的新记录，我们可以用 rbind( )：

```
rbind(persons, data.frame(Name = "John", Gender = "Male", Age = 25, Major
= "Statistics"))

##       Name Gender Age            Major
## 1      Ken   Male  24          Finance
## 2   Ashley Female  25       Statistics
## 3 Jennifer Female  23 Computer Science
## 4     John   Male  25       Statistics
```

如果想向数据框中添加一些列，例如，添加两个新列表示每个人是否已注册和其手头的项目数量，可以使用 cbind( )：

```
cbind(persons, Registered = c(TRUE, TRUE, FALSE), Projects = c(3, 2, 3))
```

```
##       Name Gender Age            Major Registered Projects
## 1      Ken   Male  24          Finance       TRUE        3
## 2   Ashley Female  25       Statistics       TRUE        2
## 3 Jennifer Female  23 Computer Science      FALSE        3
```

请注意，rbind( )和 cbind( )不会修改原始数据，而是生成一个添加了行或列的新数据框。

另一个实用函数是 expand.grid( )，它会生成一个包含所有列值组合的数据框：

```
expand.grid(type = c("A", "B"), class = c("M", "L", "XL"))
```

```
##   type class
## 1    A     M
## 2    B     M
## 3    A     L
## 4    B     L
## 5    A    XL
## 6    B    XL
```

还有很多可以用于数据框的实用函数，我们将在第 7 章继续讨论这些函数。

2.5.7 在硬盘上读写数据

现实中，数据通常存储在文件中。R 提供了许多函数以便从文件中读取一个表格或将一个数据框写入文件。如果一个文件储存了一个表格，通常它都会被很好地组织起来，即按照一定规则将行和列有序地排列。大多数情况下，我们不必逐个字节地读取文件，而是调用 read.table( )或 read.csv( )等函数。

CSV（逗号分隔值，Comma-Separated Vlues）是目前最受欢迎的软件通用数据格式。CSV 通常是这样组织数据的：不同列之间的值用逗号分隔开，首行默认作为表头。例如，在 CSV 格式中是这样存储 persons 的：

```
Name,Gender,Age,Major
Ken,Male,24,Finance
Ashley,Female,25,Statistics
Jennifer,Female,23,Computer Science
```

将数据读入 R 环境中，我们只需要调用 read.csv(file)，这里的 file 是文件所在的路径。为了保证数据文件能被 R 找到，最好直接将数据文件夹放入默认工作目录中，调用 getwd( )找到该目录。我们会在下一章更详细地讨论它。

```
read.csv("data/persons.csv")

##         Name  Gender Age             Major
## 1        Ken    Male  24           Finance
## 2     Ashley  Female  25        Statistics
## 3   Jennifer  Female  23  Computer Science
```

如果需要将数据框保存成一个 CSV 文件，可以调用 write.csv(file)并调整其他参数：

```
write.csv(persons, "data/persons.csv", row.names = FALSE, quote = FALSE)
```

参数 row.names = FALSE 避免存储不必要的行名，参数 quote = FALSE 避免对输出中的文本加引号，这两种做法在大多数情况下都是非必要的。

R 中还有很多内置函数和扩展包可以用来读写不同格式的数据，我们将在之后的章节中继续讨论这个内容。

2.6　函数

函数是一个可以调用的对象。本质上讲，它是一个具有内在逻辑的机制，输入一组值（形参或实参），并依据其逻辑返回一个值。

在前面的章节中，我们遇到过一些 R 的内置函数。例如，在 is.numeric( )函数中输入任意一个 R 对象，会返回一个判断该对象是否为数值向量的逻辑值。类似的还有 is.function( )函数，它可以判断一个给定的 R 对象是否为函数。

事实上，在 R 环境中，我们所使用的一切都是对象，所做的一切都是函数，而且，也许会令你惊讶的是，所有的函数都是对象。甚至连<-和+也都是带有两个参数的函数。尽管它们被称为二元运算符，其本质上也都是函数。

当我们做一些简单的、交互式的数据分析时，通常不必自己编写函数，R 的内置函数和几千个扩展包提供的函数已经够用了。

但是，如果你需要在数据操作或分析中重复某些逻辑或过程，那么 R 中内置的或扩展包中的函数可能无法充分满足你的需求。因为它们不是为了满足特定的任务需求或特定格式的数据集编写的。此时，你就需要针对特定需求自己创建函数了。

2.6.1　创建函数

在 R 中创建函数很容易。例如我们定义一个名为 add 的函数，将 x 和 y 相加：

```
add <- function(x, y){
  x + y
}
```

上述函数的语法(x, y)指定了函数的参数。换句话说，此函数需要两个名为 x 和 y 的参数。{ x + y }是函数体，包含了一系列由 x 和 y 及其他可用符号表示的表达式。除非在函数内部调用 return( )，一般情况下最后一个表达式的值即为函数的返回值。最后，此函数被命名为 add，之后我们就可以使用 add 来调用这个函数了。

创建一个简单或者稍微复杂的函数，与将一个向量赋值给一个变量并无本质差异。在 R 中，函数就像另一个对象。若要查看对象 add 的内容，在控制台中输入 add 即可。

```
add

## function(x, y){
## x + y
## }
```

2.6.2 调用函数

就像在数学中一样，函数一旦定义了，就可以被调用。调用语法为："函数名(参数 1, 参数 2, ...)"。请看如下示例：

```
add(2, 3)

## [1] 5
```

调用函数的过程非常清晰。就像示例中调用函数，R 首先会在环境中查找是否存在一个名为 add 的函数，然后它会明白 add 是我们刚才创建的函数。之后 R 会创建一个局部环境，并在该局部环境中将 2 赋值给 x，将 3 赋值给 y。下一步，将给定的参数值代入函数体中的表达式并进行计算。最终，函数返回表达式的值，结果为 5。

2.6.3 动态类型

因为 R 中的函数不是强类型的，所以它可以非常灵活。换句话说，在调用函数之前，输入对象的类型是不固定的。即使函数的最初设计是针对标量运算，当将函数"+"作用到向量上时，它也会自动拓展以适用于向量运算。例如，我们可以运行以下代码，而不必对函数做任何其他修改：

```
add(c(2, 3), 4)
```

```
## [1] 6 7
```

上面这个例子没有真正展示出动态类型的灵活性，因为在 R 中标量也是一个向量（长度为 1）。举一个更具有代表性的例子：

```
add(as.Date("2014-06-01"), 1)
```

```
## [1] "2014-06-02"
```

无需检查输入类型，函数便可以将两个参数代入表达式中进行运算。其中，as.Date( ) 创建了一个 Date 对象，用来表示日期。这里没有对“add”函数进行任何更改，它就可以完美地作用于对象 Date。只有在两个参数上“+”没有被很好地定义时，函数才会失效。

```
add(list(a = 1), list(a = 2))
```

```
## Error in x + y: 二进列运算符中有非数值参数
```

2.6.4 泛化函数

函数是用于解决一些特定问题的特定逻辑或者过程的集合的一种合理抽象，开发人员通常希望函数具有一般性，以适用于各种各样的场景。这样就可以轻松地使用它来解决相似的问题，而无需为每个问题编写过多的专用函数。

泛化是使一个函数具有更广泛的适用性。在弱类型的编程语言（例如 R ）中泛化函数非常方便的，但是当它被不正确地执行时，也会出现错误。

为了使 add( ) 函数更加通用，以便可以处理各种原始代数运算，我们可以定义另一个名为 calc 的函数。这个新函数包含 3 个参数：x、y 和 type，其中 x 和 y 是两个向量，type 接收一个字符向量，它表示用户想要进行哪一种代数运算。

以下代码使用**控制流（flow control）**执行该函数。我们稍后会讲解控制流的具体使用。虽然这里初次遇到，但应该很容易理解。在这段代码中，type 的取值决定了使用何种表达式。

```
calc <- function(x, y, type){
  if (type == "add"){
    x + y
  } else if (type == "minus"){
    x - y
  } else if (type == "multiply"){
    x * y
```

```
  } else if (type == "divide"){
    x / y
  }else {
    stop("Unknown type of operation")
  }
}
```

一旦函数被定义，我们便可以通过提供适当的参数来调用它：

```
calc(2, 3, "minus")
## [1] -1
```

函数自动适用于数值向量：

```
calc(c(2, 5), c(3, 6), "divide")
## [1] 0.6666667 0.8333333
```

因为之前“+”已经被良好定义，所以也可以泛化 calc( ) 函数以适用于非数值向量：

```
calc(as.Date("2014-06-01"), 3, "add")
## [1] "2014-06-04"
```

如果提供一些无效参数：

```
calc(1, 2, "what")
## Error in calc(1, 2, "what"): Unknown type of operation
```

在这种情况下，没有满足的条件，因此最后 else 代码块中的表达式被执行。stop( ) 函数被调用，输出错误信息并立即终止运算。

看起来函数运行良好，也考虑了包括无效参数的所有情况。然而事实并非如此：

```
calc(1, 2, c("add", "minus"))
## Warning in if (type == "add") {: 条件的长度大于一，因此只能用其第一元素
## [1] 3
```

这里，我们没有考虑传递多元素向量给 type 的情况。问题在于：当两个多元素向量比较时，也会返回一个多元素逻辑向量，这会使得 if 的判断条件含糊不清。考虑一下，if(c(TRUE, FALSE))意味着什么呢？

为了彻底地避免这种模棱两可的情况，我们需要细化函数使错误能够更加明晰，反映更多信息。进一步地，我们只需检查向量的长度是否为 1：

```
calc <- function(x, y, type){
  if (length(type > 1L)) stop("Only a single type is accepted")
  if (type == "add"){
```

```
    x + y
  } else if (type == "minus"){
    x - y
  } else if (type == "multiply"){
    x * y
  } else if (type == "divide"){
    x / y
  }else {
    stop("Unknown type of operation")
  }
}
```

重试上述会报错的代码，我们可以查看预先检查参数后，函数如何处理异常：

```
calc(1, 2, c("add", "minue"))
## Error in calc(1, 2, c("add", "minue")): Only a single type is accepted
```

2.6.5 函数参数的默认值

一些函数可以非常灵活，因为它们能够接受各种各样的输入值，满足广泛的需求。但是，很多情况下，更多的灵活性意味着增加更多的参数。

如果使用一个非常灵活的函数，每次需要指定几十个参数，那么查看代码时肯定会觉得一片混乱。在这种情况下，给参数设定合理默认值，将会极大地简化调用函数的代码。

使用 `arg = value` 给一个参数设定默认值，这将使其成为一个可选参数。下面这个例子创建了一个带有可选参数的函数：

```
increase <- function(x, y = 1){
  x + y
}
```

调用新函数 `increase( )`时，只需提供 x 的取值，y 会自动取值为 1，除非另有明确指定。

```
increase(1)
## [1] 2
increase(c(1, 2, 3))
## [1] 2 3 4
```

R 中许多函数都包含多个参数，其中一些被赋予了默认值。有时，设定参数默认值是一件棘手的事情，因为它高度依赖于大多数用户的使用意图。

2.7 小结

在本章中，我们学习了数值向量、逻辑向量和字符向量的基本性质。这些向量属于同质数据类，即只能存储相同类型的元素。与之相比，列表和数据框更加灵活，因为它们可以存储不同类型的元素。还学习了如何从这些数据结构中提取子集和元素。最后，了解了关于创建和调用函数的相关内容。

理解了游戏规则之后，还需要熟悉操作环境。在下一章中，我们将介绍一些有关管理工作环境的基本但重要的内容，向你展示一些管理工作目录、环境和扩展包库的一般做法。

第 3 章
工作空间管理

如果把 R 对象的运行方式喻为游戏规则，那么工作空间可以看作游戏场地。要玩好游戏，你不仅需要熟悉规则，更需要熟悉场地。本章将介绍一些基础但重要的工作空间管理方法。这些方法包括：

- 使用工作目录
- 检查工作环境
- 更改全局选项
- 管理扩展包库

3.1 R 的工作目录

无论是从 R 终端还是 RStudio 中启动，一个 R 会话总是运行于一个目录中。这个运行 R 的目录被称为 R 会话的工作目录。从硬盘中读取文件，大多数情况下，使用绝对路径（例如，D:\Workspaces\test-project\data\2015.csv），或者使用工作目录中（本例为 D:\Workspaces\test-project）的相对路径（例如 data\2015.csv）。

使用工作目录的相对路径不会改变文件的原始路径，只是简化了指定方式，也更便于脚本文件的移植。试想你正在编写一个 R 脚本来绘制图形，需要使用目录中的很多数据文件。如果你将目录写为绝对路径，那么，其他人想在自己计算机上运行你的脚本文件时，就需要重新将路径修改为自己硬盘上相应文件的路径。但是，如果你写为相对路径，其他人的数据也储存在同一相对位置中，那么无需修改就能运行该脚本。

在 R 终端中，你可以使用 `getwd( )` 查看当前 R 会话的工作目录。默认情况下，输入一条命令，R 会在用户目录中创建新的 R 会话，Rstudio 则会在后台，从你的用户文件目录中创建 R 会话。

除默认的设置外，在 RStudio 中你也可以自行选择目录创建 R 项目。每次打开这个 R 项目时，该项目的存储位置就是工作目录，使用相对路径从该目录中提取文件就非常简单，也提高了项目的可移植性。

3.1.1 在 RStudio 中创建 R 项目

在 RStudio 中创建一个新项目，只需要打开 File|New Project 或单击右上角的 Project 下拉菜单，选择 New Project。如图 3-1 所示，界面上将会出现一个窗口，你可以创建新的目录或在硬盘中选择一个现有目录作为项目目录。

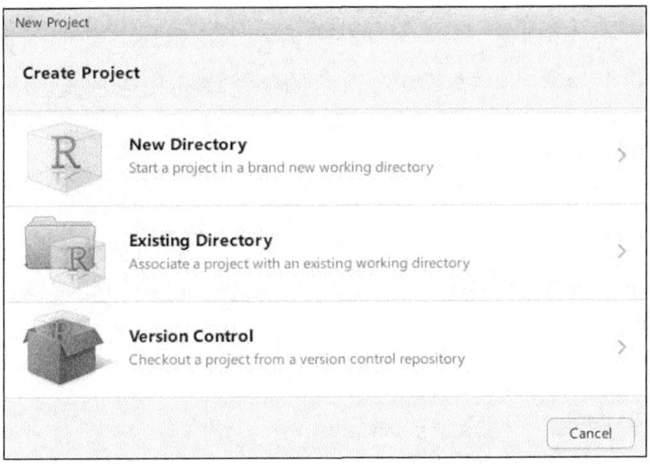

图 3-1

一旦你选择了一个本地目录，将在此创建对应的项目。一个 R 项目仅仅是一个存储某些设置的 .Rproj 文件。在 RStudio 中打开 R 项目文件时，这些设置将会被启用，工作目录也将被设为项目文件所在的位置。

使用 RStudio 创建项目的另一个优点在于，它的自动补全功能使编写文件路径变得更加高效。当你输入绝对路径或相对路径中的字符时，按下 Tab 键，RStudio 将会列出该目录中的所有文件，如图 3-2 所示。

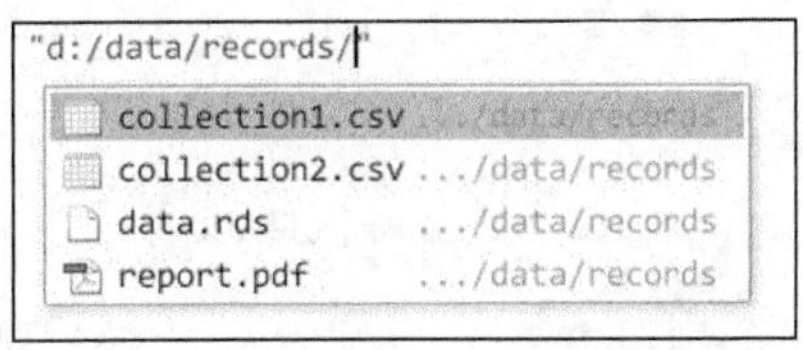

图 3-2

3.1.2 绝对路径和相对路径的比较

由于我正在用 Rmarkdown 写这本书，所以当前的工作目录就是本书所在的目录。

```
getwd()
## [1] "D:/Workspaces/learn-r-programming"
```

你可能注意到了，之前提到的工作目录采用的是"/"而不是"\"。这是因为在 Windows 操作系统下，默认的路径分隔符"\"已经被用于创建特殊字符。例如，在创建字符向量时，可以使用"\n"进行换行：

```
"Hello\nWorld"
## [1] "Hello\nWorld"
```

当字符向量被直接输出时，特殊字符会保留在字符串内。然而，如果你使用 `cat( )` 函数，出现在控制台中的将是经转义符转译后的字符串的相应形式。

```
cat("Hello\nWorld")
## Hello
## World
```

此处第 2 个词正常地显示在新一行（\n）中。既然 \ 已经如此特殊，那么我们要如何表示 \ 本身呢？只需用 \\ ：

```
cat("The string with '\\' is translated")
## The string with '\' is translated
```

这就是在 Windows 操作系统中我们应该使用 \\ 或 / 代替 \ 的原因。在一些类 UNIX 系统，例如 MacOS 和 Linux 中，路径设置会比较简单：总是使用 /。如果你在 Windows 环境中错用 \ 读取文件，R 将会报错：

```
filename <- "d:\data\test.csv"
## Error: '\d' is an unrecognized escape in character string starting
""d:\d"
```

因此，应当将代码改为：

```
filename <- "d:\\data\\test.csv"
```

幸运的是，在 Windows 操作系统中，大多数情况下我们可以使用 /，这使得同一相对路径的代码在各个常用操作系统中都可以运行。

```
absolute_filename <- "d:/data/test.csv"
relative_filename <- "data/test.csv"
```

除了通过 getwd( )获取工作目录，我们也可以使用 setwd( )修改当前 R 会话的工作目录。但是，通常情况下，并不推荐这样做。因为此类操作会将脚本中所有相对路径指引到另一个工作目录，使所有代码无法正常运行。

因此，一条值得借鉴的实践经验就是，创建 R 项目来开始你的工作。

3.1.3 管理项目文件

当我们在 RStudio 中创建 R 项目时，一个 .Rproj 文件将会被创建在一个空目录中。由于 R 与统计计算和数据可视化相关，一个 R 项目主要包括：进行统计计算（或其他编程任务）的 R 脚本、数据文件（例如 .csv 文件）、文本文档（例如 Markdown 文件），有时还有输出的图表。

如果项目目录中混杂着不同类型的文件，尤其在需要输入多种数据，或者频繁导出数据、图表，导致目录混乱时，管理这些项目文件会更加困难。

这里推荐一种方法，可以创建不同的子目录分别存储各种任务所产生的不同类型的文件。

例如，这个工作目录结构简单，直接罗列了所包含的全部类型的文件。

```
project/
- household.csv
- population.csv
- national-income.png
- popluation-density.png
- utils.R
- import-data.R
- check-data.R
- plot.R
- README.md
- NOTES.md
```

相对而言，以下工作目录更为简洁，也更便于操作：

```
project/
- data/
  - household.csv
```

```
    - population.csv
  - graphics/
    - national-income.png
    - popluation-density.png
  - R/
    - utils.R
    - import-data.R
    - check-data.R
    - plot.R
  - README.md
  - NOTES.md
```

在上述目录结构中，目录被表示为：目录/。文件被表示为：文件名.扩展名。在大多数情况下，我们推荐第 2 种目录结构。因为随着项目的需求和任务变得越来越复杂，第 1 种存储结构将会变得非常混乱，而第 2 种结构仍然可以保持整洁。

除结构问题外，通常我们会将项目介绍写进 `README.md`，并将附加的注解写进 `NOTES.md`。这两个文件是 Markdown 文件（`.md`），它极其简单的语法值得我们熟练掌握。具体内容请参阅 Daring Fireball: Markdown Syntax Documentation（https://daringfireball.net/projects/markdown/syntax）以及 GitHub Help: Markdown Basics（https://help.github.com/articles/markdown-basics/）。我们将在第 **15** 章中讨论如何将 R 与 Markdown 结合使用。

至此，工作目录已经准备完毕。在下一节中，我们将学习不同的方法，检查 R 会话中的工作环境。

3.2 检查工作环境

在 R 中，每个表达式都是在指定环境中运行的。环境就是符号和其绑定物的集合。当我们将一个值与一个符号进行绑定，调用一个函数，或者对应一个函数名，R 就会在当前的环境中寻找这个符号。如果你在 RStudio 的控制台中输入命令，它们会在全局环境中运行。

例如，当我们在 R 终端或 RStudio 中开始一个新的 R 会话，就是在一个空的全局环境中开展工作。换句话说，空的全局环境就是没有定义任何符号的全局环境。我们运行 `x <-c(1, 2, 3)`，数值向量 `c(1, 2, 3)`就被绑定给全局环境中的符号 `x`。然后，全局环境中就有一个绑定关系：将 `x` 映射到向量 `c(1, 2, 3)`。也就是说，运行 `x`，就会得到数值向量的值。

3.2.1 检查现有符号

除了掌握前面章节介绍的对向量和列表进行操作，我们还要了解一些基本函数来检查和操作工作环境。其中，objects( )是最基本且有用的函数，用来检查当前工作环境的对象集合。它返回一个字符向量，这一向量包含了当前工作环境中现有的对象名称。

在一个新的 R 会话中，当前工作环境将不会有任何符号：

```
objects()
## character(0)
```

假如我们创建了以下对象：

```
x <- c(1, 2, 3)
y <- c("a", "b", "c")
z <- list(m = 1.5, n = c("x", "y", "z"))
```

这样便会得到一个包含当前现有对象名称的字符向量：

```
objects()
## [1] "x" "y" "z"
```

许多开发者偏爱 ls( )，它与 objects( )异曲同工：

```
ls()
## [1] "x" "y" "z"
```

通常情况下，尤其在 RStudio 中工作时，你不必使用 objects( )或 ls( )来查看都有哪些被创建的符号，因为环境窗口展示了全局环境中所有的可用符号，如图 3-3 所示。

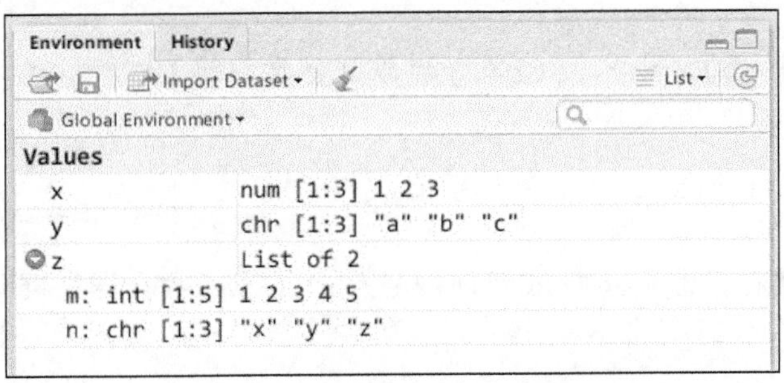

图 3-3

环境窗口以紧凑形式展示了符号和对应值。可以通过展开列表或数据框、以及查看其中向量等方式对环境中的对象进行交互式操作。

除了列表视图，环境窗口还提供了一种网格视图。网格视图不仅包括现有对象的名称、类型和数值结构，还有对象的规模（占内存的大小），如图 3-4 所示。

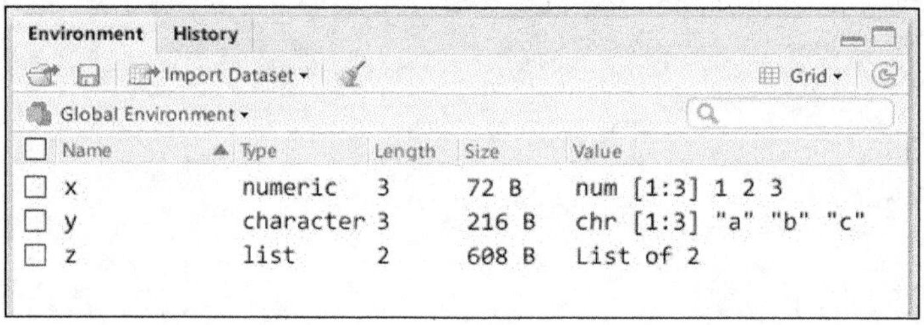

图 3-4

尽管 RStudio 中的环境窗口可以非常直观地查看现有变量，但是，当你不能使用 RStudio，而编写函数需要使用对象名称，或者以不同方式动态调用对象时，`objects( )` 或 `ls( )` 仍然有用。

3.2.2 查看对象结构

在环境窗口中，对象的紧凑形式来自于 `str( )` 函数，它输出指定对象的结构。

例如，当 `str( )` 作用于一个简单的数值向量时，返回该向量的类型、位置，并预览前几位元素：

```
x
## [1] 1 2 3
str(x)
## num [1:3] 1 2 3
```

如果向量的元素超过 10 个，`str( )` 函数只会显示前 10 位元素：

```
str(1:30)
## int [1:30] 1 2 3 4 5 6 7 8 9 10 ...
```

对于列表，直接在控制台运行或者使用 `print( )` 函数会详细展示其成分信息：

```
z
## $m
## [1] 1 2 3 4 5
```

```
##
## $n
## [1] "x" "y" "z"
```

此外，str( )展示了它的类型、长度和各个成分的结构预览情况：

```
str(z)
## List of 2
## $ m: int [1:5] 1 2 3 4 5
## $ n: chr [1:3] "x" "y" "z"
```

假设我们创建了一个列表 nested_list：

```
nested_list <- list(m = 1:15, n = list("a", c(1, 2, 3)),
  p = list(x = 1:10, y = c("a", "b")),
  q = list(x = 0:9, y = c("c", "d")))
```

直接输出该列表，会返回它的所有成分，并告诉我们如何访问各个成分或元素。但是，其返回形式可能会很长，且大多数情况下并非必要。

```
nested_list
## $m
## [1]  1  2  3  4  5  6  7  8  9 10 11 12 13 14 15
##
## $n
## $n[[1]]
## [1] "a"
##
## $n[[2]]
## [1] 1 2 3
##
##
## $p
## $p$x
## [1]  1  2  3  4  5  6  7  8  9 10
##
## $p$y
## [1] "a" "b"
##
##
## $q
## $q$x
## [1] 0 1 2 3 4 5 6 7 8 9
```

```
##
## $q$y
## [1] "c" "d"
```

要想获得更便于查看和操作的紧凑形式，可以对列表调用 str( ) 函数：

```
str(nested_list)
## List of 4
## $ m: int [1:15] 1 2 3 4 5 6 7 8 9 10 ...
## $ n:List of 2
## ..$ : chr "a"
## ..$ : num [1:3] 1 2 3
## $ p:List of 2
## ..$ x: int [1:10] 1 2 3 4 5 6 7 8 9 10
## ..$ y: chr [1:2] "a" "b"
## $ q:List of 2
## ..$ x: int [1:10] 0 1 2 3 4 5 6 7 8 9
## ..$ y: chr [1:2] "c" "d"
```

相较而言，str( ) 展示了一个对象的结构，ls.str( ) 展示了当前环境的结构：

```
ls.str()
## nested_list : List of 4
## $ m: int [1:15] 1 2 3 4 5 6 7 8 9 10 ...
## $ n:List of 2
## $ p:List of 2
## $ q:List of 2
## x : num [1:3] 1 2 3
## y : chr [1:3] "a" "b" "c"
## z : List of 2
## $ m: int [1:5] 1 2 3 4 5
## $ n: chr [1:3] "x" "y" "z"
```

它的功能类似于 RStudio 中的环境窗口，当需要查看自定义环境或者展示一些特定变量的结构时，这个函数就非常有用。

在 ls.str( ) 函数中充当过滤器的是 mode 参数。可以设置参数 mode="list" 来查看所有列表对象的值的结构：

```
ls.str(mode = "list")
## nested_list : List of 4
## $ m: int [1:15] 1 2 3 4 5 6 7 8 9 10 ...
## $ n:List of 2
```

```
## $ p:List of 2
## $ q:List of 2
## z : List of 2
## $ m: int [1:5] 1 2 3 4 5
## $ n: chr [1:3] "x" "y" "z"
```

另一个过滤器是 pattern 参数，它指定了匹配的名称模式。pattern 参数以正则表达式的形式表述。如果你想查看所有名称里仅包含一个字符的变量的结构，可以运行以下代码：

```
ls.str(pattern = "^\\w$")
## x : num [1:3] 1 2 3
## y : chr [1:3] "a" "b" "c"
## z : List of 2
## $ m: int [1:5] 1 2 3 4 5
## $ n: chr [1:3] "x" "y" "z"
```

同样，如果想要查看所有名称里仅包含一个字符的列表的结构，可以同时指定 pattern 和 mode 参数：

```
ls.str(pattern = "^\\w$", mode = "list")
## z : List of 2
## $ m: int [1:5] 1 2 3 4 5
## $ n: chr [1:3] "x" "y" "z"
```

如果你被^\\w$这样的命令吓到了，不必担心。这个模式会匹配所有具有（字符开始）（任意一个字母，例如 a、b、c）（字符结束）形式的字符串。我们将会在第 6 章中介绍这个强有力的工具。

3.2.3 删除符号

到此为止，我们只是创建了符号。有时候，有必要删除一些符号。remove( )函数或其等价形式 rm( )会从环境中删除现有符号。

在删除 x 之前，环境中的符号如下所示：

```
ls()
## [1] "nested_list" "x" "y" "z"
```

然后，我们使用 rm( )将环境中的 x 删除：

```
rm(x)
ls()
```

```
## [1] "nested_list" "y" "z"
```

注意到函数对字符串形式的变量名也起作用，因此，rm("x")具有完全相同的效果。我们也可以在一个函数中同时删除多个符号：

```
rm(y, z)
ls()
## [1] "nested_list"
```

如果要删除的符号并不在环境中，就会产生一个警告：

```
rm(x)
## Warning in rm(x): 找不到对象'x'
```

rm( )函数也可以删除通过字符向量指定的对应符号：

```
p <- 1:10
q <- seq(1, 20, 5)
v <- c("p", "q")
rm(list = v)
## [1] "nested_list" "v"
```

如果我们想要清除环境中所有绑定物，可以组合 rm( )和 ls( )，像这样调用函数：

```
rm(list = ls())
ls()
## character(0)
```

现在，环境中没有符号了。

在很多情况下，删除符号是非必要的。但是，当需要删除一个占用较大内存的对象时，这种操作就非常有用。当存在内存压力时，R 就会自动清除一些没有绑定物的无用对象。

3.3 修改全局选项

与在工作环境中创建、检查和删除对象不同，R 语言选项能在全局范围内影响当前会话。我们可以调用 getOption( )查看某一给定选项的值，使用 options( )修改它的值。

3.3.1 修改输出位数

在 RStudio 中，当你输入 getOption(<Tab>)时，可以看到一列可用选项及其描述。

例如，一个常用选项就是数值的显示位数。有时，当我们处理精度要求比较高的数值时，其显示的数值位数是不够的。在一次 R 会话中，屏幕上显示的数值位数完全由 `digits` 选项控制。可以调用 `getOption( )` 来查看 `digits` 选项的当前值，如图 3-5 所示，并通过 `options( )` 将 `digits` 选项设置到一个更大的值：

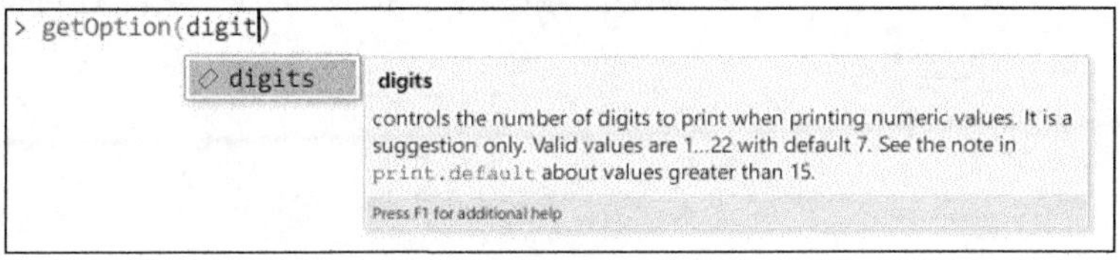

图 3-5

当 R 会话开始时，`digits` 的默认值为 7。为了演示其效果，我们运行如下代码：

```
123.12345678
## [1] 123.1235
```

很明显，11 位数字只显示了 7 位。这意味着小数部分的最后几位数字消失了，屏幕上只显示了一个 7 位数的数值。为了验证精度并没有因为 `digits` 等于 7 而损失，请看下列代码的输出结果：

```
0.10000002
## [1] 0.1
0.10000002 -0.1
## [1] 2e-08
```

如果数字默认四舍五入到小数点后 7 位，则 0.10000002 应近似为 0.1，第 2 个表达式应该为 0。但是，这显然不会发生，因为 `digits` 等于 7 只是表示数值的显示位数，而不是四舍五入的位数。

但是，在一些情况下，小数点前的数值可能很大，而我们不希望忽略小数点后的数值。若不修改 `digits` 选项，下面的数值只会显示整数部分：

```
1234567.12345678
## [1] 1234567
```

如果想看到更多的显示位数，需要将 `digits` 的默认值 7 增加到一个更大的数值：

```
getOption("digits")
## [1] 7
1e10 + 0.5
```

```
## [1] 1e+10
options(digits = 15)
1e10 + 0.5
## [1] 10000000000.5
```

需要注意，一旦 options( ) 被调用，修改的选项会即刻生效，且可能影响所有后续命令。可用如下命令重置选项：

```
options(digits = 7)
1e10 + 0.5
## [1] 1e + 10
```

3.3.2 修改警告级别

另一个选项的示例是通过指定 warn 选项的值来管理警告级别：

```
getOption("warn")
## [1] 0
```

在默认情况下，警告级别为 0，意味着警告就是警告，错误就是错误。在这种情况下，警告的显现不会停止代码运行，出现错误就会立刻终止代码。如果多个警告同时产生，它们将被组合在一起显示。例如，下述从字符串到数值向量的转换将会生成警告并输出缺失值：

```
as.numeric("hello")
## [1] NA
## Warning: message  强制改变过程中产生了 NA
```

我们可以完全屏蔽警告，但仍从失败的转换中得到一个缺失值：

```
options(warn = -1)
as.numeric("hello")
## [1] NA
```

可以看到，警告消失了。然而，屏蔽警告消息几乎总是一个坏主意，这将使潜在的错误被忽略。你不一定能从最终结果中意识到错误。因此，建议严控代码，从而节省大量的调试时间。

将 warn 设置为 1 或 2 将使错误代码更快被发现。当 warn=0 时，函数运行的默认行为是先返回结果，如果警告产生，再一起显示所有警告信息。我们使用两个字符串调用下列函数来进行演示：

```
f <- function(x, y){
  as.numeric(x) + as.numeric(y)
}
```

在默认的警告级别下，所有的警告将出现在函数返回值之后：

```
options(warn = 0)
f("hello", "world")
## [1] NA
## Warning messages:
## 1: In f("hello", "world") : 强制改变过程中产生了NA
## 2: In f("hello", "world") : 强制改变过程中产生了NA
```

该函数将两个输入参数强制转换为数值向量。由于输入参数均为字符串，两个警告便产生了，但只会出现在函数返回值之后。如果前面的函数任务繁重，且需要运行相当长的时间，你将不会在最终结果前看到任何警告。但事实上，中间计算已经偏离正确结果有一段时间了。

这提示我们有关 `warn=1` 的用法，即强制在警告产生的同时输出警告信息：

```
options(warn = 1)
f("hello", "world")
## Warning in f("hello", "world") : 强制改变过程中产生了NA
## Warning in f("hello", "world") : 强制改变过程中产生了NA
## [1] NA
```

结果是相同的，但警告信息会出现在返回值的前面。若该函数运行耗时，我们应该会先看到警告信息。因此可以选择停止运行代码，并检查代码是否有误。

另一个警告级别更为苛刻。`warn=2` 的参数设置直接将任何警告视为错误。

```
options(warn = 2)
f("hello", "world")
## Error in f("hello", "world") : (由警告转换成) 强制改变过程中产生了NA
```

这些选项在全局范围内具有影响。因此，可以很方便地管理 R 会话的常见设置，但是更改选项的同时也意味着风险。正如更改工作目录可能会使脚本中的所有相对路径无法运行，更改全局选项可能会破坏后续某些不兼容代码的运行。

一般来说，除非绝对必要，否则不建议修改全局选项。

3.4 管理扩展包库

在 R 中，扩展包（package）在数据分析和可视化方面扮演着不可或缺的角色。事实上，

R 本身只是一个建立在几个基础包之上的微小内核。包是预先定义的函数集合，这些函数一般具有通用性，以便解决一定范围的问题。使用一个精心编制的包，便不必周而复始地"重造轮子"，而是更多地关注亟待解决的问题。

R 是强大的，不仅因为它有丰富的扩展包资源，更因为它拥有维护良好的扩展包归档系统，该系统被称为 Comprehensive R Archive Network 或者 CRAN（http://cran.r-project.org/）。R 的源代码和数千个包被存档在此系统中。在撰写本书时，CRAN 上就有 7750 个可用包，这些包由全世界超过 4500 个包维护者进行维护，并且每周都有超过 200 万的下载量，还有超过 100 个包被更新。你可以访问 https://cran.rstudio.com/web/packages/查看扩展包列表，当前所有可用的包都位列其中。

当你听到 CRAN 包的数量时，千万不要感到惊慌！虽然包的数量巨大、覆盖范围广，但你只需要学习其中的一小部分。如果你专攻某个特定领域的工作，很可能只有不超过 10 个包与你的工作领域密切相关。因此，完全不需要知道所有的包（没有人可以，也根本不需要），只需要了解最有用的以及与工作领域相关的包。

建议你访问 CRAN 任务纵览（https://cran.rstudio.com/web/views/）和 METACRAN http://www.r-pkg.org/，并开始着手学习最常用的或者与你的工作领域密切相关的包，而不是在没有信息的列表中寻找扩展包。在学习如何使用特定包之前，我们需要对如何从不同的来源安装包有个基本的认识，并了解包的基本工作原理。

3.4.1 认识扩展包

一个扩展包就是用于解决一定范围内问题的函数集合。它可以是一系列统计估计量、数据挖掘方法、数据库接口或优化工具的封装实现。以可视化包 ggplot2 为例，要了解关于包的更多信息，下列几个信息源是有用的。

- **包的描述页**（https://cran.rstudio.com/web/packages/ggplot2/）：该页涵盖了包的基本信息，包括包的名称、描述、版本、发布日期、作者、相关网站、参考手册、简介以及与其他包的关系等。包的描述页不仅可以由 CRAN 提供，还可以由一些其他第三方信息网站提供。METACRAN 也在 http://www.r-pkg.org/pkg/ggplot2 提供了关于 ggplot2 的描述。
- **包的网站**（http://ggplot2.org/）：该页面涵盖了包的描述及相关资源，例如博客、教程和图书。不是每个包都有一个专门网站，但如果有，那么这个网站便是学习该扩展包的最佳起点。
- **包的源代码**（https://github.com/hadley/ggplot2）：包的作者将包的源代码托管在

GitHub （https://github.com）上，并且该页即是包的源代码。如果你对包中函数的实现感兴趣，可以查看源代码并观摩一番。如果你发现了一些作者可能没预料到的程序错误，可以在 https://github.com/hadley/ggplot2/issues 进行报告。此外，你还可以在同一位置提出问题以请求新功能。

在阅读完包的描述之后，便可以尝试将包安装到 R 的库（library）中。

3.4.2 从 CRAN 中安装包

CRAN 将 R 包存档，并将它们发布到世界各地的 120 多个镜像中。你可以访问 CRAN 镜像（https://cran.r-project.org/mirrors.html）并查看附近的镜像。如果找到一个镜像，你可以在 **Tools | Global Options** 打开以下对话框，如图 3-6 所示：

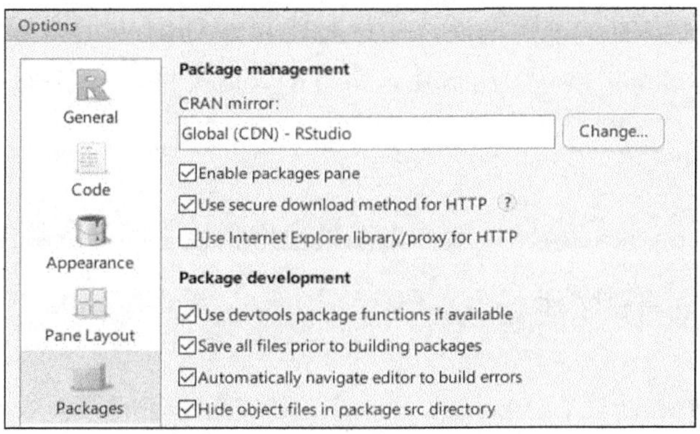

图 3-6

你可以将 CRAN 镜像更改到附近的镜像，或者就用默认镜像。一般来说，如果使用附近镜像，你会体验到非常快的下载速度。在最近几个月，一些镜像已开始使用 HTTPS 来加密数据传输。如果使用 **HTTP 加密下载**的方法被勾选，就只能使用 HTTPS 镜像。

一旦选定了某个镜像，在 R 中下载和安装包将变得非常方便。仅需调用 install.packages ("ggplot2")，R 就会自动下载并安装，有时还会自动编译。

RStudio 也提供了一种安装包的便捷方法。你只需转到 **Packages** 窗口并单击 **Install** 按钮，便会出现图 3-7 所示的对话框。

正如包的描述所示，包可以依托于其他包。换句话说，当你调用包中的某个函数时，该函数也在调用其他包中的一些函数，这就要求你也需要安装那些包。可喜的是，`install.packages( )`足够智能，知道包的依赖结构，并优先安装那些包。

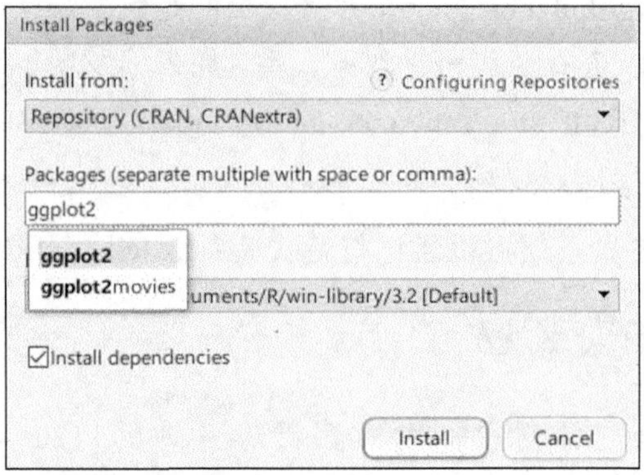

图 3-7

在 METACRAN（http://www.r-pkg.org/）的主页上，扩展包（featured packages） 都是 GitHub 上被收藏最多的。也就是说，这些包被许多 GitHub 用户标记。也许，你希望在一次函数调用中安装多个扩展包，这自然是可行的，只需将包的名称写入一个字符向量中：

```
install.packages(c("ggplot2","shiny","knitr","dplyr","data.table"))
```

之后 `install.packages( )`就会自动处理好各包之间的依赖结构并安装它们。

3.4.3 从 CRAN 中更新包

默认情况下，`install.packages( )`函数安装指定包的最新版本。包一旦安装成功，其版本保持固定。但是，包可能会被更新以修复错误或添加新功能。有时，新版本的包可能会忽略旧版本包中函数运行时产生的警告。在这些情况下，我们可能会保留旧版本的包，或者在阅读 NEWS 页面后更新它，该页面可以在包的描述中找到（例如，https://cran.r-project.org/web/packages/ggplot2/news.html，关于新版本的详细信息，请参阅此处的相关变化）。

RStudio 在 package 窗口中的 **Install** 按钮旁提供了一个 **Update** 按钮。我们还可以调用下列函数并选择需要更新的包：

```
update.packages()
```

RStudio 和上述函数会检索并安装更新版本的包，在必要时还会同时安装具有依赖关系的包。

3.4.4 从在线库中安装包

目前，许多包的开发者将他们的工作托管在 GitHub 上，因为 GitHub 具有设计良好的跟踪系统和合并请求系统，使得版本控制和社区发展变得非常简便。有些开发者没有将代码上传至 CRAN，也有些只是将稳定版上传至 CRAN，然后在 GitHub 维护和更新。

通常新版本的包会添加新功能或修复一些错误，如果你想要体验最新版，可以使用 devtools 包直接从在线库中安装。

如果还没有安装 devtools 包，请运行以下代码：

```
install.packages("devtools")
```

然后，使用 devtools 包的 `install_github( )` 安装最新版本的 ggplot2：

```
library(devtools)
install_github("hadley/ggplot2")
```

devtools 包从 GitHub 下载源代码，并封装成扩展包库的一个包。如果已经安装了该包，已安装的版本将被直接替换。如果要将开发版本还原为最新的 CRAN 版本，可以再次运行 CRAN 安装代码：

```
install.packages("ggplot2")
```

此时，本地版本（GitHub 版本）就被替换为 CRAN 版本了。

3.4.5 使用包中的函数

使用包中的函数有两种方法。其一：调用 `library( )` 加载包，继而可以直接使用包内函数。其二：使用 `package::function( )` 只使用函数，而不将整个包加载到环境中。

举个例子，一些统计量函数不是 R 的内置函数，不能直接调用。此时，只能使用其他包中的函数来实现的。如：计算偏度的函数存在于 moments 包中。

计算数值向量 x 的偏度，我们要先加载包，再调用函数：

```
library(moments)
skewness(x)
```

同样地，也可以只调用函数，而不加载包，使用`::`：

```
moments::skewness(x)
```

上述两种方法返回的结果相同，但是工作机理不同，对工作环境的影响也不同。更具体地说，第 1 种方式（使用 `libarary( )`）修改了符号的搜索路径；第 2 种方式（`::`）

没有修改。当调用 libaray(moments)时，扩展包被加载并添加到搜索路径，使得在后续代码中可以直接使用包内函数。

有时，通过 sessionInfo( )查看我们使用的包是非常有用的：

```
sessionInfo()
## R version 3.2.3 (2015-12-10)
## Platform: x86_64-w64-mingw32/x64 (64-bit)
## Running under: Windows 10 x64 (build 10586)
##
## locale:
## [1] LC_COLLATE=English_UnitedStates.1252
## [2] LC_CTYPE=English_UnitedStates.1252
## [3] LC_MONETARY=English_UnitedStates.1252
## [4] LC_NUMERIC=C
## [5] LC_TIME=English_UnitedStates.1252
##
## attached base packages:
## [1] stats graphics grDevicesutils datasets
## [6] methods base
##
## loaded via a namespace (and not attached):
## [1] magrittr_1.5formatR_1.2.1tools_3.2.3
## [4] htmltools_0.3yaml_2.1.13stringi_1.0-1
## [7] rmarkdown_0.9.2knitr_1.12stringr_1.0.0
## [10] digest_0.6.8evaluate_0.8
```

上述会话信息显示了 R 的版本，并列出了已下载并被加载的扩展包。当我们使用::访问包的函数时，扩展包被下载，但没有被加载。在这种情况下，包内的其他函数仍然不能直接使用：

```
moments::skewness(c(1, 2, 3, 2, 1))
## [1] 0.3436216
sessionInfo()
## R version 3.2.3 (2015-12-10)
## Platform: x86_64-w64-mingw32/x64 (64-bit)
## Running under: Windows 10 x64 (build 10586)
##
## locale:
## [1] LC_COLLATE=English_UnitedStates.1252
## [2] LC_CTYPE=English_UnitedStates.1252
## [3] LC_MONETARY=English_UnitedStates.1252
## [4] LC_NUMERIC=C
## [5] LC_TIME=English_UnitedStates.1252
```

```
##
## attached base packages:
## [1] stats graphics grDevicesutils datasets
## [6] methods base
##
## loaded via a namespace (and not attached):
## [1] magrittr_1.5formatR_1.2.1tools_3.2.3
## [4] htmltools_0.3yaml_2.1.13stringi_1.0-1
## [7] rmarkdown_0.9.2knitr_1.12stringr_1.0.0
## [10] digest_0.6.8moments_0.14evaluate_0.8
```

上述会话信息表明 moments 包已下载但未被加载。调用 `library(moments)` 加载 moments 包：

```
library(moments)
sessionInfo()
## R version 3.2.3 (2015-12-10)
## Platform: x86_64-w64-mingw32/x64 (64-bit)
## Running under: Windows 10 x64 (build 10586)
##
## locale:
## [1] LC_COLLATE=English_UnitedStates.1252
## [2] LC_CTYPE=English_UnitedStates.1252
## [3] LC_MONETARY=English_UnitedStates.1252
## [4] LC_NUMERIC=C
## [5] LC_TIME=English_UnitedStates.1252
##
## attached base packages:
## [1] stats graphics grDevicesutils datasets
## [6] methods base
##
## other attached packages:
## [1] moments_0.14
##
## loaded via a namespace (and not attached):
## [1] magrittr_1.5formatR_1.2.1tools_3.2.3
## [4] htmltools_0.3yaml_2.1.13stringi_1.0-1
## [7] rmarkdown_0.9.2knitr_1.12stringr_1.0.0
## [10] digest_0.6.8evaluate_0.8
skewness(c(1, 2, 3, 2, 1))
## [1] 0.3436216
```

这样，在后续代码中可以直接使用 `skewness( )` 以及包内的其他函数。

一个更简单的查看被加载的包的方式是 search( )：

```
search()
## [1] ".GlobalEnv" "package:moments"
## [3] "package:stats" "package:graphics"
## [5] "package:grDevices" "package:utils"
## [7] "package:datasets" "package:methods"
## [9] "Autoloads" "package:base"
```

该函数返回符号的当前搜索路径。当调用 skewness( ) 函数时，首先在当前环境下搜索符号（函数名） skewness，而后转到 package:moment 搜索并且找到该符号（skewness）。如果未加载该扩展包，找不到符号 skewness，将返回错误。我们将在后面的章节中讨论符号的搜索机制。

require( ) 类似于 library( )，都能加载扩展包，但 require( ) 会返回一个逻辑值来判断是否加载成功：

```
loaded <- require(moments)
## Loading required package: moments
loaded
## [1] TRUE
```

此功能使得以下代码能够实现：若已安装扩展包，则加载包；若尚未安装，则安装包：

```
if (!require(moments)){
  install.packages("moments")
  library(moments)
}
```

然而，大部分情形下 require( ) 的使用并非如此，一般为：

```
require(moments)
```

使用 require( ) 似乎等价于使用 library( )，但它有一个小缺点：

```
require(testPkg)
## Loading required package: testPkg
## Warning in library(package, lib.loc = lib.loc,
## character.only = TRUE, logical.return = TRUE, : there is no
## package called 'testPkg'
```

如果要加载的包没有安装或根本不存在（可能是输入错误），require( ) 只返回一个警告，而不像 library( ) 会产生错误：

```
library(testPkg)
## Error in library(testPkg): there is no package called 'testPkg'
```

假想你正在运行一个又长又耗时，且依赖于几个包的 R 脚本。如果使用 require( ) 加载包，不巧的是，运行脚本的计算机没有安装所需的扩展包，当运行到加载该包的那一行时，R 会因搜素无果而给出警告。但是，相同的情况下，如果你使用 library( )，那么脚本将立即停止。

谢益辉写了一个博客（http://yihui.name/en/2014/07/library-vs-require/），就这个问题提出了**快速失败**原则，如果任务注定要失败，最好让失败及早出现。

3.4.6 屏蔽和同名冲突

一个新建的 R 会话会自动加载基本包。基本包涉及一些基础、统计、图形的用法等。这些包会被自动加载，从而你可以使用 mean( ) 和 median( ) 来计算数值向量的平均数和中位数，无需通过 base::mean( ) 和 stats::median( ) 或者人工加载 base 包和 stats 包。

事实上，自动加载的包涵盖了成千上万个可用函数，并且每个包都有一系列特定用途的函数。因此，有可能出现两个包中的函数相互冲突的情况。举个例子：假设两个包 A 和 B 都有名为 X 的函数。如果先加载 A 包，再加载 B 包，则函数 A::X 将被函数 B::X 屏蔽。换句话说，当你加载 A 包并调用函数 X( ) 时，调用的是 A 包的 X( )函数。然后，你加载 B 包，再次调用函数 X( )，此时，调用的就是 B 包的 X( ) 函数了。这种机制称为**屏蔽**（masking）。下面的例子展示了屏蔽发生时将会出现什么情况。

强大的数据处理包 dplyr 定义了一系列函数，用于简化表格数据的操作。加载 dplyr 包的同时，R 会报告已载入包中被屏蔽的同名函数：

```
library(dplyr)
##
## Attaching package: 'dplyr'
## The following objects are masked from 'package:stats':
##
## filter, lag
## The following objects are masked from 'package:base':
##
## intersect, setdiff, setequal, union
```

幸运的是，执行 dplyr 包中的同名函数并不改变被屏蔽函数的意义和用法，仅仅是泛化了它们。这些函数与被屏蔽的函数可以兼容。因此，你不必担心被屏蔽的函数会被破坏而无法运行。

通常来说，新加载包的函数仅仅泛化而非替换了已有的同名函数。但是，如果必须使用有同名函数的两个包，最好都不要加载，而是从两个包中分别提取所需函数，如下所示：

```
fun1 <- package1::some_function
fun2 <- pacakge2::some_function
```

如果你恰巧已载入了一个包，想要解除绑定，可以使用 unloadNamespace( )。以 moments 为例：

```
unloadNamespace("moments")
```

一旦扩展包被解除绑定，则包内函数就不可直接调用了：

```
skewness(c(1, 2, 3, 2, 1))
## Error in eval(expr, envir, enclos): could not find function "skewness"
```

但你仍然能用 :: 调用函数：

```
moments::skewness(c(1, 2, 3, 2, 1))
## [1] 0.3436216
```

3.4.7　检查是否已安装扩展包

我们知道 install.packages( ) 用于安装扩展包，而 installed.packages( ) 返回一个包含大量信息的 16 列矩阵，用于显示已安装扩展包的相关信息：

```
pkgs <- installed.packages()
colnames(pkgs)
## [1] "Package" "LibPath"
## [3] "Version" "Priority"
## [5] "Depends" "Imports"
## [7] "LinkingTo" "Suggests"
## [9] "Enhances" "License"
## [11] "License_is_FOSS" "License_restricts_use"
## [13] "OS_type" "MD5sum"
## [15] "NeedsCompilation" "Built"
```

当需要检查扩展包是否已安装时，你可以借助以下代码进行判断：

```
c("moments", "testPkg") %in% installed.packages()[, "Package"]
## [1] TRUE FALSE
```

有时，你需要查看扩展包的版本：

```
installed.packages()["moments", "Version"]
## [1] "0.14"
```

以下命令提供了一个更简单的方法来获取扩展包的版本信息：

```
packageVersion("moments")
## [1] '0.14'
```

我们可以比较两个包的版本，以判断当前包是否比给定版本更新：

```
packageVersion("moments") >= package_version("0.14")
## [1] TRUE
```

事实上，也可以直接使用版本信息字符串进行比较：

```
packageVersion("moments") >= "0.14"
## [1] TRUE
```

当你的脚本依赖于某些特定版本或不低于某一版本的扩展包，尤其是想利用特定版本的某些新功能时，毫无疑问，进行版本比较就非常有用。此外，如果未安装扩展包就调用 packageVersion( ) 将返回错误，这也可以用于检查扩展包是否已安装。

3.5 小结

在本章中，我们了解了工作目录的概念和相关管理方法，探索了用于检查工作环境、修改全局选项和管理扩展包库的函数。现在，你已经具备了管理工作区的基本知识。

下一章将学习一些基本的表达式，包括赋值、条件和循环。这些表达式是构建程序逻辑的基础。我将在下一章向你展示如何编写高效、稳健的控制流表达式。

第 4 章 基本表达式

表达式（expression）是函数的基本组成部分。R 有非常清晰的语法结构，一个符号或一次函数调用，都是一种表达式。

尽管我们所做的事情本质上都是通过函数实现的，但是，R 为一些函数提供了特殊的语法，便于我们写出可读性更高的 R 代码。

在下面的几个小节中，我们将了解以下具有特定语法结构的基础表达式：

- 赋值表达式
- 条件表达式
- 循环表达式

4.1 赋值表达式

赋值可能是所有编程语言中最基本的表达式了，它所做的就是将一个值（value）赋予或者绑定到一个符号上，使得我们能够通过符号来访问这个值。

尽管编程语言之间有相似性，但 R 采用 <-符号来表示赋值。这和其他语言用 = 有点不同，虽然在 R 中也可以用 = 进行赋值：

```
x <- 1
y <- c(1, 2, 3)
z <- list(x, y)
```

我们不需要在赋值前声明符号及其类型。如果环境中没有某个符号，赋值的同时就会创建这个符号；反之，如果符号已经存在，也不会造成冲突，只是将值重新绑定到这个符号上。

4.1.1 其他赋值操作符

我们还可以使用一些其他可用且等效的运算符。x<-f(z)把 f(z) 绑定到符号 x 上，相比之下，我们还可以用 -> 进行反向赋值：

```
2 -> x1
```

我们甚至可以将多个赋值运算符连接使用，使一组符号都取相同的值：

```
x3 <- x2 <- x1 <- 0
```

表达式 0 只被计算一次，就将相同的值同时赋予 3 个符号。为了验证它是如何运行的，我们可以将 0 换成一个随机数生成器（random number generator）：

```
x3 <- x2 <- x1 <- rnorm(1)
c(x1, x2, x3)
## [1] 1.585697 1.585697 1.585697
```

rnorm(1) 生成一个服从标准正态分布的随机数。如果上述赋值每次都重新调用该随机数生成器，则每个符号会有不同的取值。然而，并没有发生这种情况。稍后，我们会解释实际运行过程，这样你可以更好地理解。

像其他编程语言一样，= 也可以进行赋值：

```
x2 = c(1, 2, 3)
```

如果你熟悉其他流行编程语言，如 Python、Java 和 C#，可能就会发现，将 = 作为赋值运算符几乎成为一个行业规范了，而 -> 这个需要两次键入操作的赋值符可能会让你感到不方便。尽管二者都可以使用，且作为赋值运算符其作用是相同的，但是，谷歌的 *R Style Guide*（https://google.github.io/styleguide/Rguide.xml#assignment）建议使用 <-而不是 =。

这里，对 <-和 = 的细微差别给出一个简单的说明。我们先创建一个带两个参数的 f( ) 函数：

```
f <- function(input, data = NULL) {
  cat("input:\n")
  print(input)
  cat("data:\n")
```

```
  print(data)
}
```

这个函数就是输出两个参数的值。现在，我们用这个函数演示两个操作符的不同之处：

```
x <- c(1, 2, 3)
y <- c("some", "text")
f(input = x)
## input:
## [1] 1 2 3
## data:
## NULL
```

上述代码同时使用了 <-和 =，但它们却扮演着不同的角色。前两行的 <-用作赋值运算符，第 3 行的 = 为函数 f( ) 的参数 input 指定输入值。

具体来说，<-运算符计算它右侧的表达式 c(1,2,3)，并将其值赋予左侧符号（变量）x。而 = 并不用作赋值运算符，只是通过名称将函数参数与变量匹配起来。

我们知道 <-和 = 用作赋值运算符时，可以相互替代。因此，上述代码也可以等价地写为：

```
x = c(1, 2, 3)
y = c("some", "text")
f(input = x)
## input:
## [1] 1 2 3
## data:
## NULL
```

这里我们只用了 = 运算符，但它有两种不同的用途：在前两行，= 执行赋值操作；而在第 3 行，= 指定一个命名参数（将名为 input 的参数指定为符号 x）。

现在，让我们看看把每个 = 换成 <-将会发生什么：

```
x <- c(1, 2, 3)
y <- c("some", "text")
f(input <- x)
## input:
## [1] 1 2 3
## data:
## NULL
```

运行这段代码，你会发现输出结果是相似的。然而，如果你检查 R 的环境，就会看到不同之处，环境中创建了一个新变量 input，取值为 c(1, 2, 3)：

```
input
## [1] 1 2 3
```

那么，究竟发生了什么呢？实际上，第 3 行代码做了两件事：第一，赋值操作 input <-x 将一个新符号 input 引入到环境中，并取值为 x；第二，将 input 的值传递给函数 f( ) 的第 1 个参数。换句话说，函数的第 1 个参数是通过位置而非名称建立的匹配关系。

为了更详细地进行描述，我们将进行更多试验。函数的标准用法如下：

```
f(input = x, data = y)
## input:
## [1] 1 2 3
## data:
## [1] "some" "text"
```

如果我们将上述两个 = 用 <-替代，结果看起来是一样的：

```
f(input <- x, data <- y)
## input:
## [1] 1 2 3
## data:
## [1] "some" "text"
```

使用 = 的那段代码，也可以交换函数参数的位置，而不改变结果：

```
f(data = y, input = x)
## input:
## [1] 1 2 3
## data:
## [1] "some" "text"
```

然而在这个例子中，如果我们将 = 换成 <-，那么 input 和 data 的值也交换了：

```
f(data <- y, input <- x)
## input:
## [1] "some" "text"
## data:
## [1] 1 2 3
```

以下代码与上述代码有相同的效果：

```
data <- y
input <- x
f(y, x)
## input:
## [1] "some" "text"
## data:
## [1] 1 2 3
```

这段代码相当于不仅调用了 f(y,x)，还在当前环境中额外创建了两个不必要的变量 data 和 input。

上述例子和试验给出了很清晰的演示。因此，为了减少歧义，可以用 <-或者 = 作为赋值运算符，而仅用 = 为函数指定参数。为了提高 R 代码的可读性，正如 Google *Style Guide* 所建议的，仅用 <-赋值，用 = 指定函数参数。

4.1.2　使用带反引号的非标准名称

赋值运算符允许我们对一个变量（一个符号或名称）进行赋值。但是，直接赋值对符号名称的格式有限制。名称只能包含从 a～z，A～Z 的字母（R 对大小写敏感）、下划线（ _ ）和点（ . ），不能有空格，也不能以下划线（ _ ）开头。

以下是一些有效的名称：

```
students <- data.frame()
us_population <- data.frame()
sales.2015 <- data.frame()
```

以下是一些违反命名规则的无效名称：

```
some data <- data.frame()
## Error: unexpected symbol in "some data"

_data <- data.frame()
## Error: unexpected input in "_"
Population(Millions) <- data.frame()
## Error in Population(Millions) <- data.frame() :
##  object 'Millions' not found
```

上述名称以不同的方式违反了命名规则。some data 变量名中包含了空格，_data 以下划线开头，Population(Millions) 不是一个符号名称而是一个函数调用。实践中，很有可能一些无效的名称确实是一张数据表的列名，如第 3 个名称。

为了绕开对名称格式的限制，我们需要使用反引号来引用那些无效的名称，使其有效：

```
`some data` <- c(1, 2, 3)
`_data` <- c(4, 5, 6)
`Population(Millions)` <- c(city1 = 50, city2 = 60)
```

要访问这些变量，也需要使用反引号，否则它们仍然会被认为是无效的：

```
`some data`
## [1] 1 2 3
`_data`
## [1] 4 5 6
`Population(Millions)`
## city1 city2
##    50    60
```

反引号可以用在任何创建符号的地方，包括函数：

```
`Tom's secret function` <- function(a, d) {
  (a ^ 2 -d ^ 2) / (a ^ 2 + d ^ 2)
}
```

甚至适用于列表：

```
l1 <- list(`Group(A)` = rnorm(10), `Group(B)` = rnorm(10))
```

如果一个符号的名称无法被直接有效引用，我们也需要使用反引号来引用这个符号：

```
`Tom's secret function`(1,2)
## [1] -0.6
l1$`Group(A)`
##  [1] -0.8255922 -1.1508127 -0.7093875 0.5977409 -0.5503219 -1.0826915
##  [7]  2.8866138  0.6323885 -1.5265957 0.9926590
```

data.frame( ) 是一个例外：

```
results <- data.frame(`Group(A)` = rnorm(10), `Group(B)` = rnorm(10))
results
```

```
##        Group.A.    Group.B.
## 1  -1.14318956  1.66262403
## 2  -0.54348588  0.08932864
## 3   0.95958053 -0.45835235
## 4   0.05661183 -1.01670316
## 5  -0.03076004  0.11008584
## 6  -0.05672594 -2.16722176
## 7  -1.31293264  1.69768806
## 8  -0.98761119 -0.71073080
## 9   2.04856454 -1.41284611
## 10  0.09207977 -1.16899586
```

遗憾的是，尽管我们对含有其他符号的名称使用了反引号，生成的 data.frame 的变量将那些符号用点代替，等价于使用函数 make.names( )，具体结果可以通过查看 data.frame 的列名进行确认：

```
colnames(results)
## [1] "Group.A." "Group.B."
```

这常常发生在你导入一个数据表时，例如由某一实验得到的 CSV 数据：

```
ID,Category,Population(before),Population(after)
0,A,10,12
1,A,12,13
2,A,13,16
3,B,11,12
4,C,13,12
```

在 R 中，当你使用 read.csv( ) 读取 CSV 数据后，Population(before) 和 Population(after) 变量不会保持原来的名称，而是使用函数 make.names( ) 把它们变成有效名称。我们运行以下命令，看看到底得到什么样的名称：

```
make.names(c("Population(before)", "Population(after)"))
## [1] "Population.before." "Population.after."
```

有时，我们并不希望程序自动执行这个操作。要使这个功能失效，可以在调用 read.csv( ) 或 data.frame( ) 时，设置参数 check.names = FALSE：

```
results <- data.frame(
ID = c(0, 1, 2, 3, 4),
Category = c("A", "A", "A", "B", "C"),
```

```
  `Population(before)` = c(10, 12, 13, 11, 13),
  `Population(after)` = c(12, 13, 16, 12, 12),
  stringsAsFactors = FALSE,
  check.names = FALSE)
results
##   ID Category Population(before) Population(after)
## 1  0    A          10                   12
## 2  1    A          12                   13
## 3  2    A          13                   16
## 4  3    B          11                   12
## 5  4    C          13                   12
colnames(results)
## [1] "ID"     "Category"    "Population(before)"
## [4] "Population(after)"
```

在上述调用中，stringsAsFactors = FALSE 避免将字符向量转换为因子，check.names=FALSE 避免对列名调用函数 make.names( )。设置了这两个参数，创建的 data.frame 的变量将会最大限度地保留输入数据的格式。

正如上文提及的，要访问含特殊符号的列，需使用反引号引用列名：

```
results$`Population(before)`
## [1] 10 12 13 11 13
```

反引号使创建和访问带有特殊符号的变量成为可能，但这并不意味着我们建议使用这样的命名方式。相反，它会降低代码可读性，也更易出错，并且难以使用针对严格命名规则的外部工具。

总之，除非绝对必要，我们应避免使用反引号创建特殊变量名。

4.2 条件表达式

我们经常会发现，有些程序的逻辑并不是完全从上到下按顺序执行，而是包含一些依赖于特定条件的分支结构。因此，条件表达式是标准编程语言的基本结构之一。在 R 中，if 语句可以通过逻辑条件对逻辑流进行分支。

4.2.1 使用 if 语句

与很多编程语言一样，if 表达式用来处理逻辑条件。在 R 中，逻辑条件通常表达为某个表达式返回的单值逻辑向量。例如，我们可以写一个简单的函数 check_positive，如果输入一个正数则返回 1，否则不返回任何值：

```
check_positive <- function(x) {
  if (x > 0) {
    return(1)
  }
}
```

上述函数中，x>0 就是需要检查的条件。如果满足这个条件，则函数返回 1。我们用不同的输入值来验证一下：

```
check_positive(1)
## [1] 1
check_positive(0)
```

可以看出，函数的运行结果正如我们所期待的那样。如果加入一些 else if 和 else 分支语句，这个函数就可以泛化为符号函数，即输入正数返回 1，输入负数返回-1，输入 0 返回 0：

```
check_sign <- function(x) {
  if (x > 0) {
    return(1)
  } else if (x < 0) {
    return(-1)
  } else {
    return(0)
  }
}
```

上述函数具有与内置函数 sign( ) 相同的功能。为了验证它的逻辑，我们只需在调用函数时，提供不同的输入值，分别满足函数的各个分支条件：

```
check_sign(15)
## [1] 1
check_sign(-3.5)
## [1] -1
check_sign(0)
## [1] 0
```

若要求函数不返回任何值，那么，我们可以根据相应条件控制函数不输出结果（更准确的说是返回 NULL)。下面的函数就不会明确返回一个值，而是向控制台发送一条消息。消息的种类取决于输入值的符号：

```
say_sign <- function(x) {
  if (x > 0) {
    cat("The number is greater than 0")
  } else if (x < 0) {
    cat("The number is less than 0")
  } else {
    cat("The number is 0")
  }
}
```

我们可以用类似的方法测试 say_sign( ) 函数的逻辑：

```
say_sign(0)
## The number is 0
say_sign(3)
## The number is greater than 0
say_sign(-9)
## The number is less than 0
```

if 分支语句的工作流是非常直观的：

1. 首先，检查第 1 条语句 if (cond1) {expr1} 的条件 cond1；

2. 若 cond1 为 TRUE，则执行其对应表达式{expr1}；

否则，转向下一个分支语句 else if (cond2)，并检查条件 cond2；依此类推；

3. 如果违背了所有 if 和 else if 分支条件，则执行 else 分支表达式（如果有的话）。

由此推断，if 语句或许比你想象的更加灵活。例如，if 可以用在如下形式中。

最简单的形式就是一个简单的 if 语句分支：

```
if (cond1) {
  # do something
}
```

一种稍复杂些的形式是用一个 else 分支来处理 cond1 的返回值不是 TRUE 的情况：

```
if (cond1) {
  # do something
} else {
```

```
  # do something else
}
```

一种更复杂的形式就是有一个或多个 else if 分支：

```
if (cond1) {
  expr1
} else if (cond2) {
  expr2
} else if (cond3) {
  expr3
} else {
  expr4
}
```

在上述条件分支中，分支条件（cond1、cond2 和 cond3）可能是相关的或不相关的。例如，简单的成绩分级体系完全符合上述模板中的这种分支逻辑，每一个分支条件都是对分数的一次切片操作：

```
grade <- function(score) {
  if (score >= 90) {
    return("A")
  } else if (score >= 80) {
    return("B")
  } else if (score >= 70) {
    return("C")
  } else if (score >= 60) {
    return("D")
  } else {
    return("F")
  }
}
c(grade(65), grade(59), grade(87), grade(96))
## [1] "D" "F" "B" "A"
```

在这种情况下，每执行一个 else if 分支条件，实际上都隐含了假设该分支前面的条件不成立。也就是说 score >=80 实际上是指 score < 90 并且 score >= 80，它依赖于前面的条件。因此，除非明确说明所有分支都相互独立，否则我们不能改变这些分支语句的顺序。

假设改变一些分支语句的顺序：

```
grade2 <- function(score) {
  if (score >= 60) {
```

```
    return("D")
  } else if (score >= 70) {
    return("C")
  } else if (score >= 80) {
    return("B")
  } else if (score >= 90) {
    return("A")
  } else {
    return("F")
  }
}
c(grade2(65), grade2(59), grade2(87), grade2(96))
## [1] "D" "F" "D" "D"
```

显然，只有 grade(59) 得到了正确的分组，其他都是错误的。如果想在不重新排序的情况下调用这个函数，我们需要重写判断条件以使其不依赖于检查顺序：

```
grade2 <- function(score) {
  if (score >= 60 && score < 70) {
    return("D")
  } else if (score >= 70 && score < 80) {
    return("C")
  } else if (score >= 80 && score < 90) {
    return("B")
  } else if (score >= 90) {
    return("A")
  } else {
    return("F")
  }
}
c(grade2(65), grade2(59), grade2(87), grade2(96))
## [1] "D" "F" "B" "A"
```

这使得函数比正确形式繁琐许多。因此，找出分支条件的正确顺序，并注意各个分支之间的依赖性是十分重要的。

好在 R 提供了一些函数，如 cut( )，可以很方便地达到同样的效果。输入 ?cut 来阅读帮助文档以获取更多详细信息。

4.2.2 使用 if 表达式

由于 if 本质上是一个原函数，它的返回值就是满足条件分支表达式的值，因此，if 表达式也可以用作内联函数。我们以 check_positive( )为例进行说明。尽管条件表达式中不另写 return( ) 语句，也可以得到函数体中 if 表达式的返回值，从而达到与包含 return( ) 同样的效果：

```
check_positive <- function(x) {
  return(if (x > 0) {
    1
  })
}
```

事实上，这个表达式可以简化为一行：

```
check_positive <- function(x) {
  return(if (x > 0) 1)
}
```

由于函数的返回值就是函数体中最后一个表达式的值，所以在这种情况下，我们可以删掉 return( ) 语句：

```
check_positive <- function(x) {
  if (x > 0) 1
}
```

同样的原则也适用于 check_sign( ) 函数。一个简单形式如下所示：

```
check_sign <- function(x) {
  if (x > 0) 1 else if (x < 0) -1 else 0
}
```

为了清楚地理解 if 表达式的值，我们可以编写一个成绩报告函数，给定一个学生的姓名和分数，该函数就可以报告这个学生的成绩等级：

```
say_grade <- function(name, score) {
  grade <- if (score >= 90) "A"
    else if (score >= 80) "B"
    else if (score >= 70) "C"
    else if (score >= 60) "D"
    else "F"
  cat("The grade of", name, "is", grade)
}
say_grade("Betty", 86)
## The grade of Betty is B
```

使用 if 语句作为表达式看起来似乎更紧凑、简洁。但在实践中，我们很少遇到所有条件都是简单的数值比较且最终只需返回一个值的情况。对于更复杂的条件和分支，建议使用 if 作为一个语句来清楚地声明不同的分支，也不要省略{ }，以免不必要错误。下面的函数就是一个反例：

```
say_grade <- function(name, score) {
  if (score >= 90) grade <- "A"
  cat("Congratulations!\n")
  else if (score >= 80) grade <- "B"
  else if (score >= 70) grade <- "C"
  else if (score >= 60) grade <- "D"
  else grade <- "F"
  cat("What a pity!\n")
  cat("The grade of", name, "is", grade)
}
```

编写这个函数的人本想给各个分支添加说明，但在分支表达式中没有使用{ }括号，因此很有可能产生语法错误。如果你在控制台中运行上述代码，产生的错误信息足以让你困惑一段时间：

```
>say_grade <- function(name, score) {
+   if (score >= 90) grade <- "A"
+   cat("Congratulations!\n")
+   else if (score >= 80) grade <- "B"
Error: unexpected 'else' in:
" cat("Congratulations!\n")
  else"
>   else if (score >= 70) grade <- "C"
Error: unexpected 'else' in " else"
>   else if (score >= 60) grade <- "D"
Error: unexpected 'else' in " else"
>   else grade <- "F"
Error: unexpected 'else' in " else"
>   cat("What a pity!\n")
What a pity!
>   cat("The grade of", name, "is", grade)
Error in cat("The grade of", name, "is", grade) : object 'name' not found
> }
Error: unexpected '}' in "}"
```

一种更好的函数形式可以避免这种潜在的陷阱，如下所示：

```
say_grade <- function(name, score) {
  if (score >= 90) {
    grade <- "A"
    cat("Congratulations!\n")
  } else if (score >= 80) {
    grade <- "B"
  }
  else if (score >= 70) {
    grade <- "C"
  }
  else if (score >= 60) {
    grade <- "D"
  } else {
    grade <- "F"
    cat("What a pity!\n")
  }
  cat("The grade of", name, "is", grade)
}
say_grade("James", 93)
## Congratulations!
## The grade of James is A
```

这个函数可能看起来有些繁琐，但它的逻辑更清晰，具备更高的稳健性。记住，正确总是比简短更重要。

4.2.3 在 if 条件句中使用向量

上述例子的函数中，都只输入了单一值。如果我们提供一个向量，那么这个函数将产生警告，这是因为 `if` 语句不能与多值向量共存。

```
check_positive(c(1,-1,0))
## Warning in if (x > 0) 1: 条件的长度大于一，因此只能用其第一元素
## [1] 1
```

从输出结果可以看到，`if` 语句忽视除第 1 个元素以外的所有元素，假如提供多值逻辑向量的话：

```
num <- c(1,2,3)
if (num > 2){
cat("num > 2!")
}
## Warning in if (num > 2) {: 条件的长度大于1，因此只能用其第一元素
```

这个表达式产生了一个警告，表明只使用第 1 个元素 (1 > 2)。实际上，当我们尝试将一个表达式作用于逻辑向量时，该表达式的值会被 TRUE 和 FALSE 混淆而显得逻辑不清。

一些逻辑函数可以避免出现模棱两可的情况。举个例子，只要给定向量中有一个值是 TRUE，any( ) 函数就会返回 TRUE：

```
any(c(TRUE,FALSE,FALSE))
## [1] TRUE
any(c(FALSE,FALSE))
## [1] FALSE
```

因此，如果我们确实想知道向量中是否存在大于 2 的值，就应该使用 any( ) 函数：

```
if (any(num > 2)) {
  cat("num > 2!")
}
## num > 2!
```

类似地，如果想知道输出向量中是否所有值都大于 2，我们应该调用 all( ) 函数：

```
if (all(num > 2)) {
  cat("num > 2!")
} else {
  cat("Not all values are greater than 2!")
}
## Not all values are greater than 2!
```

因此，每次使用 if 表达式来分支工作流时，都要确保待判断条件是单值逻辑向量。否则，就会出现一些意想不到的情况。

另一个例外是 NA，虽然它是单值逻辑向量，但稍不注意，就可能导致 if 条件报错：

```
check <- function(x) {
  if(all(x > 0)){
    cat("All input values are positive!")
  } else {
    cat("Some value are not positive!")
  }
}
```

对于不存在缺失值的典型数值向量，check( ) 函数可以完美运行。然而，如果 x 中存在缺失值，那么函数可能最终产生错误：

```
check(c(1,2,3))
## All input values are positive!
check(c(1,2,NA,-1))
## Some value are not positive!
check(c(1,2,NA))
## Error in if (all(x > 0)) {: 需要 TRUE/FALSE 值的地方不可以用缺少值
```

由此可知，当我们写 if 条件语句时应该小心缺失值。当逻辑复杂且输入数据多种多样时，难以用恰当的方式简单绕地过缺失值。注意到 any( ) 和 all( ) 均可使用 na.rm( )来处理缺失值。在写条件句的时候也应该考虑这个因素。

一个简化条件检查的方法是使用 isTRUE(x)，它在内部调用 identical(TRUE,x)。在这种情况下，只有一个单独的 TRUE 可以满足该条件，其他的值不会。

4.2.4　使用向量化的 if：ifelse

进行分支计算的一个替代方法是 ifelse( )。这个函数接收一个逻辑向量作为判定条件，并且返回一个向量。对于逻辑判定条件内的每一个元素，若是 TRUE，则选择第 2 个参数 yes 中所对应的元素；若是 FALSE，则选择第 3 个参数 no 中所对应的元素。总而言之，ifelse( ) 是 if 的向量化形式，如下所示：

```
ifelse(c(TRUE, FALSE, FALSE), c(1, 2, 3), c(4, 5, 6))
## [1] 1 5 6
```

既然 yes 和 no 两个参数可以循环使用，那么，可以就使用 ifelse( ) 重写 check_positiv( )：

```
check_positive2 <- function(x){
  ifelse(x,1,0)
}
```

check_positive( )（使用 if）和 check_positive2( )（使用 ifelse）之间的细微差别在于：check_positive(-1) 不会明确返回某个值，而 check_positive2(-1) 则会返回 0。当 if 语句只使用 if 而没有 else 时，无须明确返回某个值。相反，对于 ifelse( )，因为需要指定 yes 和 no 这两个参数值，所以它总是返回一个向量。

另外，需要提醒的是，如果只是简单地将 ifelse( ) 和 if 相互替代，不能保证总是达到同样的目的。举个例子，假设你希望基于某个条件得到一个两元素变量。如果我们使用 ifelse( )：

```
ifelse(TRUE, c(1, 2), c(2, 3))
## [1] 1
```

只返回了 yes 参数中的第 1 个元素。如果想返回 yes 参数，需要将条件改为c(TRUE, TRUE)，只是这看起来有点别扭。

如果使用 if，看起来就自然多了：

```
if (TRUE) c(1, 2) else c(2, 3)
## [1] 1 2
```

如果要求向量化输入和输出，就会存在另一个问题：若 yes 参数是数值向量，而 no 参数是字符向量，那么，一个混合了 TRUE 和 FALSE 的判定条件会将输出向量中的所有元素强制转换为字符串，因此，返回结果是一个字符向量：

```
ifelse(c(TRUE, FALSE), c(1, 2), c("a", "b"))
## [1] "1" "b"
```

4.2.5 使用 switch 对值进行分支

与处理 TRUE 和 FALSE 条件的 if 相比，switch 语句则是用来处理数字或者字符串，并根据输入返回某个分支。

假设输入一个整数 n，switch 返回从第 1 个参数开始的第 n 个参数值：

```
switch(1, "x", "y")
## [1] "x"
switch(2, "x", "y")
## [1] "y"
```

如果输入的整数超出范围，无法匹配任何给定参数的话，就不会明确返回某个可见值（实际上，不可见的 NULL 会被返回）：

```
switch(3, "x", "y")
```

当输入字符串时，switch( ) 语句会有不同的处理方式。它会将参数名称与输入进行匹配，并返回最先匹配的参数的值（如果匹配多个参数，则返回第 1 个参数对应的值）：

```
switch("a", a = 1, b = 2)
## [1] 1
switch("b", a = 1, b = 2)
## [1] 2
```

对于第 1 个 switch 语句，a=1 匹配变量 a，对于第 2 个，b=2 匹配变量 b。如果没有参数与输入匹配的话，不可见的 NULL 将被返回：

```
switch("c", a = 1, b = 2)
```

为了考虑所有可能情况，我们可以增加最后一个参数（没有参数名）来捕获所有其他输入：

```
switch("c", a = 1, b = 2, 3)
## [1] 3
```

与 ifelse( ) 语句相比较，switch( ) 语句更像 if( ) 语句。它们只接受单值输入（字符串的数目）却可以返回任何值：

```
switch_test <- function(x) {
  switch(x,
    a = c(1, 2, 3),
    b = list(x = 0, y = 1),
    c = {
      cat("You choose c!\n")
      list(name = "c", value = "something")
      })
}
switch_test("a")
## [1] 1 2 3
switch_test("b")
## $x
## [1] 0
##
## $y
## [1] 1
switch_test("c")
## You choose c!
## $name
## [1] "c"
##
## $value
## [1] "something"
```

总而言之，if、ifelse( ) 和 switch( ) 的性质略有不同，具体使用哪个，视情况而定。

4.3 循环表达式

循环（或迭代）通过迭代一个向量（for）或者检查某个条件是否被违背（while），

来重复执行某个表达式。

如果只需在输入值上做一些改变，而要重复执行同样的任务，那么这样的语言结构（循环）可以很大程度上减少冗余代码。

4.3.1 使用 for 循环

for 循环通过迭代一个给定向量或列表，重复执行某个表达式。for 循环的语法是这样的：

```
for (var in vector) {
  expr
}
```

var 遍历 vector 中的各个元素值，expr 被反复迭代执行。如果 vector 中有 n 个元素，那么上述循环就等价于：

```
var <- vector[[1]]
expr
var <- vector[[2]]
expr
...
var <- vector[[n]]
expr
```

例如，我们使用迭代变量 i 来构造一个在 1:3 上迭代的循环，并且每次迭代，都把变量 i 的取值信息输出到屏幕上：

```
for (i in 1:3){
cat("The value of i is",i,"\n")
}
## The value of i is 1
## The value of i is 2
## The value of i is 3
```

迭代可作用于所有类型的向量，而不只是数值向量。例如，我们可以用一个字符向量替代 1:3 这一整数向量：

```
for (word in c("hello", "new", "world")) {
cat("The current word is", word, "\n")
}
## The current word is hello
```

```
## The current word is new
## The current word is world
```

也可以用一个列表来替代它：

```
loop_list <- list(
  a = c(1, 2, 3),
  b = c("a", "b", "c", "d"))
for (item in loop_list) {
  cat("item:\n length:", length(item),
    "\n class:", class(item), "\n")
}
## item:
##   length: 3
##   class:  numeric
## item:
##   length: 4
##   class:  character
```

除此之外，还可以用数据框来替代它：

```
df <- data.frame(
  x = c(1, 2, 3),
  y = c("A", "B", "C"),
stringsAsFactors = FALSE)
for (col in df) {
  str(col)
}
##  num [1:3] 1 2 3
##  chr [1:3] "A" "B" "C"
```

之前我们提到过，数据框是一个列表，每一元素（列）的长度必须相同。因此，上述循环的运行方式和对一个普通列表执行 for 循环是一致的，都是按列，而不是按行进行迭代。

然而，很多时候，我们想按行迭代一个数据框。这时可以使用 for 循环，在一个整数序列（1 到数据框的行数）上迭代。

i 每次取一个行数，我们就把这一行从数据框中挑出来，然后对这一特定的行进行相应的操作。以下代码按行迭代数据框，并使用 str( ) 输出每一行的结构：

```
for (i in 1:nrow(df)) {
  row <- df[i,]
  cat("row", i, "\n")
```

```
  str(row)
  cat("\n")
}
## row 1
## 'data.frame':    1 obs. of  2 variables:
##  $ x: num 1
##  $ y: chr "A"
##
## row 2
## 'data.frame':    1 obs. of  2 variables:
##  $ x: num 2
##  $ y: chr "B"
##
## row 3
## 'data.frame':    1 obs. of  2 variables:
##  $ x: num 3
##  $ y: chr "C"
```

这里要给一个小小的警告。一般来说，按行迭代数据框并不是一个好主意，因为迭代过程可能很慢很繁琐。更好的方法是使用第 5 章中介绍的 apply 函数族，或者第 12 章中介绍的更强大、更高级的扩展包。

在前面的例子中，for 循环的每一次迭代都是相互独立的。有时，可以利用循环外的变量来记录迭代状态或累积过程。最简单的例子是计算从 1～100 的和：

```
s <- 0
for (i in 1:100){
  s <- s + i
}
s
## [1] 5050
```

上述例子展示了使用 for 循环进行累计求和。接下来的例子中，我们使用随机数生成器从正态分布中进行抽样，简单地模拟一下随机游走过程（random walk）：

```
set.seed(123)
x <- numeric(1000)
for (t in 1:(length(x) -1)) {
  x[[t + 1]] <- x[[t]] + rnorm(1, 0, 0.1)
}
plot(x, type = "s", main = "Random walk", xlab = "t")
```

以上代码的输出结果，如图 4-1 所示。

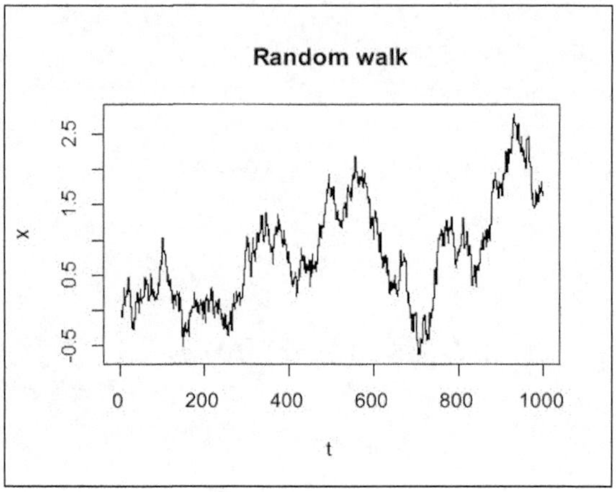

图 4-1

上述两个例子中，尽管 for 循环过程的每一步都依赖于上一步的结果，但可以利用现有函数，如 sum( ) 和 cumsum( ) 简化循环结构：

```
sum100 <- sum(1:100)
random_walk <- cumsum(rnorm(1000,0,0.1))
```

这些函数的基本思想和 for 循环类似，但它们是基于 C 语言的向量化实现，所以运行效率远高于 R 中的 for 循环。因此，在可能的情况下，应该优先考虑使用这些内置函数。

1. 管理 for 循环的控制流

有时，有必要对 for 循环进行干预。在每一次迭代中，我们可以选择中断 for 循环，跳过当前迭代，或者什么都不做并终止循环。

可以使用 break 终止 for 循环：

```
for (i in 1:5) {
  if(i == 3) break
  cat("message", i, "\n")
}
## message 1
## message 2
```

这种方法可以用来寻找某个问题的解。以下代码试图在 1000 至 1100 之间找到满足 (i ^ 2) %% 11 等于 (i ^ 3)%%17 的数，其中 ^ 是指数运算符，%% 是除法运算中的取余运算符：

```r
m <- integer()
for (i in 1000:1100) {
  if ((i ^ 2) %% 11 == (i ^ 3) %% 17){
    m <- c(m, i)
}
}
m
## [1] 1055 1061 1082 1086 1095
```

如果只要该范围内满足条件的一个数，你可以将记录追踪表达式（m <-c(m,i)）替换成一个简单的 break：

```r
for (i in 1000:1100) {
  if ((i ^ 2) %% 11 == (i ^ 3) %% 17) break
}
i
## [1] 1055
```

一旦找到一个解，for 循环就会终止，并将 i 的最后取值保存在当前环境中，这样就能得到满足条件的解。

有时，也可能需要跳过 for 循环中的某一次迭代。我们可以使用 next 跳过本次迭代的剩余部分，直接进入循环的下一次迭代：

```r
for (i in 1:5) {
  if (i == 3) next
  cat("message ", i, "\n")
}
## message  1
## message  2
## message  4
## message  5
```

2. 创建循环嵌套

for 循环中的表达式可以是任何内容，包括另一个 for 循环。例如，如果我们想要穷举向量中元素的所有排列，可以写一个嵌套两层的 for 循环来解决这个问题：

```r
x <- c("a", "b", "c")
combx <- character()
for (c1 in x){
  for (c2 in x) {
    combx <- c(combx, paste(c1, c2, sep = ",", collapse = ""))
  }
```

```
}
combx
## [1] "a,a" "a,b" "a,c" "b,a" "b,b" "b,c" "c,a" "c,b" "c,c"
```

如果只要不同元素的排列，可以在 for 循环内部加一个判定条件：

```
combx2 <- character()
for (c1 in x) {
  for (c2 in x) {
    if (c1 == c2) next
    combx2 <- c(combx2, paste(c1, c2, sep = ",", collapse = ""))
  }
}
combx2
## [1] "a,b" "a,c" "b,a" "b,c" "c,a" "c,b"
```

除此之外，也可以去掉判定条件，把 for 循环内部的表达式替换为以下代码，以得到完全相同的结果：

```
if (c1 != c2) {
combx2 <- c(combx2, paste(c1, c2, sep = ",", collapse = ""))
}
```

上述代码展示了嵌套循环是如何工作的，但它并不是解决这个问题的最佳方法。一些内置函数就可以生成向量元素的排列或组合。给定一个原子向量和每个组合的元素个数，函数 combn( ) 返回由相应组合构成的一个矩阵：

```
combn(c("a", "b", "c"), 2)
##      [,1] [,2] [,3]
## [1,] "a"  "a"  "b"
## [2,] "b"  "c"  "c"
```

与之类似，函数 expand.grid( ) 返回由相应排列构成的一个数据框：

```
expand.grid(n = c(1, 2, 3), x = c("a", "b"))
##   n x
## 1 1 a
## 2 2 a
## 3 3 a
## 4 1 b
## 5 2 b
## 6 3 b
```

尽管 for 循环很强大，但 R 中有很多针对特定任务编写的函数。最好优先考虑使用内置函数，而不是直接把所有内容放到 for 循环中。在下一章中，我将会介绍能够代替许多 for 循环的 lapply( ) 函数和其他相关函数，这些函数使代码更易于编写和理解。

4.3.2 使用 while 循环

与 for 循环不同，while 循环会一直运行，直到给定条件不满足为止。

例如，下面的 while 循环从 x=0 开始。每次循环都会检查 x<=10 是否成立。如果成立，就执行循环内部的表达式；如果不成立，就终止循环：

```
x <- 0
while(x <= 5) {
   cat(x, "", sep = "")
   x <- x + 1
}
##  0 1 2 3 4 5
```

如果我们移除 x <- x + 1，x 的值就不会增加，那么，代码就会无休止地运行下去（除非 R 被迫终止运行）。因此，如果 while 循环没有被恰当地执行的话，是很危险的。

和 for 循环一样，在 while 循环中，控制流语句（break 和 next）也是适用的：

```
x <- 0
while(TRUE) {
  x <- x + 1
  if(x == 4) break
  else if (x == 2) next
  else cat(x, '\n')
}
## 1
## 3
```

实践中，while 循环通常使用在迭代次数未知的情况下，例如从数据库的查询中分块地获取结果，相应的代码可能如下所示：

```
res <- dbSendQuery(con, "SELECT * FROM table1 WHERE type = 1")
while (!dbHasCompleted(res)) {
  chunk <- dbFetch(res, 10000)
  process(chunk)
}
```

首先，我们通过 con 连接来查询数据库（按行存储数据）中查询条件为 "type=1" 的所有记录。一旦数据库返回结果集 res（结果集通常是分块的），我们就可以每次处理一块数据，从而一块一块地从结果集中按行获取数据。由于在查询前我们不知道有多少条记录，就需要用一个 while 循环，在获取完所有数据（通过 dbHasCompleted( ) 来判断）后终止运行。

我们一小块一小块地处理，就避免了将一个（也许是巨大的）数据框读取到内存中。这样，仅需占用很小的内存空间就可以处理大量的数据。不过，前提条件是 process( ) 算法必须支持这种数据处理方式。

你可能并不熟悉前面的示例代码或术语，但不必担心。我们将在后面的章节中详细介绍数据库主题。

除了 for 循环和 while 循环，R 还提供了 repeat 循环。就如同 while(TRUE)，repeat 也是一个循环，它不需要明确的终止或边界条件，除非使用 break 跳出循环：

```
x <- 0
repeat {
  x <- x + 1
  if (x == 4) break
  else if (x == 2) next
  else cat(x, '\n')
}
## 1
## 3
```

然而，实践中，不推荐使用 repeat，因为它有时比较危险。

4.4　小结

在本章中，我们学习了赋值、条件表达式和循环的语法。在 4.1 节中，我们掌握了变量的命名规则及其使用方法。在 4.2 节中，我们学习了如何使用 if 语句，作为一个语句或表达式，以及在处理向量时 ifelse( ) 与 if 的不同之处。在 4.3 节中，我们了解了 for 循环和 while 循环的联系与区别。现在，已经能够利用基本表达式来控制 R 程序的逻辑过程了。

基本对象代表了不同的数据结构，基本表达式表达了程序的逻辑。下一章将了解如何利用已学知识，对基本对象和基本表达式进行操作和处理。我们还将学习多种多样的基本函数，它们是数据转换和统计分析基础。

第 5 章 基本对象操作

在前面的章节中，我们已经学习了如何创建几种基本类型的对象，包括用来存储数据的原子向量、列表和数据框，以及如何创建函数来表达程序逻辑。在此基础上，我们掌握了利用不同类型的表达式来控制涉及基本对象的逻辑流。现在，我们越来越熟悉基本术语和 R 编程语言的语法。鉴于此，可以创建一个使用内置函数处理基本对象的 R 函数库。

R 中数量庞大的函数能够让我们充分感受 R 的强大功能。学习并掌握各种各样的基本函数是非常有用的，它会节省你的时间并提高生产率。

尽管 R 主要是一个统计计算环境，但许多基本功能与统计无关，而是涉及更基础的工作，例如检查环境、将文本转换为数字，以及执行逻辑运算。

在本章中，我们将学习 R 中各种基础但重要的函数，包括：

- 原函数（Object functions）
- 逻辑函数（Logical functions）
- 数学函数（Math functions）
- 数值方法（Numeric methods）
- 统计函数（Statistical functions）
- Apply 函数族（Apply-family functions）

5.1 使用原函数

在上一章中，我们学习了一些基于环境和扩展包的函数。本节我们将了解一些处理对象的基本函数。更具体地说，我将向你介绍更多识别数据对象类型（type）和维度（dimension）的函数。你将了解到这些函数的概念以及它们是如何组合使用的。

5.1.1 检查对象类型

虽然 R 中的一切都是对象，但它们有不同的类型。

试想我们正在处理一个用户自定义的对象，那么，就要根据输入对象的类型来创建相应的函数。例如，我们需要创建一个名为 take_it 的函数，如果输入对象是一个原子向量（例如数值向量、字符向量或者逻辑向量），函数就返回输入对象的第 1 个元素；如果输入对象是一个包含数据和索引的列表，函数就返回一个用户自定义的元素。

举个例子：如果输入一个数值向量，例如 `c(1,2,3)`，函数返回第 1 个元素 1；同样，若输入一个字符向量，例如 `c("a", "b", "c")`，函数就会返回 a。但是，若输入一个列表 `list(data=c("a","b","c"),index=3)`，函数就应该返回 data 的第 3 个元素（`index=3`），也就是 c。

为了创建这样的函数，我们分析一下可能的逻辑流。首先，由于函数的输出取决于输入对象的类型，需要使用 `is.*` 函数来判别输入对象是否属于某个类型；其次，输入对象的类型不同，函数的处理方式也不同，那么，就需要使用条件表达式，例如使用 `if else` 来对逻辑流进行分支；最后，函数会从输入对象中提取某个元素，因此，我们需要使用元素提取操作符（element-extraction operator）。现在，函数的实现流程就变得相当清晰了：

```
take_it <- function(x) {
  if (is.atomic(x)) {
    x[[1]]
  } else if (is.list(x)) {
    x$data[[x$index]]
  } else {
    stop("Not supported input type")
  }
}
```

上面这个函数的行为随 `x` 取值类型的不同而不同。当 `x` 为原子向量（例如数值向量）时，函数提取该原子向量的第 1 个元素；当 `x` 为一个包含数据和索引的列表时，函数根据索引 `index` 的取值来抽取数据 `x$data` 的相应元素：

```
take_it(c(1, 2, 3))
## [1] 1
```

```
take_it(list(data = c("a", "b", "c"), index = 3))
## [1] "c"
```

若输入不支持的类型，函数不会输出其他任何值，而是终止运行并返回错误信息。例如，take_it 不能处理函数型输入。注意到，一般情况下，就像任何其他对象一样，我们可以将函数传递给其他函数作为参数。然而，在这种情况下，如果均值函数作为函数传递给 take_it，它将转向 else 条件并停止运行：

```
take_it(mean)
## Error in take_it(mean): Not supported input type
```

如果输入一个既不包含 data 又不包含 index 的列表会怎样呢？我们做个试验看看将会发生什么？输入一个包含 input（而不是 data），不包含 index 的列表：

```
take_it(list(input = c("a", "b", "c")))
## NULL
```

你可能会感到惊讶，函数居然没有报错！因为 x$data 为 NULL，而从 NULL 中提取任何值仍为 NULL，所以函数输出了 NULL：

```
NULL[[1]]
## NULL
NULL[[NULL]]
## NULL
```

然而，如果一个列表只有 data 没有 index，函数就会报错：

```
take_it(list(data = c("a", "b", "c")))
## Error in x$data[[x$index]]: attempt to select less than one element
```

报错是因为 x$index 为 NULL，根据 NULL 从一个向量中提取元素就产生了错误：

```
c("a", "b", "c")[[NULL]]
## Error in c("a", "b", "c")[[NULL]]: attempt to select less than one
element
```

第 3 种情况和第 1 种情况有点类似，从 NULL 提取任何值仍为 NULL：

```
take_it(list(index = 2))
## NULL
```

如果你对 NULL 参与计算的这些极端情况不熟悉的话，就会觉得上述异常情况的错误信息并没有提供有价值的信息。对于更复杂的情况，即使产生了错误信息，你也难以在短时间内找出确切原因。一个不错的解决办法是，在运行函数的时候检查输入，并通过参数来反映函数的假设条件。

为了避免上述误用情况，下面这个函数对每个参数的类型都进行了检查：

```
take_it2 <- function(x) {
  if (is.atomic(x)) {
    x[[1]]
  } else if (is.list(x)) {
    if (!is.null(x$data) && is.atomic(x$data)) {
      if (is.numeric(x$index) && length(x) ==1) {
        x$data[[x$index]]
      } else {
        stop("Invalid index")
      }
    } else {
      stop("Invalid data")
    }
  } else {
    stop("Not supported input type")
  }
}
```

当 x 是一个列表时，我们检查 x$data 是否不为空，同时是一个原子向量。如果确实如此，再检查 x$index 是否被正确设定为一个单元素的数值向量（或标量）。其中任何一个条件被违背，函数就会停止运行，并输出一条错误信息告知用户有关输入的错误原因。

但是，内置的检查函数也会出现古怪行为。例如，is.atomic(NULL) 返回 TRUE。因此，即使列表 x 不包含名为 data 的成分，分支 if(is.atomic(x$data)) 也会被触发（返回 TRUE），但该行判断语句仍会返回 NULL。包含了这些参数检验条件之后，函数会变得更加稳健，而且，当假设条件被违背时，也会输出有参考价值的错误信息：

```
take_it2(list(data = c("a", "b", "c")))
## Error in take_it2(list(data = c("a", "b", "c"))): Invalid index
take_it2(list(index = 2))
## Error in take_it2(list(index = 2)): Invalid data
```

这个函数的另一种实现方法是利用 S3 方法分派，我们将在第 10 章中进行介绍。

识别对象的类和类型

除了使用 is.* 函数，我们也可以用 class( ) 或者 typeof( ) 实现这个功能。在直接判断对象的类型前，有必要了解一下这两个函数的区别。

接下来的例子展示了 class( ) 和 typeof( ) 作用在不同类型的对象上时，它们输出信息的不同之处。

以下例子中，对于每种对象 x，class( ) 和 typeof( ) 都被调用，并使用 str( ) 来展示对象的结构。

对于数值向量：

```
x <- c(1, 2, 3)
class(x)
## [1] "numeric"
typeof(x)
## [1] "double"
str(x)
##  num [1:3] 1 2 3
```

对于整数向量：

```
x <- 1:3
class(x)
## [1] "integer"
typeof(x)
## [1] "integer"
str(x)
##  int [1:3] 1 2 3
```

对于字符向量：

```
x <- c("a", "b", "c")
class(x)
## [1] "character"
typeof(x)
## [1] "character"
str(x)
##  chr [1:3] "a" "b" "c"
```

对于列表：

```
x <- list(a = c(1, 2), b = c(TRUE, FALSE))
class(x)
## [1] "list"
typeof(x)
## [1] "list"
str(x)
## List of 2
##  $ a: num [1:2] 1 2
##  $ b: logi [1:2] TRUE FALSE
```

对于数据框：

```
x <- data.frame(a = c(1, 2), b = c(TRUE, FALSE))
class(x)
## [1] "data.frame"
typeof(x)
## [1] "list"
str(x)
## 'data.frame': 2 obs. of  2 variables:
##  $ a: num  1 2
##  $ b: logi  TRUE FALSE
```

可以看到，typeof( )返回对象的低级内部类型，class( )返回对象的高级类。我们之前提到过，data.frame 本质上就是具有等长成分的 list。因此，一个数据框的类（class）就是 data.frame，但 typeof( )返回它的内部类型就是 list。

这个主题与 S3 面向对象编程机制有关，具体细节将在后续章节中介绍。但这里有必要提一下 class( )和 typeof( )的区别。

从上面的输出结果中，你也可以清晰地认识 str( )的功能，它展示了一个对象的结构。这一点我们在前面的章节也介绍过。对于对象中的向量，str( )会展示它们的内部类型（typeof( )）。

5.1.2 识别数据维度

矩阵、数组和数据框的性质除了类和类型，还有维度。

1. 获取数据维度

在 R 中，向量是通过一维数据结构创建的：

```
vec <- c(1, 2, 3, 2, 3, 4, 3, 4, 5, 4, 5, 6)
class(vec)
```

```
## [1] "numeric"
typeof(vec)
## [1] "double"
```

同一底层数据可以被表示成多维数据结构，其维度可以通过 `dim( )`、`nrow( )`或`ncol( )`来识别。

```
sample_matrix <- matrix(vec, ncol = 4)
sample_matrix
## [,1] [,2] [,3] [,4]
## [1,] 1 2 3 4
## [2,] 2 3 4 5
## [3,] 3 4 5 6
class(sample_matrix)
## [1] "matrix"
typeof(sample_matrix)
## [1] "double"
dim(sample_matrix)
## [1] 3 4
nrow(sample_matrix)
## [1] 3
ncol(sample_matrix)
## [1] 4
```

上述第一行表达式将一个数值向量 `vec` 转换成一个列数为 4 的矩阵。矩阵的类为 matrix，但是 `typeof( )`仍保留了 `vec` 的类型 double。矩阵是一种具有维度的数据结构，`dim( )`以向量形式展示了它的维度。函数 `nrow( )`和 `ncol( )`是获取行数和列数的便捷方法。如果你阅读这两种函数的源代码，就会发现它们没有任何特别之处，就是分别返回了 `dim( )`函数的第 1 个和第 2 个元素。

高维数据结构通常用数组表示。例如，同样的数据 `vec` 可以用 3 个维度表示，也就是说，为了访问其中某个元素，你需要依次指定 3 个维度的 3 个位置：

```
sample_array <- array(vec, dim = c(2, 3, 2))
sample_array
## , , 1
##
## [,1] [,2] [,3]
## [1,] 1 3 3
## [2,] 2 2 4
##
## , , 2
```

```
##
## [,1] [,2] [,3]
## [1,] 3 5 5
## [2,] 4 4 6
class(sample_array)
## [1] "array"
typeof(sample_array)
## [1] "double"
dim(sample_array)
## [1] 2 3 2
nrow(sample_array)
## [1] 2
ncol(sample_array)
## [1] 3
```

与 matrix 类似，数组的类是 array，但仍保留了底层数据的数据类型。`dim( )`输出结果的长度反映了数据的维度。

数据框是另一种具有维度概念的数据结构。然而，数据框与矩阵有本质差别。矩阵通过对向量添加维度特性来得到，数据框则通过对列表添加成分等长的约束来得到：

```
sample_data_frame <- data.frame(a = c(1, 2, 3), b = c(2, 3, 4))
class(sample_data_frame)
## [1] "data.frame"
typeof(sample_data_frame)
## [1] "list"
dim(sample_data_frame)
## [1] 3 2
nrow(sample_data_frame)
## [1] 3
ncol(sample_data_frame)
## [1] 2
```

但是，dim( )、nrow( ) 和 ncol( ) 依旧适用于数据框。

2. 重塑数据结构

表达式 `dim(x)<-y` 的语法意味着将 `x` 的维度值变成 `y`。

对于一个普通向量，这个表达式通过指定维度，将向量转换成矩阵：

```
sample_data <- vec
dim(sample_data) <- c(3, 4)
sample_data
```

```
## [,1] [,2] [,3] [,4]
## [1,] 1 2 3 4
## [2,] 2 3 4 5
## [3,] 3 4 5 6
class(sample_data)
## [1] "matrix"
typeof(sample_data)
## [1] "double"
```

可以看到对象的类由 numeric 变成 matrix，但对象的类型保持不变。

对于矩阵，这个表达式会将矩阵重新塑形：

```
dim(sample_data) <- c(4, 3)
sample_data
## [,1] [,2] [,3]
## [1,] 1 3 5
## [2,] 2 4 4
## [3,] 3 3 5
## [4,]    2    4    6
```

要注意到，改变向量、矩阵或者数组的维度，仅仅改变了对象的表现形式和访问方法，并不改变存储在内存中的底层数据，理解这一点是很重要的。这样，将一个矩阵重塑成数组，你就不会感到惊讶了：

```
dim(sample_data) <- c(3, 2, 2)
sample_data
## , , 1
##
## [,1] [,2]
## [1,] 1 2
## [2,] 2 3
## [3,] 3 4
##
## , , 2
##
## [,1] [,2]
## [1,] 3 4
## [2,] 4 5
## [3,] 5 6
class(sample_data)
## [1] "array"
```

很明显，只有当 `prod(y)` 等于 `length(x)` 时，表达式 `dim(x)<-y` 才会起作用，也

就是说，所有维度值的乘积必须等于数据元素的长度。否则，就会出现错误：

```
dim(sample_data) <- c(2, 3, 4)
## Error in dim(sample_data) <- c(2, 3, 4): dims [product 24]与对象长度[12]
不匹配
```

3. 在一个维度上进行迭代

一个数据框通常是记录的集合，一行代表一条记录。对存储在数据框中的所有记录进行迭代是很常见的。我们看看下列数据框：

```
sample_data_frame
## a b
## 1 1 2
## 2 2 3
## 3 3 4
```

对于这个数据框，我们使用 for 循环在 `1:nrow(x)` 上进行迭代，也就是依次迭代每一行来输出每条记录的各个变量的值：

```
for (i in 1:nrow(sample_data_frame)) {
  # sample text:
  # row #1, a: 1, b: 2
  cat("row #", i, ", ",
    "a: ", sample_data_frame[i, "a"],
    ", b: ", sample_data_frame[i, "b"],
    "\n", sep = "")
}
## row #1,a: 1, b: 2
## row #2,a: 2, b: 3
## row #3,a: 3, b: 4
```

5.2 使用逻辑函数

逻辑向量只取 `TRUE` 或 `FALSE`，主要用来筛选数据。实践中，由多个逻辑向量构建联合条件是很常见的，并且联合条件中有可能涉及多个逻辑运算符和逻辑函数。

5.2.1 逻辑运算符

与很多编程语言类似，R 可以使用几个运算符进行逻辑运算，如表 5-1 所示。

表 5-1

<table>
<tr><th>运算符</th><th>描述</th><th>示例</th><th>结果</th></tr>
<tr><td>&</td><td>向量化 AND</td><td>c(T, T) & c(T, F)</td><td>TRUE, FALSE</td></tr>
<tr><td>|</td><td>向量化 OR</td><td>c(T, T) | c(T, F)</td><td>TRUE, TRUE</td></tr>
<tr><td>&&</td><td>单变量 AND</td><td>c(T, T) && c(F, T)</td><td>FALSE</td></tr>
<tr><td>||</td><td>单变量 OR</td><td>c(T, T) || c(F, T)</td><td>TRUE</td></tr>
<tr><td>!</td><td>向量化 NOT</td><td>!c(T, F)</td><td>FALSE, TRUE</td></tr>
<tr><td>%in%</td><td>向量化 IN</td><td>c(1, 2) %in% c(1, 2, 3, 4)</td><td>TRUE, FALSE</td></tr>
</table>

注意到，在 `if` 表达式中，&& 和 || 经常被用来执行只需返回单元素逻辑向量的逻辑运算。但是，当对多元素向量使用 && 时，会有潜在风险，因为它会默默地忽略运算符两侧的向量中除第 1 个元素以外的其他元素。接下来的例子展示了在条件语句中使用 && 或 || 的不同之处。

下面这段代码创建了一个 `test_direction` 函数，用来判别所提供的参数值的单调性。如果 x、y 和 z 的值是单调递增的，函数返回 1；如果是单调递减的，函数返回-1；否则，函数返回 0。注意，函数使用 & 来执行向量化的 AND 运算：

```
test_direction <- function(x, y, z) {
  if (x < y & y < z) 1
  else if (x > y & y > z) -1
  else 0
}
```

如果提供的参数是标量数字，那么函数可以完美运行：

```
test_direction(1, 2, 3)
## [1] 1
```

注意，当某个参数有不止一个元素时，& 执行向量化运算，并返回一个多元素向量。但是，`if` 只能作用于单值逻辑向量，否则，就会产生警告：

```
test_direction(c(1, 2), c(2, 3), c(3, 4))
## Warning in if (x < y & y < z) 1 else if (x > y & y > z) -1 else 0:
## 条件的长度大于 1，因此只能用其第一元素
## [1] 1
```

如果我们将两个 & 运算符都替换成 &&，并创建一个新的函数 test_direction2，如下所示：

```
test_direction2 <- function(x, y, z) {
  if (x < y && y < z) 1
  else if (x > y && y > z) -1
  else 0
}
```

这样，上述两个示例可能会有不同的结果。对于标量输入，两个函数的运行结果完全相同：

```
test_direction2(1, 2, 3)
## [1] 1
```

但是，对于多元素输入，test_direction2 会默默地忽略每个输入向量的第 2 个元素，因此不会产生任何警告：

```
test_direction2(c(1, 2), c(2, 3), c(3, 4))
## [1] 1
```

最后，到底哪种情况正确地使用逻辑运算符，& 还是 && ？这取决于你的需求。你期待函数怎样处理各种不同的输入情形？如果输入是一个标量值或者多元素向量，你期望什么？如果你期望利用函数来判别每个输入向量的相同位置的所有元素是否具有单调性，那么，在某种程度上，这两种用法都不正确，而是需要使用逻辑聚合函数，这将在下一节中介绍。

5.2.2 逻辑函数

在这一节中，我们将关注聚合逻辑向量并寻找真正的元素。

1．聚合逻辑向量

正如我们前面提到的，除了二元逻辑运算符，还有一些逻辑聚合函数也是非常有用的。

最常用的两个逻辑聚合函数是 any( ) 和 all( )。只要给定逻辑向量的任何一个（至少一个）元素是 TRUE，函数 any( ) 就返回 TRUE；否则，函数 any( ) 返回 FALSE。只有给定逻辑向量的所有元素都是 TRUE，函数 all( ) 才返回 TRUE；否则，函数 all( ) 返回 FALSE：

```
x <- c(-2, -3, 2, 3, 1, 0, 0, 1, 2)
any(x > 1)
```

```
## [1] TRUE
all(x <= 1)
## [1] FALSE
```

这两个函数有一个共同点：它们只返回单个 TRUE 或 FALSE 值，不会返回多元素逻辑向量。因此，要执行上一节中需要满足特定要求的函数，可以在 if 条件语句中同时使用函数 all( ) 和 &：

```
test_all_direction <- function(x, y, z) {
  if (all(x < y & y < z)) 1
  else if (all(x > y & y > z)) -1
  else 0
}
```

对于标量输入，test_all_direction( ) 的处理方式与 test_direction( ) 和 test_direction2( ) 完全相同：

```
test_all_direction(1, 2, 3)
## [1] 1
```

对于向量输入，函数会检查 c(1, 2, 3) 和 c(2, 3, 4) 是否具有（相同的）单调性：

```
test_all_direction(c(1, 2), c(2, 3), c(3, 4))
## [1] 1
```

下述代码展示了一个反例，对应向量的第 2 个位置的元素，也就是 c(2, 4, 4) 不具有单调性：

```
test_all_direction(c(1, 2), c(2, 4), c(3, 4))
## [1] 0
```

函数的返回值是有意义的，因为它意味着函数正确执行了测试 3 个输入向量相同位置的所有元素是否具有单调性的要求。

函数有几种可能的变形，不再使用 any( ) 或者 &&。你可以尝试理解以下几种函数的潜在需求（这些函数想做什么呢？）：

```
test_any_direction <- function(x, y, z) {
  if (any(x < y & y < z)) 1
  else if (any(x > y & y > z)) -1
  else 0
}
```

```
test_all_direction2 <- function(x, y, z) {
  if (all(x < y) && all(y < z)) 1
  else if (all(x > y) && all(y > z)) -1
  else 0
}
test_any_direction2 <- function(x, y, z) {
  if (any(x < y) && any(y < z)) 1
  else if (any(x > y) && any(y > z)) -1
  else 0
}
```

2. 询问哪个元素为真

前面介绍的逻辑运算符通常返回一个反映某个条件是 TRUE 或 FALSE 的逻辑向量，但有时需要明确到底哪些元素满足条件。which( ) 函数返回逻辑向量中元素 TRUE 的位置（或索引）：

```
x
## [1] -2 -3 2 3 1 0 0 1 2
abs(x) >= 1.5
## [1] TRUE TRUE TRUE TRUE FALSE FALSE FALSE FALSE TRUE
which(abs(x) >= 1.5)
## [1] 1 2 3 4 9
```

我们仔细看看发生了什么：首先，abs(x)>=1.5 被执行，并返回一个逻辑向量；然后，which( ) 函数返回这个逻辑向量中元素 TRUE 的位置。

which( ) 函数的运算机制与使用逻辑条件筛选向量或列表中的元素非常类似：

```
x[x >= 1.5]
## [1] 2 3 2
```

在前面的例子中，我们已经知道 x>=1.5 被执行，并返回一个逻辑向量。然后，根据这个逻辑向量中元素 TRUE 的位置选择 x 中的对应元素。

此外，还有一种特殊情况，我们甚至可以使用所有元素都是 FALSE 的逻辑向量。因为该逻辑向量只包含 FALSE，所以 x 中的任何元素都不会被挑出，并返回一个长度为零的数值向量：

```
x[x >= 100]
## numeric(0)
```

5.2.3 处理缺失值

现实世界中的数据经常包含缺失值，用 NA 表示。下面的数值向量就是一个简单的例子：

```
x <- c(-2, -3, NA, 2, 3, 1, NA, 0, 1, NA, 2)
```

对缺失值进行算术运算也会产生缺失值：

```
x + 2
##  [1]  0 -1 NA  4  5  3 NA  2  3 NA  4
```

类似地，进行逻辑运算时，若考虑到缺失值，返回的逻辑向量中就不仅有 TRUE 和 FALSE，还会有 NA，用以表示未知真实性的值。

```
x > 2
## [1] FALSE FALSE NA FALSE TRUE FALSE NA FALSE FALSE
## [10]    NA FALSE
```

因此，逻辑聚合函数，例如 any( )和 all( ) 也需要处理缺失值：

```
x
##  [1] -2 -3 NA 2 3 1 NA 0 1 NA 2
any(x > 2)
## [1] TRUE
any(x < -2)
## [1] TRUE
any(x < -3)
## [1] NA
```

上述输出结果展示了 any( )在处理包含缺失值的逻辑向量时的默认行为。具体来说，只要输入向量中有任何一个元素是 TRUE，函数就返回 TRUE；如果输入向量中没有元素为 TRUE，并且包含缺失值，则函数返回 NA；另外，如果输入向量只包含 FALSE，则函数返回 FALSE。为了验证这个逻辑，只需运行以下代码：

```
any(c(TRUE, FALSE, NA))
## [1] TRUE
any(c(FALSE, FALSE, NA))
## [1] NA
any(c(FALSE, FALSE))
## [1] FALSE
```

若想直接忽略所有缺失值，只需在调用函数时指定 na.rm = TRUE：

```
any(x < -3, na.rm = TRUE)
## [1] FALSE
```

一个适用于 all( ) 的简单但相反的逻辑：

```
x
##  [1] -2 -3 NA 2 3 1 NA 0 1 NA 2
all(x > -3)
## [1] FALSE
all(x >= -3)
## [1] NA
all(x < 4)
## [1] NA
```

只要输入向量中有任何一个元素是 FALSE，则函数返回 FALSE。如果输入向量中没有元素为 FALSE，并且包含缺失值，则函数返回 NA；另外，如果输入向量只包含 TRUE，则函数返回 TRUE。为了验证这个逻辑，只需运行以下代码：

```
all(c(TRUE, FALSE, NA))
## [1] FALSE
all(c(TRUE, TRUE, NA))
## [1] NA
all(c(TRUE, TRUE))
## [1] TRUE
```

类似地，na.rm = TRUE 使函数直接忽略所有缺失值：

```
all(x >= -3, na.rm = TRUE)
## [1] TRUE
```

当包含缺失值时，除了逻辑聚合函数，数据筛选也会有所不同。例如，下述代码在根据 x >= 0 产生的逻辑向量来筛选数据时，返回值的对应位置保留了缺失值：

```
x
## [1] -2 -3 NA  2 3 1 NA 0 1 NA 2
x[x >= 0]
## [1] NA  2  3   1 NA  0  1 NA  2
```

相反，which( ) 不会保留输入逻辑向量中的缺失值：

```
which(x >= 0)
## [1]  4  5  6  8  9 11
```

因此，根据索引构建的向量子集不包含缺失值：

```
x[which(x >= 0)]
## [1] 2 3 1 0 1 2
```

5.2.4 逻辑强制转换

一些被设定接收逻辑输入的函数也可以接收非逻辑向量，例如数值向量。但是，函数处理非逻辑向量的方式可能与逻辑向量有所不同。因为，非逻辑向量会被强制转换成逻辑向量。

举个例子，如果我们在 `if` 条件中输入一个数值向量，它就会被强制转换：

```
if (2) 3
## [1] 3
if (0) 0 else 1
## [1] 1
```

在 R 中，数值向量或整数向量中的非零数值会被强制转换成 `TRUE`，只有 0 会被强制转换成 `FALSE`，而字符串不能被强制转换成逻辑值：

```
if ("a") 1 else 2
## Error in if ("a") 1 else 2: 参数不能作为逻辑值来用
```

5.3 使用数学函数

数学函数是所有计算环境中必不可少的一部分内容，R 就提供了几组基础数学函数。

5.3.1 基础函数

基础函数包括平方根、指数和对数函数，如表 5-2 所示。

表 5-2

符号	示例	结果
$\sqrt{x}$	sqrt(2)	1.4142136
e^x	exp(1)	2.7182818
$\ln(x)$	log(1)	0
$\log_{10}(x)$	log10(10)	1
$\log_2(x)$	log2(8)	3

注意到，sqrt( )只作用于实数。如果提供了一个负数，就会产生 NaN：

```
sqrt(-1)
## Warning in sqrt(-1): 产生了 NaNs
## [1] NaN
```

R 中，数值可以是有限值、无穷大（Inf 和 -Inf）和 NaN。以下代码产生无穷大：

首先，产生正无穷：

```
1 / 0
## [1] Inf
```

然后，产生负无穷：

```
log(0)
## [1] -Inf
```

我们也可以利用检验函数来检查一个数值是有限的、无穷大或者 NaN：

```
is.finite(1 / 0)
## [1] FALSE
is.infinite(log(0))
## [1] TRUE
```

可以使用 is.infinite( )判断某个值是不是无穷大，但是如何判断它是不是-Inf 呢？在 R 中，不等式仍适用于无穷大：

```
1 / 0 < 0
## [1] FALSE
1 / 0 > 0
## [1] TRUE
log(0) < 0
## [1] TRUE
log(0) > 0
## [1] FALSE
```

因此，可以使用 is.infinite( )，同时将值与 0 进行比较：

```
is.pos.infinite <- function(x) {
  is.infinite(x) & x > 0
}
is.neg.infinite <- function(x) {
```

```
  is.infinite(x) & x < 0
}
is.pos.infinite(1/0)
## [1] TRUE
is.neg.infinite(log(0))
## [1] TRUE
```

就像 sqrt( )，如果输入值不在 log 函数的定义域内，也就是 x<0，函数就会返回 NaN，同时产生警告：

```
log(-1)
## Warning in log(-1): 产生了 NaNs
## [1] NaN
```

5.3.2 取整函数

以下函数以不同方式对数值进行取舍，如表 5-3 所示。

表 5-3

符号	示例	结果
[x]log	ceiling(10.6)	11
[x]log	floor(9.5)	9
truncate	trunc(1.5)	1
round	round(pi,3)	3.142
significant numbers	signif(pi,3)	3.14

之前，我们展示过可以使用 options(digits =) 来更改显示的数字位数，但不会改变内存中实际的位数。而上面表格中的函数对数值进行舍入，可能会损失一些信息。

例如，输入一个精确的数字 1.50021，若四舍五入到小数点后 1 位就得到 1.5，这样其他位数（信息）就损失了。因此，在进行取舍之前，你应该确定丢掉的位数是可忽略的或者是噪声。

5.3.3 三角函数

表 5-4 列出了最常用的三角函数。

表 5-4

符号	示例	结果
$\sin(x)$	sin(0)	0
$\cos(x)$	cos(0)	1
$\tan(x)$	tan(0)	0
$\arcsin(x)$	asin(1)	1.5707963
$\arccos(x)$	acos(1)	0
$\arctan(x)$	atan(1)	0.7853982

R 还提供了一个π的数字版本：

```
pi
## [1] 3.141593
```

数学上，方程 `sin(π)=0` 是严格成立的。但是，由于浮点数的精度问题，无论在 R 中，还是其他典型数值计算软件中，相同的式子却不会得到 0：

```
sin(pi)
## [1] 1.224606e-16
```

比较两个数字近似相等，使用 `all.equal( )`，它具有 1.5×10^{-8} 的可容忍误差。`sin(pi)==0` 返回 `FALSE`，而 `all.equal(sin(pi),0)` 返回 TRUE。

当输入是π的倍数时，以下 3 个函数可以得到精确结果，如表 5-5 所示。

表 5-5

符号	示例	结果
$\sin(\pi x)$	sinpi(1)	0
$\cos(\pi x)$	cospi(0)	1
$\tan(\pi x)$	tanpi(1)	0

5.3.4 双曲函数

与其他计算软件类似，R 中提供了以下双曲函数，如表 5-6 所示。

表 5-6

符号	示例	结果
sin***h***(x)	sinh(1)	1.1752012
cos***h***(x)	cosh(1)	1.5430806
tan***h***(x)	tanh(1)	0.7615942
arcsin***h***(x)	asinh(1)	0.8813736
arccos***h***(*x*)	acosh(1)	0
arctan***h***(*x*)	atanh(0)	0

5.3.5 最值函数

有时需要计算一组数字的最大值或最小值。表 5-7 列出了 `ax( )`和 `min( )`的简单用法。

表 5-7

符号	示例	结果
max(...)	max(1, 2, 3)	3
min(...)	min(1, 2, 3)	1

这两个函数不仅适用于多个标量参数，也适用向量：

```
max(c(1, 2, 3))
## [1] 3
```

同样，也适用于多个向量：

```
max(c(1, 2, 3),
    c(2, 1, 2),
    c(1, 3, 4))
## [1] 4
min(c(1, 2, 3),
    c(2, 1, 2),
    c(1, 3, 4))
## [1] 1
```

结果显示，max( )返回全部输入向量的所有值的最大值，min( )亦是如此。

如果我们想获得全部向量的每个相同位置对应值的最大值或最小值呢？请看下面几行代码：

```
pmax(c(1, 2, 3),
    c(2, 1, 2),
    c(1, 3, 4))
## [1] 2 3 4
```

函数 pmax( )的逻辑是这样的：首先寻找全部向量的第 1 个位置对应值（1, 2, 1）的最大值（2）；再寻找第 2 个位置对应值的最大值，以此类推。

同样的效果也可以用下面这段代码实现：

```
x <- list(c(1, 2, 3),
          c(2, 1, 2),
          c(1, 3, 4))
c(max(x[[1]][[1]], x[[2]][[1]], x[[3]][[1]]),
  max(x[[1]][[2]], x[[2]][[2]], x[[3]][[2]]),
  max(x[[1]][[3]], x[[2]][[3]], x[[3]][[3]]))
## [1] 2 3 4
```

这称为平行最大值（parallel maxima）。与之对应的另一个函数是 pmin( )，用来寻找平行最小值（parallel minima）：

```
pmin(c(1, 2, 3),
     c(2, 1, 2),
     c(1, 3, 4))
## [1] 1 1 2
```

这两个函数可以很方便地组合成一个具有限定上下限功能的向量化函数。例如，假设 spread( )是一个分段函数：若输入值小于−5，则取值为−5；若输入值介于−5～5 之间，则取值就是输入值；若输入值大于 5，则取值为 5。

一个简单的实现方法，使用 if 对各段函数进行分支：

```
spread <- function(x) {
  if (x < -5) -5
  else if (x > 5) 5
  else x
}
```

这个函数适用于标量输入，但无法自适应于向量化输入：

```
spread(1)
## [1] 1
spread(seq(-8, 8))
## Warning in if (x < -5) -5 else if (x > 5) 5 else x: 条件的长度大于一，
## 因此只能用其第一元素
## [1] -5
```

一个可行的方法是使用 pmin( )和 pmax( )，并且函数可以自适应于向量化输入：

```
spread2 <- function(x) {
  pmin(5, pmax(-5, x))
}
spread2(seq(-8, 8))
##  [1] -5 -5 -5 -5 -4 -3 -2 -1  0  1  2  3  4  5  5  5  5
```

另一种方法是使用 ifelse( )：

```
spread3 <- function(x) {
  ifelse(x < -5, -5, ifelse(x > 5, 5, x))
}
spread3(seq(-8, 8))
##  [1] -5 -5 -5 -5 -4 -3 -2 -1  0  1  2  3  4  5  5  5  5
```

上面两个分段函数：spread2( )和 spread3( )具有相同的图形，如图 5-1 所示。

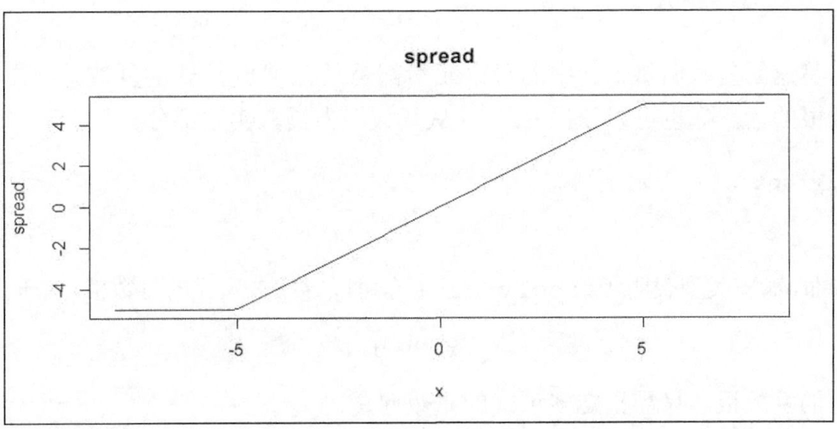

图 5-1

5.4 应用数值方法

在前面的章节中，我们掌握了许多函数：从检查数据结构，到数学和逻辑运算。这些函数是解决诸如根查找和计算微积分这样的问题的基础。作为一个计算环境，R 提供了各种性能良好的工具，使用户不必“重造轮子”。在接下来的内容中，我们将学习有关根查找和微积分的内置函数。

5.4.1 根查找

根查找是常见任务。假设我们想求解以下方程的根：

$$x^2+x-2=0$$

若手动求解，我们先将方程转换成乘积项：

$$(x+2)(x-1)=0$$

因此，方程的根是 $x_1=-2$ 和 $x_2=1$。

在 R 中，polyroot( )可以求解形如：$p(x)=z_1+z_2x+\cdots+z_nx^{n-1}$ 的多项式方程。

对于上面的求解问题，我们需要依次指定多项式中从零阶项到最高阶项的系数，即给定系数向量。在这个问题中，按照阶数递增的顺序指定的系数向量是 c(-2, 1, 1)：

```
polyroot(c(-2, 1, 1))
## [1]  1-0i -2+0i
```

函数总是返回复数向量，其中的每个元素都是具有 a+bi 形式的复数。一方面，如果方程只有实数根的话，你也可以使用 Re( )从复数根中提取实数部分。

```
Re(polyroot(c(-2, 1, 1)))
## [1]  1 -2
```

另一方面，输出类型表明函数 polyroot( )可以寻找多项式的复数根。对于一个最简式：

$$x^2+1=0$$

寻找它的复数根，只需指定多项式的系数向量：

```
polyroot(c(1, 0, 1))
## [1] 0+1i 0-1i
```

一个稍微复杂的例子是寻找下面方程的根：

$$x^3-x^2-2x-1=0$$

```
r <- polyroot(c(-1, -2, -1, 1))
r
## [1] -0.5739495+0.3689894i -0.5739495-0.3689894i
## [3]  2.1478990-0.0000000i
```

现在所有的复数根都找到了。为了证明找到的根确实是上式方程的解，只需将 x 替换为 r：

```
r ^ 3 -r ^ 2 -2 * r -1
## [1] 8.881784e-16+1.110223e-16i 8.881784e-16+2.220446e-16i
## [3] 8.881784e-16-4.188101e-16i
```

由于一些数值计算的问题，上式并非严格等于 0，但确实非常接近于 0。如果你允许误差控制在小数点后 8 位，可以使用 round( ) 函数，此时就会发现这些根都是有效的：

```
round(r ^ 3 -r ^ 2 -2 * r -1, 8)
## [1] 0+0i 0+0i 0+0i
```

关于方程 $f(x)=0$ 的一般数值求解方法中，函数 uniroot( )，顾名思义，是用来寻找方程的唯一根的。一个简单的例子是寻找方程 $x^2-e^x=0$ 在 $x\in[-2,1]$ 上的根：

我们可以画出函数 x^2-e^x 在 $x\in[-2,1]$ 上的图形，如图 5-2 所示。

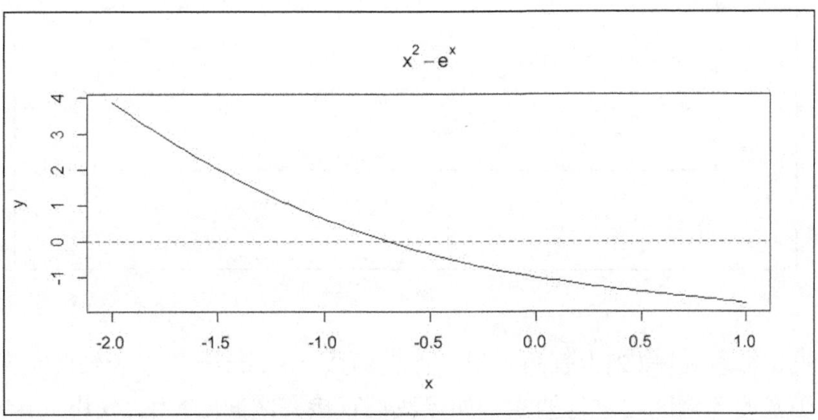

图 5-2

曲线图显示，根位于[−1.0，0.5]。使用 uniroot( )，并指定求解函数和查找区间。函数 uniroot( ) 返回一个列表，其中包含了近似根、近似根处的函数值、计算的迭代次数，以及根的估计精度：

```
uniroot(function(x) x ^ 2 -exp(x), c(-2, 1))
## $root
## [1] -0.7034583
##
## $f.root
## [1] -1.738305e-05
##
## $iter
## [1] 6
##
## $init.it
## [1] NA
##
## $estim.prec
## [1] 6.103516e-05
```

另一个复杂的例子是寻找 $e^x - 3e^{-x^2+x} + 1 = 0$ 在 $x \in [-2,2]$ 上的一个根。

同样，我们借助图形进行分析，如图 5-3 所示。

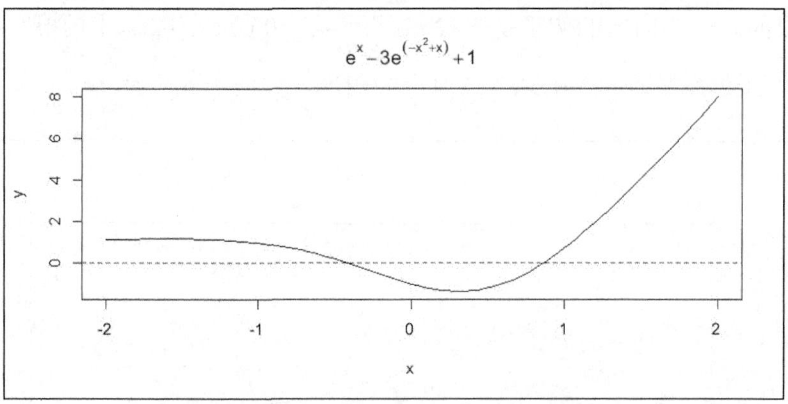

图 5-3

显而易见，方程在[−2,2]上有两个根。但是函数 uniroot( ) 一次只能查找一个根，所以最好在函数的单调区间进行搜索。如果我们直接在区间[−2,2]上使用 uniroot( ) 就会产生错误：

```
f <- function(x) exp(x) -3 * exp(-x ^ 2 + x) + 1
uniroot(f, c(-2, 2))
## Error in uniroot(f, c(-2, 2)): f() values at end points not of opposite
```

```
sign
```

我们必须确保函数值在查找区间的两端具有相反的符号，这样才能找到唯一根。因此，对于上面这个问题，可以将区间拆分成两个小区间，并在其中分别寻找：

```
uniroot(f, c(-2, 0))$root
## [1] -0.4180424
uniroot(f, c(0, 2))$root
## [1] 0.8643009
```

再举一个更复杂的例子：

函数为 $x^2-2x+4\cos(x^2)-3$；

查找区间为 $x\in[-5.5]$；

同样，通过绘制图形来分析结果，如图 5-4 所示。

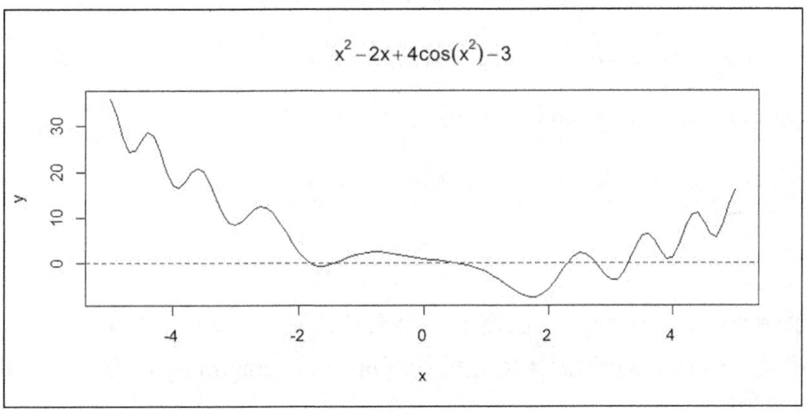

图 5-4

由图 5-4 可知，方程有几个根。以下代码只能在区间[0,1]上找到 1 个根：

```
uniroot(function(x) x ^ 2 -2 * x + 4 * cos(x ^ 2) -3, c(0, 1))$root
## [1] 0.5593558
```

上面一些根查找的函数调用中，我们没有给函数命名，而是直接将函数传递给 `uniroot( )`，这些函数称为匿名函数，我们将在后续章节对此进行详细介绍。

5.4.2 微积分

R 的基础数值方法中，除了根查找，还有基础微积分。

1. 求导

D( )用于计算一个函数对给定变量的导数，并仍以表达式的形式返回。

例如，计算 $\frac{dx^2}{dx}$：

```
D(quote(x ^ 2), "x")
## 2 * x
```

求解 $\frac{d\sin(x)\cos(xy)}{dx}$：

```
D(quote(sin(x) * cos(x * y)), "x")
## cos(x) * cos(x * y) -sin(x) * (sin(x * y) * y)
```

多亏了 quote( )函数，它能够使表达式保留输入形式，而不被执行。

导数式仍是未被执行的表达式，只要给定必要参数，并调用 eval( )，我们就可以执行它：

```
z <- D(quote(sin(x) * cos(x * y)), "x")
z
## cos(x) * cos(x * y) -sin(x) * (sin(x * y) * y)
eval(z, list(x = 1, y = 2))
## [1] -1.75514
```

上面这个例子中，quote( )创建了一个表达式对象，eval( )基于给定的参数值执行了这个表达式。表达式对象赋予 R 元编程（meta programming）的能力。我们将在第 9 章中讨论这个主题。

2. 积分

R 也支持数值积分。这里不涉及符号计算，所以我们不必写出表达式，只需提供一个函数即可。例如，下面这个式子就是一个定积分问题。它主要用于计算 $0\sim\frac{\pi}{2}$，正弦曲线下面的面积。只要数学函数可以用 R 中的函数表达，R 的内置函数 integrate( ) 就能解决这类问题，并且具有极大的灵活性：

$$\int_0^{\frac{\pi}{2}}\sin(x)\mathbf{d}x$$

```
result <- integrate(function(x) sin(x), 0, pi / 2)
```

```
result
## 1 with absolute error < 1.1e-14
```

结果看起来像一个数值解，但还附有一些其他信息。实际上，返回了一个列表：

```
str(result)
## List of 5
## $ value : num 1
## $ abs.error : num 1.11e-14
## $ subdivisions: int 1
## $ message : chr "OK"
## $ call : language integrate(f = function(x) sin(x), lower = 0, upper =
pi/2)
##  -attr(*, "class")= chr "integrate"
```

因为积分是一种数值计算，所以它继承了这类计算技术的所有优点和缺点。

5.5 使用统计函数

R 在统计计算和建模方面具有极高的生产力，它提供了从随机抽样到统计检验，多种多样且功能强大的函数。同一类别的函数共享一个通用接口。在本节中，我将会展示一些例子帮助你理解，做到举一反三。

5.5.1 从向量中抽样

在统计学中，认识一个总体，通常从它的一个随机样本开始。函数 sample( ) 从一个给定向量或列表中随机抽取一个样本。默认情况下，sample( ) 进行不放回随机抽样。例如，以下代码从一个数值向量中不放回地随机抽取了一个容量为 5 的样本：

```
sample(1:6, size = 5)
## [1] 2 6 3 1 4
```

通过设定参数 replace = TRUE，就可以进行有放回随机抽样：

```
sample(1:6, size = 5, replace = TRUE)
## [1] 3 5 3 4 2
```

尽管 sample( ) 经常被用来从一个数值向量中进行抽样，它也适用于其他类型的向量：

```
sample(letters, size = 3)
## [1] "q" "w" "g"
```

甚至适用于列表：

```
sample(list(a = 1, b = c(2, 3), c = c(3, 4, 5)), size = 2)
## $b
## [1] 2 3
##
## $c
## [1] 3 4 5
```

实际上，`sample( )`适用于所有可以使用方括号（[]）构建子集的对象。此外，它还可以进行加权抽样，也就是说，你可以指定抽取每个元素的概率：

```
grades <- sample(c("A", "B", "C"), size = 20, replace = TRUE,
prob = c(0.25, 0.5, 0.25))
grades
## [1] "C" "B" "B" "B" "C" "C" "C" "C" "C" "B" "B" "A" "A" "C"
## [15] "B" "B" "A" "B" "A" "C"
```

我们可以使用 `table( )`统计每个元素的频数：

```
table(grades)
## grades
## A B C
## 4 8 8
```

5.5.2 应用随机分布

在数值模拟中，更常见的情况是需要从随机分布中抽取样本，而不是从给定向量中抽取样本。R 提供了许多内置函数来处理常用的概率分布。在本节中，我们将了解如何利用 R 中基本的统计工具来处理各种表示样本数据的 R 对象。这些工具主要用于处理数值向量。

在 R 中，我们可以很容易地生成服从某个统计分布的随机数。其中，最常用的两个分布是均匀分布和正态分布。

从统计意义上来说，在给定范围内，随机抽取来自均匀分布的任何值都是等可能的。我们调用 `runif(n)`来生成 n 个 0～1 区间上服从均匀分布的随机数。

```
runif(5)
## [1] 0.8894535 0.1804072 0.6293909 0.9895641 0.1302889
```

可以指定参数 min 和 max，来生成非默认区间上的随机数：

```
runif(5, min = -1, max = 1)
## [1] -0.3386789 0.7302411 0.5551689 0.6546069 0.2066487
```

如果我们使用 runif(1000)生成了 1000 个随机数，并展示在图上，这样就得到了如图 5-5 所示的散点图（一副展示 X-Y 的点图）。

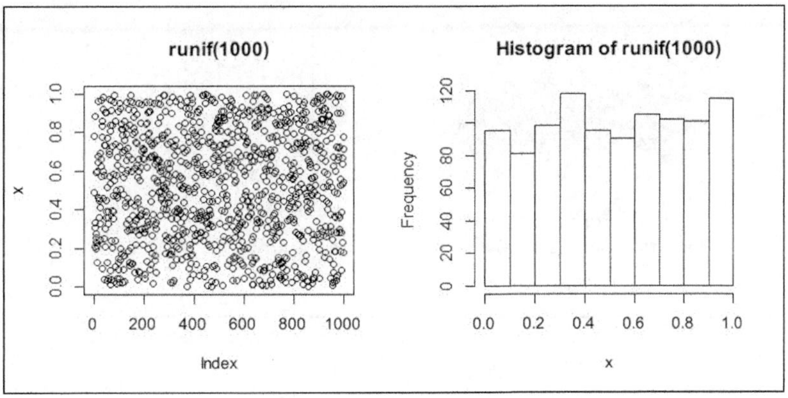

图 5-5

从图 5-5 中的直方图可以看出，我们生成的随机数几乎均匀地分布在 0～1 之间的每个小区间上，这与均匀分布是一致的。

正态分布是现实世界中最常见的。与 runif( )类似，我们可以使用 rnorm( )来生成服从标准正态分布的随机数：

```
rnorm(5)
## [1] 0.7857579 1.1820321 -0.9558760 -1.0316165 0.4336838
```

你可能注意到了，随机数生成函数共享同一个接口。runif( ) 和 rnorm( ) 的第 1 个参数都是 *n*，即生成随机数的数量，而其他参数与随机分布本身有关。对正态分布而言，涉及其本身的参数是均值 mean 和标准差 sd：

```
rnorm(5, mean = 2, sd = 0.5)
## [1] 1.597106 1.971534 2.374846 3.023233 2.033357
```

输出结果如图 5-6 所示。

由图 5-6 可以明显看出，数据并非均匀分布，而是集中在均值附近。众所周知，统计分布可以用特定的公式表达。为了便于访问这些理论公式，R 为每个内置的随机分布提供了一个函数族。更确切地说，对于均匀分布而言，R 提供了它的概率密度函数 dunif( )、累积分布函数 punif( )、分位数函数 qunif( ) 和随机数生成器 runif( )。对于正态分布而言，对应的函数名称分别是 dnorm( )、pnorm( )、qnorm( ) 和 rnorm( )。关于概率密度函数、累积分布函数、分位数函数和随机数生成器的相同的命名规则同样适用于 R 中的其他分布。

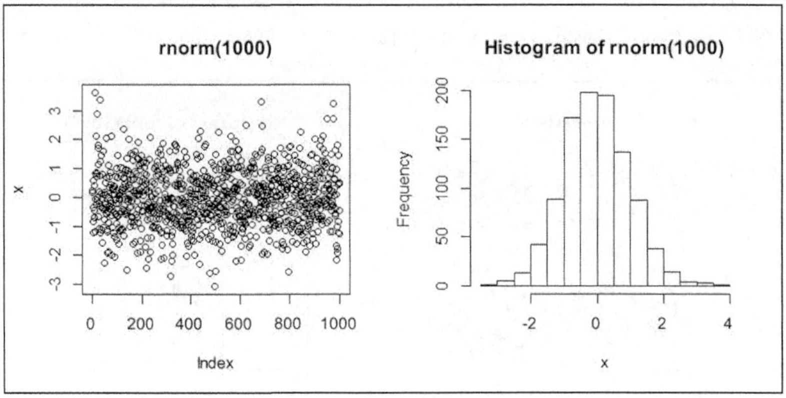

图 5-6

除了这两个最常用的统计分布，R 还提供了离散分布（例如二项分布）和连续分布（例如指数分布）的相关函数。你可以执行 `?Distributions` 来查看所有分布的列表。这些分布的性质超出了本书的范围。如果你对这些分布不是很熟悉，但是对它们的各种性质很感兴趣，可以阅读概率论的相关图书或者访问维基百科（https://en.wikipedia.org/wiki/Probability_distribution）查看更多细节。

5.5.3 计算描述性统计量

对于一个给定的数据集，我们经常需要借助一些描述性统计量对数据有一个初始印象。对于数值向量，R 提供了一系列计算描述性统计量的函数，包括平均数、中位数、标准差、方差、最大值、最小值、值域和分位数。对于多个数值向量，我们可以计算协方差矩阵和相关矩阵。

接下来的例子展示了如何使用内置函数计算这些描述性统计量。首先，我们生成一个服从标准正态分布，长度为 50 的随机数值向量：

```
x <- rnorm(50)
```

调用 `mean( )` 计算样本 `x` 的算术平均数：

```
mean(x)
## [1] -0.1051295
```

等价于：

```
sum(x) / length(x)
## [1] -0.1051295
```

但 mean( )可以通过设定参数 trim 来计算截尾平均数（Trimmed Mean），即丢弃了最大 5%和最小 5%的输入数据后的算术平均数：

```
mean(x, trim = 0.05)
## [1] -0.141455
```

如果 x 包含一些异常值，那么，截尾平均数可以将其从输入数据中剔除，因此截尾平均数更加稳健。

另一个度量样本数据位置的代表是样本中位数。对于一个给定样本，一半观测值大于中位数，另一半观测值小于中位数。若数据中含有极端值，则用中位数度量数据“中心”更加稳健。对样本 x，其样本中位数是：

```
median(x)
## [1] -0.2312157
```

除了位置度量，例如平均数和中位数，离散程度的度量也很重要。我们使用 sd( )来计算一个数值向量的标准差：

```
sd(x)
## [1] 0.8477752
```

使用 var( ) 计算方差：

```
var(x)
## [1] 0.7187228
```

使用 min( )和 max( )可以很容易地捕获数据的极端值：

```
c(min = min(x), max = max(x))
## min max
## -1.753655  2.587579
```

此外，你也可以使用 range( )直接得到这两个值：

```
range(x)
## [1] -1.753655  2.587579
```

有时，数据并非规范分布（呈现偏态）。在这种情况下，位置度量和变异度量会受到数据形态的影响，结果有可能具有误导性。这里，我们可以关注一下几个关键的分位数：

```
quantile(x)
##          0%         25%         50%         75%        100%
## -1.7536547 -0.6774037 -0.2312157  0.2974412  2.5875789
```

通过指定参数 probs 的取值，可以计算不同的分位数：

```
quantile(x, probs = seq(0, 1, 0.1))
##           0%          10%          20%          30%          40%          50%
## -1.753654706 -1.116231750 -0.891186551 -0.504630513 -0.412239924 -0.231215699
##          60%          70%          80%          90%         100%
##  0.009806393  0.177344522  0.550510144  0.968607716  2.587578887
```

如果数据不是规范分布的，就可能出现这种情况：相比其他分位数，某两个分位数之间的差距特别大或特别小。一个更简便的方法是使用 summary( )，它直接给出最常用的描述性统计量，包括四分位数、中位数和平均数：

```
summary(x)
##    Min. 1st Qu. Median    Mean  3rd Qu.    Max.
## -1.7540 -0.6774 -0.2312 -0.1051  0.2974  2.5880
```

注意到，最小值和最大值分别对应 0%分位数和 100%分位数。

实际上，summary( )是一类通用函数，适用于多种类型的对象，其处理方式有所不同。例如，summary( )也适用于数据框：

```
df <- data.frame(score = round(rnorm(100, 80, 10)),
  grade = sample(letters[1:3], 100, replace = TRUE))
summary(df)
##      score        grade
## Min.   : 60.00   a:34
## 1st Qu.: 73.00   b:38
## Median : 79.00   c:28
## Mean   : 79.65
## 3rd Qu.: 86.00
## Max.   :107.00
```

可以看到，对应数值的一列，summary( )返回了多种描述性统计量。对应其他类型的列，它只简单统计了各个值出现的频数。

计算协方差和相关矩阵

上面的例子介绍了针对向量的最常用的描述性统计量。对于两个或多个向量，我们可以计算协方差矩阵和相关矩阵。

下面这行代码生成了另一个与 x 相关的向量：

```
y <- 2 * x + 0.5 * rnorm(length(x))
```

我们可以计算 x 和 y 的协方差：

```
cov(x, y)
## [1] 1.419859
```

也可以计算相关系数：

```
cor(x, y)
## [1] 0.9625964
```

这两个函数也适用于多个向量。如果我们需要计算多个向量的协方差矩阵和相关矩阵，就要以矩阵或数据框的形式输入数据。在下面这个例子中，我们生成了另一个与 x 等长的随机向量 z，并且 z 是独立于 x 和 y 的服从均匀分布的随机向量。我们使用 `cbind( )` 创建一个 3 列的矩阵，并计算它们的协方差矩阵：

```
z <- runif(length(x))
m1 <- cbind(x, y, z)
cov(m1)
##           x          y          z
## x 0.7187228 1.41985899 0.04229950
## y 1.4198590 3.02719645 0.07299981
## z 0.0422995 0.07299981 0.08005535
```

类似地，对矩阵直接调用 cor( ) 计算相关矩阵：

```
cor(m1)
##           x         y         z
## x 1.0000000 0.9625964 0.1763434
## y 0.9625964 1.0000000 0.1482881
## z 0.1763434 0.1482881 1.0000000
```

因为 y 是通过 x 的一个线性关系加上扰动项得到的，所以 y 与 x 应该高度相关，而它们与 z 的相关性就比较低。从返回的相关矩阵来看，结果与我们的预期是一致的。当然，从统计意义上来看，这种关系是否仍然成立，需要进行严格的统计检验，但是这些内容超出了本书的讨论范围。

5.6 使用 apply 函数族

之前，我们讨论过可以使用 for 循环，在一个向量或列表上进行迭代，重复执行某个表达式。但是在实践中，for 循环往往是最后的选择，因为每次迭代都是相互独立的，所以我们可以使用更简洁更方便的读写方式来实现同样的效果。

举个例子，以下代码使用 for 循环创建了一个列表，它由 3 个相互独立、服从正态分布的随机向量构成，其长度由向量 len 确定：

```
len <- c(3, 4, 5)
# 首先，在环境中创建一个列表
x <- list()
# 然后，使用 for 循环根据各自的长度生成相应的随机向量
for (i in 1:3) {
  x[[i]] <- rnorm(len[i])
}
x
## [[1]]
## [1] 1.4572245 0.1434679 -0.4228897
##
## [[2]]
## [1] -1.4202269 -0.7162066 -1.6006179 -1.2985130
##
## [[3]]
## [1] -0.6318412  1.6784430  0.1155478  0.2905479 -0.7363817
```

这个例子很简单，但是代码有些冗长，如果使用 lapply( )：

```
lapply(len, rnorm)
## [[1]]
## [1] -0.3258354 -1.4658116 -0.1461097
##
## [[2]]
## [1] -0.1715198 0.5215857 -0.3178271 -0.3967798
##
## [[3]]
## [1] -0.2047106 -1.2009772 1.4859955 0.1940920 0.3758798
```

lapply 版本就非常简洁，它对 len 的每个元素调用 rnorm( )，并将结果放到一个列表中。

我们可能会想，R 是否允许将函数作为普通对象传递给参数呢？幸运的是，答案是肯定的。在 R 中，函数就是对象，而且就像我们在数值方法部分展示的，函数可以作为参数进行传递。这些特性极大地丰富了代码的灵活性。

apply 函数族中的每个函数都被称为高阶函数（higher-order function）。高阶函数是以函数作为输入的函数。我们之后将详细讲解这些内容。

5.6.1 lapply

正如前面展示的，lapply( )函数接收一个向量和一个函数作为输入参数。它将这个函数应用到向量中的每个元素，再将结果以列表的形式返回。

当每次迭代都是相互独立时，这个函数就非常好用。因为在这种情况下，我们不需要构建一个显式迭代器来明确每步迭代过程。

lapply( )不仅适用于向量，也适用于列表。假设我们有一份学生列表：

```
students <- list(
  a1 = list(name = "James", age = 25,
    gender = "M", interest = c("reading", "writing")),
  a2 = list(name = "Jenny", age = 23,
    gender = "F", interest = c("cooking")),
  a3 = list(name = "David", age = 24,
    gender = "M", interest = c("running", "basketball")))
```

现在，我们想创建一个字符向量，其中每个元素都具有如下形式：

```
James, 25 year-old man, loves reading, writing.
```

函数 sprintf( )通过将占位符（例如：%s 对应字符串，%d 对应整数）替换为相应的输入参数来格式化文本。举个例子：

```
sprintf("Hello, %s! Your number is %d.", "Tom", 3)
## [1] "Hello, Tom! Your number is 3."
```

返回到我们的问题上来，每次迭代都是作用在列表 students 上，并且是相互独立的。换句话说，对 James 的相关操作与 Jenny 无关，以此类推。所以，我们可以使用 lapply( )执行这项工作：

```
lapply(students, function(s) {
  type <- switch(s$gender, "M" = "man", "F" = "woman")
```

```
  interest <- paste(s$interest, collapse = ", ")
  sprintf("%s, %d year-old %s, loves %s.", s$name, s$age, type, interest)
})
## $a1
## [1] "James, 25 year-old man, loves reading, writing."
##
## $a2
## [1] "Jenny, 23 year-old woman, loves cooking."
##
## $a3
## [1] "David, 24 year-old man, loves running, basketball."
```

上述代码使用了一个匿名函数。所谓匿名函数就是没有使用常规赋值运算符将其绑定给某个符号的函数，简言之，就是创建了一个没有命名的函数。当然，我们也可以将函数明确地绑定给某个符号，也就是赋予函数一个名称，然后在 lapply( ) 中使用函数名。

尽管如此，代码已经非常直观了。对于 students 中的每个元素 s，函数重新定义了学生类型，并以逗号为分隔符，将他们的兴趣连接在一起，最后以我们希望的形式整合所有信息。

幸运的是，lapply( ) 的主要使用方式与 apply( ) 函数族的其他函数是相通的，但它们的迭代机制或结果的返回形式可能有所不同。

5.6.2 sapply

列表并非总是存储结果的最佳容器。有时，我们希望将结果放在一个向量或者矩阵中。sapply( ) 函数可以根据结果的结构将其合理简化。

假设，我们将平方运算应用到 1:10 的每个元素上。如果使用 lapply( )，返回的结果就是一个包含平方数的列表。实际上，结果列表的所有成分都是一个单值数值向量，所以列表形式的结果就显得笨重而冗长。因此，我们可能希望以向量形式返回同样的结果：

```
sapply(1:10, function(i) i ^ 2)
##  [1]   1   4   9  16  25  36  49  64  81 100
```

如果函数每次循环都返回一个多元素的向量，sapply() 会将结果存储在一个矩阵中，矩阵的每一列即为每次循环产生的向量：

```
sapply(1:10, function(i) c(i, i ^ 2))
##      [,1] [,2] [,3] [,4] [,5] [,6] [,7] [,8] [,9] [,10]
## [1,]    1    2    3    4    5    6    7    8    9    10
## [2,]    1    4    9   16   25   36   49   64   81   100
```

5.6.3 vapply

尽管 sapply 非常方便和智能，但有时智能可能隐藏着风险。假如我们有一个数字列表：

```
x <- list(c(1, 2), c(2, 3), c(1, 3))
```

如果我们想得到一个向量，其中每个元素都是 x 中对应数字的平方。那么，sapply( ) 就比较方便易用，因为它会自动尝试简化结果的数据结构：

```
sapply(x, function(x) x ^ 2)
## [,1] [,2] [,3]
## [1,] 1 4 1
## [2,] 4 9 9
```

然而，如果输入数据有错误或损坏，sapply( ) 会默默地接收输入，但可能返回一个意想不到的结果。例如，假设 x 的第 3 个成分误加了一个额外元素：

```
x1 <- list(c(1, 2), c(2, 3), c(1, 3, 3))
```

此时，再调用 sapply( )，它会发现无法将结果简化成矩阵，所以就返回了一个列表：

```
sapply(x1, function(x) x ^ 2)
## [[1]]
## [1] 1 4
##
## [[2]]
## [1] 4 9
##
## [[3]]
## [1] 1 9 9
```

如果我们最初使用 vapply( )，错误很快就能被发现。vapply( ) 函数通过一个附加参数来设定每次迭代返回值的模板。下面这段代码，指定模板为 numeric(2)，意味着每次迭代都返回一个包含 2 个元素的数值向量。如果不能按照既定模板进行输出，函数就会终止，并产生错误信息：

```
vapply(x1, function(x) x ^ 2, numeric(2))
## Error in vapply(x1, function(x) x^2, numeric(2)): 值的长度必需为 2,
##  但 FUN(X[[3]])结果的长度却是 3
```

对于最初正确的输入，vapply( ) 返回与 sapply( ) 完全相同的矩阵：

```
vapply(x, function(x) x ^ 2, numeric(2))
## [,1] [,2] [,3]
## [1,] 1 4 1
## [2,] 4 9 9
```

总之，vapply( )是sapply( )的安全升级版，因为它可以执行模板核查。在实践中，如果可以事先确定输出模板，最好使用vapply( )而不是sapply( )。

5.6.4 mapply

相比lapply( )和sapply( )在一个向量上迭代，mapply( )可以在多个向量上进行迭代。换句话，mapply是sapply的多元版本：

```
mapply(function(a, b, c) a * b + b * c + a * c,
a = c(1, 2, 3), b = c(5, 6, 7), c = c(-1, -2, -3))
## [1] -1 -4 -9
```

迭代函数可以返回标量，也可以返回多元素向量。因此，就像sapply( )一样，mapply( )也可以简化结果：

```
df <- data.frame(x = c(1, 2, 3), y = c(3, 4, 5))
df
##   x y
## 1 1 3
## 2 2 4
## 3 3 5
mapply(function(xi, yi) c(xi, yi, xi + yi), df$x, df$y)
##      [,1] [,2] [,3]
## [1,]    1    2    3
## [2,]    3    4    5
## [3,]    4    6    8
```

Map( )是lapply( )的多元版本，所以，它通常返回一个列表：

```
Map(function(xi, yi) c(xi, yi, xi + yi), df$x, df$y)
## [[1]]
## [1] 1 3 4
##
## [[2]]
## [1] 2 4 6
##
## [[3]]
## [1] 3 5 8
```

5.6.5　apply

apply 函数将一个函数应用到矩阵或数组的某个边际（margin）或维度上。例如，计算矩阵每一行的和，因为行是矩阵的第 1 个维度，所以我们指定 MARGIN = 1，这样就可以在每次迭代中，将 sum( ) 函数应用到矩阵的每个行切片（数值向量）上：

```
mat <- matrix(c(1, 2, 3, 4), nrow = 2)
mat
##      [,1] [,2]
## [1,]    1    3
## [2,]    2    4
apply(mat, 1, sum)
## [1] 4 6
```

同理，若要计算每一列的和，列是矩阵的第 2 个维度，我们指定 MARGIN = 2，这样每次迭代中，sum( ) 函数就被应用到矩阵 mat 的每个列切片上：

```
apply(mat, 2, sum)
## [1] 3 7
```

apply( ) 函数也支持数组输入和矩阵输出：

```
mat2 <- matrix(1:16, nrow = 4)
mat2
##      [,1] [,2] [,3] [,4]
## [1,]    1    5    9   13
## [2,]    2    6   10   14
## [3,]    3    7   11   15
## [4,]    4    8   12   16
```

运行下列代码，得到一个展示 mat2 每一列的最大值和最小值的矩阵：

```
apply(mat2, 2, function(col) c(min = min(col), max = max(col)))
##     [,1] [,2] [,3] [,4]
## min    1    5    9   13
## max    4    8   12   16
```

类似地，也可以运行以下代码，得到一个展示 mat2 每一行的最大值和最小值的矩阵：

```
apply(mat2, 1, function(col) c(min = min(col), max = max(col)))
```

```
##      [,1] [,2] [,3] [,4]
## min     1    2    3    4
## max    13   14   15   16
```

5.7 小结

在本章中，通过演示内置函数的用法，我们学习了如何操作基本对象。它们构成了运用 R 进行实际操作的函数库。我们掌握了一些判断和获取对象类型的基本函数，以及识别和重塑数据维度的基本函数。还了解了很多用于筛选数据的逻辑运算符和相关函数。

对于操作和处理数值类数据结构，我们学习了进行根查找和微积分的基础数学函数、内置数值方法，还有一些执行随机抽样和对数据进行描述性统计分析的统计函数。最后，理解并掌握了简化迭代和优化结果存储方式的 apply 函数族。

另一个重要的数据类型是字符串，它以字符向量的形式表达。在下一章中，我们将学习进行文本分析所需的有力工具——字符串操作技术。

第 6 章 字符串的使用

在前面的章节中，我们已经学习了用于基本对象操作的多类内置函数，并且知道了如何获取对象的类、类型和维度；如何进行逻辑、数学和基本统计计算；以及如何完成像根查找这样的简单分析任务。这些函数是我们解决特定问题的基石。

字符串相关函数是一类非常重要的函数，本章将介绍这些函数。在 R 中，文本存储在字符向量中，并且有许多操作和分析文本的实用函数和技巧。在本章中，我们将学习处理字符串的基础但有用的技巧，主要包括：

- 字符向量的基本操作
- 在日期/时间对象和它们的字符串形式之间转换
- 使用正则表达式（regular expressions）提取文本信息

6.1 字符串入门

R 中的字符向量被用来存储文本数据。不同于其他编程语言的是，R 中字符向量并非单个字符、字母或者字母符号如 a、b、c。相反，它是一个包含字符串的向量。

R 也提供了许多用来处理字符向量的内置函数。其中很多可以执行向量化操作，因此它们可以一步完成对多个字符串的处理。

在本节中，你将学到更多有关字符向量中文本的打印、组合以及转换等内容。

6.1.1 打印文本

也许查看文本是我们对文本所能做的最基础的事情。R 提供了许多在控制台中查看文本的方式。

最简单的方式是，直接在引号中输入文本：

```
"Hello"
## [1] "Hello"
```

如同由浮点数组成的数值向量，一个字符向量是一个由字符值或字符串组成的向量。Hello 是我们刚刚创建的字符向量中的第 1 个，也是唯一一个元素。

我们也可以通过简单地执行某个变量，打印出存储在该变量中的字符串：

```
str1 <- "Hello"
str1
## [1] "Hello"
```

然而，如果只是简单地将字符串放进循环中，R 并不会将其迭代打印。下面这个循环不会打印出任何东西：

```
for (i in 1:3){
  "Hello"
}
```

这是因为 R 只会自动地打印出一个表达式的值，就好像是在控制台中输入一样。一个 for 循环并没有明确地返回一个值。这个行为也解释了当运行以下两个函数时打印方式的不同，分别是：

```
test1 <- function(x) {
  "Hello"
  x
}
test1("World")
## [1] "World"
```

在上面的输出结果中，test1 并没有打印出 Hello，而是打印出了 World。这是因为 test1("World")返回最后一个表达式 x 的值：World，这个值是函数调用的，并且自动打印出来。假设我们从函数中移除了 x，如下：

```
test2 <- function(x) {
  "Hello"
}
test2("World")
## [1] "Hello"
```

此时，因为函数体内只有“Hello”这一个表达式，而没有与 x 对应的表达式。所以，不论 x 如何取值，test2 永远只会返回 Hello。因此，R 自动打印出表达式 test2("World") 的值，也就是 Hello。

如果想要明确地打印一个对象，我们应该使用 print( )：

```
print(str1)
## [1] "Hello"
```

这样，字符向量中位置[1]的元素会被打印出来，这在循环中也是可行：

```
for (i in 1:3) {
  print(str1)
}
## [1] "Hello"
## [1] "Hello"
## [1] "Hello"
```

同样，在函数中也是可行的：

```
test3 <-function(x) {
  print("Hello")
  x
}
test3("World")
## [1] "Hello"
## [1] "World"
```

有些情况下，我们希望输出文本就像输出一条信息一样，而不是带索引的字符向量。此时，可以调用 cat( )或者 message( )：

```
cat("Hello")
## Hello
```

我们可以通过一种更加灵活的方式编辑信息：

```
name <- "Ken"
language <- "R"
cat("Hello,", name, "- a user of", language)
## Hello, Ken - a user of R
```

我们改变输入方式，打印出更加正式的句子：

```
cat("Hello, ", name, ", a user of ", language, ".")
## Hello,  Ken , a user of  R .
```

看起来，连接好的字符串在不同的参数之间使用了不必要的空白。这是因为在输入的字符串之间，默认使用空格作为分隔符。我们可以指定 sep=参数 来改变它。在下面的例子中，我们将避免默认的空格分隔符，而是手动地将空格写入到输入字符串中，创造一个正确的版本：

```
cat("Hello, ", name, ", a user of ", language, ".", sep ="")
## Hello, Ken, a user of R.
```

另一个函数是message( )，它经常在相对严肃的场合使用，例如陈述重要事件，其输出文本更引人注目。message( )与 cat( )的区别在于，massage( )不会自动使用空格分隔符来连接输入字符串：

```
message("Hello, ", name, ", a user of ", language, ".")
## Hello, Ken, a user of R.
```

为了得到相同的文本，使用message( )的时候，我们手动加上了空格分隔符。

message( )与 cat( )的另一个区别是，message( )会自动地以换行作为文本结尾，而 cat( )不会。

接下来的两个例子演示了这个区别。我们想要打印出相同的内容，却得到了不同的结果：

```
for (i in 1:3) {
  cat(letters[[i]])
}
## abc
for (i in 1:3) {
  message(letters[[i]])
}
## a
## b
## c
```

显然，每次调用 cat( )，输入的字符串不会被换行打印，结果就是 3 个字母出现在同一行中。相反地，每次调用 message( )，每输入一个字符串就会出现在新的一行中。因此，3 个字母出现在 3 行中。为了在使用 cat( )时，也将每个字母输出在新行中，我们需要明确地在输入中添加一个换行符。下面的代码输出了和前面例子中 message( )一样的内容：

```
for (i in 1:3) {
  cat(letters[[i]], "\n", sep ="")
}
## a
## b
## c
```

6.1.2 连接字符串

在实践中，我们经常需要将多个字符串连接成一个。paste( )函数就是用来连接多个字符向量的函数。这个函数也使用空格作为默认分隔符：

```
paste("Hello", "world")
## [1] "Hello world"
paste("Hello", "world", sep ="-")
## [1] "Hello-world"
```

如果不需要分隔符，可以设定 sep=""或者使用 paste0( )：

```
paste0("Hello", "world")
## [1] "Helloworld"
```

也许 paste( )和 cat( )会使你感到困惑，因为它们都能够用于连接字符串。那它们的区别是什么呢？区别在于 cat( )只是在控制台中打印出字符串，但是paste( )可以返回字符串以便后续使用。接下来的代码显示：cat( )打印出了连接好的字符串，但是返回了 NULL：

```
value1 <- cat("Hello", "world")
## Hello world
value1
## NULL
value2 <- paste("Hello", "world")
value2
## [1] "Hello world"
```

换句话说，cat( )仅仅打印了字符串，但是 paste( )创造了一个新的字符向量。

前面的例子展示了 paste( )处理单元素字符向量的行为。那么处理多元素向量的时候呢？让我们看看它会怎么做：

```
paste(c("A", "B"), c("C", "D"))
## [1] "A C" "B D"
```

可以看到paste( )自动匹配了元素，也就是说，首先执行paste("A", "C")，然后执行paste("B", "D")，最后，构成一个有两个元素的字符向量。

如果我们想要把结果放在同一个字符串中，可以设定collapse= 使两个元素再次连接：

```
paste(c("A", "B"), c("C", "D"),collapse =", ")
## [1] "A C, B D"
```

如果想让它们出现在两行中，可以设定collapse为\n（即换行符）：

```
result <- paste(c("A", "B"), c("C", "D"), collapse ="\n") result
## [1] "A C\nB D"
```

新的字符向量result是一个两行的字符串，但是其文本表示仍然在同一行中。新一行和我们设定的一样，通过\n表示。为了查看创建的文本，需要调用cat( )：

```
cat(result)
## A C
## B D
```

现在，这个两行的字符串已经以预期形式出现在控制台中。paste0( )也可以做到相同的效果。

6.1.3 转换文本

许多情况下我们需要把文本转换为其他形式，所幸，对文本进行多种形式的转换并非难事。

1. 转换大小写

当我们处理文本数据时，输入可能不符合我们设定的标准。例如，我们希望所有产品都用大写字母（从A～F）进行分级，但实际输入的字母可能既有大写也有小写。转换大小写有利于确保输入的字符串在大小写上保持一致。

tolower( )函数将文本转换为小写字母，而toupper( )则相反：

```
tolower("Hello")
## [1] "hello"
toupper("Hello")
## [1] "HELLO"
```

这在函数接收字符输入时特别有用。例如，我们可以定义一个函数，无论"add"是大写还是小写，只要 type 的内容是 add，函数就返回 x+y；同理，只要 type 的内容是 times，函数就返回 x*y。对于这个函数，不管输入值是什么，最好总是将 type 转换成小写：

```
calc <- function(type, x, y) {
  type <- tolower(type)
  if (type == "add") {
    x + y
    }else if (type == "times") {
    x * y
    } else {
      stop("Not supported type of command")
    }
}
c(calc("add", 2, 3), calc("Add", 2, 3), calc("TIMES", 2, 3))
## [1] 5 5 6
```

type 对大小写不敏感，这使得函数对于仅在大小写上有区别的相似输入有更高的容忍度。

另外，进行大小写转换的这两个函数是向量化操作的，它们可以改变给定字符向量中每个字符串元素的大小写：

```
toupper(c("Hello", "world"))
## [1] "HELLO" "WORLD"
```

2. 字符计数

另一个很有用的函数是 nchar( )，这个函数可以简单地计算一个字符向量中每个元素的字符数量：

```
nchar("Hello")
## [1] 5
```

同 toupper( )和 tolower( )一样，nchar( )也是向量化的：

```
nchar(c("Hello", "R", "User"))
## [1] 5 1 4
```

这个函数经常用于检查一个输入参数是不是一个有效的字符串。例如，下面这个函数整理了一个学生的部分个人信息并存储到数据库中：

```
store_student <- function(name, age) {
  stopifnot(length(name) == 1, nchar(name) >= 2,
```

```
    is.numeric(age), age >0)
  # 将信息存储到数据库中
}
```

在将信息存储到数据库中之前，这个函数使用 `stopifnot( )`检查 `name` 和 `age` 的值是否有效。如果用户没有提供有意义的姓名（例如，不少于两个字母），这个函数就会停止运行并输出错误信息：

```
store_student("James", 20)
store_student("P", 23)
## Error: nchar(name) >= 2 is not TRUE
```

注意到`nchar(x) == 0`和`x == ""`是等价的，两种方法都可以用来检测空字符串。

3. 消除首末空白

前面的例子中，我们使用 `nchar( )`检查 `name` 是不是有效的。然而，有时候，输入的数据包含一些无用的空白。这向数据中加入了更多的噪声，需要仔细地检查字符串参数。例如，上一节中的 `store_student( )`会通过像`"P"`这样的名字，而认定`"P"`是无效参数，因为 `nchar(" P")`返回 2：

```
store_student(" P", 23)
```

为了将这种可能情况考虑进去，我们需要改进 `store_student` 函数。R 3.2.0 版本中加入了 `trimws( )`函数来消除给定字符串开头和结尾的空白：

```
store_student2 <- function(name, age) {
  stopifnot(length(name) == 1, nchar(trimws(name)) >= 2,
    is.numeric(age), age >0)
  # 将信息存储到数据库中
}
```

现在，这个函数对噪声数据更加稳健了：

```
store_student2(" P", 23)
## Error: nchar(trimws(name)) >= 2 is not TRUE
```

这个函数默认消除开头和结尾的空白，包括空格和制表符。你可以指定`"left"`或`"right"`以消除字符串单侧的空白：

```
trimws(c(" Hello", "World "), which ="left")
## [1] "Hello"  "World "
```

4. 子字符串

在前面的章节中，我们学习了如何对向量和列表构建子集。这里，也可以通过调用 substr( )对字符向量中的文本构建子集。假设有许多如下形式的日期：

```
dates <- c("Jan 3", "Feb 10", "Nov 15")
```

所有的月份都被缩写为 3 个字母（对应每个字符串的起止元素：第 1～3 个）。使用 substr( )提取月份：

```
substr(dates, 1, 3)
## [1] "Jan" "Feb" "Nov"
```

为了提取日期（对应每个字符串的起止元素：第 5 个到最后），我们需要组合使用 substr( )和 nchar( )：

```
substr(dates, 5, nchar(dates))
## [1] "3" "10" "15"
```

现在，我们可以提取输入字符串中的月份和日期了，那么写一个函数来将这种格式的字符串转换为表示相同日期的数值就很有用。接下来的函数使用了许多我们学习过的函数和想法：

```
get_month_day <- function(x) {
  months <- vapply(substr(tolower(x), 1, 3), function(md) {
    switch(md, jan = 1, feb = 2, mar = 3, apr = 4, may = 5,
    jun = 6, jul = 7, aug = 8, sep = 9, oct = 10, nov = 11, dec = 12)
  }, numeric(1), USE.NAMES = FALSE)
  days <- as.numeric(substr(x, 5, nchar(x)))
  data.frame(month = months, day = days)
}
get_month_day(dates)
##   month day
## 1     1   3
## 2     2  10
## 3    11  15
```

substr( )函数也可以用来替换一个给定的字符向量中的字符串子集：

```
substr(dates, 1, 3) <- c("Feb", "Dec", "Mar") dates
## [1] "Feb 3" "Dec 10" "Mar 15"
```

5. 切分文本

许多情况下，需要提取的字符串的长度是不固定的。像“Mary Johnson”或“Jack Smiths”这样的人名，姓和名的长度就是不固定的。这使得上一节中学习的函数 substr( )难以分离和提取这两个部分。这种格式的文本具有一个规则的分隔符，例如空格或逗号。为了提取有用的部分，我们需要将文本切分，并使各部分都可访问。strsplit( )函数可以通过指定分隔符将字符向量中的文本切分开：

```
strsplit("a,bb,ccc", split = ",")
## [[1]]
## [1] "a"   "bb"  "ccc"
```

这个函数返回了一个列表。将一个初始字符串进行切分，切分后的元素构成一个字符向量，这个字符向量构成返回列表的一个成分。因此，有几个初始字符串，返回的列表中就有几个对应的成分。与我们前面介绍的字符串函数一样，strplit( )也是向量化的，即它返回一个由字符向量构成的列表作为切分的结果：

```
students <- strsplit(c("Tony, 26, Physics", "James, 25, Economics"),
split = ", ")
students
## [[1]]
## [1] "Tony" "26" "Physics"
##
## [[2]]
## [1] "James" "25" "Economics"
```

strsplit( )函数通过这种基于元素的切分方式，返回一个由字符向量构成的列表。实际上，切分只是提取或重组数据的第 1 步。接下来，我们使用 rbind( )将数据放进矩阵中，并为矩阵赋予合适的列名：

```
students_matrix <- do.call(rbind, students)
colnames(students_matrix) <- c("name", "age", "major")
students_matrix
##      name    age  major
## [1,] "Tony"  "26" "Physics"
## [2,] "James" "25" "Economics"
```

然后将这个矩阵转换为数据框，以便将每一列转换为更合适的类型：

```
students_df <- data.frame(students_matrix, stringsAsFactors = FALSE)
students_df$age <- as.numeric(students_df$age)
```

```
students_df
##    name age     major
## 1  Tony  26   Physics
## 2 James  25 Economics
```

现在，原始的字符串数据 students 已经被转换成组织良好且便于访问的数据框 students_df。

这里有一个小技巧，可以将一整个字符串切分成单个字母，就是设定参数 split 为空：

```
strsplit(c("hello", "world"), split = "")
## [[1]]
## [1] "h" "e" "l" "l" "o"
##
## [[2]]
## [1] "w" "o" "r" "l" "d"
```

事实上，strsplit( )的强大尚未充分展示。它还支持**正则表达式**，一个非常强大的处理文本数据的框架。我们将会在本章的最后一节讨论这个主题。

6.1.4 格式化文本

有时候使用 paste( )连接文本并不是一个好主意，因为文本不得不被分离成多个小段，而且随着格式越来越长，也会变得难以阅读。

举个例子，假设我们需要按以下格式打印出 students_df 中的每条记录：

```
#1, name: Tony, age: 26, major: Physics
```

在这种情况下，使用 paste( )将会很痛苦：

```
cat(paste("#", 1:nrow(students_df), ", name: ", students_df$name, ", age:
", students_df$age, ", major: ", students_df$major, sep =""), sep ="\n")
## #1, name: Tony, age:26, major: Physics
## #2, name: James, age:25, major: Economics
```

这样的代码看起来很杂乱，难以一眼看出其中的格式模板。相反，sprintf( )支持格式模板，可以漂亮地解决这个问题：

```
cat(sprintf("#%d, name: %s, age: %d, major: %s",
  1:nrow(students_df), students_df$name, students_df$age,
students_df$major), sep ="\n")
```

```
## #1, name: Tony, age: 26, major: Physics
## #2, name: James, age: 25, major: Economics
```

上述代码中，#%d, name: %s, age: %d, major: %s 是格式模板，其中%d 和%s 是用来表示输入参数并将其显示在字符串中的占位符。sprintf( )函数非常好用，因为它无需将模板字符串分割开，用参数（占位符）分别指代需要被替换的部分。事实上，这个函数使用 C 语言风格的格式规则，详情可以查看：https://en.wikipedia.org/wiki/Printf_format_string。

上述例子中，%s 表示字符串，%d 表示数字（整数）。此外，sprintf( )也可以通过使用%f 来灵活地格式化数值。比如%.1f 表示将数值舍入到 0.1：

```
sprintf("The length of the line is approximately %.1fmm", 12.295)
## [1] "The length of the line is approximately 12.3mm"
```

实际上，不同类型的值有不同的语法格式，表 6-1 展示了最常用的语法。

表 6-1

格式	输出
sprintf("%s", "A")	A
sprintf("%d", 10)	10
sprintf("%04d", 10)	0010
sprintf("%f", pi)	3.141593
sprintf("%.2f", pi)	3.14
sprintf("%1.0f", pi)	3
sprintf("%8.2f", pi)	3.14
sprintf("%08.2f", pi)	00003.14
sprintf("%+f", pi)	+3.141593
sprintf("%e", pi)	3.141593e+00
sprintf("%E", pi)	3.141593E+00

小技巧：

官方文档（https://stat.ethz.ch/R-manual/R-devel/library/base/html/sprintf.html）对各种支持的格式给出了完整的说明。

注意到%在格式化文本中是一个特别的字符，被解释成一个占位符的初始字符。如果我们真的需要表示%时，该怎么办？为了避免格式解析，需要使用%%来替代原文的%。示例代码如下：

```
sprintf("The ratio is %d%%", 10)
## [1] "The ratio is 10%"
```

在R中使用Python字符串函数

sprintf( )函数很强大，但并非适用于所有应用场景。例如，如果一些部分在模板中多次出现，那么就需要多次写一样的参数。这通常会使得代码冗长而且难以修改：

```
sprintf("%s, %d years old, majors in %s and loves %s.", "James", 25,"Physics",
"Physics")
## [1] "James, 25 years old, majors in Physics and loves Physics."
```

占位符可以用其他方式来表达。pystr 包提供了 pystr_format( )函数，以 Python 的风格，使用数字或者命名占位符来格式化字符串。前面的例子可以使用这个函数通过两种方式重写：

一种是使用数值占位符：

```
# install.packages("pystr")
library(pystr)
pystr_format("{1}, {2} years old, majors in {3} and loves {3}.", "James",
25, "Physics", "Physics")
## [1] "James, 25 years old, majors in Physics and loves Physics."
```

另一种是使用命名占位符：

```
pystr_format("{name}, {age} years old, majors in {major} and loves {major}.",
name = "James", age = 25, major = "Physics")
## [1] "James, 25 years old, majors in Physics and loves Physics."
```

两种情况，参数都无须重复，并且模板字符串中输入内容的位置可以轻易地被移动到其他位置。

6.2 格式化日期/时间

在数据分析中，常常会遇到日期和时间类型数据。与日期相关的最简单的函数可能是：Sys.Date( )返回当前日期；Sys.time( )返回当前时间。

当本书被渲染出来的时候，打印出来的日期如下：

```
Sys.Date()
## [1] "2017-02-09"
```

时间是：

```
Sys.time()
## [1] "2017-02-09 20:39:32 CST"
```

输出结果中日期和时间看起来像字符向量，实际上并不是：

```
current_date <- Sys.Date()
as.numeric(current_date)
## [1] 17206
current_time <- Sys.time()
as.numeric(current_time)
## [1] 1486643972
```

本质上讲，这些数值都与一个初始值关联，并且用一种特殊的方法来进行日期/时间的计算。对于日期，其数值表示自 1970-01-01 之后经过的天数。对于时间，其数值表示自 1970-01-01 00:00.00 UTC 以后经过的秒数。

6.2.1 将文本解析为日期/时间

我们可以根据初始值创建一个自定义日期：

```
as.Date(1000, "1970-01-01")
## [1] "1972-09-27"
```

在更多的情况下，我们通过标准的文本格式来创建时间和日期：

```
my_date <- as.Date("2016-02-10")
my_date
## [1] "2016-02-10"
```

但是如果我们可以通过如 2016-02-10 这样的字符串来表示时间，为什么还要创建一个日期对象呢？这是因为一个日期对象具有更多的功能，可以进行日期的数学计算。假设有一个日期对象，我们可以加上或减去一些日期，并得到一个新日期：

```
my_date +3
## [1] "2016-02-13"
```

```
my_date +80
## [1] "2016-04-30"
my_date -65
## [1] "2015-12-07"
```

也可以直接将两个日期相减以得到两个日期之间间隔的天数：

```
date1 <- as.Date("2014-09-28")
date2 <- as.Date("2015-10-20")
date2 - date1
## Time difference of 387 days
```

date2-date1 的结果看起来好像一条信息，其实是一个数值。我们可以通过 as.numeric( ) 使其更明显：

```
as.numeric(date2 - date1)
## [1] 387
```

时间也是类似的，但是并没有 as.Time( ) 这样的函数。我们需要使用 as.POSIXct( ) 或 as.POSIXlt( ) 通过文本来创建日期时间。这两个函数是 POSIX 标准下对日期/时间对象的不同实现。在接下来的例子中，我们使用 as.POSIXlt( ) 来创建一个日期/时间对象：

```
my_time <- as.POSIXlt("2016-02-10 10:25:31")
my_time
## [1] "2016-02-10 10:25:31 CST"
```

这种对象类型也定义了用于简单时间计算的 + 和–。不同于日期对象，该对象使用秒而不是天作为计量单位：

```
my_time + 10
## [1] "2016-02-10 10:25:41 CST"
my_time + 12345
## [1] "2016-02-10 13:51:16 CST"
my_time - 1234567
## [1] "2016-01-27 03:29:24 CST"
```

给定一个数据中的日期或者时间，我们必须将其转换为日期/时间对象，以便进行计算。然而原始数据中的日期或时间的格式通常不能直接被 as.Date( ) 或 as.POSIXlt( ) 识别。在这种情况下，我们需要使用一系列特殊字母作为占位符来表示日期或时间的特定部分，如同使用 sprintf( ) 的那样。

举个例子，对于 2015.07.25 这样的输入，如果没有提供格式字符串，as.Date( ) 就会报错：

```
as.Date("2015.07.25")
## Error in charToDate(x): character string is not in a standard unambiguous
format
```

我们可以使用一个格式字符串作为模板，告知as.Date( )如何将该字符串解析为日期：

```
as.Date("2015.07.25", format = "%Y.%m.%d")
## [1] "2015-07-25"
```

类似地，对于一个不标准的日期/时间字符串，也需要指定一个模板字符串以告知as.POSIXlt( )如何处理：

```
as.POSIXlt("7/25/2015 09:30:25", format = "%m/%d/%Y %H:%M:%S")
## [1] "2015-07-25 09:30:25 CST"
```

另一种可以将字符串转换为时间的函数是strptime( )，且更加直接：

```
strptime("7/25/2015 09:30:25", "%m/%d/%Y %H:%M:%S")
## [1] "2015-07-25 09:30:25 CST"
```

事实上，as.POSIXlt( )只是 strptime( )针对字符输入的一个封装。但是strptime( )总是要求你提供格式字符串，而 as.POSIXlt( )无需提供模板，只对标准格式起作用。

如同数值向量一样，日期和日期/时间也是向量。你可以为as.Date( )提供一个字符向量，从而获得一个日期向量：

```
as.Date(c("2015-05-01", "2016-02-12"))
## [1] "2015-05-01" "2016-02-12"
```

其数学运算也是向量化的。在下面的代码中，我们对日期值加上一些连续的整数，并如愿得到连续的日期：

```
as.Date("2015-01-01") +0:2
## [1] "2015-01-01" "2015-01-02" "2015-01-03"
```

相同的功能在日期/时间对象上也适用：

```
strptime("7/25/2015 09:30:25", "%m/%d/%Y %H:%M:%S") + 1:3
## [1] "2015-07-25 09:30:26 CST" "2015-07-25 09:30:27 CST"
## [3] "2015-07-25 09:30:28 CST"
```

有时候，日期和时间是用整数表示的。这使得我们可以更加巧妙地解析日期和时间。

例如，为了解析 20150610，需要运行以下代码：

```
as.Date("20150610", format = "%Y%m%d")
## [1] "2015-06-10"
```

为了解析 20150610093215，我们可以设定格式模板：

```
strptime("20150610093215", "%Y%m%d%H%M%S")
## [1] "2015-06-10 09:32:15 CST"
```

将日期/时间解析为数据框是一个更加巧妙的例子：

```
datetimes <- data.frame(
date = c(20150601, 20150603),
time = c(92325, 150621))
```

如果我们对 datetimes 使用 paste0( ) 并直接套用之前例子中 strptime( ) 的模版，将会得到一个缺失值（NA）。这说明第 1 个元素不符合这种格式：

```
dt_text <- paste0(datetimes$date, datetimes$time)
dt_text
## [1] "2015060192325" "20150603150621"
strptime(dt_text, "%Y%m%d%H%M%S")
## [1] NA "2015-06-03 15:06:21 CST"
```

问题源于 92325，本应该是 092325。需要使用 sprintf( ) 来确保必要的时候开头的 0 能被表示出来：

```
dt_text2 <- paste0(datetimes$date, sprintf("%06d", datetimes$time))
dt_text2
## [1] "20150601092325" "20150603150621"
strptime(dt_text2, "%Y%m%d%H%M%S")
## [1] "2015-06-01 09:23:25 CST" "2015-06-03 15:06:21 CST"
```

最终，转换工作得以完成。

6.2.2 格式化日期/时间为字符串

在前面的章节中，我们学习了如何将字符串转换为日期和日期/时间对象。在这一节中，将会学到相反的操作：根据特定的模板将日期和日期/时间对象转换回字符串。

一旦创建了一个日期对象，每次打印时，它总是以标准格式表示：

```
my_date
## [1] "2016-02-10"
```

我们可以使用 as.character( )将日期转换为标准形式的字符串：

```
date_text <- as.character(my_date)
date_text
## [1] "2016-02-10"
```

其结果看起来和 my_date 一样，但是这个字符串只是一个纯文本，不再支持日期计算：

```
date_text +1
## Error in date_text + 1: 二进列运算符中有非数值参数
```

有时候，我们需要以非标准的方式格式化日期：

```
as.character(my_date, format = "%Y.%m.%d")
## [1] "2016.02.10"
```

事实上，as.character( )在后台直接调用了 format( )。我们可以直接通过 format( )得到相同的结果，而且通常也推荐这样做：

```
format(my_date, "%Y.%m.%d")
## [1] "2016.02.10"
```

相同的操作也适用于日期/时间对象。我们可以进一步定制模板，将更多文本而不只是占位符包括进来：

```
my_time
## [1] "2016-02-10 10:25:31 CST"
format(my_time, "date: %Y-%m-%d, time: %H:%M:%S")
## [1] "date: 2016-02-10, time: 10:25:31"
```

> **小技巧：**
> 占位符的格式远比我们提到的多。想要获取更多信息可以输入?strptime 阅读相关文档。

有很多扩展包可以使我们更加简便地处理日期和时间。推荐 lubridate 扩展包（https://cran.r-project.org/web/packages/lubridate），因为它提供了几乎所有处理日期和时间对象需要的函数。

在前面的章节中，我们学习了许多处理字符串和日期/时间对象的基础函数。这些函数虽然很有用但是不如正则表达式灵活。下一节，我们将学习这项强大的技术。

6.3 使用正则表达式

基于研究需要，我们可能要从公开网页或需要认证的数据库中下载数据。这些数据源提供的数据格式多种多样，而且大多数数据都被规范地整理在一起。例如，许多经济、金融数据库提供 CSV 格式的数据，这是一种支持非常广泛、用于表示表格数据的文本格式。一个典型的 CSV 格式看起来如下：

```
id,name,score
1,A,20
2,B,30
3,C,25
```

在 R 中，由于 CSV 文件的格式就是数据框的一种表示形式，我们可以方便地通过 `read.csv( )`，以正确的表头和数据类型将 CSV 文件导入为数据框。

然而并不是所有的数据都组织有序，处理格式混乱的数据是十分费力的。尽管在许多情况下，内置的 `read.table( )`和 `read.csv( )`都适用，但是它们对于缺乏统一格式的数据也无能为力。

例如，假设原始数据（messages.txt）的组织形式和 CSV 格式类似，那么，当使用 `read.csv( )`的时候，需要谨慎一些：

```
2014-02-01,09:20:25,James,Ken,Hey, Ken!
2014-02-01,09:20:29,Ken,James,Hey, how are you?
2014-02-01,09:20:41,James,Ken, I'm ok, what about you?
2014-02-01,09:21:03,Ken,James,I'm feeling excited!
2014-02-01,09:21:26,James,Ken,What happens?
```

实际上，想要导入为数据框的文件，是像下面这样被组织好的格式：

```
        Date     Time   Sender  Receiver  Message
1 2014-02-01 09:20:25   James   Ken       Hey, Ken!
2 2014-02-01 09:20:29   Ken     James     Hey, how are you?
3 2014-02-01 09:20:41   James   Ken       I'm ok, what about you?
4 2014-02-01 09:21:03   Ken     James     I'm feeling excited!
5 2014-02-01 09:21:26   James   Ken       What happens?
```

然而，如果盲目地使用 `read.csv( )`，就会发现它无法正确地工作。这个数据集的列所包含的信息有一些特殊，其中存在一些在 CSV 文件中会被误认为是分隔符的额外标点。下面是从原始数据转换成数据框的结果：

```
read.csv("data/messages.txt", header = FALSE)
## V1V2V3V4V5V6
## 1 2014-02-01 09:20:25 James Ken Hey Ken!
## 2 2014-02-01 09:20:29 Ken James Hey how are you?
## 3 2014-02-01 09:20:41 James Ken I'm ok  what about you?
## 4 2014-02-01 09:21:03 Ken James I'm feeling excited!
## 5 2014-02-01 09:21:26 James Ken What happens?
```

有许多方法可以解决这个问题。可以考虑对每一行使用 strsplit( )，人工去掉最开始的几个元素，然后把分割开的剩下的行连接起来。但是最为简单且稳定的方法是使用正则表达式（https://en.wikipedia.org/wiki/Regular_expression）。如果不熟悉这个技术也不必担心。其使用方法非常简单：描述匹配对应文本的模式，然后从文本中提取想要的部分。

在使用这项技术前，我们需要一些基础知识。激励自己学习的最佳方式是先关注一些简单的问题，然后考虑解决这个问题需要什么。

假设我们正在处理如下文本（fruits.txt），这个文本描述了一些水果的数量和状态：

```
apple: 20
orange: missing
banana: 30
pear: sent to Jerry
watermelon: 2
blueberry: 12
strawberry: sent to James
```

我们不管状态信息，只想提取出所有包含数量信息的水果。尽管可以轻松地一眼看出结果，但是这对计算机并不容易。如果数据的行数超过了 2000 行，那么通过合适的技术，计算机可以轻松地解决它。相反，对人类来说，就比较困难、耗时，而且很容易出错。

首先我们需要区分开带有数量的水果和不带有数量的水果。一般来说，需要根据一个特定的模式来区分文本。在这里，正则表达式就是最合适的技术。

正则表达式通过以下两步解决问题：首先寻找匹配文本的一个模式，然后根据需要对模式进行分组并提取信息。

6.3.1 寻找字符串模式

为了解决这个问题，计算机无需真正理解水果是什么。我们只需要找到一个能描述需要的模式即可。字面上，我们想要找到所有以一个单词开始，然后一个分号和一个空格，最后以一个整数而不是单词或者其他符号结尾的行。

正则表达式提供了一系列用于表示模式的符号。上述模式可以被描述成`^\w+:\s\d+$`，其中的元符号（meta-symbols）用来表示一类字符。

- ^：这个符号表示一行的开始。
- \w：这个符号表示一个字母。
- \s：这个符号表示一个空格字符。
- \d：这个符号表示一个数字字符。
- $：这个符号表示一行的结束。

此外，`"\w+"`意味着一个或更多个字母，`":"`是我们希望在单词后面看到的符号，`"\d+"`表示一个或更多个数字字符。这个模式如魔法一样，表达了所有我们需要的情况，并且排除了所有不需要的情况。

更特殊的是，这个模式匹配了所有如 `abc:123` 的行，而排除了其他所有的行。为了在 R 中获取所需的情况，我们需要使用 `grep( )`来获得匹配模式的字符串：

```
fruits <- readLines("data/fruits.txt") fruits
## [1] "apple: 20 " "orange: missing"
## [3] "banana: 30" "pear: sent to Jerry"
## [5] "watermelon: 2" "blueberry: 12"
## [7] "strawberry: sent to James"
matches <- grep("^\\w+:\\s\\d+$", fruits)
matches
## [1] 3 5 6
```

注意到`"\"`在 R 中需要被写成`"\\"`来避免转义。然后使用 `matches` 对 `fruits` 进行筛选：

```
fruits[matches]
## [1] "apple: 20" "banana: 30" "watermelon: 2" "blueberry: 12"
```

现在我们已经成功地将所需的行从不需要的行中区分出来。匹配模式的行被选中，而没有匹配模式的行被忽略。

注意到我们指定了一个以`"^"`开头，以`"$"`结尾的模式，而不是部分匹配。事实上，正则表达式默认使用部分匹配，也就是说，如果字符串的任意一部分匹配了模式，那么整个字符串都被认为匹配了该模式。举个例子，接下来的代码试图找出符合两种模式的字符串：

```
grep("\\d", c("abc", "a12", "123", "1"))
## [1] 2 3 4
```

```
grep("^\\d$", c("abc", "a12", "123", "1"))
## [1] 4
```

第 1 个模式匹配带有任意数字（部分匹配）的字符串，而第 2 个模式包含"^"和"$"，匹配只有一个数字的字符串。

一旦匹配工作成功，我们可以进入下一步：使用分组来提取数据。

6.3.2 使用分组提取数据

在字符串模式中，我们使用括号对想要从文本中提取的部分做标记。在这个问题中，我们修改模式为：`(\w+):\s(\d+)`，其中有两组被标记：一个是通过"\w+"匹配的水果名，另一个是通过"\d+"匹配的水果数量。

现在我们用改进后的模式来提取想要的信息。尽管 R 的内置函数已经完全能够胜任这项工作，我仍然强烈推荐使用 `stringr` 包中的函数。这个包大幅简化了正则表达式的使用。我们调用 `str_match( )`，配合分组改进后的匹配模式：

```
library(stringr)
matches <- str_match(fruits, "^(\\w+):\\s(\\d+)$")
matches
##      [,1]              [,2]         [,3]
## [1,] "apple: 20"       "aplle"      "20"
## [2,] NA                NA           NA
## [3,] "banana: 30"      "banana"     "30"
## [4,] NA                NA           NA
## [5,] "watermelon: 2"  "watermelon" "2"
## [6,] "blueberry: 12"  "blueberry"  "12"
## [7,] NA                NA           NA
```

这次匹配的结果是一个多列矩阵。括号组内的信息被从文本中提取出来，并放到第 2 列和第 3 列。现在我们将这个字符矩阵转换为数据框，并且保证其表头和数据类型准确无误：

```
# 转换为数据框
fruits_df <- data.frame(na.omit(matches[, -1]), stringsAsFactors = FALSE)
# 添加表头
colnames(fruits_df) <- c("fruit","quantity")
# 将 quantity 的类型从字符转换为整数
fruits_df$quantity <- as.integer(fruits_df$quantity)
```

现在，`fruits_df` 是一个具有正确表头和数据类型的数据框：

```
fruits_df
##      fruit  quantity
## 1  apple       20
## 2  banana      30
## 3  watermelon   2
## 4  blueberry   12
```

如果不确定上述代码的中间结果，可以一行一行地运行它们，并逐步查看输出结果。最后，我们使用正则表达式完美地解决了这个问题。

从前面的例子中，我们可以看到，正则表达式的魔力在于它将表达不同类型字母和符号的指示器分组使用。除了上述已经提到的元符号，下面这些也很有用。

- [0-9]：这个符号表示 0 到 9 的单个整数。
- [a-z]：这个符号表示从 a 到 z 的单个小写字母。
- [A-Z]：这个符号表示从 A 到 Z 的单个大写字母。
- .：这个符号表示任意单个符号。
- *：这个符号表示一个模式出现零次、一次或者更多次。
- +：这表示一个模式出现一次或者更多次。
- {*n*}：这表示一个模式重复出现 *n* 次。
- {*m*,*n*}：这表示一个模式出现至少 *m* 次，至多 *n* 次。

使用这些元符号，我们可以轻松地检查和筛选字符串数据。举个例子，假设我们有混合在一起的两个国家的一些电话号码。如果两个国家的电话号码模式不同，正则表达式可以帮助我们将它们分成两个类别：

```
telephone <- readLines("data/telephone.txt")
telephone
## [1] "123-23451" "1225-3123" "121-45672" "1332-1231" "1212-3212" "123456789"
```

注意到数据中存在一个异常：有一个电话号码的数字中间没有-。正常情况下，我们可以轻松地指出两类电话号码的模式：

```
telephone[grep("^\\d{3}-\\d{5}$", telephone)]
## [1] "123-23451" "121-45672"
telephone[grep("^\\d{4}-\\d{4}$", telephone)]
## [1] "1225-3123" "1332-1231" "1212-3212"
```

为了找出异常情况，grepl( )函数更好用，因为它返回一个逻辑向量，指出每个元素是否匹配模式。因此可以使用这个函数来选出所有不符合给定模式的记录：

```
telephone[!grepl("^\\d{3}-\\d{5}$", telephone) & !grepl("^\\d{4}-\\d{4}$",
telephone)]
## [1] "123456789"
```

基本上可以这样认为，上述代码将所有不符合这两个模式的记录都当成了异常。假设我们有 100 万行记录需要检查，异常情况可能存在于任意格式中。那么，这种方法更加稳健，即排除掉全部有效记录，找出无效记录。

6.3.3 以自定义的方式读取数据

现在我们回头看看本节最开始遇到的那个问题。解决方法和水果例子完全相同，找到模式，然后分组。

首先，看一下原始数据中典型的一行：

```
2014-02-01,09:20:29,Ken,James,Hey, how are you?
```

显然，每一行都具有相同的格式，也就是日期、时间、发送者、接收者、信息，并且用逗号隔开。唯一特殊的是逗号可能出现在信息中，而我们不希望代码把信息中的逗号解释为分隔符。

注意到，和前面的例子一样，正则表达式可以完美地达成这个目标。想要表达相同模式下的一个或更多符号，只需在识别模式后面加上一个加号（+）。举个例子："\d+"表示一个字符串中包含一个或者更多“0”到“9”之间的数字字符。例如“1”、“23”、“456”都匹配这个模式，而“word”不符合。在某些情况中，一个模式可能出现，也可能完全不出现。那么我们需要将*放在识别模式符号后面，以标记这个特殊模式可能出现一次或更多次，或者完全不出现，从而匹配更大范围的文本。

言归正传，我们需要在典型行中识别出一个足够一般的模式。我们想出如下分组模式：

```
(\d+-\d+-\d+),(\d+:\d+:\d+),(\w+),(\w+),\s*(.+)
```

现在，我们使用 readLines( )导入原始数据，就像在水果例子中所做的那样：

```
messages <- readLines("data/messages.txt")
```

然后，找出能够表达目标文本和信息的模式：

```
pattern <- "^(\\d+-\\d+-\\d+),(\\d+:\\d+:\\d+),(\\w+),(\\w+),\\s*(.+)$"
matches <- str_match(messages, pattern)
```

```
messages_df <- data.frame(matches[, -1])
colnames(messages_df) <- c("Date", "Time", "Sender", "Receiver", "Message")
```

这个模式看起来像一些密码。别担心，这就是正则表达式，而且如果你完成了前面的例子，就会对它的含义有所理解。

正则表达式完美地完成了任务。message_df 文件的结构如下：

```
messages_df
##         Date     Time  Sender   Receiver        Message
## 1 2014-02-01 09:20:25  James    Ken             Hey, Ken!
## 2 2014-02-01 09:20:29  Ken      James           Hey, how are you?
## 3 2014-02-01 09:20:41  James    Ken             I'm ok, what about you?
## 4 2014-02-01 09:21:03  Ken      James           I'm feeling excited!
## 5 2014-02-01 09:21:26  James    Ken             What happens?
```

我们使用的模式就像一把钥匙。任何正则表达式应用中最难的部分就是寻找这把钥匙。一旦得到了它，就能够打开那道门，并从混乱的文本中尽可能多地提取需要的信息。一般来说，寻找钥匙的难度很大程度上依赖于正例和反例的差异大小。如果差异足够明显，那么少量符号就可以解决问题。如果差异很微小，又有许多特殊情况，如同现实世界中的大多数问题，此时，需要更多的经验，努力思考并多次尝试，最终找到解决方法。

通过前面的例子，你应该已经领会了正则表达式的思想。其实，不需要深入地理解它是如何工作的，但熟悉相关的函数，不论是内置函数，还是特定包内的函数，都是百利而无一害的。

如果想要深入学习，RegexOne（http://regexone.com/）是一个非常好的交互式基础学习场所。想要学习更多特定案例和完整的识别符号，这个网页（http://www.regular-expressions.info/）是一个很好的参考。想要寻找解决问题的好模式，可以浏览 RegExr（http://www.regexr.com/）在线交互式地测试不同的模式。

6.4 小结

在本章中，我们学习了许多内置函数，包括用于操作字符向量的函数，还有时间/日期对象以及它们相应字符串表示之间进行相互转换的函数。还学习了正则表达式的基本思想，这是一个用于检查、筛选字符串数据以及从原始文本中提取信息的强大工具。

有了本章和前面章节构建的函数库，我们现在能够处理基本数据结构了。在下一章中，我们将学习一些处理数据的工具和技术，开始学习数据文件的简单读写、多种图的画法、基本统计分析与基于简单数据集的数据挖掘模型的应用，以及根查找和最优化问题的数值方法。

第 7 章
数据处理

在前面的章节中，我们已经学习了 R 中最常用到的对象类型和函数。掌握了如何创建和修改向量、列表和数据框，如何定义自己的函数，以及如何用恰当的表达式把脑中的逻辑转换成编辑器中的 R 语言代码。有了这些对象、函数和表达式，就可以开始处理数据了。

本章将开始数据处理的旅程，主要包括以下几个主题：

- 读写数据
- 利用绘图函数实现数据可视化
- 应用简单的统计模型和数据挖掘工具做数据分析

7.1 读写数据

在 R 中，任何类型的数据分析的第 1 步都是加载数据，即将数据集导入到环境中。在此之前，我们必须判断出数据文件的类型，并选择适当的工具来读取数据。

7.1.1 读写文件中的文本格式数据

在所有用于存储数据的文件类型中，CSV 可能是使用最广泛的。在标准 CSV 文件中，第 1 行是列的标题，后面每行都代表了一条数据记录，每列之间用逗号分开。下面就是一个用 CSV 格式编写的学生记录的例子：

```
Name,Gender,Age,Major
Ken,Male,24,Finance
Ashley,Female,25,Statistics
Jennifer,Female,23,Computer Science
```

1．通过 RStudio IDE 导入数据

RStudio 提供了一个导入数据的接口。可以通过 **Tools | Import Dataset | From Local File** 选择一个本地文件夹内的文本文件，如 .csv 文件或 .txt 文件。然后，就可以调整参数并预览生成的数据框了，如图 7-1 所示。

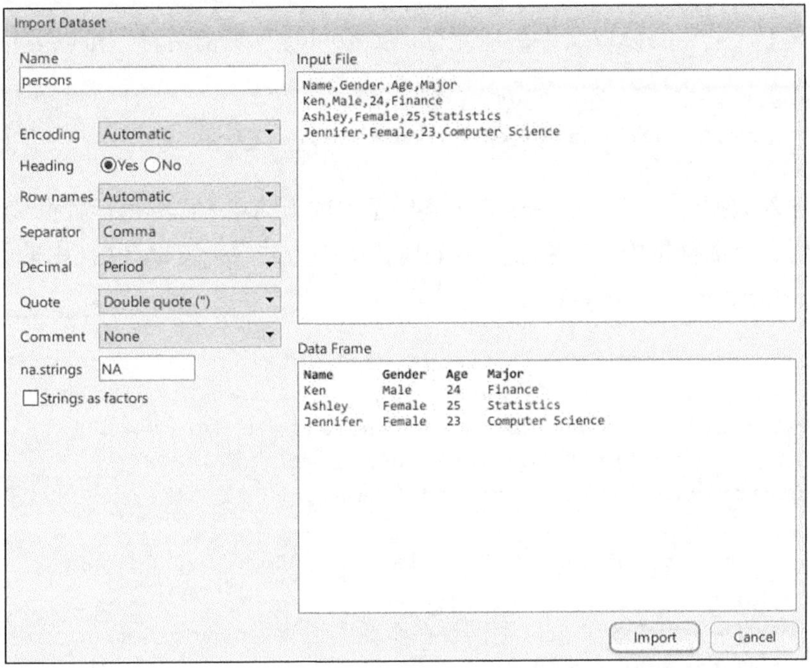

图 7-1

注意，只有想要把字符串类型的列转换成因子时，才需选中 **Strings as factors**。

文件导入器（the file importer）不是魔术师，它只是将文件路径和这些选项转换成了 R 语言代码。当设置了数据导入参数，单击 **import** 按钮，它就会调用 `read.csv( )` 函数。使用这个交互式工具导入数据非常方便，第一次导入数据文件时，可以避免许多错误。

2．通过内置函数导入数据

编写脚本时，不能每次都靠这种交互式操作来导入文件。可以将导入过程中生成的代码复制到脚本中，以便每次运行脚本时都能自动调用。因此，了解如何使用内置函数来导入数据是非常重要的。

导入数据最简单的内置函数是 `readLines( )` 函数，在前面几章中我们也提到过。这个函数读取文本文件并逐行以字符向量的形式返回：

```
readLines("data/persons.csv")
## [1] "Name,Gender,Age,Major"
## [2] "Ken,Male,24,Finance"
## [3] "Ashley,Female,25,Statistics"
## [4] "Jennifer,Female,23,Computer Science"
```

默认情况下，它将会读取文件的所有行。如果只想预览前两行，可以运行如下代码：

```
readLines("data/persons.csv", n = 2)
## [1] "Name,Gender,Age,Major" "Ken,Male,24,Finance"
```

在实际导入数据时，readLines( )函数通常过于简单。它将每行数据读取为字符串，而不是解析到一个数据框中。如果希望用上述代码的方式导入 CSV 文件中的数据，那么可以直接使用 read.csv( )函数：

```
persons1 <- read.csv("data/persons.csv", stringsAsFactors = FALSE)
str(persons1)
## 'data.frame':    3 obs. of 4 variables:
##  $ Name  : chr  "Ken" "Ashley" "Jennifer"
##  $ Gender: chr  "Male" "Female" "Female"
##  $ Age   : int  24 25 23
##  $ Major : chr  "Finance" "Statistics" "Computer Science"
```

如果希望保留字符串类型的值，则需要在函数中设置 stringsAsFactors = FALSE，避免在调用函数时将字符串转换成因子。

这个函数提供了许多有用的参数以便实现自定义导入。例如，我们可以用 colClasses 明确指定列的类型，用 col.names 替换数据文件中的原始列名：

```
persons2 <- read.csv("data/persons.csv", colClasses = c("character", "factor",
"integer", "character"),
   col.names = c("name", "sex", "age", "major"))
  str(persons2)
## 'data.frame':    3 obs. of  4 variables:
##  $ name : chr  "Ken" "Ashley" "Jennifer"
##  $ sex  : Factor w/ 2 levels "Female","Male": 2 1 1
##  $ age  : int  24 25 23
##  $ major: chr  "Finance" "Statistics" "Computer Science"
```

注意，CSV 是数据分隔格式的一个特例。从技术角度来说，CSV 格式是一种数据分隔格式，它用逗号分隔列，用换行符分隔行。一般来说，任何字符都可以用作列分隔符和行分隔符。许多数据集使用制表符作为分隔格式，即用制表符（tab）分隔列。在这种情况下，可以尝试通用版：read.table( )函数来导入数据，而且 read.csv( )也是基于它实现。

3．用 readr 包导入数据

由于一些历史原因，read.*函数表现不稳定，而且有时也不是很友好。readr 包是一个好的选择，它可以快速、稳定地导入表格数据。

运行 install.packages("readr")安装这个包，然后调用一系列的 read_* 函数导入表格数据：

```
persons3 <- readr::read_csv("data/persons.csv")
str(persons3)
## Classes 'tbl_df', 'tbl' and 'data.frame': 3 obs. of 4 variables:
## $ Name : chr "Ken" "Ashley" "Jennifer"
## $ Gender: chr "Male" "Female" "Female"
## $ Age : int 24 25 23
## $ Major : chr "Finance" "Statistics" "Computer Science"
```

因为 read_csv( )与内置的 read.csv( )很容易混淆，尽管它们的行为稍有不同。所以，这里我们用的是 readr::read_csv( )而不是 library(readr)，然后直接调用 read_csv( )来读取文件。

另外，请注意，read_csv 的默认行为很智能，足以应对大多数情况。为了与内置函数相对比，我们导入一个格式不规范的数据文件（data / persons.txt）：

```
Name     Gender Age Major
Ken      Male   24  Finance
Ashley   Female 25  Statistics
Jennifer Female 23  Computer Science
```

文件内容看起来是标准的表格格式，但每行的列间空格数是不相等的，因此，无法组合使用 read.table( )与 sep = " "：

```
read.table("data/persons.txt", sep = " ")
## Error in scan(file, what, nmax, sep, dec, quote, skip, nlines,
na.strings, :line 1 did not have 20 elements
```

如果坚持使用 read.table( )导入数据，那么，为了设置能够控制函数行为的正确参数，就可能浪费很多时间。但是，相同的输入，readr 包中 read_table( )函数的默认处理方式就足够智能，因此可以节省时间：

```
readr::read_table("data/persons.txt")
##   Name     Gender Age Major
## 1 Ken      Male   24  Finance
## 2 Ashley   Female 25  Statistics
## 3 Jennifer Female 23  Computer Science
```

这就是为什么我强烈建议你使用 readr 中的函数将表格数据导入到 R 中的原因。readr 中的函数是快速、智能和稳定的，而且也支持内置函数（更易用）的相关功能。了解有关 readr 包的更多信息，请访问 https://github.com/hadley/readr。

4. 将数据框写入文件

数据分析的标准过程是：从数据源导入数据，转换数据，运用适当的工具和模型，最后创建并存储一些新数据以便决策使用。将数据写入文件的接口与用于读取数据的接口非常相似——我们用 write.*函数将数据框导出到文件。

例如，我们可以创建任意一个数据框并将其存储在 CSV 文件中：

```
some_data <- data.frame(
id = 1:4,
grade = c("A", "A", "B", NA),
width = c(1.51, 1.52, 1.46, NA),
check_date = as.Date(c("2016-03-05", "2016-03-06", "2016-03-10","2016-03-11")))
some_data
##   id grade width check_date
## 1  1   A    1.51  2016-03-05
## 2  2   A    1.52  2016-03-06
## 3  3   B    1.46  2016-03-10
## 4  4  <NA>   NA   2016-03-11
write.csv(some_data, "data/some_data.csv")
```

要想检查 CSV 文件是否正确保留了缺失值和日期，可以从原始文本中读取输出的文件：

```
cat(readLines("data/some_data.csv"), sep = "\n")
## "","id","grade","width","check_date"
## "1",1,"A",1.51,2016-03-05
## "2",2,"A",1.52,2016-03-06
## "3",3,"B",1.46,2016-03-10
## "4",4,NA,NA,2016-03-11
```

虽然数据都是对的，但对于存储这样的数据，有时我们可能会有不同的标准。write.csv( )函数允许修改写入行为。从上述输出结果来看，我们可能会认为其中包含了一些不必要的元素。例如，我们通常不希望导出行名，因为 id 已经完成了这项工作，所以再加行名就有点多余。同样，也不需要字符串两侧的引号，而且希望用-而不是 NA 来表示缺失值。接下来，运行以下代码导出我们期望的数据框：

```
write.csv(some_data, "data/some_data.csv", quote = FALSE, na = "-", row.names
= FALSE)
```

现在，输出的数据是一个简化后的 CSV 文件：

```
cat(readLines("data/some_data.csv"), sep = "\n")
## id,grade,width,check_date
## 1,A,1.51,2016-03-05
## 2,A,1.52,2016-03-06
## 3,B,1.46,2016-03-10
## 4,-,-,2016-03-11
```

我们可以用 `readr::read_csv( )` 导入这个自定义了缺失值和日期的 CSV 文件：

```
readr::read_csv("data/some_data.csv", na = "-")
##    id grade width check_date
## 1 1    A    1.51  2016-03-05
## 2 2    A    1.52  2016-03-06
## 3 3    B    1.46  2016-03-10
## 4 4  <NA>   NA    2016-03-11
```

注意，-指代缺失值，并且日期列也作为日期对象导入：

```
## [1] TRUE
```

7.1.2 读写 Excel 工作表

导入诸如 CSV 之类文本格式的数据的优点是不需要依靠某些特定软件来读取数据，并且文件具有可读性，即软件中性。然而，它的缺点也很明显——我们不能直接对文本编辑器中的数据执行计算操作，因为这些内容是纯文本格式的。

Excel 工作簿是另一种存储表格数据的常用格式。一个 Excel 工作簿可以包含一个或多个工作表。每个工作表都是一个网格，可以直接填入文本和数值来创建表格。利用这些表，可以轻松地在表格内，表格间或甚至工作表之间执行计算操作。Microsoft Excel 是一个功能强大的软件，但它的数据格式（Excel 97-2003 版本为.xls，Excel 2007 以后的版本为.xlsx）

却不能被直接读取。

例如，data/prices.xlsx 是一个简单的 Excel 工作簿，如图 7-2 所示。

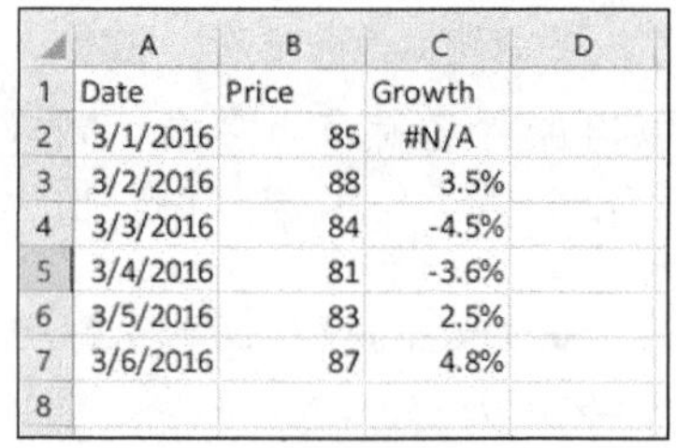

	A	B	C	D
1	Date	Price	Growth	
2	3/1/2016	85	#N/A	
3	3/2/2016	88	3.5%	
4	3/3/2016	84	-4.5%	
5	3/4/2016	81	-3.6%	
6	3/5/2016	83	2.5%	
7	3/6/2016	87	4.8%	
8				

图 7-2

虽然 R 中没有提供用来读取 Excel 工作簿的内置函数，但一些 R 扩展包却可以对它进行操作。最简单的一个包是 readxl（https://github.com/hadley/readxl），它能够轻松地提取存储在单个 Excel 工作簿中的表格。用 install.packages("readxl") 从镜像中安装扩展包：

```
readxl::read_excel("data/prices.xlsx")
##     Date       Price Growth
## 1 2016-03-01  85      NA
## 2 2016-03-02  88      0.03529412
## 3 2016-03-03  84     -0.04545455
## 4 2016-03-04  81     -0.03571429
## 5 2016-03-05  83      0.02469136
## 6 2016-03-06  87      0.04819277
```

根据上面这个数据框，显然 read_excel( ) 会自动将 Excel 中的日期数据转换为 R 中的日期数据，并且正确地保留了 Growth 列中的缺失值。

openxlsx 扩展包也可以处理 Excel 工作簿。这个包可以读取、写入和编辑 xlsx 文件，它比 readxl 设计的更全面。我们可以运行 install.packages("openxlsx") 来安装这个包。

利用 openxlsx，调用 read.xlsx( ) 将指定工作簿中的数据读入数据框，类似于 readxl::read_excel( )：

```
openxlsx::read.xlsx("data/prices.xlsx", detectDates = TRUE)
##     Date      Price Growth
## 1 2016-03-01 85      NA
## 2 2016-03-02 88      0.03529412
## 3 2016-03-03 84     -0.04545455
## 4 2016-03-04 81     -0.03571429
## 5 2016-03-05 83      0.02469136
## 6 2016-03-06 87      0.04819277
```

为了确保正确地导入日期值，我们需要指定 detectDates = TRUE；否则，日期数据将会被存为数值数据，你可以尝试一下。除了读取数据之外，openxlsx 也可以用现有的数据框创建工作簿：

```
openxlsx::write.xlsx(mtcars, "data/mtcars.xlsx")
```

这个扩展包支持更高级的功能，如通过创建样式和插入绘图来编辑现有工作簿，但这些功能超出了本书的范围。要想了解更多详细信息，可以阅读这个包的文档。

还有一些其他的包也可以用于处理 Excel 工作簿。XLConnect（http://cran.r-project.org/web/packages/XLConnect）是另一个跨平台的 Excel 连接器，它不依赖于安装的 Microsoft Excel，但却依赖于安装的 Java 运行环境（JRE）。RODBC（http://cran.r-project.org/web/packages/RODBC）是一个更通用的数据库连接器，可以在 Windows 上用安装好的 ODBC 驱动程序连接到 Access 数据库和 Excel 工作簿。由于这两个包有较强的依赖性，因此在这个部分我们就不加以介绍了。

7.1.3 读写原生数据文件

在前面的章节中，我们已经介绍了 CSV 文件和 Excel 工作簿的读写函数。这些不是 R 的原生数据格式，也就是说，原始数据对象和输出文件之间有所不同。

例如，我们想把一个数据框导出为 CSV 格式，其中，这个数据框有很多具有不同的数据类型的列。那么，在导出过程中，列的类型会被丢失。无论是数字、字符串还是日期，它总是用文本格式表示。当然了，这可以使我们更容易地从输出文件中直接读取数据，但最终的读取结果却要依赖于计算机如何猜测这些数据类型。换句话说，读入函数有时很难把 CSV 格式的数据恢复为与原始格式完全相同的数据框，因为导出过程中已经丢失了列的类型，反而由此得到了更强的可移植性（例如，一些其他软件也可以读取这个数据）。

如果不考虑可移植性，只用 R 处理数据，那么就可以用原生格式读写数据了。这样，就不能再用文本编辑器读取数据，也不能从其他软件读取数据，但却可以高效地读写单个数据对象，甚至是整个环境，而且也不会造成数据丢失。换句话说，原生格式允许在文件中保存对象，恢复完全相同的数据，不必担心诸如缺失值符号、列的类型、类或者属性等问题。

1. 从原生数据文件读写单个对象

有两组与处理原生数据格式相关的函数。一组是将单个对象写入 RDS 文件或从 RDS 文件读取单个对象，其中，RDS 文件是一种以序列化形式存储单个 R 对象的文件格式。另一组则用于处理多个 R 对象，我们将会在下一节中加以介绍。在下面的例子中，我们将数据 `some_data` 写入 RDS 文件，再从中读取出来，看一下这两个数据框是否相同。

首先，我们用 `saveRDS()` 将 `some_data` 保存为 `data/some_data.rds`：

```
saveRDS(some_data, "data/some_data.rds")
```

然后，从同一个文件中读取数据，并将数据框存储在 some_data2 中：

```
some_data2 <- readRDS("data/some_data.rds")
```

最后，使用 identical( )检验一下这两个数据框是不是一样的：

```
identical(some_data, some_data2)
## [1] TRUE
```

正如我们预期的那样，这两个数据框是完全相同的。

原生格式有两个明显的优点：空间效率和时间效率。在下面的例子中，我们将创建一个包含 200000 行随机数据的大型数据框。然后，再分别将数据框保存到 CSV 文件和 RDS 文件中：

```
rows <- 200000
large_data <- data.frame(id = 1:rows, x = rnorm(rows), y = rnorm(rows))
system.time(write.csv(large_data, "data/large_data.csv"))
## user system elapsed
## 1.33 0.06 1.41
system.time(saveRDS(large_data, "data/large_data.rds"))
## user system elapsed
## 0.23 0.03 0.26
```

很明显，saveRDS( )的写入效率比 write.csv( )高很多。然后使用 file.info( )查看两个输出文件的大小：

```
fileinfo <- file.info("data/large_data.csv", "data/large_data.rds")
fileinfo[, "size", drop = FALSE]
## size
## data/large_data.csv 10442030
## data/large_data.rds 3498284
```

两个文件的大小差异很大——CSV 文件几乎是 RDS 文件的 3 倍，这说明了原生格式具有更高的存储或空间效率。

最后，我们读取 CSV 和 RDS 文件，并查看两种格式所消耗的时间。要想读取 CSV 文件，可以使用内置函数 read.csv( )和由 readr 包提供的更快的 read_csv( )函数：

```
system.time(read.csv("data/large_data.csv"))
## user system elapsed
## 1.46   0.07    1.53
```

```
system.time(readr::read_csv("data/large_data.csv"))
## user system elapsed
## 0.17   0.01    0.19
```

令人惊讶的是，在这种情况下，read_csv( )的读取速度几乎是内置函数 read.csv( ) 的 8 倍。但是如果使用的是原生格式，两个 CSV 读取函数的性能几乎是不可比的：

```
system.time(readRDS("data/large_data.rds"))
## user system elapsed
## 0.03   0.00    0.03
```

显然的，原生格式具有更高的读取效率。

此外，saveRDS( )和 readRDS( )不仅能处理数据框，也可以处理任何 R 对象。例如，我们创建一个有缺失值的数值向量和一个具有嵌套结构的列表。然后，将它们分别保存到不同的 RDS 文件中：

```
nums <- c(1.5, 2.5, NA, 3)
list1 <- list(x = c(1, 2, 3),
    y = list(a = c("a", "b"),
    b = c(NA, 1, 2.5)))
saveRDS(nums, "data/nums.rds")
saveRDS(list1, "data/list1.rds")
```

现在读取 RDS 文件，这两个对象都能被完全恢复：

```
readRDS("data/nums.rds")
## [1] 1.5 2.5  NA 3.0
readRDS("data/list1.rds")
## $x
## [1] 1 2 3
##
## $y
## $y$a
## [1] "a" "b"
##
## $y$b
## [1]  NA 1.0 2.5
```

2. 保存和恢复工作环境

RDS 格式可以存储单个 R 对象，RData 格式可以存储多个 R 对象。我们可以调用 save( )

将 some_data、nums 和 list1 一起存储在单个 RData 文件中：

```
save(some_data, nums, list1, file = "data/bundle1.RData")
```

为了验证这 3 个对象是否能够被存储与恢复，我们可以先移除它们，然后调用 load( ) 从文件中恢复对象：

```
rm(some_data, nums, list1)
load("data/bundle1.RData")
```

现在，这 3 个对象完全恢复了：

```
some_data
##   id grade width check_date
## 1 1    A    1.51  2016-03-05
## 2 2    A    1.52  2016-03-06
## 3 3    B    1.46  2016-03-10
## 4 4 <NA>     NA   2016-03-11
nums
## [1] 1.5 2.5  NA 3.0
list1
## $x
## [1] 1 2 3
##
## $y
## $y$a
## [1] "a" "b"
##
## $y$b
## [1]  NA 1.0 2.5
## [1] TRUE TRUE TRUE TRUE TRUE TRUE
```

7.1.4 加载内置数据集

R 中有大量的内置数据集。它们可以很容易地被加载并投入使用，主要用于演示和测试。内置数据集主要是以数据框的形式进行存储，它们都附有详细的介绍。

例如，iris 和 mtcars 是 R 中最有名的数据集。可以用?iris 和?mtcars 分别查看这两个数据集的描述。通常，这些描述是很具体的——它不仅告诉你数据中包含什么，是如何被收集和格式化的，以及每一列的含义，同时也提供数据相关的来源和参考。通过阅读这些描述，你可以了解到有关数据集的更多信息。

使用内置数据集对数据分析工具进行试验是非常方便的，因为一旦 R 准备就绪，这些数据集便立即可用。例如，可以直接使用 `iris` 和 `mtcars`，而不需要从其他地方加载它们。

下面就是 `iris` 数据集的前 6 行：

```
head(iris)
##   Sepal.Length Sepal.Width Petal.Length Petal.Width Species
## 1      5.1          3.5         1.4          0.2      setosa
## 2      4.9          3.0         1.4          0.2      setosa
## 3      4.7          3.2         1.3          0.2      setosa
## 4      4.6          3.1         1.5          0.2      setosa
## 5      5.0          3.6         1.4          0.2      setosa
## 6      5.4          3.9         1.7          0.4      setosa
```

下面的代码显示了它的结构：

```
str(iris)
## 'data.frame':  150 obs. of  5 variables:
##  $ Sepal.Length: num  5.1 4.9 4.7 4.6 5 5.4 4.6 5 4.4 4.9 ...
##  $ Sepal.Width : num  3.5 3 3.2 3.1 3.6 3.9 3.4 3.4 2.9 3.1 ...
##  $ Petal.Length: num  1.4 1.4 1.3 1.5 1.4 1.7 1.4 1.5 1.4 1.5 ...
##  $ Petal.Width : num  0.2 0.2 0.2 0.2 0.2 0.4 0.3 0.2 0.2 0.1 ...
##  $ Species : Factor w/ 3 levels "setosa","versicolor",..: 1 1 1 1 1 1 1
1 1 1 ...
```

`iris` 数据集的结构是很简单的。可以打印 `iris` 数据集从而在控制台中查看整个数据框，也可以用 `View(iris)` 在网格窗格或窗口中查看。

查看 mtcars 数据集的前 6 行及其结构：

```
head(mtcars)
##                    mpg cyl disp  hp drat    wt  qsec vs am gear carb
## Mazda RX4         21.0   6  160 110 3.90 2.620 16.46  0  1    4    4
## Mazda RX4 Wag     21.0   6  160 110 3.90 2.875 17.02  0  1    4    4
## Datsun 710        22.8   4  108  93 3.85 2.320 18.61  1  1    4    1
## Hornet 4 Drive    21.4   6  258 110 3.08 3.215 19.44  1  0    3    1
## Hornet Sportabout 18.7   8  360 175 3.15 3.440 17.02  0  0    3    2
## Valiant           18.1   6  225 105 2.76 3.460 20.22  1  0    3    1
```

```
str(mtcars)
## 'data.frame':    32 obs. of  11 variables:
##  $ mpg : num  21 21 22.8 21.4 18.7 18.1 14.3 24.4 22.8 19.2 ...
##  $ cyl : num  6 6 4 6 8 6 8 4 4 6 ...
##  $ disp: num  160 160 108 258 360 ...
##  $ hp  : num  110 110 93 110 175 105 245 62 95 123 ...
##  $ drat: num  3.9 3.9 3.85 3.08 3.15 2.76 3.21 3.69 3.92 3.92 ...
##  $ wt  : num  2.62 2.88 2.32 3.21 3.44 ...
##  $ qsec: num  16.5 17 18.6 19.4 17 ...
##  $ vs  : num  0 0 1 1 0 1 0 1 1 1 ...
##  $ am  : num  1 1 1 0 0 0 0 0 0 0 ...
##  $ gear: num  4 4 4 3 3 3 3 4 4 4 ...
##  $ carb: num  4 4 1 1 2 1 4 2 2 4 ...
```

正如看到的那样，iris 和 mtcars 是小巧且简单的数据集。事实上，大多数内置数据集只有几列，几十行或几百行数据。它们通常用于演示一些特定的数据分析工具。

如果想尝试更大的数据，可以试一些带有数据集的 R 包。例如，最有名的数据可视化包 ggplot2 提供了一个名为 diamonds 的数据集，其中包含大量钻石的价格和一些其他属性信息。可以使用?ggplot2::diamonds 来了解这个数据集的相关信息。如果还没有安装这个包，请运行 install.packages("ggplot2")。

我们用 data( )导入包中的数据：

```
data("diamonds", package = "ggplot2")
dim(diamonds)
## [1] 53940    10
```

输出显示 diamonds 有 10 列 53940 行。预览如下：

```
head(diamonds)
##   carat       cut color clarity depth table price    x    y    z
## 1  0.23     Ideal     E     SI2  61.5    55   326 3.95 3.98 2.43
## 2  0.21   Premium     E     SI1  59.8    61   326 3.89 3.84 2.31
## 3  0.23      Good     E     VS1  56.9    65   327 4.05 4.07 2.31
## 4  0.29   Premium     I     VS2  62.4    58   334 4.20 4.23 2.63
## 5  0.31      Good     J     SI2  63.3    58   335 4.34 4.35 2.75
## 6  0.24 Very Good     J    VVS2  62.8    57   336 3.94 3.96 2.48
```

有的包提供了许多有用的函数，还有一些包只提供数据集。例如，nycflights13 和 babynames 只包含一些数据集。这里加载数据的方法与前面的方法完全相同。运行 install.packages(c("nycflights13", "babynames"))来安装这两个包。

在接下来的几节中，我们将使用这些数据集来演示基本的图形工具和数据分析工具。

7.2 数据可视化

在上一节中，我们介绍了一些导入数据的函数，这是大多数数据分析的第一步。通常，最好在将数据代入模型前先查看一下数据，这也是我们下一步要讲的内容。原因很简单，不同的模型具有不同的优势，没有任何一个模型在所有情况下都是最佳的，因为这些模型都有一系列不同的假设。若不根据假设条件对数据进行检验，就随意应用一个模型，通常会产生误导性的结论。

为了选择模型并执行检查，首先需要从视觉上查看数据，即查看数据的范围和分布形状。换句话说，我们需要先将数据可视化。在本节中，我们将学习基本的图形函数，这些函数可以生成简单的图表，从而将给定数据可视化。

我们将会使用 `nycflights13` 和 `babynames` 包中的数据集。如果还没有安装它们，请运行以下代码：

```
install.packages(c("nycflights13", "babynames"))
```

7.2.1 创建散点图

在 R 中，可视化数据的基本函数是 `plot( )`。如果我们只为 `plot( )` 提供一个数值向量或整数向量，它将按索引顺序产生一个散点图。例如，以下代码按递增顺序创建包含 10 个点的散点图，如图 7-3 所示。

```
plot(1:10)
```

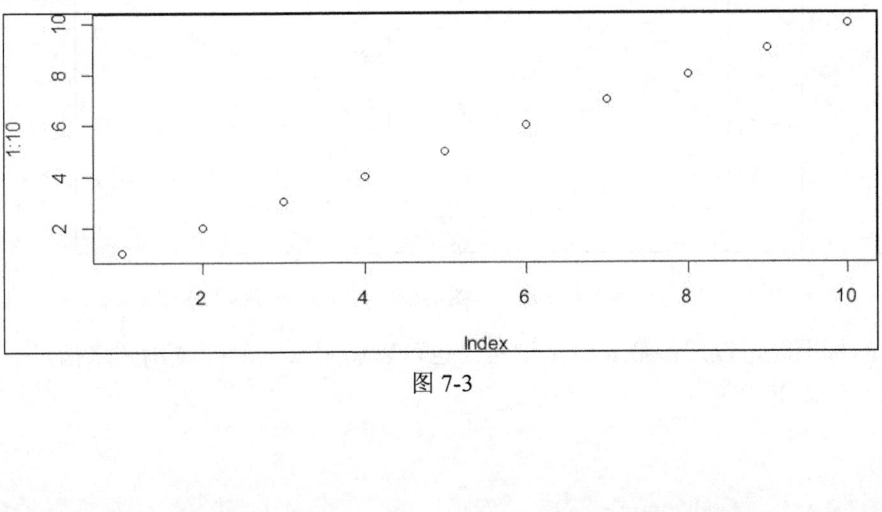

图 7-3

我们可以通过生成两个线性相关的随机数值向量来创建更真实的散点图，如图 7-4 所示。

```
x <- rnorm(100)
y <- 2 *x + rnorm(100)
plot(x, y)
```

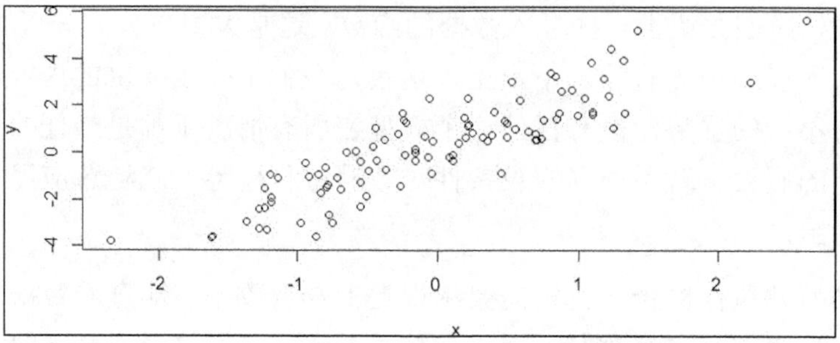

图 7-4

1. 自定义图形元素

在图 7-5 中，有许多图表元素是可以自定义的。常见的自定义元素有：标题（main 或者使用函数 title( )）、x 轴标签（xlab）、y 轴标签（ylab）、x 轴范围（xlim）以及 y 轴范围（ylim）：

```
plot(x, y,
  main = "Linearly correlated random numbers",
  xlab = "x", ylab = "2x + noise",
  xlim = c(-4, 4), ylim = c(-4, 4))
```

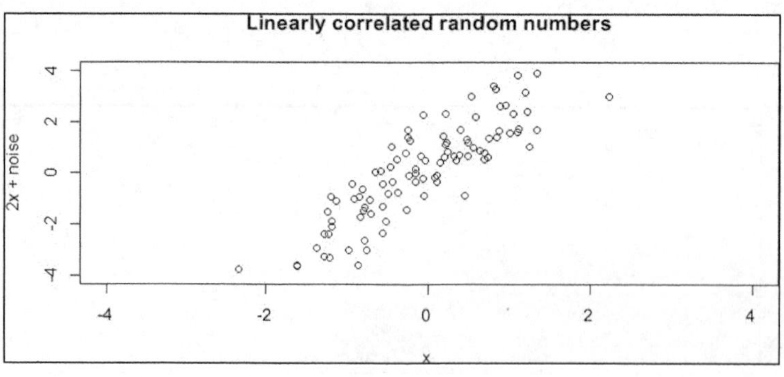

图 7-5

图表的标题既可以用参数 main 设定，也可以调用 title( ) 函数来指定。因此，上述代码等价于以下代码：

```
plot(x, y,
  xlim = c(-4, 4), ylim = c(-4, 4),
  xlab = "x", ylab = "2x + noise")
title("Linearly correlated random numbers")
```

2. 自定义点的类型

散点图的默认点样式为圆形。通过指定 pch 参数（plotting character），我们可以更改点的样式。共有 26 种点的样式可供选择，如图 7-6 所示。

```
plot(0:25, 0:25, pch =0:25,
  xlim = c(-1, 26), ylim = c(-1, 26),
  main = "Point styles (pch)")
text(0:25+1, 0:25, 0:25)
```

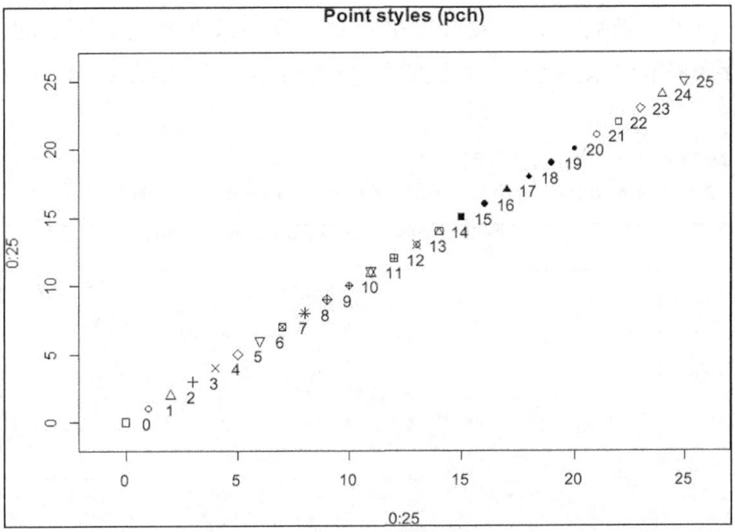

图 7-6

上述代码生成了一个散点图，包含了所有可用的点样式，并在旁边标注了对应的 pch 编号。先用 plot( ) 创建一个简单的散点图，然后用 text( ) 在每个点右侧打印对应的 pch 编号。

像许多其他内置函数一样，plot( ) 函数对于 pch 以及一些其他参数都是向量化的。它可以自定义散点图中每个点的样式。例如，最简单的情况，只需要设置一个非默认的点样式 pch= 16，就可以将其应用到所有的点，如图 7-7 所示。

```
x <- rnorm(100)
y <- 2 *x +rnorm(100)
```

```
plot(x, y, pch =16,
  main = "Scatter plot with customized point style")
```

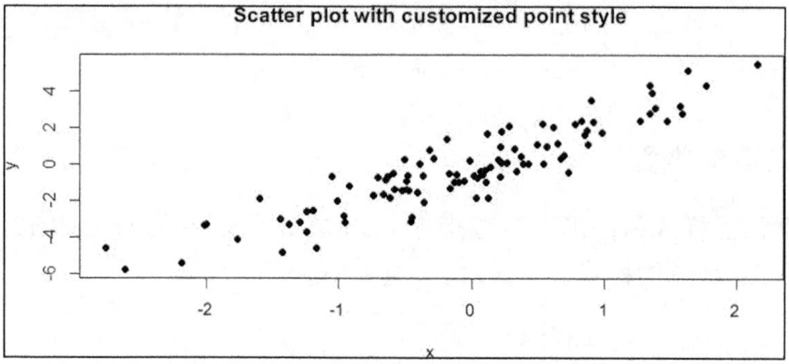

图 7-7

有时，我们需要根据逻辑条件将点分成两组，如图 7-8 所示。由于 pch 是向量化的，可以使用 ifelse( )函数，通过检查每个点是否满足条件来指定该点的样式。在下面的示例中，我们希望将满足 x*y>1 的点设置为 pch=16，若不满足则 pch=1。

```
plot(x, y,
  pch = ifelse(x * y >1, 16, 1),
  main = "Scatter plot with conditional point styles")
```

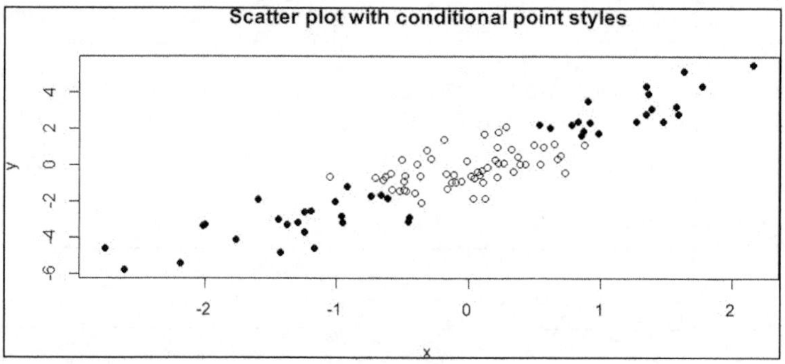

图 7-8

还可以用 plot( )和 points( )在同一个 x 轴上绘制两个数据集中的点。在上述例子中，我们生成了一个正态分布的随机向量 x 和一个与之线性相关的随机向量 y。现在，生成另一个随机向量 z，它与 x 具有非线性关系，再用不同的点样式绘制出 y 和 z 关于 x 的图像，如图 7-9 所示。

```
z <- sqrt(1 + x ^2) + rnorm(100)
plot(x, y, pch = 1,
  xlim = range(x), ylim = range(y, z),
```

```
  xlab = "x", ylab = "value")
points(x, z, pch = 17)
title("Scatter plot with two series")
```

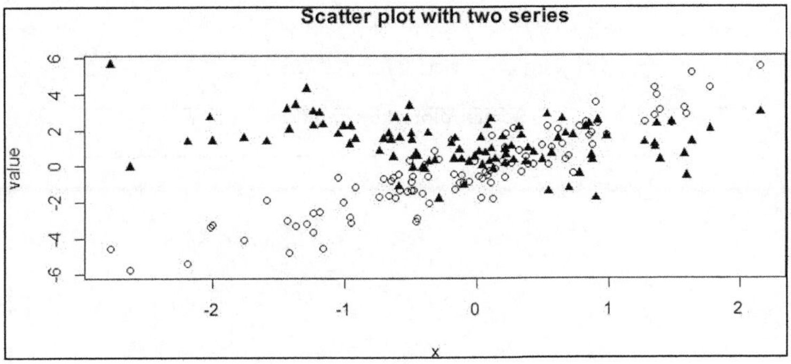

图 7-9

在生成 z 之后，我们先绘制 y 关于 x 的图，然后用不同的 pch 值添加另一组对应 z 的点。注意，如果不指定 ylim = range(y,z)，绘图生成器将会只考虑 y 的范围，而 y 轴的范围可能会比 z 范围更窄。不幸的是，points( )不会自动延长 plot( )所创建的坐标轴，因此超出坐标轴范围的点都会消失。上述代码对 y 轴设置了一个合适的范围，使得 y 和 z 中的所有点都可以在绘图区域中显示出来。

3. 自定义点的颜色

如果图形没有限定为灰度打印，我们还可以通过设置 plot( )的颜色参数使用不同颜色来标记点，如图 7-10 所示。

```
plot(x, y, pch =16, col = "blue",
  main = "Scatter plot with blue points")
```

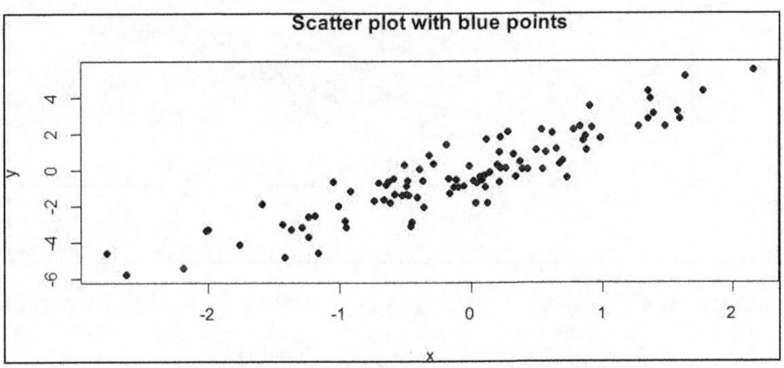

图 7-10

跟 pch 一样，col 也是一个向量化的参数。用同样的方法，我们可以根据一定的条件用不同的颜色将点分成两类，如图 7-11 所示。

```
plot(x, y, pch =16,
  col = ifelse(y >=mean(y), "red", "green"),
  main = "Scatter plot with conditional colors")
```

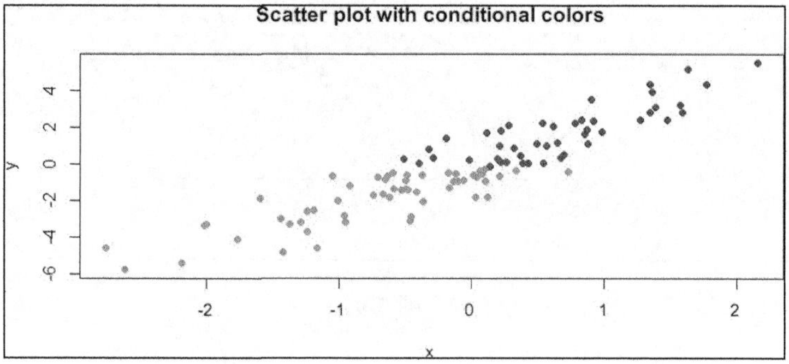

图 7-11

注意，如果散点图是根据灰度打印的，则颜色指的就是不同的灰度强度。

同样，也可以用 plot( ) 和 points( )，但是需要使用不同的 col 区分不同的点组，如图 7-12 所示。

```
plot(x, y, col = "blue", pch = 0,
  xlim = range(x), ylim = range(y, z),
  xlab = "x", ylab = "value")
points(x, z, col = "red", pch = 1)
title("Scatter plot with two series")
```

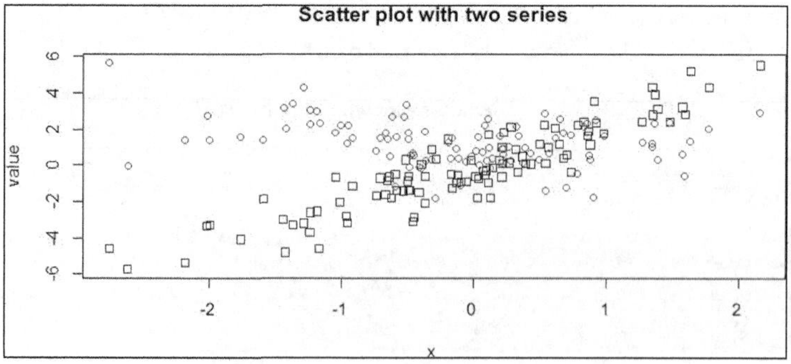

图 7-12

R 支持常用的颜色名和一些其他颜色（共 657 种）。调用 colors( ) 函数可以得到 R 支持的完整颜色列表。

7.2.2 创建折线图

对于时间序列数据，折线图能更清楚地展示随时间发展的趋势和变化。如图 7-13 所示，创建折线图，只需要在调用 plot( )时设置 type= "l"即可：

```
t <- 1:50
y <- 3 * sin(t * pi /60) + rnorm(t)
plot(t, y, type = "l",
  main = "Simple line plot")
```

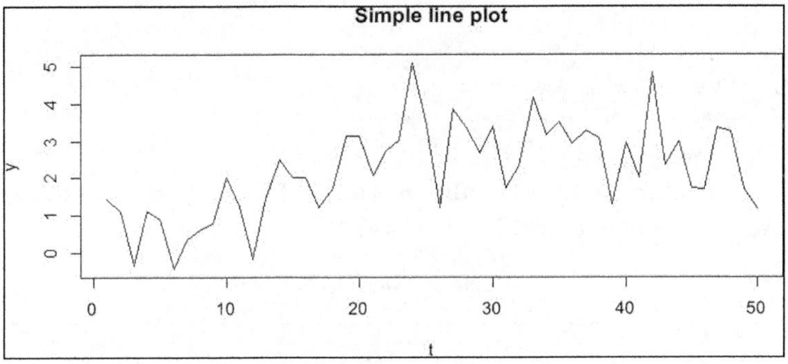

图 7-13

1. 自定义线的类型和宽度

就像散点图中 pch 能够自定义点的类型一样，lty 用于指定折线图中线的类型。图 7-14 展示了 R 支持的 6 种线型：

```
lty_values <- 1:6
plot(lty_values, type = "n", axes = FALSE, ann = FALSE)
abline(h =lty_values, lty = lty_values, lwd = 2)
mtext(lty_values, side =2, at = lty_values)
title("Line types (lty)")
```

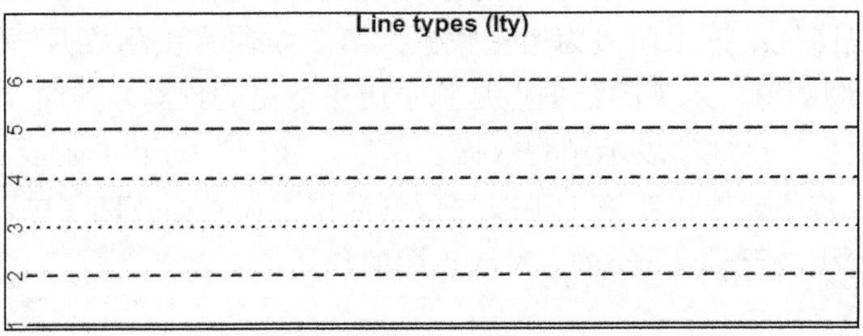

图 7-14

上述代码用 type= "n"创建一个带有正确坐标轴范围的空画布，并关闭坐标轴的显示，另一个函数 abline( )用于绘制线型不同但线宽相等的水平线（lwd = 2)。mtext( )函数用于在画布边缘添加文本。注意，abline ( )和 mtext( )的参数是向量化的，所以不需要用 for 循环来逐行绘制或添加边缘文本。

下面的例子将演示如何运用 abline( )在图中添加辅助线。首先，我们创建前文所述的 y 关于时间 t 的折线图（上文创建第 1 幅折线图时定义的 y 与 t 的关系)。假设我们还想画出 y 在这段时间内的均值和取值范围（在这段时间中，y 出现了最大值和最小值)。使用 abline( )，可以方便地绘制出这些辅助线，并用不同的线型和颜色加以区分，如图 7-15 所示。

```
plot(t, y, type = "l", lwd = 2)
abline(h = mean(y), lty = 2, col = "blue")
abline(h = range(y), lty = 3, col = "red")
abline(v = t[c(which.min(y), which.max(y))], lty = 3, col = "darkgray")
title("Line plot with auxiliary lines")
```

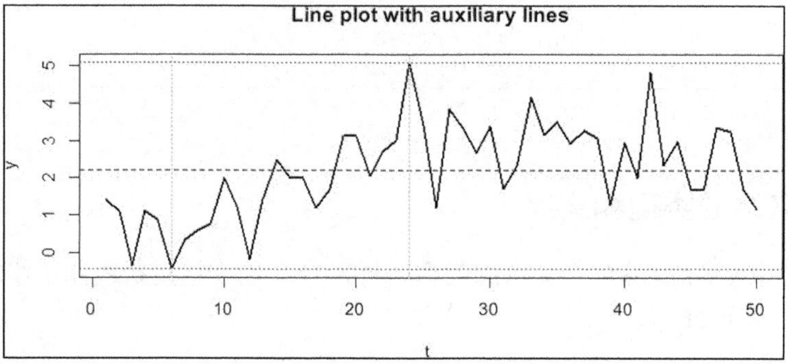

图 7-15

2．绘制多阶段折线图

还有一种折线图，不同线型在同一张图中混合使用，这种图称作多阶段折线图。一种典型的多阶段折线图是：第 1 阶段为历史数据，第 2 阶段为预测数据。假设数据 y 的第 1 阶段包含前 40 个观测值，剩下的数据点是基于历史数据的预测。如图 7-16 所示，我们想用实线表示历史数据，用虚线表示预测数据。这里，我们先把第 1 阶段的数据绘制出来，并调用 lines( )将用虚线绘制第 1 阶段的预测数据添加到原有图形中。注意 lines( )对折线图的作用就相当于 points( )对散点图的作用：

```
p <- 40
plot(t[t <= p], y[t <= p], type = "l",
```

```
xlim =range(t), xlab = "t")
lines(t[t >= p], y[t >= p], lty = 2)
title("Simple line plot with two periods")
```

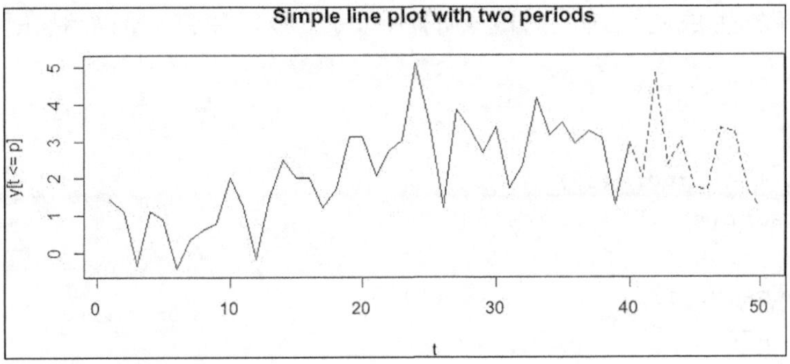

图 7-16

3. 绘制带点的折线图

有时，我们想要强调观测值是离散的，或者只是单纯地为了使图形更加清晰，把折线和点画到同一张图上是一种有效的方式。方法很简单，只要绘制一幅折线图，再用 points( ) 把同一数据所对应的点添加至该折线图中即可，如图 7-17 所示。

```
plot(y, type = "l")
points(y, pch = 16)
title("Lines with points")
```

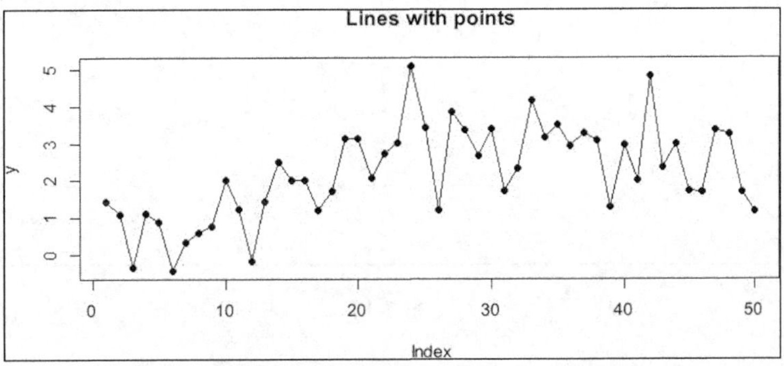

图 7-17

另一种等效方法是：先用 plot( ) 函数绘制散点图，然后用 lines( ) 函数将同一数据对应的折线图添加至该散点图中。因此，以下代码应生成与上例相同的图表：

```
plot(y, pch = 16)
lines(y)
title("Lines with points")
```

4．绘制带图例的多序列图

一幅完整的多序列图包括用折线和点表示的多个序列和一个说明图中序列的图例。

以下代码随机生成两个对应时间 x 的序列 y 和 z，并将它们绘制在同一幅图中，如图 7-18 所示。

```
x <- 1:30
y <- 2 *x +6 * rnorm(30)
z <- 3 * sqrt(x) +8 * rnorm(30)
plot(x, y, type = "l",
ylim = range(y, z), col = "black")
points(y, pch = 15)
lines(z, lty = 2, col = "blue")
points(z, pch = 16, col = "blue")
title ("Plot of two series")
legend("topleft",
legend = c("y", "z"),
col = c("black", "blue"),
lty = c(1, 2), pch = c(15, 16),
cex = 0.8, x.intersp = 0.5, y.intersp = 0.8)
```

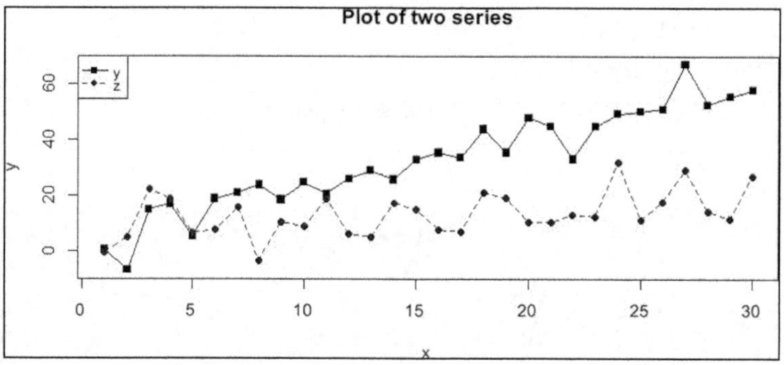

图 7-18

上述代码先用plot( )和points( )创建y的点线图，再用lines( )和points( )把 z 对应的点线添加到图中。最后，我们用 legend( )在左上角添加图例以分别说明表示y和z的线和点的形式。注意cex用于设置图例的字体大小，x.intersp和y.intersp用于图例的微调。

另一种有用的折线图是阶梯型折线。我们在plot( )和lines( )中设置type="s"来创建一个简单的阶梯图，如图 7-19 所示。

```
plot(x, y, type = "s",
  main = "A simple step plot")
```

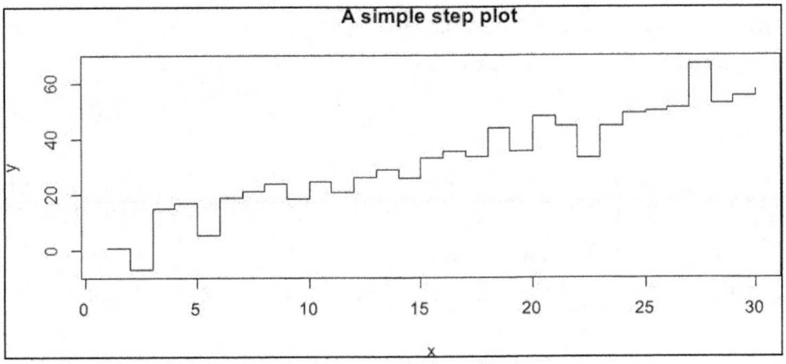

图 7-19

7.2.3 创建柱状图

在前面的小节中，我们已经学会了如何创建散点图和折线图。此外，还有其他几种类型的图形比较有用，在这里值得一提。柱状图是其中最常用的一种。柱状图中柱子的高度可以用于对比不同类别的数量。

我们创建一个最简单的柱状图，如图 7-20 所示。这里，使用 barplot( ) 而不是 plot( )：

```
barplot(1:10, names.arg = LETTERS[1:10])
```

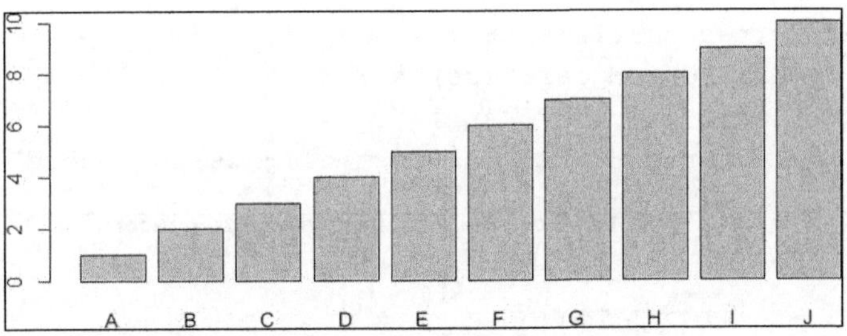

图 7-20

如果数值向量被命名了，该向量名就会自动成为 x 轴的名字。因此，以下代码将会生成与图 7-20 相同的柱状图：

```
ints <- 1:10
names(ints) <- LETTERS[1:10]
barplot(ints)
```

柱状图的制作看起来很简单的。现在基于航班数据集 nycflights13，我们可以创建记录中航班数最多的前 8 个航空公司的柱状图：

```
data("flights", package = "nycflights13")
carriers <- table(flights$carrier)
carriers
##
##    9E    AA    AS    B6    DL    EV    F9    FL   HA    MQ
## 18460 32729   714 54635 48110 54173   685  3260  342 26397
##    OO    UA    US    VX    WN    YV
##    32 58665 20536  5162 12275   601
```

上述代码中，table( )用于计算记录中每个航空公司的航班数量。

```
sorted_carriers <- sort(carriers, decreasing = TRUE)
sorted_carriers
##
##    UA    B6    EV    DL    AA    MQ    US    9E    WN    VX
## 58665 54635 54173 48110 32729 26397 20536 18460 12275  5162
##    FL    AS    F9    YV    HA    OO
##  3260   714   685   601   342    32
```

如以上代码所示，将航空公司按其航班数降序排列。我们可以取出表格中前 8 个元素，并绘制柱状图，如图 7-21 所示。

```
barplot(head(sorted_carriers, 8),
  ylim = c(0, max(sorted_carriers) * 1.1),
  xlab = "Carrier", ylab = "Flights",
  main = "Top 8 carriers with the most flights in record")
```

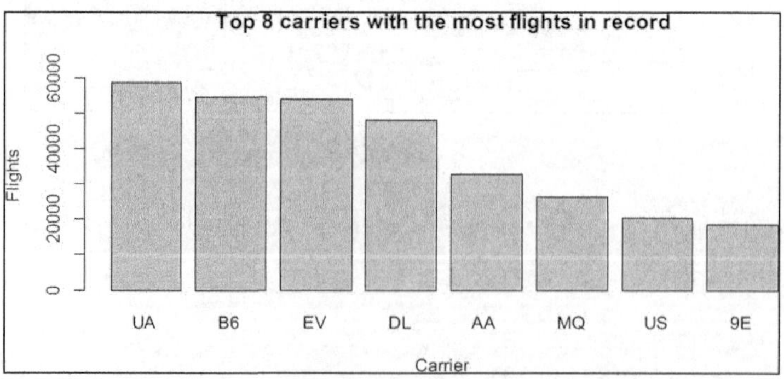

图 7-21

7.2.4 创建饼状图

另一种有用的图形是饼状图。用于创建饼状图的函数 pie( )，与 barplot( )的运行方式类似。它作用于含有说明标签的数值向量；也可以直接作用于命名数值向量。图 7-22 是一个简单的例子：

```
grades <- c(A = 2, B = 10, C = 12, D = 8)
pie(grades, main = "Grades", radius = 1)
```

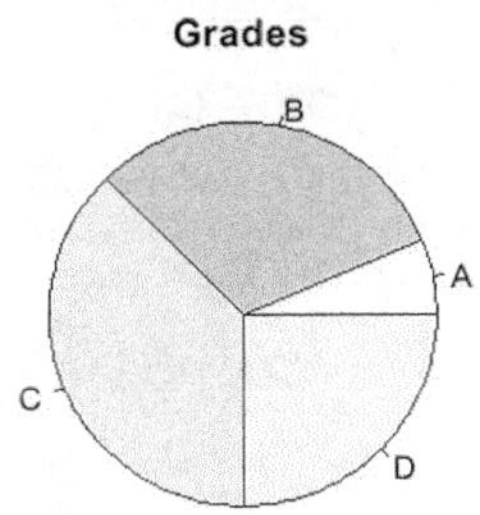

图 7-22

7.2.5 创建直方图和密度图

前面我们已经学会了如何创建几种不同类型的图。散点图和折线图是对数据集中观测值直接作图，柱状图和饼状图通常用于对不同类别的数据进行粗略总结。

上述这几种图形有以下两方面的局限性：散点图和折线图表达的信息过多，以至于很难刻画出重点特征；饼状图和柱状图则丢弃过多信息，因此也难以做出可信判断。

直方图能够展示数值向量的分布特征，并且能够在不丢失太多信息的情况下做出总结，因此更方便使用。下面的例子将演示如何使用 hist( )生成一个服从正态分布的随机数值向量的直方图，然后添加正态分布的密度函数曲线，如图 7-23 所示。

```
random_normal <- rnorm(10000)
hist(random_normal)
```

默认情况下，直方图的 y 轴是数据出现的频数。我们可以验证，这个直方图与由 random_normal 生成的随机向量所代表的标准正态分布非常接近。为了在图上叠加标准正态分布的概率密度函数曲线 dnorm( )，需要确保直方图的 y 轴表示的是概率，并且曲线是叠加到该直方图上面的，如图 7-24 所示。

```
hist(random_normal, probability = TRUE, col = "lightgray")
curve(dnorm, add = TRUE, lwd = 2, col = "blue")
```

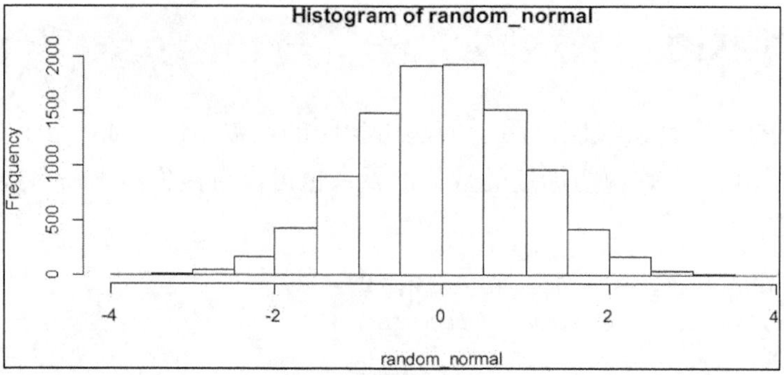

图 7-23

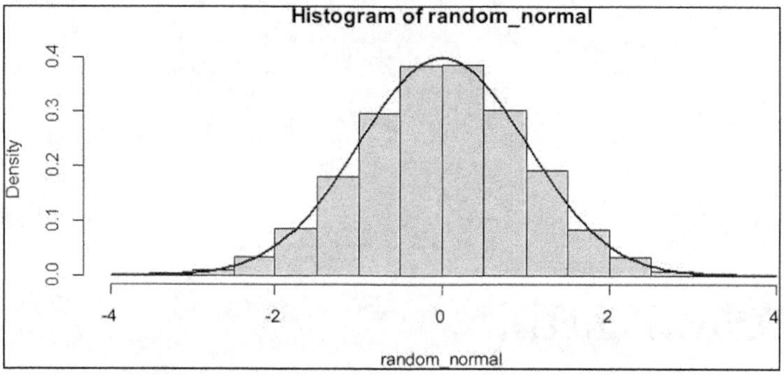

图 7-24

现在，我们来绘制飞机飞行速度的直方图，如图 7-25 所示。飞机在一次飞行中的平均速度是飞行的路程（distance）除以飞行的时间（air_time）：

```
flight_speed <- flights$distance / flights$air_time
hist(flight_speed, main = "Histogram of flight speed")
```

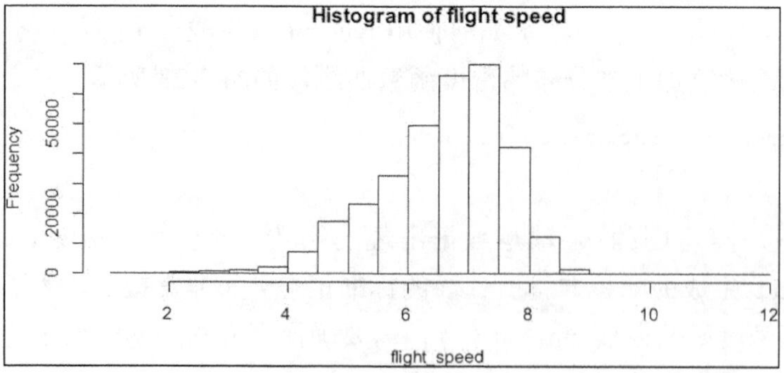

图 7-25

图 7-25 看起来和标准正态分布略有不同。在这种情况下，我们使用 density( ) 来估

计飞行速度的经验分布，在上面绘制一条较为光滑的概率分布曲线，并添加一条竖直线以标记所有观测值的整体平均水平，如图 7-26 所示。

```
plot(density(flight_speed, from = 2, na.rm = TRUE),
  main = "Empirical distribution of flight speed")
abline(v = mean(flight_speed, na.rm = TRUE),
  col = "blue", lty = 2)
```

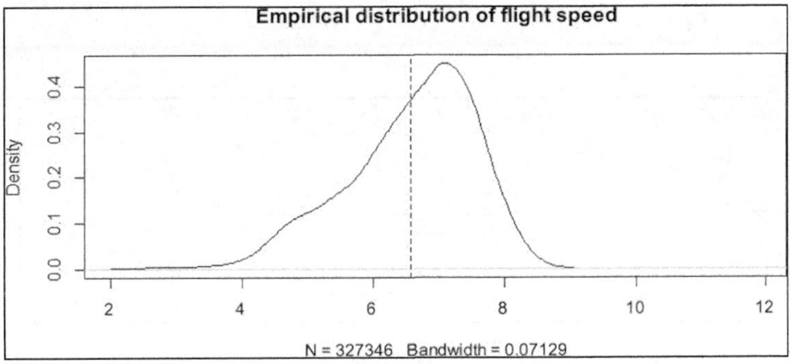

图 7-26

正如第 1 个同时含直方图和密度曲线的例子，我们可以将两个图叠加到一起，这使我们能够更好地观察数据，如图 7-27 所示。

```
hist(flight_speed,
  probability = TRUE, ylim = c(0, 0.5),
  main = "Histogram and empirical distribution of flight speed",
  border = "gray", col = "lightgray")
lines(density(flight_speed, from = 2, na.rm = TRUE),
  col = "darkgray", lwd = 2)
abline(v = mean(flight_speed, na.rm = TRUE),
  col = "blue", lty = 2)
```

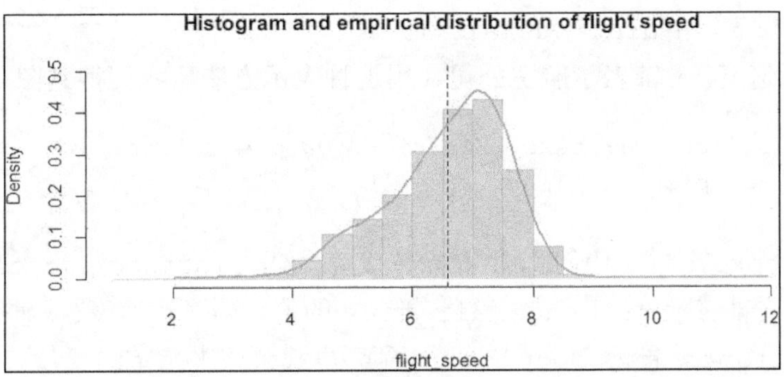

图 7-27

7.2.6 创建箱线图

直方图和密度图是展示数据分布的两种形式。通常只需要几个关键的分位数，我们就能对数据的整体分布有一个印象。箱线图（或称为盒须图，box-and-whisker plot）是完成此项任务的简单方式。对于一个随机生成的数值向量，我们可以调用 boxplot( ) 来绘制箱线图，如图 7-28 所示。

```
x <- rnorm(1000)
boxplot(x)
```

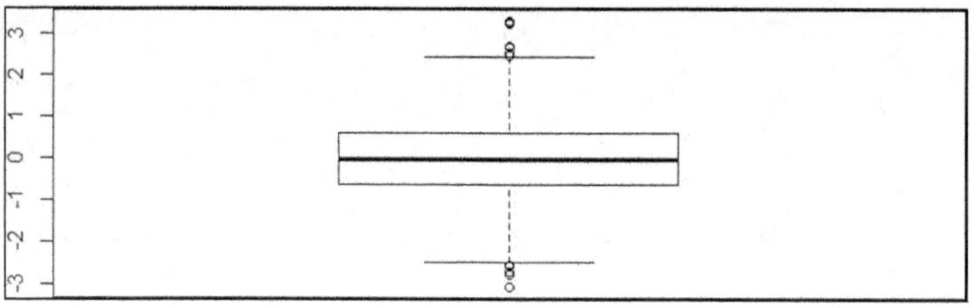

图 7-28

箱线图有几个组成部分，分别展示了数据关键的分位数水平和异常值。图 7-29 清楚地说明了箱线图各个部分所表示的含义：

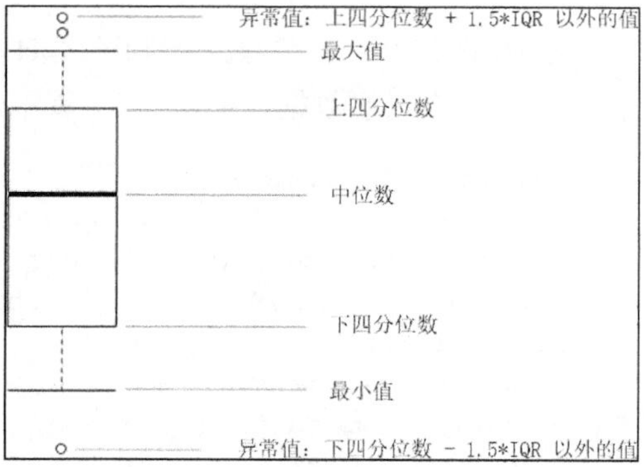

图 7-29

其中 IQR 表示四分位距，即有：IQR= 上四分位数−下四分位数。

以下代码绘制每个航空公司飞行速度的箱线图。我们将 16 个箱线图展示在同一个图中，以便对不同航空公司的数据做一个粗略的比较。接下来，我们使用公式 distance/air_time~carrier 说明 y 轴表示由 distance/air_time 计算得到的飞行速度，x 轴表示航空公司。用这种表示方法，我们得到图 7-30。

```
boxplot(distance /air_time ~ carrier, data = flights,
  main = "Box plot of flight speed by carrier")
```

我们使用了 boxplot( ) 中创建图形的公式接口。这里 distance/air_time ~ carrier 的主要含义是：y 轴表示 distance/air_time 的值，即飞行速度；x 轴表示不同的航空公司。data=flights 告诉 boxplot( ) 到哪里找公式中指定的变量。最后，生成了按航空公司分类的飞行速度的箱线图。

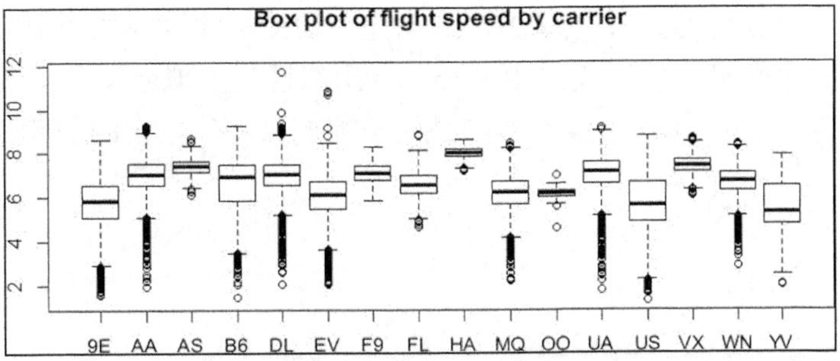

图 7-30

数据可视化和数据分析的公式接口非常易于理解且功能强大。下一节将介绍数据分析的基本工具和模型。若想使模型拟合的关系更易于识别，那么在实现这些工具和模型的函数背后，不仅依赖于算法，更依赖于用户友好的界面（公式）。

还有一些包是专门为数据可视化量身定制的。其中一个非常优秀的是 ggplot2 扩展包，它实现了非常强大的图形语法，用于创建、撰写和自定义不同类型图形。然而，ggplot2 不在本书的介绍范围。如果想了解更多，推荐阅读 Hadley Wickham 编写的 *ggplot2: Elegant Graphics for Data Analysis*。

7.3 数据分析

实际的数据分析中，我们大部分时间都在进行数据清洗（data cleansing），即对原数据进行筛选和转换，使其更易于分析。这个筛选和转换的过程也叫数据处理（data manipulation）。我们将在第 12 章中详细介绍这个主题。

在这一小节，我们直接假设数据已经过处理，可以用于分析。我们不对模型做深入介绍，而是使用一些简单的模型，让你认识到如何用数据拟合模型，如何与拟合好的模型进行交互，以及如何使用拟合模型做预测。

7.3.1 拟合线性模型

R 中最简单的模型就是线性模型，即使用一个线性模型描述两个随机变量在一系列假设下的关系。在以下例子中，我们创建了一个线性函数，将 x 映射到 3+2*x（即 f(x)）。然后，生成一个正态分布的随机数值向量 x，再用 f(x) 加上一些独立的噪声生成 y：

```
f <- function(x) 3 +2 * x
x <- rnorm(100)
y <- f(x) +0.5 * rnorm(100)
```

假设不知道 y 是如何通过 x 生成的，那么我们还能用线性模型还原它们之间的关系，即还原线性模型的系数吗？以下代码中，`lm( )`用线性模型拟合 x 和 y 的关系。需要注意的是 y~x 表达式告诉 `lm( )`这个线性回归是关于因变量 y 和单个回归元（regressor）x 的：

```
model1 <- lm(y ~x)
model1
##
## Call:
## lm(formula = y ~ x)
##
## Coefficients:
## (Intercept) x
##   2.969    1.972
```

真实模型的系数是 3（截距）和 2（斜率），用样本数据 x 和 y 拟合的模型系数为 2.9692146（截距）和 1.9716588（斜率），这和模型的真实系数非常接近。

我们将模型保存为 `model1`。要得到模型的系数，可以用以下代码：

```
coef(model1)
## (Intercept)           x
##    2.969215    1.971659
```

也可以用 `model1$`查看模型的系数，因为 `model1` 本质上是一个列表。

此外，还可以调用 `summary( )`了解更多关于这个线型模型的统计性质：

```
summary(model1)
##
## Call:
## lm(formula = y ~ x)
##
## Residuals:
##      Min       1Q   Median      3Q     Max
## -0.96258 -0.31646 -0.04893 0.34962 1.08491
##
## Coefficients:
##             Estimate Std. Error t value Pr(>|t|)
## (Intercept)  2.96921    0.04782    62.1   <2e-16 ***
## x            1.97166    0.05216    37.8   <2e-16 ***
## ---
## Signif. codes:
## 0 '***' 0.001 '**' 0.01 '*' 0.05 '.' 0.1 ' ' 1
```

```
##
## Residual standard error: 0.476 on 98 degrees of freedom
## Multiple R-squared:  0.9358, Adjusted R-squared:  0.9352
## F-statistic:  1429 on 1 and 98 DF,  p-value: < 2.2e-16
```

要理解以上统计内容，最好回顾一两本统计学教材的线性回归章节。图 7-31 将数据和拟合模型放到了一起：

```
plot(x, y, main = "A simple linear regression")
abline(coef(model1), col = "blue")
```

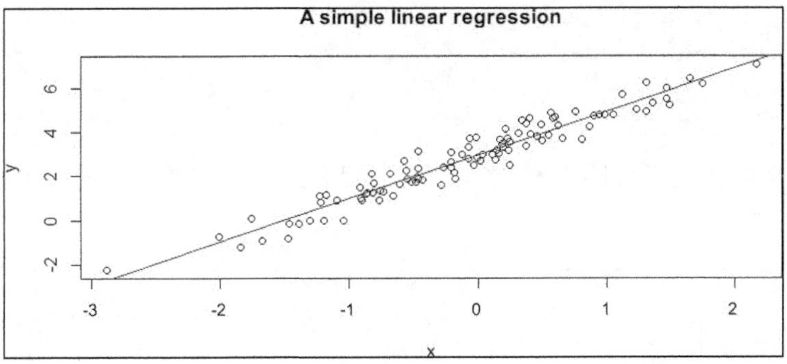

图 7-31

在上述代码中，我们直接为 abline( )提供包含回归系数估计的两元素数值向量，用来添加拟合的回归线。

接下来，我们可以调用 predict( )对所拟合模型进行预测。在一个标准误差下，预测 x=-1 和 x=0.5 时的 y，运行以下代码：

```
predict(model1, list(x = c(-1, 0.5)), se.fit = TRUE)
## $fit
## 1         2
## 0.9975559 3.9550440
##
## $se.fit
## 1          2
## 0.06730363 0.05661319
##
## $df
## [1] 98
##
## $residual.scale
## [1] 0.4759621
```

预测结果是一个列表，其中包含了 y 的预测值（$fit）、拟合值的标准误差（$se.fit）、自由度（$df）和残差标准差（$residual.scale）。

现在，我们已经基本上学会了如何对给定数据拟合线性模型，接下来就看一些现实生活中的数据。下面的例子中，我们试着用不同复杂度的线性模型预测航班的飞行时间。其中，对于预测飞行时间最为显著的变量是飞行距离。

首先，我们加载数据集并绘制飞行距离和飞行时间 air_time 的散点图。因为数据集的记录条数非常多，我们用 pch="." 使每个数据点变得非常小：

```
data("flights", package = "nycflights13")
plot(air_time ~distance, data = flights,
  pch = ".",
  main = "flight speed plot")
```

图 7-32 清楚地表明飞行距离和飞行时间之间有正向相关关系，因此用线性模型拟合这两个变量是合理的。

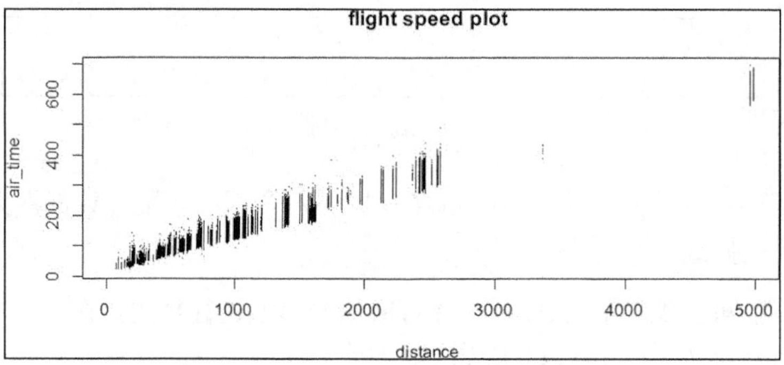

图 7-32

在将整个数据集输入线性模型之前，我们将数据集分成两部分：训练集和测试集。划分测试集的目的是我们不仅想要进行模型的样本内评估，还要进行样本外评估。更具体地说，我们把 75%的数据放入训练集，把剩下 25%的数据放入测试集。在以下代码中，sample( ) 取出原始数据记录 75%的随机样本，并用 setdiff( )得到剩下的数据记录：

```
rows <- nrow(flights)
rows_id <- 1:rows
sample_id <- sample(rows_id, rows * 0.75, replace = FALSE)
flights_train <- flights[sample_id,]
flights_test <- flights[setdiff (rows_id, sample_id), ]
```

注意，setdiff(rows_id, sample_id)返回的是 rows_id 的索引而不是 sample_id

的索引。

现在，flights_train 是训练集，flights_test 是测试集。使用划分好的数据集，模型的拟合和评估流程就很简单了。首先，我们使用训练集拟合模型，然后做一个样本内预测来看样本内误差的大小：

```
model2 <- lm(air_time ~distance, data = flights_train)
predict2_train <- predict(model2, flights_train)
error2_train <- flights_train$air_time -predict2_train
```

为了计算误差的大小，我们定义一个 evaluate_error( ) 函数计算平均绝对误差和误差的标准差：

```
evaluate_error <- function(x) {
  c(abs_err = mean(abs(x), na.rm = TRUE),
    std_dev = sd(x, na.rm = TRUE))
}
```

用这个函数，我们可以计算模型 model2 的样本内预测误差：

```
evaluate_error(error2_train)
## abs_err  std_dev
## 9.413836 12.763126
```

平均绝对误差表示平均来看预测值偏离真实值的绝对值约为 9.41 分钟，且误差的标准差为 12.8。

接下来，我们用模型对测试集进行预测，做一个简单的样本外评估：

```
predict2_test <- predict (model2, flights_test)
error2_test <- flights_test$air_time -predict2_test
evaluate_error(error2_test)
## abs_err  std_dev
## 9.482135  12.838225
```

预测结果被保存在一个含预测值的数值向量中。平均绝对误差和误差的标准差都有轻微的上升，表明样本外预测的质量没有明显地变差，看来 model2 没有过拟合。

因为 model2 只有一个回归元——路程（distance），很自然地就会想到包含更多回归元是否会提高模型的预测效果。以下代码拟合一个新的线性模型，它不仅包含路程，还包含航空公司（carrier）、月份（month）和起飞时间（dep_time）：

```
model3 <- lm(air_time ~ carrier + distance + month + dep_time,
  data = flights_train)
```

```
predict3_train <- predict(model3, flights_train)
error3_train <- flights_train$air_time - predict3_train
evaluate_error(error3_train)
## abs_err  std_dev
## 9.312961 12.626790
```

样本内误差的大小和方差都小幅下降：

```
predict3_test <- predict(model3, flights_test)
error3_test <- flights_test$air_time - predict3_test
evaluate_error(error3_test)
## abs_err std_dev
## 9.38309 12.70168
```

另外，样本外误差也比 model2 看起来稍好一些。为了比较添加新回归元前后的样本外误差分布，我们将两条密度曲线相互叠加到一起，如图 7-33 所示。

```
plot(density(error2_test, na.rm = TRUE),
  main = "Empirical distributions of out-of-sample errors")
lines(density(error3_test, na.rm = TRUE), lty = 2)
legend("topright", legend = c("model2", "model3"),
  lty = c(1, 2), cex = 0.8,
  x.intersp = 0.6, y.intersp = 0.6)
```

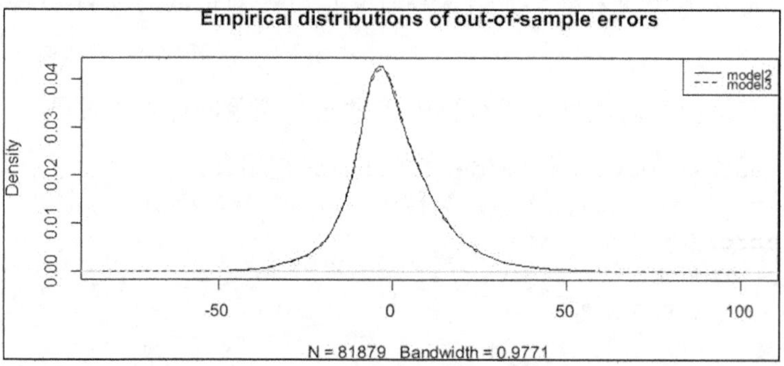

图 7-33

由以上密度图可知，model2 到 model3 模型拟合效果的提升小到可以忽略，即没有得到明显的改善。

7.3.2　拟合回归树

这一节，我们尝试用另一种模型拟合数据，这种模型称作回归树（regression tree）

（https://en.wikipedia.org/wiki/Decision_tree_learning），它是一种机器学习模型。它不是简单的线性回归，而是用决策树来拟合数据。

假设我们想根据太阳辐射（Solar.R）、平均风速（Wind）和日最高温度（Temp）来预测每日空气质量（Ozone），并用内置数据集 airquality 作为训练集。图 7-34 展示了拟合的回归树是如何运作的。

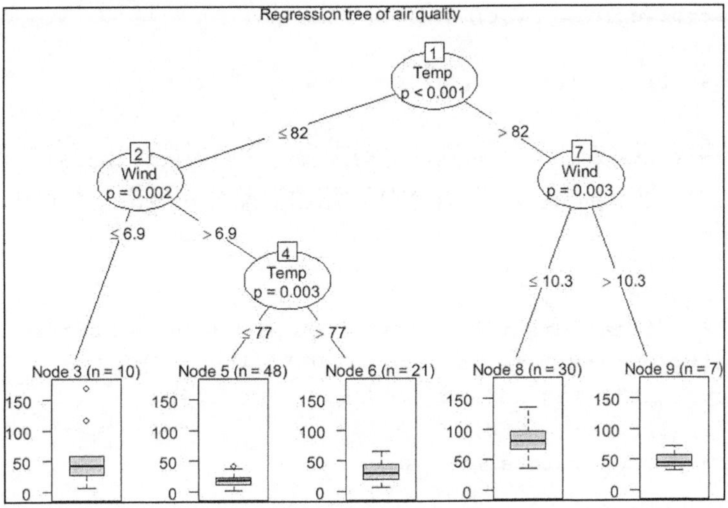

图 7-34

在回归树中，每个圆圈表示一个问题，这个问题有两个可能的答案。要预测空气质量 Ozone，我们需要沿着回归树从上到下地提出问题，最后每个观测数据都会落到最底端的某一情形中。每个底部的结点都有与其他结点不同的分布，并且都用箱线图表示。每个箱线图的中位数或均值就是考虑了各种情况的合理预测值。

其实，有很多扩展包可以实现决策树学习算法。在这里，我们用一个简单的扩展包 party（https://cran.r-project.org/web/packages/party）。若还没安装该扩展包，运行 install.packages("party") 进行安装。

现在我们使用同样的公式和数据来训练这个回归树模型。我们采用 air_time 没有缺失值的部分数据，因为 ctree( ) 不接受带有缺失值的响应变量：

```
model4 <- party::ctree(air_time ~distance + month + dep_time,
  data = subset(flights_train, !is.na(air_time)))
predict4_train <- predict(model4, flights_train)
error4_train <- flights_train$air_time -predict4_train[, 1]
```

```
evaluate_error(error4_train)
## abs_err  std_dev
## 7.418982 10.296528
```

似乎 model4 比 model3 表现更好。接下来，我们看一下它的样本外表现：

```
predict4_test <- predict(model4, flights_test)
error4_test <- flights_test$air_time - predict4_test[, 1]
evaluate_error(error4_test)
## abs_err  std_dev
## 7.499769 10.391071
```

以上输出结果表示，对于这个问题，平均来说，回归树能作出更好的预测。图 7-35 所示的密度图将 model3 和 model4 的样本外预测的误差分布做出一个对比。

```
plot(density(error3_test, na.rm = TRUE),
  ylim = range(0, 0.06),
  main = "Empirical distributions of out-of-sample errors")
lines(density(error4_test, na.rm = TRUE), lty = 2)
legend("topright", legend = c("model3", "model4"),
  lty = c(1, 2), cex = 0.8,
  x.intersp = 0.6, y.intersp = 0.6)
```

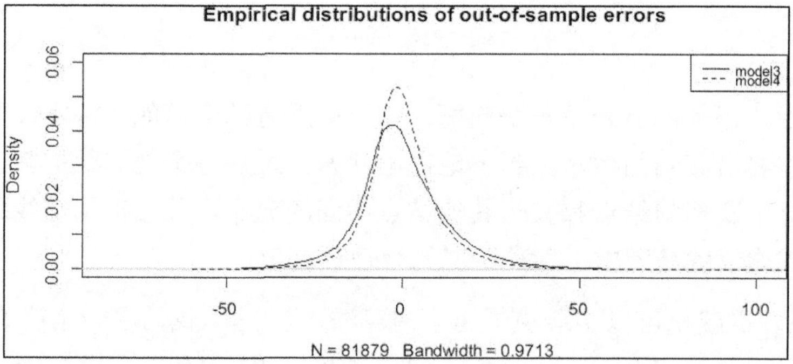

图 7-35

我们可以发现 model4 预测误差的方差比 model3 低。

上面的例子可能存在许多问题，因为我们在使用线性模型和机器学习模型时，没有认真地检查数据。因为本章节的重点不是模型，而是向大家展示用 R 做模型拟合的一般流程和对应接口。在解决实际问题时，你需要对数据做更仔细的分析，而不是直接套用任意一个模型，然后得出结论。

7.4 小结

在本章中，我们学会了如何读写各种格式的数据，如何用绘图函数进行数据可视化，以及如何对数据应用基本的模型。现在我们已经掌握了处理数据的基本工具和接口。但是，可能还需要通过其他途径学习使用更多数据分析的工具。

对于统计和计量经济学模型，建议不要只阅读统计学和计量经济学的教材，还要阅读一些侧重于统计分析的 R 语言参考书。而关于机器学习，如人工神经网络、支持向量机和随机森林等，建议阅读机器学习相关图书，并且访问 *CRAN Task View: Machine Learning & Statistical Learning*（https://cran.r-project.org/web/views/MachineLearning.html）进一步学习。

由于本书侧重于介绍 R 编程语言，而不是任何具体的模型，因此下一章我们将继续深入学习 R 语言。如果不熟悉 R 代码是如何运作的，可能很难预料执行某段 R 代码之后将会发生什么，这不仅会降低编程速度，而且一个小问题就可能浪费很多时间。

接下来的几章将具体介绍 R 的运行机制、元编程工具、面向对象系统和其他几种有助于数据分析的机制，这使我们能够使用更高级的数据处理的扩展包来完成更复杂的任务。

第 8 章 R 的内部机制

在前面的章节中，我们已经学习了 R 语言的基础功能，并且了解了如何运用向量、矩阵、列表和数据框表示不同形式的数据，以及用内置函数解决简单的问题。但是仅仅了解这些功能并不能解决所有问题。现实中的数据分析通常需要对数据进行仔细的转换和聚合，而这些操作则需要各种各样内置的或是由扩展包提供的函数。

为了避免对一些意外结果感到混乱和困惑，更好地理解和运用这些函数，需要对 R 中函数的运行方式有一个基本但具体的理解。在本章中，我们将会学习以下内容：

- 惰性求值（Lazy evaluation）
- 复制—修改机制（Copy-on-modify mechanism）
- 词法作用域（Lexical scoping）
- 环境（Environments）

如果理解了这些概念及其在代码中的作用，就能够轻松地看明白大部分 R 代码，同时也会提高查找漏洞和编写合适函数的效率。

8.1 惰性求值

如果能够理解 R 函数的运行机制，那么对 R 的运行机制就能够掌握十之八九。通过前几章的学习，我们掌握了一些最常用的基本函数的用法，但是可能对其内部机制仍有疑惑。比如创建如下的函数：

```
test0 <- function(x, y) {
  if (x > 0) x else y
}
```

这个函数有点特殊，看似只有当 x 不大于 0 时才需要 y。如果只把一个正数赋值给 x 而忽略 y，这个函数会因为没有为所有定义的参数赋值而报错么？我们调用这个函数运行一下看看：

```
test0(1)
## [1] 1
```

即使没有对 y 赋值，函数仍能够运行。看来在调用函数时不必对所有参数进行赋值，只对必需的参数赋值即可。如果给 x 赋一个负数，函数便需要参数 y 才能运行：

```
test0(-1)
## Error in test0(-1): 缺少参数"y",也没有缺省值
```

由于没有指定 y 的值，函数便终止运行，并且返回报错信息：参数 y 缺失。

通过前面的示例，我们知道了函数不需要指定所有参数，因为有些参数不需要返回值。如果非要指定在函数中没有用到的参数，那么，程序是会在调用函数之前计算它们，还是根本不会计算它们呢？接下来，我们利用 stop( ) 函数来一探究竟。将 stop( ) 函数放在参数 y 的位置，如果在任何地方以任何方式执行了这个表达式，函数都会在返回 x 的值之前终止运行：

```
test0(1, stop("Stop now"))
## [1] 1
```

结果显示 stop( ) 函数没有起作用，说明此函数根本不会被执行。如果我们给 x 赋一个负数，函数便会终止运行：

```
test0(-1, stop("Stop now"))
## Error in test0(-1, stop("Stop now")): Stop now
```

很明显，这个语句中的 stop( ) 被执行了。至此，这个机制也就非常清晰了。在函数调用时，参数的值只有被实际用到时才会被执行。这个机制被称作**惰性求值**，也就是在函数调用中，参数被“懒惰地计算”，即按需计算。

如果你对惰性求值还不是很清楚，可能会认为下面这个函数的调用非常耗时，并且可能占用计算机全部内存。惰性求值则避免了上述情况的发生，这是因为在计算表达式 if (x > 0) x else y 时，R 并不会计算 rnorm(10000000)，可以通过 system.time( ) 函数查看运算时间进行证实：

```
system.time(rnorm(10000000))
## user system elapsed
## 0.91   0.01    0.92
```

生成 1000 万个随机数并不是一项容易的工作，需要花费超过 1 秒的时间。相反，计算一个数应该是 R 能做的最简单的事，耗时小到连计时函数都无法得出精确结果：

```
system.time(1)
## user system elapsed
##   0      0       0
```

如果我们为如下表达式计时，在了解 test0( ) 函数的运算逻辑和惰性求值机制的情况下，应该很容易猜到结果为 0：

```
system.time(test0(1, rnorm(10000000)))
## user system elapsed
##   0      0       0
```

另一个有可能触发惰性求值机制的情况是参数默认值。具体来说，函数参数的默认值是其默认表达式，在表达式被计算之前，其值是不可用的。请看如下函数：

```
test1 <- function(x, y = stop("Stop now")) {
  if (x > 0) x else y
}
```

我们将函数 stop( ) 赋予 y 作为默认值。如果此处惰性求值不适用，即无论是否被用到，系统都会计算 y，只要调用 test1( ) 时没有另外指定 y 的值，都会返回错误信息。然而，若此处惰性求值适用，那么，调用 test1( ) 时给 x 赋予一个正数，函数便不会报错，因为 y 的表达式 stop( )不会被计算。

我们来做个试验，看看哪种情况会发生。赋给 x 一个正数，并调用 test1( ) 函数：

```
test1(1)
## [1] 1
```

输出结果说明此处惰性求值是适用的。函数只用到了参数 x，而没有执行 y 的默认表达式。如果在赋给 x 一个负数的情况下调用 test1( ) 函数，函数应该会终止运行：

```
test1(-1)
## Error in test1(-1): Stop now
```

前面的示例演示了惰性求值的优点：节省时间并且避免了不必要的计算。另外，它还允许对函数参数默认值进行更灵活的说明。例如你可以在一个参数的表达式中使用另一个参数：

```
test2 <- function(x, n = floor(length(x) / 2)) {
  x[1:n]
}
```

这让你能够以更合理或更可取的方式设置函数的默认行为，当参数没有默认值时，仍然可以自定义。

如果我们在不指定 n 的情况下调用 test2，函数会默认提取 x 的前一半部分元素：

```
test2(1:10)
## [1] 1 2 3 4 5
```

这个函数还是灵活的，你可以无视 n 的默认表达式，另外指定 n 的值：

```
test2(1:10, 3)
## [1] 1 2 3
```

惰性求值是一把双刃剑，有利同样也有弊。在调用函数时，其参数只被解析不被计算，所以我们只能确定参数表达式在语法上是正确的，但很难确定它的有效性。

例如一个未定义的变量出现在参数的默认值中，创建函数的时候不会出现警告或报错。下面我们创建一个与 test2( ) 相同的函数 test3( )，但是把 n 的表达式中的 x 误写为未定义的变量 m：

```
test3 <- function(x, n = floor(length(m) / 2)) {
  x[1:n]
}
```

在创建 test3 函数时，不会出现警告或报错，因为在调用 test3( ) 之前，不会计算 floor(length(m)/2)，并且 n 的值由 1:n 确定。只有当实际调用时，函数才会终止运行：

```
test3(1:10)
## Error in test3(1:10): 找不到对象'm'
```

如果我们在调用 test3( ) 之前定义了 m，函数便有效，但是以一个意外的方式：

```
m <- c(1, 2, 3)
test3(1:10)
## [1] 1
```

这个例子更清晰地展示了惰性求值：

```
test4 <- function(x, y = p) {
  p <- x + 1
  c(x, y)
}
```

注意 y 的默认值为 p，正如之前的示例一样，p 在函数被调用前是未定义的。这两个示例的显著区别在于第 2 个参数的默认值被定义的位置。在前例中，p 是在调用函数之前定义的，而在本例中，p 是在函数内部使用 y 之前定义的。

我们来看看调用这个函数会发生什么：

```
test4(1)
## [1] 1 2
```

结果显示，函数是可行的，没有报错，更没有终止。整理一下 test4(1) 运行的详细过程，就很容易理解其中的逻辑了。

1. 找到名为 test4 的函数。
2. 匹配给定参数，但是没有计算 x 和 y 。
3. p<-x+1 表达式计算 x+1 并且将值赋给新的变量 p。
4. c(x,y) 表达式计算 x 和 y，其中 x 为 1，y 为 p，即 x+1 的计算结果 2。
5. 函数返回数值向量 c(1, 2)。

因此，在 test4(1) 的整个计算过程中没有出现警告或报错，因为并没有违反任何规则。其中最重要的技巧就是在用到 y 之前定义了 p。

这个示例有助于解释惰性计算的工作方式，但却不是一个好方法。并不推荐用这种方式编写函数，因为这种技巧使函数的运行方式变得不那么直观。一个好的做法是简化参数，避免使用函数外未定义的变量。否则由于依赖于外部环境，很难对函数的运行进行预测及调试。

尽管如此，惰性求值也还是有一些巧妙的用法。例如，stop( ) 可以与 switch( ) 一起用在函数的最后一个参数中，以便在没有匹配时终止函数的运行。下面的函数 check_input( ) 用 switch( ) 来控制输入参数 x ，使其只接受 y 或 n，并且在输入其他字符串时终止运行：

```
check_input <- function(x) {
  switch(x,
```

```
    y = message("yes"),
    n = message("no"),
    stop("Invalid input"))
}
```

当 x 取值为 y 时，返回值为 yes：

```
check_input("y")
## yes
```

当 x 取值为 n 时，返回值为 no：

```
check_input("n")
## no
```

否则，函数终止运行：

```
check_input("what")
## Error in check_input("what"): Invalid input
```

本例中函数可以运行，因为 stop( ) 作为 switch( ) 的参数被“懒惰地计算”。

作为对这个例子的总结，这里需要提醒的是不能过度依赖解析器检查代码。它只能检查代码的语法而不能判断代码是否写得好。为了避免惰性求值隐含的潜在缺陷，有必要对函数进行仔细检查，以确保输入值能够被正确处理。

8.2 复制—修改机制

前一节中我们展示了惰性求值的工作机制，通过避免不必要计算，节省时间和内存。本节要介绍 R 的一个重要特性，以便更安全地处理数据。我们先创建一个简单的数值向量 x1：

```
x1 <- c(1, 2, 3)
```

然后将 x1 的值赋给 x2：

```
x2 <- x1
```

现在 x1 和 x2 的值完全相同。如果我们修改其中一个向量的一个元素，两个向量都会改变吗？

```
x1[1] <- 0
x1
## [1] 0 2 3
x2
## [1] 1 2 3
```

结果显示改变 x1 的值并不影响 x2。你可能以为赋值操作会自动复制值，并使新变量指向数据的副本，而不是原始数据。我们用 tracemem( ) 函数来追踪内存中数据的足迹。

先重置向量并追踪 x1 和 x2 的内存地址：

```
x1 <- c(1, 2, 3)
x2 <- x1
```

当我们将 tracemem( ) 作用在两个向量上时，结果给出了当前数据的内存地址。如果被追踪的内存地址改变，将会有一段语句显示原始地址和新地址，说明数据被复制了：

```
tracemem(x1)
## [1] "<0000000013597028>"
tracemem(x2)
## [1] "<0000000013597028>"
```

现在这两个向量的值相同，并且共享内存地址，说明它们指向相同的数据，而赋值操作并没有自动复制数据。那数据是什么时候被复制的呢？

现在将 x1 的第 1 个元素修改为 0：

```
x1[1] <- 0
## tracemem[0x0000000013597028 -> 0x00000000170c7968]
```

内存追踪的结果显示 x1 的地址发生了改变。具体来说，x1 和 x2 指向的原始向量被复制到了一个新的地址。现在我们在两个不同的地址有两份相同的数据。然后副本的第 1 个元素被修改了，x1 指向被修改的副本。

x1 和 x2 现在含有不同的值：x1 指向被修改的向量，而 x2 仍指向原向量。

换句话说，如果多个变量指向同一个对象，那么修改一个变量会生成该对象的一个副本，这就是**复制—修改机制**。

修改函数参数是另一种会引发复制—修改机制的情况。例如我们创建如下函数：

```
modify_first <- function(x) {
  x[1] <- 0
```

```
  x
}
```

当函数被执行时，它会修改参数 x 的第 1 个元素。我们用向量和列表做两个试验，看看函数 modify_first( ) 能否修改它们。

首先看数值向量 v1：

```
v1 <- c(1, 2, 3)
modify_first(v1)
## [1] 0 2 3
v1
## [1] 1 2 3
```

再看列表 v2：

```
v2 <- list(x = 1, y = 2)
modify_first(v2)
## $x
## [1] 0
##
## $y
## [1] 2
v2
## $x
## [1] 1
##
## $y
## [1] 2
```

以上两个例子中，函数都只返回了原始对象修改后的数据，但是并没有改变原始对象。但是，直接在函数外部修改向量就会改变原始对象：

```
v1[1] <- 0
v1
## [1] 0 2 3
v2[1] <- 0
v2
## $x
## [1] 0
##
## $y
## [1] 2
```

若要使用修改后的数据，就需要将其赋值给原始变量：

```
v3 = 1:5
v3 <- modify_first(v3)
v3
## [1] 0 2 3 4 5
```

这几个例子表明，修改函数的参数也会生成一个副本以确保函数外部的对象不受影响。

此外，修改对象属性也会触发复制—修改机制。下面这个函数移除数据框的行名称，并将其列名称替换为大写字母：

```
change_names <- function(x) {
  if (is.data.frame(x)) {
    rownames(x) <- NULL
    if (ncol(x) <= length(LETTERS)) {
      colnames(x) <- LETTERS[1:ncol(x)]
    } else {
      stop("Too many columns to rename")
    }
  } else {
    stop("x must be a data frame")
  }
  x
}
```

为了测试这个函数，我们先创建一个由随机数构成的简单数据框：

```
small_df <- data.frame(
  id = 1:3,
  width = runif(3, 5, 10),
  height = runif(3, 5, 10))
small_df
##   id    width   height
## 1  1  7.605076 9.991836
## 2  2  8.763025 7.360011
## 3  3  9.689882 8.550459
```

然后调用函数来观察修改后的数据框：

```
change_names(small_df)
##   A     B        C
## 1 1 7.605076 9.991836
```

```
## 2 2 8.763025 7.360011
## 3 3 9.689882 8.550459
```

根据复制—修改机制，small_df 在移除行名称的时候就被复制了，之后的改动都是作用在副本上而不是原始数据上。我们可以通过查看 small_df 来验证：

```
small_df
##    id    width    height
## 1  1  7.605076  9.991836
## 2  2  8.763025  7.360011
## 3  3  9.689882  8.550459
```

此时，原始数据并没有发生改变。

修改函数外部的对象

尽管存在复制—修改机制，我们仍可以用运算符<<- 修改函数外部的向量。例如我们有一个变量 x，然后创建一个函数 modify_x 将一个新值赋给变量 x：

```
x <- 0
modify_x <- function(value) {
  x <<- value
}
```

当调用了这个函数时，x 的值便被替换了：

```
modify_x(3)
x
## [1] 3
```

若想将一个向量映射到一个新的列表上，同时做一些计算，这个方法就很有用的。以下代码创建了一个由元素数目递增的向量构成的列表，在 lapply( ) 的每一次迭代中，我们用 count( ) 函数计算生成向量的元素数目的总和：

```
count <- 0
lapply(1:3, function(x) {
  result <- 1:x
  count <<- count + length(result)
  result
})
## [[1]]
```

```
## [1] 1
##
## [[2]]
## [1] 1 2
##
## [[3]]
## [1] 1 2 3
count
## [1] 6
```

运算符<<- 的另一个用法是“拉平”一个嵌套列表。假设我们有如下嵌套列表：

```
nested_list <- list(
  a = c(1, 2, 3),
  b = list(
    x = c("a", "b", "c"),
    y = list(
      z = c(TRUE, FALSE),
      w = c(2, 3, 4))
  )
)
str(nested_list)
## List of 2
##  $ a: num [1:3] 1 2 3
##  $ b:List of 2
##  ..$ x: chr [1:3] "a" "b" "c"
##  ..$ y:List of 2
##  .. ..$ z: logi [1:2] TRUE FALSE
##    .. ..$ w: num [1:3] 2 3 4
```

我们想要把这个列表“拉平”，即将所有嵌套的部分放在最外层。以下的代码运用 rapply( ) 和<<- 实现这个结果。

首先，我们要知道 rapply( ) 是 lapply( ) 的递归版本。每次迭代中，函数都作用在列表特定层的原子向量上，直到遍历所有层的所有原子向量。rapply(nested_list, f) 的主要运行方式是这样的：

```
f(c(1, 2, 3))
f(c("a", "b", "c"))
f(c(TRUE, FALSE))
f(c(2, 3, 4))
```

要记住，我们需要解决的问题是如何“拉平” nested_list。而将要讨论的解法的灵感来源于 Stackoverflow 上的一个答案（http://stackoverflow.com/a/8139959/2906900），它巧妙地利用了 rapply( )函数。首先，我们创建一个用于存放嵌套向量的空列表和一个计数器：

```
flat_list <- list()
i <- 1
```

然后，利用 rapply( ) 将一个函数递归地应用在 nested_list 上。每一次迭代，函数都通过 x 获得一个 nested_list 中的原子向量，然后将 flat_list 的第 i 个元素设为 x，并将 i 加 1：

```
res <- rapply(nested_list, function(x) {
flat_list[[i]] <<- x
i <<- i + 1
})
```

迭代完成后，所有的原子向量都被存储在 flat_list 的最外层。rapply( ) 的返回结果如下：

```
res
## a   b.x b.y.z b.y.w
## 2   3   4     5
```

res 中迭代次数的结果，即 i<<-i+1 表达式最终 i 的值，并不那么重要。而 res 中的列名却表明了 flat_list 中每个元素的原始层级和名称。因此我们将 res 中的元素名赋给 flat_list，以标示每个元素的原始层级：

```
names(flat_list) <- names(res)
str(flat_list)
## List of 4
##  $ a : num [1:3] 1 2 3
##  $ b.x : chr [1:3] "a" "b" "c"
##  $ b.y.z: logi [1:2] TRUE FALSE
##  $ b.y.w: num [1:3] 2 3 4
```

至此，nested_list 中的所有元素都以扁平结构存储在了 flat_list 中。

8.3 词法作用域

上一节我们介绍了复制—修改机制，示例中给出了触发该机制的两种情况。当一个对象有多个名称或作为参数传递给函数时，修改这个对象会先复制它，然后再修改它的副本。

对于在函数外修改对象，我们介绍了<<- 的用法，首先找到函数外的变量，然后修改

该对象而不是局部复制。这就引出了一个重要的概念，即函数有内部和外部之分。在函数内部，我们能够以某种方式引用外部的变量和函数。

例如，下列函数就使用了两个外部变量：

```
start_num <- 1
end_num <- 10
fun1 <- function(x) {
  c(start_num, x, end_num)
}
```

首先，我们创建了两个变量（start_num 和 end_num），并定义了一个名为 fun1 的函数。此函数将变量 start_num、参数 x 和 end_num 组合成一个新的向量。很明显，start_num 和 end_num 不是在函数内部而是在函数外部定义的，x 是函数的参数。我们看看函数能否运行：

```
fun1(c(4, 5, 6))
## [1]  1  4  5  6 10
```

结果显示函数成功获取了两个函数外部变量的值。你可能会认为我们在定义函数时两个值就已经存在，所以 fun1 中的 start_num 和 end_num 直接从函数外部获取值。事实上，我们可以通过两个试验证明这种想法是错误的。

第 1 个试验很简单，先移除这两个变量，再调用函数：

```
rm(start_num, end_num)
fun1(c(4, 5, 6))
## Error in fun1(c(4, 5, 6)): 找不到对象'start_num'
```

此时，函数便不能运行。如果在定义函数时就得到了两个变量的值，移除它们不应该影响函数的运行。

第 2 个试验从另一个方向考虑。同时移除函数和两个变量（因为上述代码已经移除了变量，所以这里只需再将函数 fun1( )移除即可）。然后定义函数：

```
rm(fun1, start_num, end_num)
## Warning in rm(fun1, start_num, end_num): object 'start_num'
## not found
## Warning in rm(fun1, start_num, end_num): object 'end_num'
## not found
fun1 <- function(x) {
c(start_num, x, end_num)
}
```

如果函数的创建必须要获取两个已经不存在的变量，那么上述代码的结果应该会报错，因为找不到 start_num 和 end_num。结果很明显，并没有报错，函数也成功创建了。现在调用它：

```
fun1(c(4, 5, 6))
## Error in fun1(c(4, 5, 6)): 找不到对象'start_num'
```

因为没有找到两个变量，函数不能运行。接着我们定义两个变量并再次调用此函数：

```
start_num <- 1
end_num <- 10
fun1(c(4, 5, 6))
## [1]  1  4  5  6 10
```

函数又可以运行了。至此我们可以得出结论，函数在被调用时才试图寻找变量。实际上，函数在执行过程中遇到一个符号时，首先会在函数内部寻找。更具体地说，如果一个符号作为参数传递到函数内或在函数内创建，它就会被解析并且其值也会被使用。

假设我们先创建一个变量 p，然后定义函数 fun2( )，在函数内部创建另一个变量 p 并且出现在返回值表达式里：

```
p <- 0
fun2 <- function(x) {
  p <- 1
  x + p
}
```

当调用函数时，返回值表达式 x+p 会用到哪一个 p 呢？我们来揭晓答案：

```
fun2(1)
## [1] 2
```

从结果可以很明显地看出：x+p 使用了函数内部定义的 p 的值。过程很简单：首先，p <- 1 创建了一个值为 1 的变量 p 而不是修改函数外部的 p；然后计算 x+p 表达式，其中 x 取值为输入参数的值，p 为刚刚定义的局部变量。规则就是只有函数内部不存在某个变量时才会在外部搜索该变量。

那“外部”究竟是什么意思呢？这个问题看起来更加微妙。假设我们创建下面两个函数：

```
f1 <- function(x) {
  x + p
}
```

```
g1 <- function(x) {
  p <- 1
  f1(x)
}
```

第 1 个函数 f1( ) 简单地将两个变量相加求和：x 是一个参数，p 是一个外部变量。第 2 个函数 g1( ) 在内部定义了一个变量 p，然后调用 f1( )。那么问题来了，调用 g1( ) 时，f1( ) 会在 g1( ) 内部找到 p 么？

```
g1(0)
## [1] 0
```

可惜的是，即使 f1( ) 在 g1( ) 内部被调用，还是不能找到在 g1( ) 内部的 p。如果我们先定义 p 再调用 g1( )，结果就不一样了：

```
p <- 1
g1(0)
## [1] 1
```

当 f1( ) 被调用且在其内部找不到 p 时，它就会在自己被定义的地方而不是被调用的地方搜索，并且搜索到了 p 的值，所以函数 g1( ) 得以运行，这个机制被称作**词法作用域**。在前一段代码中，我们定义 p 和定义 f1( ) 的地方是同一个域，所以，在 g1( ) 内部调用 f1( ) 时，f1( ) 便能在同一个域中找到 p。

相同作用域的规则也适用于<<- 寻找变量的机理。例如，下列代码在同一个域内定义了一个变量 m 和两个函数 f2( ) 和 g2( )。在 f2( ) 中，m 被设置为 2，但在 g2( ) 中定义一个局部变量 m，然后又调用 f2( )：

```
m <- 1
f2 <- function(x) {
  m <<- 2
  x
}
g2 <- function(x) {
  m <- 1
  f2(x)
  cat(sprintf("[g2] m: %d\n", m))
}
```

只要调用了 g2( )，系统就会输出 g2( ) 中的 m 的值。我们调用 g2( ) 来看看会发生什么：

```
g2(1)
## [g2] m: 1
```

输出结果显示 g2( ) 中的 m 的值没有改变，但是可以证实 f2( ) 和 g2( ) 外部的 m 的值发生了改变：

```
m
## [1] 2
```

前面的试验证明 m <<- 2 服从词法作用域规则。

下面的两个例子看起来更复杂，其函数是嵌套的。我们在 f( ) 中不仅创建了局部变量 p 和 q，还创建了一个局部函数 f2( )，在 f2( ) 中又定义了一个局部变量 p：

```
f <- function(x) {
  p <- 1
  q <- 2
  cat(sprintf("1. [f1] p: %d, q: %d\n", p, q))
  f2 <- function(x) {
    p <- 3
    cat(sprintf("2. [f2] p: %d, q: %d\n", p, q))
    c(x = x, p = p, q = q)
  }
  cat(sprintf("3. [f1] p: %d, q: %d\n", p, q))
  f2(x)
}
```

如果理解了词法作用域，那么输入任意一个 x 就应该知道此函数的返回结果。为了更方便地追踪每层域中变量的值，我们使用了 cat( ) 函数。cat( ) 返回的信息包含了次序、函数域以及 p 和 q 的值。现在我们来运行 f(0)，可以尝试预测一下结果：

```
f(0)
## 1. [f1] p: 1, q: 2
## 3. [f1] p: 1, q: 2
## 2. [f2] p: 3, q: 2
## x p q
## 0 3 2
```

3 个 cat( ) 函数的运行顺序为 1、3、2，每一个域的 p 和 q 的值都符合词法作用域规则。下面的示例中我们将用到<<-：

```
g <- function(x) {
  p <- 1
  q <- 2
  cat(sprintf("1. [f1] p: %d, q: %d\n", p, q))
  g2 <- function(x) {
    p <<- 3
    p <- 2
    cat(sprintf("2. [f2] p: %d, q: %d\n", p, q))
    c(x = x, p = p, q = q)
  }
  cat(sprintf("3. [f1] p: %d, q: %d\n", p, q))
  result <- g2(x)
  cat(sprintf("4. [f1] p: %d, q: %d\n", p, q))
  result
}
```

可以通过预测其运行顺序和输出变量的值来分析函数的流程：

```
g(0)
## 1. [f1] p: 1, q: 2
## 3. [f1] p: 1, q: 2
## 2. [f2] p: 2, q: 2
## 4. [f1] p: 3, q: 2
## x p q
## 0 2 2
```

如果没能成功预测上述函数的运行结果，那就再仔细看一看本节中的示例。

8.4 环境的工作方式

在 8.1～8.3 节中，我们学习了惰性求值、复制—修改机制和词法作用域。这些机制与一种对象高度相关，那就是**环境**。事实上，词法作用域完全依赖于环境。尽管环境看起来与列表很相似，在某些方面它们其实是完全不同的两个概念。下面几节我们会通过创建和操作环境对象来了解它的行为，以及查看它的结构如何决定 R 函数的运行。

8.4.1 环境对象

环境是由一组名称组成的对象，每个环境（除了空环境）都有一个父环境。每个名称（也称为符号或变量）都指向一个对象。当我们查找一个符号时，如果它在当前环境中，R 就会在当前环境中搜索并返回该符号指向的对象。如果这个符号在当前环境中没有找到，R 就会到它的父环境中搜索（直到找遍所有环境）。图 8-1 说明了环境的结构和环境之间的关系：

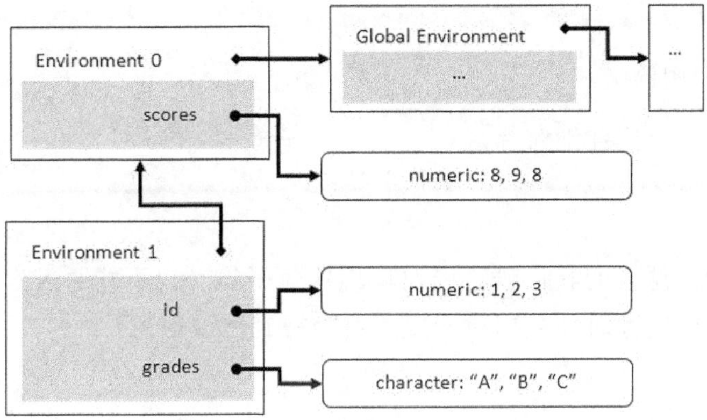

图 8-1

图 8-1 中，**Environment 1** 包含两个名称（**id** 和 **grades**），其父环境 **Environment 0** 包含一个名称（**scores**）。环境中的每个名字都指向一个内存中的对象。如果我们在 **Environment 1** 中查找 **id**，就会直接得到它指向的数值向量。如果我们查找 **scores**，由它不存在于 **Environment 1** 中，R 便会去父环境 **Environment 0** 中搜索并成功获得 **scores** 的值。至于其他的名字，R 会沿着父环境链查找，直到找到为止，或因没有找到该符号而报错。

在下面的小节中，我们会详细地介绍这些概念。

8.4.2 创建并链接环境

我们使用 `new.env( )` 函数创建一个新环境：

```
e1 <- new.env()
```

环境通常用十六进制数表示，即内存地址：

```
e1
## <environment: 0x0000000014a45748>
```

我们可以用提取操作符（`$` 和 `[[`）在环境中创建变量，其代码形式类似于修改一个列表：

```
e1$x <- 1
e1[["x"]]
## [1] 1
```

但是，环境和列表有以下三大主要区别：

- 环境没有索引；
- 环境有父环境；
- 环境具有引用语义。

接下来，我们将给出详细解释。

访问环境

环境没有索引。这说明我们既不能对环境构建子集，也不能通过索引从环境中提取元素。如果我们尝试用位置对环境构建子集，将会得到错误信息：

```
e1[1:3]
## Error in e1[1:3]: 类别为'environment'的对象不可以取子集
```

当我们尝试从环境中利用索引提取变量时，会得到另一种报错：

```
e1[[1]]
## Error in e1[[1]]: 取子集环境时的参数不对
```

正确的操作方式是直接输入对象名称和环境访问函数。例如，可以用 `exists( )` 函数查看环境中是否存在某个变量：

```
exists("x", e1)
## [1] TRUE
```

对于一个存在的变量，可以调用 `get( )` 函数获取它的值：

```
get("x", e1)
## [1] 1
```

也可以调用 `ls( )` 函数查看给定环境中的所有变量，正如在第 3 章中提到的：

```
ls(e1)
## [1] "x"
```

如果使用 `$` 或 `[[` 访问环境中不存在的变量，就像我们试图用列表中不存在的名字提取元素一样，结果返回 `NULL`：

```
e1$y
## NULL
```

```
e1[["y"]]
## NULL
```

但是，如果将 get( ) 函数作用在环境中不存在的变量上，我们就一定会得到错误信息，就像不小心引用了一个不存在的变量一样：

```
get("y", e1)
## Error in get("y", e1): 找不到对象'y'
```

为了减少错误，更好地处理这种情况，在使用 get( ) 函数之前，先用 exists( ) 函数检测变量是否存在：

```
exists("y", e1)
## [1] FALSE
```

8.4.3 链接环境

环境有父环境，如果一个符号不存在于环境中，R 就会到它的父环境中查找。假设我们对环境中的一个变量使用 get( ) 函数。如果在此环境中找到该变量，则获取其值，否则函数将会在父环境中查找该变量。

和前面创建环境 e1 一样，我们再创建一个新的环境 e2，令 e1 为 e2 的父环境：

```
e2 <- new.env(parent = e1)
```

不同的环境有不同的内存地址：

```
e2
## <environment: 0x000000001772ef70>
e1
## <environment: 0x0000000014a45748>
```

根据定义，e1 为 e2 的父环境，那么 e2 的父环境的内存地址应该和 e1 一致，我们可以通过 parent.env( ) 函数来验证：

```
parent.env(e2)
## <environment: 0x0000000014a45748>
```

现在，我们在环境 e2 中创建一个变量 y：

```
e2$y <- 2
```

使用 ls( ) 函数检查 e2 中的所有变量名：

```
ls(e2)
## [1] "y"
```

同样，也可以用 $、[[、exists( ) 或 get( ) 来访问变量的值：

```
e2$y
## [1] 2
e2[["y"]]
## [1] 2
exists("y", e2)
## [1] TRUE
get("y", e2)
## [1] 2
```

然而，提取操作符（$ 和 [[）和环境访问函数有一个明显的区别。操作符只在单个环境域内可用，而函数在一个环境链上都可用。

注意，我们没有在 e2 中定义名为 x 的变量。毫无意外，用两个操作符提取 x 都会得到 NULL：

```
e2$x
## NULL
e2[["x"]]
## NULL
```

当我们使用 exists( ) 和 get( ) 函数时，父环境就派上用场了。由于在 e2 中没能找到 x，函数就会继续在父环境 e1 中寻找：

```
exists("x", e2)
## [1] TRUE
get("x", e2)
## [1] 1
```

这就是调用这两个函数都能得到有效结果的原因。如果不想让函数搜索父环境，可以设置 inherits = FALSE。在这种情况下，就算在给定环境中没有找到变量，函数也不会继续搜索父环境，因此 exists( ) 返回值为 FALSE：

```
exists("x", e2, inherits = FALSE)
## [1] FALSE
```

而调用 get( ) 函数则会报错：

```
get("x", e2, inherits = FALSE)
## Error in get("x", e2, inherits = FALSE): 找不到对象'x'
```

环境链可以有很多层。例如创建一个环境 e3，令 e2 为其父环境。当对 e3 中的一个变量调用 get( ) 函数时，它将沿着环境链搜索。

1. 在引用语义下使用环境

环境具有引用语义。这意味着，与原子向量和列表等数据类型不同，修改环境时不会复制该环境，无论它有多个名称还是作为参数传递给函数。

例如，我们将 e1 的值赋给另一个变量 e3：

```
ls(e1)
## [1] "x"
e3 <- e1
```

如果我们有两个变量指向同一个列表，修改其中一个变量，首先会创建一个列表副本，然后再修改这个列表的副本，而不影响原始列表。引用语义则不同。当我们通过任意一个变量修改环境时，不会创建环境副本。因此，可以通过 e1 和 e3 观察变化，因为它们指向完全相同的环境。以下代码演示了引用语义是如何工作的：

```
e3$y
## NULL
e1$y <- 2
e3$y
## [1] 2
```

首先 e3 中没有定义 y。接着我们在 e1 中创建了一个新的变量 y。由于 e1 和 e3 指向完全相同的环境，便可以通过 e3 访问 y。

将一个环境作为参数传递给一个函数时也会发生同样的情况。假设我们定义了如下函数，将 e 中的 z 设为 10：

```
modify <- function(e) {
  e$z <- 10
}
```

可以将一个列表传递给这个函数，但修改不会生效。相反，函数会创建并修改一个局部副本，只是这个副本在函数调用结束后便丢失了：

```
list1 <- list(x = 1, y = 2)
list1$z
## NULL
modify(list1)
list1$z
## NULL
```

然而，如果将一个环境传递给函数，修改环境不会产生局部副本，而是在环境中直接创建一个新变量 z：

```
e1$z
## NULL
modify(e1)
e1$z
## [1] 10
```

2. 内置环境

环境是 R 中一种特殊类型的对象，但从实现函数调用到词法作用域机制，无一不是基于环境实现的。事实上，一段 R 代码的运行就是在一个环境中进行的。要想知道我们是在哪个环境中运行代码，可以调用 environment( ) 函数：

```
environment()
## <environment: R_GlobalEnv>
```

结果显示当前环境就是全局环境。事实上，每次新开启一个可供用户输入的 R 会话，其工作环境都是全局环境。在做数据分析时，我们通常都是在这个环境中创建变量和函数。

正如前面的例子所示，环境也是可以创建和使用的对象。例如，我们可以将当前环境赋值给变量，并在此环境中创建新的符号：

```
global <- environment()
global$some_obj <- 1
```

上述赋值等价于直接调用 some_obj <- 1，因为这已经在全局环境中了。只要运行上面的代码，全局环境就会被修改，且 some_obj 会获取一个值：

```
some_obj
## [1] 1
```

还有其他方法可以访问全局环境。例如，globalenv( ) 和 .GlobalEnv:

```
globalenv()
## <environment: R_GlobalEnv>
.GlobalEnv
## <environment: R_GlobalEnv>
```

全局环境（globalenv( )）是用户的工作空间，而基础环境（baseenv( )）则提供基础函数和运算符：

```
baseenv()
## <environment: base>
```

如果在 RStudio 编译器中输入 base::，会出现一长串函数。我们在前面章节中介绍的大多数函数都是在基础环境中定义的，例如用于创建基本数据结构的函数（例如 list( ) 和 data.frame( )）和运算符（例如 [、: 和 +）。

全局环境和基础环境是最重要的内置环境。你可能会问"谁是全局环境的父环境？谁又是基础环境的父环境？它们的父环境的父环境呢？"

我们可以用以下函数找出给定环境的环境链：

```
parents <- function(env) {
  while (TRUE) {
    name <- environmentName(env)
    txt <- if (nzchar(name)) name else format(env)
    cat(txt, "\n")
    env <- parent.env(env)
  }
}
```

此函数依次输出每个环境及其父环境的名称，现在可以找出全局环境所有层级的父环境：

```
parents(globalenv())
## R_GlobalEnv
## package:stats
## package:graphics
## package:grDevices
## package:utils
## package:datasets
## package:methods
```

```
## Autoloads
## base
## R_EmptyEnv
## Error in parent.env(env): the empty environment has no parent
```

我们注意到环境链终止于一个名为**空环境**（**empty environment**）的环境，它是唯一一个没有任何绑定且没有父环境的环境。我们还可以通过 emptyenv( ) 函数查看空环境，但是调用 parent.env(emptyenv( )) 则会报错。这也是 parents( ) 函数最终总会报错的原因。

环境链是内置环境和扩展包环境的组合。调用 search( ) 函数从全局环境的视角来获取查找符号的搜索路径：

```
search()
## [1] ".GlobalEnv" "package:stats"
## [3] "package:graphics" "package:grDevices"
## [5] "package:utils" "package:datasets"
## [7] "package:methods" "Autoloads"
## [9] "package:base"
```

明白了查找符号是沿着环境链的路径进行的，我们就能明白以下代码在全局环境中的具体计算过程：

```
median(c(1, 2, 1+3))
```

表达式看起来很简单，但是计算过程要复杂得多。首先，R 在环境链中寻找 median( ) 函数，此函数在 stats 包的环境中。然后在基础环境中找到 c( ) 函数。最终，可能会令你感到惊讶的是还需要找到 +（这也是一个函数!），它也在基础环境中。

事实上，每当你加载一个扩展包，这个包的环境都会插入搜索路径，并位于全局环境之前。如果需要调用两个包中的同名函数，则会优先选取后加载的包中定义的函数（后添加包的同名函数会屏蔽掉之前包中的函数），因为后加载的包更接近全局环境。

8.4.4 与函数相关的环境

不仅是全局环境，函数环境也会控制符号的查找。有 3 个与函数及其运行过程相关的重要环境：执行环境（executing environment）、封闭环境（enclosing environment）和调用环境（calling environment）。

每次调用函数时，R 都会创建一个新的环境来主管函数的执行过程，这就是函数调用的执行环境。函数的参数和在函数中创建的变量实际上是执行环境中的变量。

与其他环境一样，函数的执行环境也有父环境。该父环境也称为函数的封闭环境，即定义函数的环境。这意味着在函数执行期间，任何未在执行环境中定义的变量都会到封闭环境中查找，这正是词法作用域的机理。

有时，了解调用环境（即调用函数的环境）是很有用的，可以使用 parent.frame( ) 来获取当前执行函数的调用环境。

为了说明这些概念，我们定义如下函数：

```
simple_fun <- function() {
  cat("Executing environment: ")
  print(environment())
  cat("Enclosing environment: ")
  print(parent.env(environment()))
}
```

该函数仅用来输出当它被调用时的执行环境和封闭环境：

```
simple_fun()
## Executing environment: <environment: 0x0000000014955db0>
## Enclosing environment: <environment: R_GlobalEnv>
simple_fun()
## Executing environment: <environment: 0x000000001488f430>
## Enclosing environment: <environment: R_GlobalEnv>
simple_fun()
## Executing environment: <environment: 0x00000000146a23c8>
## Enclosing environment: <environment: R_GlobalEnv>
```

可以看到每次调用函数时，其执行环境都在变化，但封闭环境是相同的。事实上，在定义函数时，其封闭环境也同时被确定。我们可以调用 environment( ) 函数来获取一个函数的封闭环境：

```
environment(simple_fun)
## <environment: R_GlobalEnv>
```

以下示例涉及 3 个嵌套函数的 3 个环境。每个函数的执行环境，封闭环境和调用环境都会被输出。如果很扎实地理解了这些概念，可以试着猜猜看哪些是相同的，哪些是不同的：

```
f1 <- function() {
  cat("[f1] Executing in ")
  print(environment())
  cat("[f1] Enclosed by ")
```

```
  print(parent.env(environment()))
  cat("[f1] Calling from ")
  print(parent.frame())
  f2 <- function() {
    cat("[f2] Executing in ")
    print(environment())
    cat("[f2] Enclosed by ")
    print(parent.env(environment()))
    cat("[f2] Calling from ")
    print(parent.frame())
  }
  f3 <- function() {
    cat("[f3] Executing in ")
    print(environment())
    cat("[f3] Enclosed by ")
    print(parent.env(environment()))
    cat("[f3] Calling from ")
    print(parent.frame())
    f2()
  }
  f3()
}
```

我们调用 f1( )看一下输出结果，需要花点功夫从最初的输出结果中提取信息。为了方便阅读，我们将输出结果分成几块，但是不改变输出顺序。

注意，临时创建的环境只有内存地址（例如，0x0000000016a39fe8），没有像全局环境（R_GlobalEnv）这样的通用名称。为了更容易识别相同的环境，我们在环境输出文本的末尾添加标记以示区别，例如相同的内存地址添加相同的标签（例如*A）：

```
f1()
## [f1] Executing in <environment: 0x0000000016a39fe8> *A
## [f1] Enclosed by <environment: R_GlobalEnv>
## [f1] Calling from <environment: R_GlobalEnv>
```

当我们调用 f1( ) 时，函数会输出与 f1( ) 相关的环境，然后定义函数 f2( )和 f3( )，最后调用 f3( ) 时，继续输出如下结果：

```
## [f3] Executing in <environment: 0x0000000016a3def8> *B
## [f3] Enclosed by <environment: 0x0000000016a39fe8> *A
## [f3] Calling from <environment: 0x0000000016a39fe8> *A
```

函数 f2( )在 f3( )中被调用，接着输出如下结果：

```
## [f2] Executing in <environment: 0x0000000016a41f90> *C
## [f2] Enclosed by <environment: 0x0000000016a39fe8> *A
## [f2] Calling from <environment: 0x0000000016a3def8> *B
```

输出结果说明了如下事实：

- `f1( )`的封闭环境和调用环境都是全局环境；
- `f3( )`的封闭环境和调用环境与 `f2( )`的封闭环境和 `f1( )`的执行环境相同；
- `f2( )`的调用环境和 `f3( )`的执行环境相同。

这些又等同于如下事实：

- `f1( )`在全局环境被定义和调用；
- `f3( )`在 `f1( )`中被定义并调用；
- `f2( )`在 `f1( )`中被定义，但在 `f3( )`中被调用。

如果之前的猜测是正确的，说明你已经对环境和函数的基本工作方式有了很好的理解。若想进行更深入的学习，强烈推荐 Hadley Wickham 的 *Advanced R* 一书（http://amzn.com/1466586966?tag=devtoolset-20）。

8.5 小结

在本章中，我们深入 R 内部，学习 R 函数的基本工作方式。具体来说，我们学习了惰性求值、复制—修改机制、词法作用域以及这些内容的背后机理——环境的工作方式。对 R 代码如何运行有一个具体的了解，不仅有助于编写正确的代码，还能更轻松地从意外的结果中查找错误。

下一章的内容建立在本章基础之上。我们将学习具有强大的交互式分析功能的元编程的基础知识。

第 9 章
元编程

上一章，我们掌握了环境的结构和性质，以及如何创建并访问环境。环境在惰性求值、复制—修改和词法作用域中起到了非常关键的作用，在创建和调用函数时，相关的环境会自动启用这些机制。

对函数的运行方式有了扎实的理解之后，就可以学习函数更高级的用法。本章将要学习使 R 在交互式分析中更灵活的元编程（Metaprogramming）技术。具体来说，主要包括以下内容：

- 函数式编程（Functional programming）：闭包（closures）和高阶函数（higher-order functions）
- 基于语言计算以及语言对象
- 非标准计算（non-standard evaluation）

9.1 函数式编程

上一章，我们系统地学习了函数的工作方式，包括参数何时被计算（惰性求值），修改参数会发生什么（复制—修改），以及在何处查找未在函数内部定义的变量（词法作用域）。这些术语看起来好像有些难度，但其实并不难。在接下来的内容中，我们将学习两种函数：一种是在函数内部定义的函数，另一种是与其他函数组合使用的函数。

9.1.1 创建和使用闭包

函数内部定义的函数称为闭包（closure）。闭包的特点是在其函数体中，可以使用局部参数，也可以使用其父环境中的变量。

举个例子，假设我们有如下函数：

```
add <- function(x, y) {
  x + y
}
```

此函数有两个参数。每次调用 add( ) 函数时，都需要提供这两个参数。如果使用闭包，就可以生成带有事先指定参数的特殊版本。在下一节中，我们将创建一个简单的闭包。

1. 创建一个简单的闭包

现在我们创建一个名为 addn( )，包含一个参数 y 的函数。此函数不执行加法运算，而是在其内部创建一个子函数，并将 y 加到其参数 x 上：

```
addn <- function(y) {
  function(x) {
    x + y
  }
}
```

这里大家可能需要多想几遍才能理解，addn( ) 函数并不会像一般函数那样返回一个数值，而是返回一个闭包，即定义在一个函数内部的函数。此闭包计算 x+y 的值，其中 x 是局部参数，y 是其封闭环境中的参数。换句话说，addn( ) 并不是一个“计算器”，而是一个产生“计算器”的“计算器工厂”。

函数工厂使我们能够创建专用的计算函数。例如，可以创建两个函数，给一个数值向量分别加上 1 和 2：

```
add1 <- addn(1)
add2 <- addn(2)
```

这两个函数的作用就相当于 add(x, y) 的第 2 个参数 y 分别固定为 1 和 2。下面的代码证实了 addn( ) 函数生成的“计算器”的作用：

```
add1(10)
## [1] 11
add2(10)
## [1] 12
```

以 add1( ) 为例。代码 add1<-addn(1) 是指执行 addn(1)，并将生成的函数赋给 add1：

```
add1
## function(x) {
```

```
## x + y
## }
## <environment: 0x00000000139b0e58>
```

当我们输出 add1 时，与其他函数有点不同的是，输出结果中附带了 add1 的环境。如果一个函数不在当前环境（本例中为全局环境）下，那么输出该函数时就会一并显示其所属的环境。在 add1 的环境中，y 是在 addn(1) 中确定的，我们可以运行如下代码来证实：

```
environment(add1)$y
## [1] 1
```

我们可以对 add1 调用 environment( ) 函数来访问其封闭环境，并捕获到 y。这个过程就是闭包的工作方式。同样地，我们也可以对 add2 调用 environment( ) 函数，查看 addn(2) 中确定的 y 的值：

```
environment(add2)$y
## [1] 2
```

2. 创建专用函数

闭包对于创建专用函数非常有用。例如，鉴于绘图的灵活性，绘图函数通常需要提供许多参数。如果大多数情况下，只使用部分参数，就可以创建一个专用的简版函数，这样可以使代码更容易编写和阅读。

下面这个 color_line( ) 函数就是固定了图形和线条类型参数的 plot( ) 函数的简易版本，专门用来选择绘图颜色的函数。它就像一个可以造出所有颜色画笔的工厂：

```
color_line <- function(col) {
  function(...) {
    plot(..., type = "l", lty = 1, col = col)
  }
}
```

如果我们想要一支红色的画笔，就可以调用 color_line( ) 函数生成一个专门画红色线条的函数。此函数同样可以设置其他参数，诸如标题和字体等：

```
red_line <- color_line("red")
red_line(rnorm(30), main = "Red line plot")
```

该函数生成的折线图如图 9-1 所示。

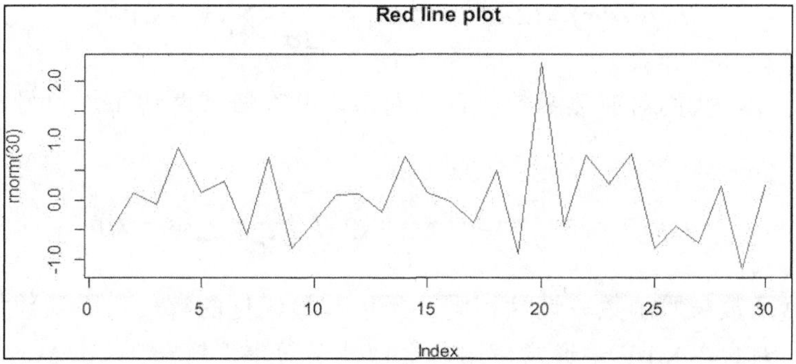

图 9-1

相比于不使用专用函数的原版函数，上述代码看起来可读性更高一些：

```
plot(rnorm(30), type = "l", lty = 1, col = "red",
  main = "Red line plot")
```

3．用极大似然估计拟合正态分布

在使用一个含有给定数据的算法时，闭包是很有用的。例如，最优化问题就是在给定约束条件和数据，找出使目标函数最大化或最小化的一组参数。在统计学中，很多参数估计问题本质上就是最优化问题。**极大似然估计**（**maximum likelihood estimation，MLE**）是演示闭包的一个很好的例子。用数据估计统计模型的参数时，我们经常使用极大似然估计（MLE，参见 https://en.wikipedia.org/wiki/Maximum_likelihood）。MLE 的想法很简单：给定一个模型，参数的估计值应使观测数据最有可能发生。

对参数进行极大似然估计时，我们需要一个函数来衡量在给定模型下观测到一组给定数据的可能性，然后运用最优化技术找出使上述概率最大化的参数值。

例如我们知道一组由正态分布产生的观测数据，但是不知道其参数：均值和标准差。这里根据给出的数据，用 MLE 估计这两个参数的值。

首先，均值为μ，标准差为σ的正态分布的密度函数为：

$$f(x)=\frac{1}{\sqrt{2\pi\sigma}}\exp\left(-\frac{1}{2}\frac{(x-\mu_0)^2}{\sigma_0^2}\right)$$

因此，给定观测数据 x，其似然函数为：

$$L(\mu,\sigma;x)=(2\pi\sigma^2)^{-n/2}\exp\left(-\frac{1}{2\sigma^2}\sum(x_i-\mu)^2\right)$$

为了简化计算，我们对似然函数取自然对数，并在等式两边添加负号，得到负对数似然函数：

$$-l(\mu,\sigma;x)=\frac{n}{2}\ln(2\pi)+\frac{n}{2}\ln(\sigma^2)+\frac{1}{2\sigma^2}\sum(x_i-\mu)^2$$

负对数似然函数与原函数单调性相同，所以其最优化的解也与原函数相同，但求解过程却简单得多。因此在 MLE 中通常使用对数似然函数来求解。

下面定义一个 `nloglik( )`函数，给定观测数据 `x`，该函数返回一个包含正态分布的两个参数的闭包：

```
nloglik <- function(x) {
  n <- length(x)
  function(mean, sd) {
    log(2 * pi) * n /2 + log(sd ^2) * n / 2 +sum((x - mean) ^2) /(2 * sd ^2)
  }
}
```

这样对于任何给定的观测数据集，我们都可以调用 `nloglik( )` 函数，得到参数为均值和标准差的负对数似然函数。它说明了在假定真实模型的两个参数分别为 `mean` 和 `sd` 时，不能观测到给定数据的可能性有多大。

例如，我们用 `rnorm( )`生成 10000 个均值为 1，标准差为 2 的正态分布随机数。`mean = 1` 和 `sd = 2` 就是该分布参数的真实值：

```
data <- rnorm(10000, 1, 2)
```

然后，调用 `stats4` 包中的 `mle( )`函数。此函数可使用多种数值方法求解给定参数的负对数似然函数的最小值。需要为它设定一个数值搜索的起点和解的上下界：

```
fit <- stats4::mle(nloglik(data),
  start = list(mean = 0, sd = 1), method = "L-BFGS-B",
  lower = c(-5, 0.01), upper = c(5, 10))
```

经过多次迭代后，函数找到一个 MLE 解，并返回一个 S4 对象，其中包括解的相关数据。要查看估计值与真实值的差距，可以从对象中提取参数 `coef`：

```
fit@coef
## mean sd
## 1.007548 1.990121
```

显然，估计值非常接近真实值。相对而言，我们可以证实两个估计值都有不到 1%的误差：

```
(fit@coef -c(1, 2)) /c(1, 2)
## mean sd
##  0.007547752 -0.004939595
```

以下代码的结果给出了数据直方图、使用真实参数的正态密度曲线（红线）和使用估计参数的正态密度曲线（蓝线）的组合图：

```
hist(data, freq = FALSE, ylim = c(0, 0.25))
curve(dnorm(x, 1, 2), add = TRUE, col = rgb(1, 0, 0, 0.5), lwd = 6)
curve(dnorm(x, fit@coef[["mean"]], fit@coef[["sd"]]),
    add = TRUE, col = "blue", lwd = 2)
```

结果生成了一个直方图，并且添加了拟合正态密度曲线，如图 9-2 所示。

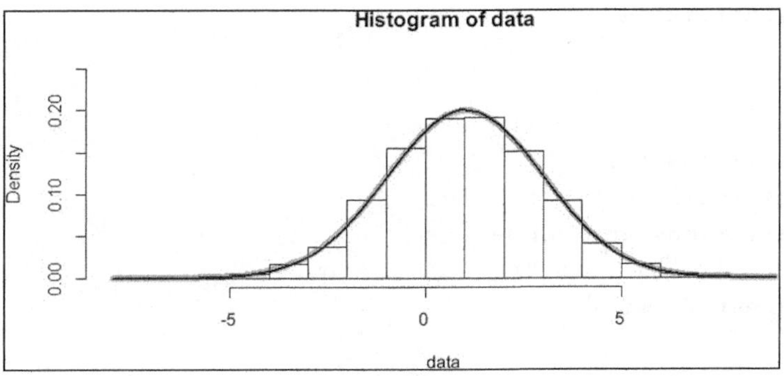

图 9-2

可以看到用估计参数画出的密度曲线和真实模型非常接近。

9.1.2 使用高阶函数

上一节讨论了闭包，即定义在父函数中的函数。接下来要讨论的是高阶函数，也就是将另一个函数作为参数的函数。

在进入这个专题之前，我们需要先了解一下，当一个函数作为变量或参数传递给另一个函数时的具体运行方式。

1．为函数创建别名

首先要考虑的问题是：如果将一个现有的函数赋给一个变量，会影响函数的封闭环境吗？如果会影响的话，那么非局部定义的符号的搜索路径就会不同的。

以下代码演示了为什么一个函数被赋给另一个符号时，其封闭环境不会改变。我们定义一个简单函数 f1( )，调用该函数会输出其执行环境、封闭环境和调用环境。然后定义另一个输出3个环境的函数 f2( )，不同的是，f2( ) 先将 f1( ) 赋值给一个局部变量 p，然后在 f2( ) 的内部调用它。

如果 p<- f1 局部定义了一个函数，那么 p 的封闭环境就是 f2( ) 的执行环境。否则，其封闭环境仍是定义 f1( ) 的环境——全局环境：

```
f1 <- function() {
  cat("[f1] executing in ")
  print(environment())
  cat("[f1] enclosed by ")
  print(parent.env(environment()))
  cat("[f1] calling from ")
  print(parent.frame())
}
f2 <- function() {
  cat("[f2] executing in ")
  print(environment())
  cat("[f2] enclosed by ")
  print(parent.env(environment()))
  cat("[f2] calling from ")
  print(parent.frame())
  p <- f1
  p()
}
f1()
## [f1] executing in <environment: 0x000000001435d700>
## [f1] enclosed by <environment: R_GlobalEnv>
## [f1] calling from <environment: R_GlobalEnv>
f2()
## [f2] executing in <environment: 0x0000000014eb2200>
## [f2] enclosed by <environment: R_GlobalEnv>
## [f2] calling from <environment: R_GlobalEnv>
## [f1] executing in <environment: 0x0000000014eaedf0>
## [f1] enclosed by <environment: R_GlobalEnv>
## [f1] calling from <environment: 0x0000000014eb2200>
```

我们依次调用这两个函数，发现 p 是从 f2( ) 的执行环境中调用，但它的封闭环境没有变。换句话说，p 和 f1( ) 的搜索路径完全相同。事实上，p<-f1 这个语句就是用 p 表

示函数 f1( )，它们指向完全相同的函数。

2．将函数当作变量使用

R 中的函数不像其他编程语言的函数那样特殊，一切事物都是对象。函数也不例外，并且可以通过变量来引用。

假设我们有这样一个函数：

```
f1 <- function(x, y) {
  if (x > y) {
    x + y
  } else {
    x - y
  }
}
```

在上面这个函数中，两个条件分支分别转向不同的表达式，因此结果也可能不同。为了达成相同的目标，我们也可以将条件分支转向不同的函数，将结果存储在一个变量中，最后调用该变量所代表的函数获得最终结果：

```
f2 <- function(x, y) {
  op <- if (x > y) `+` else `-`
  op(x, y)
}
```

需要注意到的是，在 R 中，我们所做的一切都是由函数完成的。最基本的运算符+ 和–也是函数。它们也可以赋给变量 op，如果 op 确实是一个函数的话，便可以调用它。

3．将函数当作参数传递

前面的例子表明，我们可以像传递其他对象一样轻松地传递函数，包括在参数中传递函数。

在下面的例子中，我们定义两个函数 add( )和 product( )：

```
add <- function(x, y, z) {
  x + y + z
}
product <- function(x, y, z) {
  x * y * z
}
```

然后再定义一个函数 combine( )，以参数 f 指定的某种方式将 x、y 和 z 组合起来。这里，我们假设 f 是一个函数，并且在调用时需要 3 个参数。这样 combine( ) 函数就会更灵活。它没有限定必须以某种特定的方式来组合输入，而是允许用户指定组合方式：

```
combine <- function(f, x, y, z) {
  f(x, y, z)
}
```

我们可以将刚才定义的函数 add( ) 和 product( ) 传递给 combine( )，看看是否可以运行：

```
combine(add, 3, 4, 5)
## [1] 12
combine(product, 3, 4, 5)
## [1] 60
```

当我们调用 combine(add, 3, 4, 5) 时，函数体包含 f = add 和 f(x, y, z)，即 add(x, y, z)。同样的逻辑也适用于将 product 传递给 combine( ) 函数。由于第 1 个参数接收了一个函数，因此 combine( ) 是一个高阶函数。

我们需要高阶函数的另一个原因是，它使代码在更高的抽象化层次下读写起来更容易。在许多情况下，使用高阶函数会使代码更短，表达力更强。例如，for 循环就是一个沿着向量或列表迭代的普通的控制流工具。

假设我们需要将一个名为 f 的函数应用在向量 x 的每个元素上。如果函数本身是向量化的，就可以直接调用 f(x)。然而并不是每个函数都支持向量化操作，也不是所有函数都需要向量化。如果想完成上述操作，运用下面的 for 循环就可以了：

```
result <- list()
for (i in seq_along(x)) {
    result[[i]] <- f(x[[i]])
}
result
```

在上面这个循环中，seq_along(x) 生成从 1 开始，与 x 等长的整数序列，效果等价于 1:length(x)。代码看起来很简单且容易实现，但如果一直使用它，缺点就很明显了。

假设每次迭代中的运算都很复杂，那么 for 循环就会变得难以理解。仔细想想，我们就会发现这段代码只是告诉 R 怎样完成任务，而不是这个任务是什么。当看到一段很长，有时还包含嵌套的循环时，就很难搞明白它到底在干什么。

相反，我们可以通过调用 lapply( ) 将一个函数（f）作用于向量或列表（x）的每个元素上，前面的章节也介绍过 lapply( ) 函数：

```
lapply(x, f)
```

实际上，lapply( ) 函数和下列代码是等价的，尽管下列代码是在 C 语言中实现的：

```
lapply <- function(x, f, ...) {
  result <- list()
  for (i in seq_along(x)) {
      result[[i]] <- f(x[i], ...)
  }
}
```

这个函数就是一个高阶函数，因为它在更高的抽象层级上工作。尽管在函数内部仍然使用了一个 for 循环，它却将工作分成了两个抽象层级，这样每个层级看起来都很简单。

事实上，lapply( ) 同样支持含有额外参数的 f。例如，+ 有两个参数，如以下代码所示：

```
lapply(1:3, `+`, 3)
## [[1]]
## [1] 4
##
## [[2]]
## [1] 5
##
## [[3]]
## [1] 6
```

上面的代码等价于：

```
list(1 +3, 2 +3, 3 +3)
```

也等价于使用闭包生成 x+3 函数的情况：

```
lapply(1:3, addn(3))
## [[1]]
## [1] 4
##
## [[2]]
## [1] 5
##
## [[3]]
## [1] 6
```

正如我们在前面章节中提到的，lapply( ) 函数返回一个列表。如果想要以向量形式返回，可以使用 sapply( ) 函数：

```
sapply(1:3, addn(3))
## [1] 4 5 6
```

或者，使用 vapply( ) 函数并加上类型检验：

```
vapply(1:3, addn(3), numeric(1))
## [1] 4 5 6
```

除了这些函数，R 还提供了一些其他 apply 函数族，以及 Filter( )、Map( )、Reduce( )、Find( )、Position( ) 和 Negate( ) 函数。详情请参阅帮助文档：?Filter。

此外，使用高阶函数不仅使代码可读性更高、表达力更强，还将每个抽象层级的实现分离，使它们彼此独立。相比于改进整合在一起的逻辑束，改进其简单的部分要容易得多。

例如，给定一个函数，我们可以用 apply 函数族来执行向量映射。如果每次迭代都相互独立，就可以用多核 CPU 进行并行计算，同时执行更多任务。但是，如果一开始没有使用高阶函数，而是用 for 循环，则需要花费一段时间才能将其转换为并行代码。

例如，假设我们使用 for 循环获取结果，每次迭代都执行计算繁重的任务。即使发现每次迭代都相互独立，也不是总能直接将其转换为并行代码：

```
result <- list()
for (i in seq_along(x)) {
  # heavy computing task
  result[[i]] <- f(x[[i]])
}
result
```

但是，如果我们使用高阶函数 lapply( )，事情就简单多了：

```
result <- lapply(x, f)
```

只需要一个很小的改动，就能将原代码转换为并行代码。使用 parallel::mclapply( )，就可以利用多核计算将 f 作用到 x 的每个元素上：

```
result <- parallel::mclapply(x, f)
```

不幸的是，mclapply( ) 不支持 Windows 操作系统。在 Windows 操作系统下需要更多代码来执行并行应用函数。我们将在第 13 章中讨论这个主题。

9.2 基于语言的计算

上一节介绍了 R 中的函数式编程工具，理解了函数只是另一种可以被传递的对象。当创建一个新函数 fun( ) 时，也同时创建了一个与函数相关联的环境。这个环境被称作函数的封闭环境，可以通过 environment(fun) 访问。每次调用该函数时，一个新的包含尚未求值的实参（也称为 promise）的执行环境就会被创建，以支持函数的执行，这也是惰性求值的基础。执行环境的父环境是函数的封闭环境，也是词法作用域的基础。

函数式编程允许我们在高阶抽象层级上编写代码，元编程则更进一步。它允许我们调整语言本身，使特定的语言结构在特定情况下更方便使用。一些流行的 R 扩展包在其函数中使用元编程以简化问题。本节将展示元编程的能力和它的优缺点，以便了解相关扩展包和函数的工作方式。

在深入了解其工作原理之前，我们先看一些使用元编程的内置函数是如何使事情变得简单的。

假设我们想把内置数据集 iris 的每个数值列中超过 80% 的项筛选出来。

标准方法是通过编写逻辑向量按行选取数据框子集：

```
iris[iris$Sepal.Length > quantile(iris$Sepal.Length, 0.8) &
    iris$Sepal.Width > quantile(iris$Sepal.Width, 0.8) &
    iris$Petal.Length > quantile(iris$Petal.Length, 0.8) &
    iris$Petal.Width > quantile(iris$Petal.Width, 0.8), ]
##      Sepal.Length  Sepal.Width  Petal.Length  Petal.Width   Species
## 110      7.2          3.6          6.1           2.5       virginica
## 118      7.7          3.8          6.7           2.2       virginica
## 132      7.9          3.8          6.4           2.0       virginica
```

上述代码中，每次调用 quantile( ) 函数，就给某列设置一个 80% 的阈值。代码可以运行，但非常繁琐，因为每次使用一列数据，都要从 iris$开始，以上代码总共出现了 8 次 iris$。

内置函数 subset( ) 可以有效简化上述问题：

```
subset(iris,
    Sepal.Length > quantile(Sepal.Length, 0.8) &
    Sepal.Width > quantile(Sepal.Width, 0.8) &
    Petal.Length > quantile(Petal.Length, 0.8) &
    Petal.Width > quantile(Petal.Width, 0.8))
##       Sepal.Length Sepal.Width Petal.Length Petal.Width   Species
```

```
## 110      7.2          3.6          6.1          2.5        virginica
## 118      7.7          3.8          6.7          2.2        virginica
## 132      7.9          3.8          6.4          2.0        virginica
```

返回结果完全相同，但是看起来更整洁。为什么上述代码省略了 iris$依旧可以运行，而前面代码省略了就不能运行呢？

```
iris[Sepal.Length > quantile(Sepal.Length, 0.8) &
    Sepal.Width > quantile(Sepal.Width, 0.8) &
    Petal.Length > quantile(Petal.Length, 0.8) &
    Petal.Width > quantile(Petal.Width, 0.8), ]
## Error in `[.data.frame`(iris, Sepal.Length > quantile(Sepal.Length, 0.8)
& : 找不到对象'Sepal.Length'
```

这段代码不能正常运行，是因为 Sepal.Length 和其他列在计算子集表达式的域（或环境）中没有定义。然而，subset( ) 函数使用元编程技术调整了其参数的计算环境，使表达式 Sepal.Length > quantile(Sepal.Length, 0.8) 在包含 iris 所有列的环境中被计算。

此外，subset( ) 不仅适用于行的选取，也同样适用于列的选取。例如，我们可以直接将列名作为变量来指定 select 参数，而不必使用字符向量：

```
subset(iris,
    Sepal.Length > quantile(Sepal.Length, 0.8) &
    Sepal.Width > quantile(Sepal.Width, 0.8) &
    Petal.Length > quantile(Petal.Length, 0.8) &
    Petal.Width > quantile(Petal.Width, 0.8),
select = c(Sepal.Length, Petal.Length, Species))
##     Sepal.Length Petal.Length  Species
## 110     7.2          6.1      virginica
## 118     7.7          6.7      virginica
## 132     7.9          6.4      virginica
```

如你所见，subset( ) 调整了它的第 2 个参数（subset）和第 3 个参数（select）的计算方式。因此，我们可以编写更精简的代码。

接下来的几个小节里，我们将会学习代码背后的机制及其工作原理。

9.2.1 捕获和修改表达式

当我们在控制台输入一个表达式并按下回车键时，R 会执行表达式并显示输出结果。如下例所示：

```
rnorm(5)
## [1] 0.54744813 1.15202065 0.74930997 -0.02514251
## [5]  0.99714852
```

这里生成了 5 个随机数。subset( ) 神奇的地方就在于它调整了参数被计算的环境，分两步完成，首先捕获表达式，然后调整表达式的计算。

1. 将表达式捕获为语言对象

捕获表达式意味着防止表达式被执行，而将其本身存储为变量的形式。具有这个功能的是函数 quote( )，我们可以调用 quote( )来捕获表达式：

```
call1 <- quote(rnorm(5))
call1
## rnorm(5)
```

上述代码返回代码本身，而不是输出 5 个随机数。我们可以用 typeof( ) 和 class( ) 查看结果对象 call1 的类型和类：

```
typeof(call1)
## [1] "language"
class(call1)
## [1] "call"
```

可以看到 call1 本质上是一个语言对象，并且是一个函数调用。我们还可以在 quote( ) 中写一个函数名：

```
name1 <- quote(rnorm)
name1
## rnorm
typeof(name1)
## [1] "symbol"
class(name1)
## [1] "name"
```

结果却是一个符号（或名称）而不是函数调用。

实际上，quote( ) 捕获到函数调用时会返回调用，而捕获到变量名时则会返回一个符号。唯一的要求是代码的有效性：即只要代码语法正确，quote( ) 就会返回表示被捕获表达式本身的语言对象。

即便函数不存在或变量未定义，也可以捕获表达式本身：

```
quote(pvar)
## pvar
quote(xfun(a =1:n))
## xfun(a = 1:n)
```

在上述语言对象中，pvar、xfun 和 n 可能都是未定义的，但是依然可以对其调用 quote( )函数。

理解变量和符号对象的区别，以及函数和调用对象的区别非常重要。变量是对象的名称，而符号对象就是名称本身。函数是可以被调用的对象，而调用对象是不会被计算的，它表示这个函数调用的语言对象。这个例子中，rnorm( ) 就是一个可以被调用的函数（例如，rnorm(5) 返回 5 个随机数），但是 quote(rnorm) 返回一个符号对象，quote(rnorm(5)) 返回一个调用对象，这两者都表示语言本身。

将调用对象转换成列表，以便查看它的内部结构：

```
as.list(call1)
## [[1]]
## rnorm
##
## [[2]]
## [1] 5
```

结果表明本次调用由两部分组成：函数符号和一个参数。我们可以从调用对象中提取这两个对象：

```
call1[[1]]
## rnorm
typeof(call1[[1]])
## [1] "symbol"
class(call1[[1]])
## [1] "name"
```

call1 的第 1 个元素是一个符号。

```
call1[[2]]
## [1] 5
typeof(call1[[2]])
## [1] "double"
class(call1[[2]])
## [1] "numeric"
```

call1 的第 2 个元素是一个数值。从前面的例子中，我们知道 quote( ) 将一个变量名捕获为符号对象，将一个函数调用捕获为调用对象，这两者都是语言对象。和典型的数据结构一样，我们可以用 is.symbol( )/is.name( )和 is.call( )分别检查对象是否为符号对象或调用对象。更一般地，可以用 is.language( )同时检查符号和调用。

还有一个问题，"如果我们对一个字面值使用 quote( )会发生什么呢？例如数字或字符串？"下面的代码创建了一个数值 num1，使用了 quote( )的数值 num2：

```
num1 <- 100
num2 <- quote(100)
```

两者的输出完全相同：

```
num1
## [1] 100
num2
## [1] 100
```

事实上，它们拥有完全相同的值：

```
identical(num1, num2)
## [1] TRUE
```

因此，quote( )没有把字面值（例如数字、逻辑值、字符串等）转换为语言对象，而是使其保持原样。然而，把几个字面值组合成一个向量的表达式仍会被转换为语言对象。示例如下：

```
call2 <- quote(c("a", "b"))
call2
## c("a", "b")
```

这是因为 c( ) 也是一个函数，它可以将值和向量组合在一起。此外，如果用 as.list( )查看表示调用的列表，可以看到调用的结构：

```
as.list(call2)
## [[1]]
## c
##
## [[2]]
## [1] "a"
##
```

```
## [[3]]
## [1] "b"
```

调用内部的元素类型可通过 str( ) 查看：

```
str(as.list(call2))
## List of 3
##  $ : symbol c
##  $ : chr "a"
##  $ : chr "b"
```

另一个值得注意的事实就是简单的算式会被捕获为调用，因为它们都是对算术运算符（例如 + 和*等）的调用，而算术运算符本质就是内置函数。例如，我们可以对一个最简单的算式 1 + 1 调用 quote( ) 函数：

```
call3 <- quote(1 + 1)
call3
## 1 + 1
```

算式本身被保留，但它是一个调用，并且具有与调用完全相同的结构：

```
is.call(call3)
## [1] TRUE
str(as.list(call3))
## List of 3
##  $ : symbol +
##  $ : num 1
##  $ : num 1
```

掌握了前面所有关于捕获表达式的用法后，我们现在来捕获一个嵌套调用，即包含更多调用的调用：

```
call4 <- quote(sqrt(1 + x ^2))
call4
## sqrt(1 + x^2)
```

我们可以使用 pryr 扩展包中的一个函数查看调用的递归结构。先运行 install.packages("pryr") 安装扩展包。之后，再调用 pryr::call_tree( )：

```
pryr::call_tree(call4)
## \- ()
## \- `sqrt
```

```
## \- ()
## \- `+
## \-  1
## \- ()
## \- `^
## \- `x
## \-  2
```

对于 call4，其递归结构以树形结构输出。\-( ) 运算符是指调用，`var 代表一个符号对象 var，其他部分是字面值。在前面的输出结果中，我们可以看到符号和调用都被捕获，并且保留了字面值。

如果你对表达式调用的树形结构感到好奇，可以使用函数 pryr::call_tree( ) 进行查看，它精确地反映了 R 处理表达式的方式。

2. 修改表达式

当表达式被捕获为一个调用对象时，可以把它当作列表进行修改。例如，我们可以用另一个符号替换调用中的第 1 个元素来更改要调用的函数：

```
call1
## rnorm(5)
call1[[1]] <- quote(runif)
call1
## runif(5)
```

就这样，rnorm(5) 被修改为 runif(5)。

也可以在调用中添加新的参数：

```
call1[[3]] <- -1
names(call1)[[3]] <- "min"
call1
## runif(5, min = -1)
```

这个调用便有了另一个参数：min = -1。

3. 捕获函数参数表达式

通过前面几个示例，我们学习了如何使用 quote( ) 函数捕获一个已知的表达式，而 substitute( ) 可以作用于任意的用户输入表达式。假设我们想捕获参数 x 的表达式。

首先想到的一种实现方法是用 quote( )：

```
fun1 <- function(x) {
  quote(x)
}
```

在以 rnorm(5) 为参数调用函数时，fun1( ) 能不能捕获输入表达式呢？我们试验一下：

```
fun1(rnorm(5))
## x
```

很显然，quote(x) 只能捕获 x，而不是输入表达式 rnorm(5)。为了正确地捕获它，我们需要使用 substitute( )。这个函数用于捕获表达式，并且用捕获到的表达式替换现有符号。该函数最简单的用法是捕获函数参数的表达式：

```
fun2 <- function(x) {
  substitute(x)
}
fun2(rnorm(5))
## rnorm(5)
```

通过这个实现，fun2( ) 返回输入表达式而不是 x，因为 x 被输入表达式（本例中的 rnorm(5)）替换了。

以下两个示例演示了用一个语言对象或字面值的列表作为参数时，substitute( ) 的运行方式。第 1 个示例中，我们用 1 替换给定表达式中的符号 x：

```
substitute(x + y + x ^2, list(x = 1))
## 1 + y + 1^2
```

第 2 个示例中，我们将作为函数名的符号 f 替换为另一个被引用的函数名 sin：

```
substitute(f(x + f(y)), list(f = quote(sin)))
## sin(x + sin(y))
```

现在，我们可以用 quote( ) 捕获某个表达式，用 substitute( ) 捕获用户输入的表达式。

4. 创建函数调用

除了捕获表达式，我们还可以直接用内置函数创建语言对象。例如，call1 就是用 quote( ) 捕获的：

```
call1 <- quote(rnorm(5, mean =3))
call1
```

```
## rnorm(5, mean = 3)
```

使用 call( ) 创建一个带有相同参数的相同函数的调用：

```
call2 <- call("rnorm", 5, mean = 3)
call2
## rnorm(5, mean = 3)
```

或者，也可以用 as.call( ) 函数将一个调用成分的列表转换为调用：

```
call3 <- as.call(list(quote(rnorm), 5, mean = 3))
call3
## rnorm(5, mean = 3)
```

以上 3 种方法创建的调用完全相同，即它们调用的函数名称和参数都一样，我们可以调用 identical( ) 来证实：

```
identical(call1, call2)
## [1] TRUE
identical(call2, call3)
## [1] TRUE
```

9.2.2　执行表达式

捕获表达式之后，下一步就是对其进行求值，可以用 eval( ) 函数完成这个工作。

例如，如果在控制台键入 sin(1) 并且按下回车键，会立即显示出结果：

```
sin(1)
## [1] 0.841471
```

为了控制 sin(1) 的计算过程，我们可以使用 quote( ) 捕获此表达式，然后调用 eval( ) 对它进行计算：

```
call1 <- quote(sin(1))
call1
## sin(1)
eval(call1)
## [1] 0.841471
```

我们可以捕获任何一个语法正确的表达式，这使得我们能够用 quote( ) 捕获一个使用了未定义变量的表达式：

```
call2 <- quote(sin(x))
call2
## sin(x)
```

在 call2 里，sin(x) 使用了一个未定义变量 x。如果直接对其进行求值，R 便会报错：

```
eval(call2)
## Error in eval(expr, envir, enclos): 找不到对象'x'
```

这个错误结果与在 x 未定义的情况下直接运行 sin(x) 类似：

```
sin(x)
## Error in eval(expr, envir, enclos): 找不到对象'x'
```

直接在控制台运行与使用 eval( ) 的区别在于，eval( ) 允许我们提供一个列表来计算给定表达式。在这个例子中，我们不需要创建一个变量 x，只要提供一个包含 x 的临时列表，表达式便会在列表中搜索相应符号：

```
eval(call2, list(x = 1))
## [1] 0.841471
```

或者，也可以在 eval( ) 中添加一个用于搜索符号的环境。下面我们创建一个新环境 e1，并且在 e1 中创建一个取值为 1 的变量 x，然后在 e1 中将 eval( ) 作用在调用 call2 上：

```
e1 <- new.env()
e1$x <- 1
eval(call2, e1)
## [1] 0.841471
```

相同的逻辑也可以应用于被捕获的表达式含有多个未定义变量的情况：

```
call3 <- quote(x ^2 + y ^2)
call3
## x^2 + y^2
```

在完全没有指定未定义符号时，对表达式进行求值会产生错误：

```
eval(call3)
## Error in eval(expr, envir, enclos): 找不到对象'x'
```

只指定了部分符号时，同样会报错：

```
eval(call3, list(x = 2))
## Error in eval(expr, envir, enclos): 找不到对象'y'
```

只有指定了表达式中的所有变量的值，eval( ) 才会正确运行并返回一个值：

```
eval(call3, list(x = 2, y = 3))
## [1] 13
```

eval(expr, envir, enclos) 的计算模式与调用函数相同。函数体为 expr，执行环境为 envir。如果 envir 以列表形式给出，封闭环境便是 enclos，否则，封闭环境就是 envir 的父环境。

这个模式隐含了符号查找的确切方式。假设我们在一个环境中执行 call3。由于 e1 只包含变量 x，计算并不能完成：

```
e1 <- new.env()
e1$x <- 2
eval(call3, e1)
## Error in eval(expr, envir, enclos): 找不到对象'y'
```

接下来，创建一个新环境，其父环境为 e1，并且包含变量 y。现在，如果在 e2 里执行 call3，x 和 y 都能被找到，也可以完成计算：

```
e2 <- new.env(parent = e1)
e2$y <- 3
eval(call3, e2)
## [1] 13
```

在前面的代码中，eval(call3, e2) 试图计算 call3，其中 e2 为执行环境。现在，我们来理一遍计算过程，从而对其工作方式有一个更好的理解。计算过程表现为沿着由 pryr::call_tree( ) 产生的调用树进行递归的过程：

```
pryr::call_tree(call3)
## \- ()
## \- `+
## \- ()
## \- `^
## \- `x
## \-  2
## \- ()
## \- `^
## \- `y
## \-  2
```

具体计算过程为：首先，寻找一个名为 + 的函数。在 e2 和 e1 中没能找到 +，然后在基础环境（baseenv( )）中找到了，所有的基础运算符都定义在基础环境中。接下来，+ 需要对其参数进行计算，于是寻找另一个名为 ^ 的函数，其路径与 + 相同。之后，^ 同样需要计算其参数，所以又在 e2 中寻找符号 x。环境 e2 中没有变量 x，于是又在其父环境 e1 中搜索，并且找到了 x。最后，在 e2 中找到了符号 y。当调用所需的参数都准备齐全了，便可以计算出结果。

另一种方法是给 envir 参数提供一个列表和一个封闭环境：

```
e3 <- new.env()
e3$y <- 3
eval(call3, list(x = 2), e3)
## [1] 13
```

计算过程由列表生成的执行环境开始，其父环境就是我们指定的 e3。之后的过程与前面的例子相同。

我们所做的本质上都是函数调用，quote( ) 和 substitute( ) 可以捕获一切表达式，包括赋值和其他不像函数调用的操作。事实上，例如 x <- 1 本质上就是调用<-，其参数为（x, 1），length(x) <- 10 本质上就是调用 length <-，参数为（x, 10）。

为了说明这一点，我们再举一个例子，并且创建一个新的变量。

在下面的例子中，我们利用一个列表生成执行环境，并以 e3 作为封闭环境：

```
eval(quote(z <- x + y + 1), list(x = 1), e3)
e3$z
## NULL
```

结果显示，z 不是在 e3 中创建的，而是在由列表创建的一个临时执行环境中创建的。如果我们指定 e3 为执行环境，那么变量将会在 e3 中创建：

```
eval(quote(z <- y + 1), e3)
e3$z
## [1] 4
```

综上所述，eval( ) 的工作方式与函数调用行为极其相似，但是 eval( ) 允许我们通过调整表达式的执行环境和封闭环境来定制计算过程，然而，这是一把双刃剑，可以帮助我们做一些事情，例如 substitute( )，也会出现一些麻烦事：

```
eval(quote(1 + 1), list(`+` = `-`))
## [1] 0
```

9.2.3 非标准计算

在前面几节中，我们学习了如何使用 quote( ) 和 substitute( ) 将表达式捕获为语言对象，以及如何使用 eval( ) 在给定列表或环境中计算表达式。这些函数组成了 R 中元编程的基本功能，这使我们能够调整标准计算。元编程的主要应用是执行非标准计算以使某些特定用法更容易。接下来的内容中，我们将讨论几个例子，以便对它的工作方式有一个更好的理解。

1. 使用非标准计算快速构建子集

我们经常需要从向量中取出某个子集。子集的范围可能是前几个元素、后几个元素，或是中间的元素。

前两种情况用 head(x, n) 和 tail(x, n) 很容易解决。第 3 种情况需要输入向量的长度。

例如，假设有一个整数向量，我们想从中提取第 3 个到倒数第 5 个，这 3 个元素：

```
x <- 1:10
x[3:(length(x) -5)]
## [1] 3 4 5
```

上面提取子集的表达式用了两次 x，看起来有些繁琐。我们可以定义一个快速取子集的函数，使用元编程工具提供一个特殊符号来引用输入向量的长度。下面这个函数 qs( ) 是这个想法的简单实现，它允许我们使用点（.）来表示输入向量的长度：

```
qs <- function(x, range) {
  range <- substitute(range)
   selector <- eval(range, list(. =length(x)))
   x[selector]
}
```

使用这个函数，我们可以用 3:(.-5) 来表示相同的范围：

```
qs(x, 3:(. -5))
## [1] 3 4 5
```

也可以通过倒数（逆序）的方式来选取元素：

```
qs(x, . -1)
## [1] 9
```

基于 qs( )，下面这个函数用于修剪向量 x 两端的 n 个元素。也就是说，返回剔除前 n 个和后 n 个元素后的向量 x 的中间部分：

```
trim_margin <- function(x, n) {
  qs(x, (n +1):(. -n -1))
}
```

这个函数看起来似乎还不错，但是当我们输入一个值调用它时，却发生了错误：

```
trim_margin(x, 3)
## Error in eval(expr, envir, enclos): 找不到对象'n'
```

为什么会找不到 n 呢？要理解为什么发生这种情况，我们需要分析在调用 trim_margin( ) 时符号的查找路径。下一节将详细说明这一点，并且介绍动态作用域（dynamic scoping）的概念来解决这个问题。

2. 动态作用域

在尝试解决这个问题之前，我们先用之前学到的知识来分析哪里出错了。当调用 trim_margin(x, 3) 时，就是在一个新的执行环境里调用 qs(x,(n+1):(.-n-1))，参数为 x 和 n。qs( ) 在这里比较特殊，因为它使用了非标准计算。更具体地说，它首先捕获 range 作为语言对象，然后基于提供的额外符号的列表来对其求值，本例中列表仅包含 .=length(x)。

错误就发生在 eval(range,list(.=length(x))) 上。此处找不到需要修剪的边缘元素的数目 n，那一定是封闭环境哪里有问题。现在，我们仔细观察 eval( ) 函数的 enclos 参数的默认值：

```
eval
## function (expr, envir = parent.frame(), enclos = if (is.list(envir) ||
## is.pairlist(envir)) parent.frame() else baseenv())
## .Internal(eval(expr, envir, enclos))
## <bytecode: 0x00000000106722c0>
## <environment: namespace:base>
```

eval( ) 的定义说明，如果我们给 envir 提供一个列表——正如前面所做的，enclos 会默认取 parent.frame( )，而这是 eval( ) 的调用环境，也就是调用 qs( ) 时的执行环境。而 qs( ) 的执行环境中当然没有 n。

这里，我们发现了在 trim_margin( ) 中使用 substitute( ) 的一个缺点，因为表达式只有在正确的语境下才是完全有意义的，即 trim_margin( ) 的执行环境，同时也是 qs( )的调用环境。不幸的是，substitute( )只捕获表达式，而不捕获使表达式有意义的环境。因此，我们必须自己完成这一步。

现在，知道了问题所在。解决办法很简单，就是始终使用正确的封闭环境，即定义被捕获的表达式的环境。在本例中，我们指定 enclos = parent.frame( )，以便 eval( )在提供了 n 的 qs( )的调用环境（即 trim_margin( )的执行环境）查找除了. 以外的所有符号。

下面这行代码是 qs( )的修改版本：

```
qs <- function(x, range) {
 range <- substitute(range)
  selector <- eval(range, list(. =length(x)), parent.frame())
  x[selector]
}
```

使用之前报错的代码重新测试该函数：

```
trim_margin(x, 3)
## [1] 4 5 6
```

现在，该函数能够用正确的方式运行了。事实上，这个机制就是**动态作用域**。回想一下上一章学到的知识：每次调用函数时都会创建一个执行环境。如果一个符号在执行环境中找不到，就会去封闭环境中搜索。

根据在标准计算中用到的词法作用域机制，函数的封闭环境在函数被定义时就已确定，并且定义函数的环境也被确定。

然而，与之相反的是，根据非标准计算用到的动态作用域机制，封闭环境应是调用环境，在这个调用环境中定义了被捕获的表达式，这样就可以在自定义的执行环境或封闭环境及其父环境中找到相关符号。

总之，当一个函数使用非标准计算时，正确实现动态作用域机制是很重要的。

3. 使用公式来捕获表达式和环境

为了正确实现动态作用域机制，我们使用 parent.frame( )来追踪 substitute( )捕获的表达式。一个更简单的办法是用公式同时捕获表达式和环境。

在第 7 章中，我们看到公式经常被用来表示变量之间的关系。大多数模型函数（如 lm( )）接收一个公式来指定响应变量和解释变量之间的关系。

实际上，公式对象比这简单得多。它会自动捕获 ~ 符号两边的表达式以及创建它的环境。例如，我们可以直接创建一个公式并存储在一个变量中：

```
formula1 <- z ~ x ^2 + y ^2
```

可以看到公式本质上是属于 formula 类的语言对象：

```
typeof(formula1)
## [1] "language"
class(formula1)
## [1] "formula"
```

如果我们将公式转换为列表，就可以仔细查看它的结构：

```
str(as.list(formula1))
## List of 3
##  $ : symbol ~
##  $ : symbol z
##  $ : language x^2 + y^2
##  - attr(*, "class")= chr "formula"
##  - attr(*, ".Environment")=< environment: R_GlobalEnv>
```

可以看到 formula1 不仅将 ~ 两侧的表达式捕获为语言对象，还捕获了创建它的环境。实际上，公式就只是一个基于被捕获的参数和调用环境的函数（~）调用。如果指定了 ~ 的两侧，调用的长度便为 3：

```
is.call(formula1)
## [1] TRUE
length(formula1)
## [1] 3
```

要访问被捕获的语言对象，我们可以提取第 2 个和第 3 个元素：

```
formula1[[2]]
## z
formula1[[3]]
## x^2 + y^2
```

要访问创建该调用的环境，可以使用 environment( )：

```
environment(formula1)
## <environment: R_GlobalEnv>
```

公式也可以是右侧型的，即只指定 ~ 的右边。示例如下：

```
formula2 <- ~x +y
str(as.list(formula2))
## List of 2
##  $ : symbol ~
##  $ : language x + y
##  - attr(*, "class")= chr "formula"
##  - attr(*, ".Environment")=<environment: R_GlobalEnv>
```

本例中，我们只提供并捕获了 ~ 的一个参数，所以有一个包含两个语言对象的调用，可以通过提取第 2 个元素来访问被捕获表达式：

```
length(formula2)
## [1] 2
formula2[[2]]
## x + y
```

了解了公式如何工作之后，就可以用公式实现 qs( ) 和 trim_margin( ) 的另一个版本。

当 range 是一个公式时，下面这个函数 qs2( ) 与 qs( ) 的运行方式一致；否则它就直接用 range 来提取 x 的子集：

```
qs2 <- function(x, range) {
 selector <- if (inherits(range, "formula")) {
eval(range[[2]], list(. =length(x)), environment(range))
  } else range
  x[selector]
}
```

注意到，我们使用 inherits(range, "formula") 检查 range 是不是一个公式，并且用 environment (range) 实现动态作用域。然后，用一个右侧型公式来激活非标准计算：

```
qs2(1:10, ~3:(. -2))
## [1] 3 4 5 6 7 8
```

或者，也可以使用标准计算：

```
qs2(1:10, 3)
## [1] 3
```

现在，我们可以借助使用公式的 qs2( ) 来重新实现 trim_margin( )：

```
trim_margin2 <- function(x, n) {
  qs2(x, ~ (n +1):(. -n -1))
}
```

可以验证，动态作用域机制正常运作，因为 trim_margin2( )中使用的公式自动捕获执行环境（也是定义公式和 n 的环境）：

```
trim_margin2(x, 3)
## [1] 4 5 6
```

4. 使用元编程构建子集

了解了语言对象、求值函数和动态作用域机制后，我们现在就可以实现 subset 的另一种版本。

这个实现的基本想法很简单：

- 捕获行构建子集表达式，并在数据框内对其求值，数据框本质上是一个列表；
- 捕获按列选取的表达式，并在整数索引的命名列表中对其求值；
- 使用行选择器（逻辑向量）和列选择器（整数向量）对数据框选取子集。

这里给出上述逻辑的一种实现：

```
subset2 <- function(x, subset =TRUE, select =TRUE) {
  enclos <- parent.frame()
  subset <- substitute(subset)
  select <- substitute(select)
  row_selector <- eval(subset, x, enclos)
  col_envir <- as.list(seq_along(x))
  names(col_envir) <- colnames(x)
  col_selector <- eval(select, col_envir, enclos)
  x[row_selector, col_selector]
}
```

按行构建子集要比按列更容易实现。要执行按行构建子集，我们只需要捕获 subset 并在数据框内对其求值即可。

按列构建子集则比较棘手，要给列创建一个整数索引列表，并给它们赋予相应的名称。例如，一个具有 3 列（如 x，y，z）的数据框需要这样一个索引列表：list(a = 1, b = 2, c = 3)，这使我们能够以 select = c(x, y) 的形式选取列，因为 c(x, y) 是在列表内被计算的。

现在，subset2( ) 的运行方式就非常接近内置函数 subset( ) 了：

```
subset2(mtcars, mpg >= quantile(mpg, 0.9), c(mpg, cyl, qsec))
##                 mpg cyl  qsec
## Fiat 128       32.4   4 19.47
```

```
## Honda Civic     30.4  4  18.52
## Toyota Corolla 33.9  4  19.90
## Lotus Europa   30.4  4  16.90
```

两种实现都允许我们用 a:b 来选取 a 和 b 之间的所有列，包括 a 和 b：

```
subset2(mtcars, mpg >= quantile(mpg, 0.9), mpg:drat)
##                 mpg  cyl disp  hp  drat
## Fiat 128       32.4   4  78.7  66  4.08
## Honda Civic    30.4   4  75.7  52  4.93
## Toyota Corolla 33.9   4  71.1  65  4.22
## Lotus Europa   30.4   4  95.1  113 3.77
```

9.3 小结

在本章中，我们学习了函数式编程的概念和用法，包括闭包和高阶函数。还深入了解了元编程技术，包括语言对象、求值函数、公式和动态作用域的实现，从而保证了在自定义计算行为时，用户输入表达式能够被正确地处理。由于很多流行的扩展包使用元编程和非标准计算，使交互式分析更加容易，所以理解其工作原理非常重要，这样我们就可以在预测和调试代码时更有信心。

下一章将进入 R 的另一个底层结构：面向对象的编程系统。我们将会学习面向对象编程的基本思想，如何在 R 中实现这个思想，以及它是如何发挥作用的。更具体地说，我们会从较为宽泛的 S3 系统讲起，接着阐述更为严格的 S4 系统，它具有更丰富的特征，然后引入引用类（RC）和最新实现的 R6 系统。

第 10 章 面向对象编程

在前面的章节中，我们掌握了使用函数式编程和元编程技术来定制函数的行为。也可以用函数创建函数，就是所谓的闭包。还可以像传递其他对象一样，将函数传递给函数，即使用高阶函数。

在本章中，我们将走进面向对象编程的世界，学习如何定制对象的行为。R 提供了几种不同的面向对象系统。乍一看，它们似乎与其他编程语言中的面向对象系统非常不同。但是，基本思想还是一致的。我将简要解释对象的类和方法的概念，并向你展示它们如何有效地统一和规范数据处理和建模的方法。

接下来，我们将从适合初学者的视角介绍以下内容：

- 面向对象编程的基本思想
- S3 系统
- S4 系统
- 引用类（Reference class，RC）
- R6 扩展包

最后，我们将从几个方面对这些系统进行比较。

10.1 面向对象编程简介

如果你是来自 Java、Python、C++、C# 等编程语言的开发人员，那么，应该熟悉面向对象的编码风格。但是，如果不熟悉任何其他面向对象的编程语言，就可能会对这个术语感到困惑，因为它听起来有点抽象。但是，不必担心，我们从编程的核心出发，就会发现它其实很容易理解。

当我们谈到编程时，实际上是在讲如何使用编程工具解决问题。在解决问题之前，首先要对问题进行建模。传统上，我们通常会想出一个算法，分几个步骤来解决数值计算问题；然后，再写一段程序代码来实现这个算法。例如，大多数统计算法都是按照一定的程序进行的，也就是根据理论知识逐步将输入转换成输出的过程。

然而，很多问题与现实世界紧密相关，通过定义对象的类和它们之间的交互作用，我们会发现，对这些问题建立什么模型，是非常直观的。换句话说，借助面向对象的编码风格，并加以合理的抽象，我们可以简单地模仿对象的重要特性，于是，问题和模型之间的转换就变得清晰自然。

面向对象编程其实涉及许多概念，这里我们只关注最重要的几个。

10.1.1 类和方法

本章最重要的概念就是**类**和**方法**。类描述对象是什么？方法定义对象可以做什么？对于这些概念，现实世界中的示例不计其数。例如，animal 是一个类，在这个类中，我们可以定义诸如发声和移动等方法。vehicle 也是一个类，在这个类中，我们可以定义诸如启动、移动和停止等方法。类似地，person 也是一个类，其中的方法包括睡醒、与另一个人交谈，以及去某个地方等。

对于一个特定问题，我们需要构建模型来刻画对象和对象之间的交互作用，那么，就可以根据建模的需要来定义对象的类和相应的方法。这些对象不必是特定的物质或实体。一个实用示例是银行账户，它只存在于银行的数据库中，但是当利用如资产和所有者等数据字段以及存款、提现和两个账户之间的转账等方法，对银行账户进行建模时，银行账户就有了用武之地。

10.1.2 继承

继承是面向对象编程的另一个重要概念。所谓继承，就是指一个类继承了另一个基础（或高级）类的行为，并且还有一些新的特征。通常来说，基础类是一个更抽象更宽泛的概念，继承类则比较具体和明确。这些都可以从日常生活中得到证实。

举个例子，dog 和 cat 是两个类，并且从 animal 类中继承而来。animal 类定义了发声和移动等方法，dog 和 cat 继承了这些方法，但是它们用不同的方式表现，所以它们发出不同的声音，以不同的方式移动。

类似地，car、bus 和 airplane 也是类，从 vehicle 类继承而来。vehicle 类定义了启动、移动和停止等方法，car、bus 和 airplane 这 3 个类继承了这些功能，但是各自的实现方式不同。car 和 bus 在二维平面上移动，airplane 在三维空间中移动。

面向对象编程系统中还有一些其他概念，但在本章中我们不打算关注它们，而只需记住前面提到的那些概念，并掌握它们在 R 编程中的应用。

10.2 S3 对象

在 R 中，S3 对象系统是一个简单且宽松的面向对象系统。每个基本对象的类型都有一个 S3 类名称。例如：integer、numeric、character、logical、list 和 data.frame 等都属于 S3 类。

举个例子，`vec1` 的类型是 `double`，意味着 `vec1` 的内部类型或者存储模式是双精度浮点型数字。但是，它的 S3 类却是 `numeric`：

```
vec1 <- c(1, 2, 3)
typeof(vec1)
## [1] "double"
class(vec1)
## [1] "numeric"
```

`data1` 的类型是 `list`，意味着 `data1` 的内部类型或存储模式是列表，但是，它的 S3 类却是 `data.frame`：

```
data1 <- data.frame(x =1:3, y = rnorm(3))
typeof(data1)
## [1] "list"
class(data1)
## [1] "data.frame"
```

接下来，我们将会解释一个对象的内部类型和它的 S3 类的区别。

10.2.1 泛型函数和方法分派

正如本章前面提到的，一个类可以用多种方法定义它的行为，尤其是它与其他类的关系。在 S3 系统中，我们可以创建**泛型函数**（generic function），对于不同的类，由泛型函数决定调用哪个方法，这就是 S3 **方法分派**（method dispatch）的工作机理。对象的类不同，其方法分派也不同。因此，区分对象的类就显得非常重要。

R 中有很多 S3 泛型函数的简单示例，每个都是基于某个通用目的定义的，但是允许不同类的对象使用不同方法来达到这个目的。我们先看一下 `head( )` 和 `tail( )` 这两个函数。它们的功能很简单：`head( )` 展示一个数据对象的前 *n* 条记录，`tail( )` 展示一个数据对象的后 *n* 条记录。这与 `x[1:n]` 是不同的，因为对于不同类的对象，其记录的定义是不同的。对于原子向量（数值向量、字符向量等），前 *n* 条记录就是指前 *n* 个元素。但对于数据框而言，前 *n* 条记录是指前 *n* 行而不是前 *n* 列。由于数据框本质上就是列表，所以直接从数据框中取出前 *n* 个元素（成分）就是指取出前 *n* 列，而这并不是 `head( )` 函数的目的。

首先，我们输入 head 看一下函数的内部信息：

```
head
## function (x, ...)
## UseMethod("head")
## <bytecode: 0x000000000f052e10>
## <environment: namespace:utils>
```

我们发现函数中并没有实际的操作细节。相反，它调用 `UseMethod("head")` 来使所谓的**泛型函数** `head( )` 执行方法分派，也就是说，对于不同的类，它可能有不同的行为方式。

现在，我们分别创建一个 `numeric` 类的数据对象和一个 `data.frame` 类的数据对象。然后，依次把每个对象传递给泛型函数 `head( )`，看看方法分派如何工作：

```
num_vec <- c(1, 2, 3, 4, 5)
data_frame <- data.frame(x = 1:5, y = rnorm(5))
```

对于数值向量，`head( )` 只是提取了它的前几个元素：

```
head(num_vec, 3)
## [1] 1 2 3
```

但是，对于数据框，`head( )` 提取了数据框的前几行而不是前几列：

```
head(data_frame, 3)
##   x         y
## 1 1 0.8867848
## 2 2 0.1169713
## 3 3 0.3186301
```

这里使用一个函数来模拟 `head( )` 的行为。以下代码是一个简单实现，它提取任意给定对象 `x` 的前 *n* 个元素：

```
simple_head <- function(x, n) {
  x[1:n]
}
```

对于数值向量，这个函数的工作方式与 head( ) 完全相同：

```
simple_head(num_vec, 3)
## [1] 1 2 3
```

但是，对于数据框，这个函数想要提取前 *n* 列。我们知道，一个数据框就是一个列表，数据框的每一列对应列表的每一个成分。当 *n* 超过数据框的列数（或等价于列表的成分数）时，就会产生报错信息：

```
simple_head(data_frame, 3)
## Error in `[.data.frame`(x, 1:n): undefined columns selected
```

为了改进实现方式，我们可以事先检查输入对象 x 是不是数据框：

```
simple_head2 <- function(x, n) {
  if (is.data.frame(x)) {
    x[1:n,]
  } else {
    x[1:n]
  }
}
```

现在，对于原子向量和数据框，simple_head2( ) 的行为与 head( ) 几乎完全一样：

```
simple_head2(num_vec, 3)
## [1] 1 2 3
simple_head2(data_frame, 3)
##   x         y
## 1 1 0.8867848
## 2 2 0.1169713
## 3 3 0.3186301
```

但是，head( ) 能做的不止这些。我们可以调用 method( )（返回一个字符向量）来查看 head( ) 可以实现的所有方法：

```
methods("head")
## [1] head.data.frame* head.default*    head.ftable*
```

```
## [4] head.function*   head.matrix      head.table*
## see '?methods' for accessing help and source code
```

从返回结果可以看出，head( ) 已经有一系列内置方法适用于多种类，而不止向量和数据框。注意到，方法都是以 method.class 形式表示。如果我们输入一个 data.frame 对象，head( ) 内部就会调用 head.data.frame 方法。类似地，如果我们输入一个 table 对象，head( ) 内部会调用 head.table 方法。如果我们输入一个数值向量会怎样呢？如果函数定义了 method.default 方法，那么，当没有方法可以匹配输入对象的类时，函数便会自动转向 method.default 方法。在这种情况下，所有的原子向量都会被匹配到 head.default 方法。这个通过泛型函数为给定输入对象选择合适方法的过程称为**方法分派**。

似乎我们总是可以在一个函数中检查输入对象的类来完成方法分派。但是，拓展泛型函数的功能，使其对其他类也能分派方法会更简单一点，因为你不需要每次增加特定的类检查条件来修改原始泛型函数。我们将会在本章的后续部分讲解这些内容。

10.2.2 内置类和方法

S3 泛型函数和方法在统一各种模型的使用方式上是最有用的。例如，我们可以创建一个线性模型，使用泛型函数从不同角度查看模型信息：

```
lm1 <- lm(mpg ~ cyl + vs, data = mtcars)
```

在前面的章节中，我们提到过线性模型本质上是由模型拟合产生的数据字段构成的列表。这就是为什么 lm1 的类型是 list，但是它的类是 lm，因此泛型函数根据 lm 选择方法：

```
typeof(lm1)
## [1] "list"
class(lm1)
## [1] "lm"
```

甚至在没有明确调用 S3 泛型函数时，S3 方法分派也会自动进行。如果我们输入 lm1，这个模型对象就会被打印出来：

```
lm1
##
## Call:
## lm(formula = mpg ~ cyl + vs, data = mtcars)
##
## Coefficients:
## (Intercept)          cyl           vs
##     39.6250      -3.0907      -0.9391
```

实际上，print( ) 函数被默默地调用了：

```
print(lm1)
##
## Call:
## lm(formula = mpg ~ cyl + vs, data = mtcars)
##
## Coefficients:
## (Intercept)          cyl           vs
##     39.6250      -3.0907      -0.9391
```

我们知道，lm1 本质上是个列表。为什么它被打印出来的时候看起来不太像呢？因为 print( ) 是个泛型函数，它为 lm 选择了一个方法来打印出线性模型最重要的信息。我们也可以调用 getS3method("print", "lm") 获取实际用到的方法。事实上，print(lm1) 选择了方法 stats::print.lm，我们可以通过检查它们是否相同来验证：

```
identical(getS3method("print", "lm"), stats:::print.lm)
## [1] TRUE
```

注意到，print.lm 是 stats 包中定义的函数，但是没有被导出为公开可见的函数，所以我们要使用 ::: 来访问它。一般来说，访问包的内部对象是个坏主意，因为它们可能在不同版本中被更改，而且对用户不可见。在大多数情况下，我们不需要这样做，因为泛型函数（例如 print( )）会自动选择调用的正确方法。

在 R 中，print( ) 对很多类都有可实现的方法。下面这行代码展示了对于不同的类 print( ) 有多少种实现方法：

```
length(methods("print"))
## [1] 198
```

可以调用 methods("print") 查看属于泛型函数 print( ) 的所有方法的列表。实际上，安装的扩展包越多，这些包中为不同类定义的方法就越多。

print( ) 展示了模型的一个简要版本，summary( ) 展示更详细的信息。summary( ) 也是一个泛型函数，它为模型的所有类提供了许多方法：

```
summary(lm1)
##
## Call:
## lm(formula = mpg ~ cyl + vs, data = mtcars)
##
```

```
## Residuals:
##    Min     1Q Median     3Q    Max
## -4.923 -1.953 -0.081  1.319  7.577
##
## Coefficients:
##             Estimate Std. Error t value Pr(>|t|)
## (Intercept)  39.6250     4.2246   9.380 2.77e-10 ***
## cyl          -3.0907     0.5581  -5.538 5.70e-06 ***
## vs           -0.9391     1.9775  -0.475    0.638
## ---
## Signif. codes:
## 0 '***' 0.001 '**' 0.01 '*' 0.05 '.' 0.1 ' ' 1
##
## Residual standard error: 3.248 on 29 degrees of freedom
## Multiple R-squared:  0.7283, Adjusted R-squared:  0.7096
## F-statistic: 38.87 on 2 and 29 DF,  p-value: 6.23e-09
```

线性模型的总结不仅提供了 print( ) 展示的内容，也包括了一些关于系数和模型整体的重要统计量。实际上，summary( ) 的输出结果也是一个对象，其中包含的数据都可以被访问。在这个例子中，这个对象（summary( ) 的输出结果）是一个列表，并且是 summary.lm 类的，而且它有可供 print( ) 选择的自己的方法：

```
lm1summary <- summary(lm1)
typeof(lm1summary)
## [1] "list"
class(lm1summary)
## [1] "summary.lm"
```

我们可以通过查看列表中的名称，来了解 lm1summary 都包含什么成分：

```
names(lm1summary)
## [1] "call"          "terms"         "residuals"
## [4] "coefficients"  "aliased"       "sigma"
## [7] "df"            "r.squared"     "adj.r.squared"
##[10] "fstatistic"    "cov.unscaled"
```

访问每个成分的方法与从一个典型列表中提取成分是完全一致的。例如，访问线性模型的估计系数，我们可以使用 lm1$coefficients。通常使用以下代码访问估计系数：

```
coef(lm1)
## (Intercept)         cyl          vs
##  39.6250234  -3.0906748  -0.9390815
```

这里，coef( ) 也是一个泛型函数，它从模型对象中提取系数向量。为了访问模型总结中详细的系数表格，我们可以使用 lm1summary$coefficients 或者再次使用 coef( )：

```
coef(lm1summary)
##                Estimate Std. Error    t value     Pr(>|t|)
## (Intercept) 39.6250234  4.2246061  9.3795782 2.765008e-10
## cyl         -3.0906748  0.5580883 -5.5379676 5.695238e-06
## vs          -0.9390815  1.9775199 -0.4748784 6.384306e-01
```

还有一些其他有用的且与模型相关的泛型函数，例如 plot( )、predict( )等。所有我们提到的泛型函数都是 R 中用户和估计模型交互的标准方式。不同的内置模型和第三方扩展包提供的模型都能实现这些泛型函数，即它们是通用的，因此我们无需记忆哪些函数适用于哪个模型。

举个例子，我们可以对线性模型调用 plot( ) 函数，并且将画布划分成 2 行 2 列，如图 10-1 所示。

```
oldpar <- par(mfrow = c(2, 2))
plot(lm1)
par(oldpar)
```

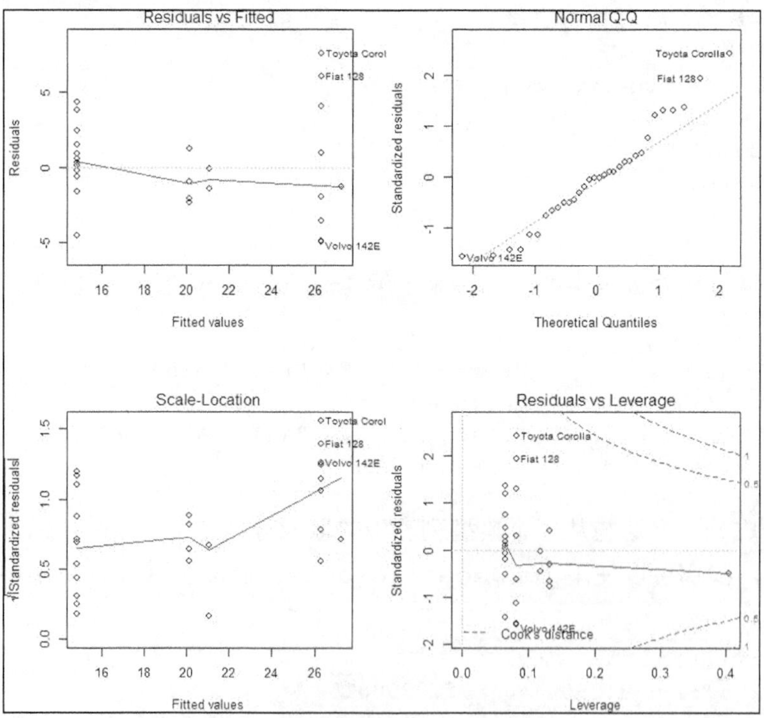

图 10-1

可以看到，我们对线性模型调用 plot( )函数，返回了 4 幅诊断图，用于说明残差的性质，帮助判断模型拟合的效果。注意到，如果在控制台对 lm 模型直接调用 plot( )，4 幅图会依次交互地完成。为了避免这种情况，我们调用 par( )将绘图区域划分成 2×2 个子区域。

大多数统计模型都是有用的，因为它们可以利用新数据进行预测，调用 predict( )加以实现。在这个例子中，我们为 predict( )函数提供线性模型和新数据，泛型函数 predict( )自动选择正确的方法用新数据进行预测：

```
predict(lm1, data.frame(cyl = c(6, 8), vs = c(1, 1)))
##        1        2
## 20.14189 13.96054
```

这个函数既可以用在样本内，又可以用在样本外。如果我们为模型提供新数据，它就进行样本外预测。如果提供样本中的数据，它就进行样本内预测。这里，我们可以创建一幅关于真实值和拟合值的散点图（见图 10-2），看一看拟合的线性模型的预测效果：

```
plot(mtcars$mpg, fitted(lm1))
```

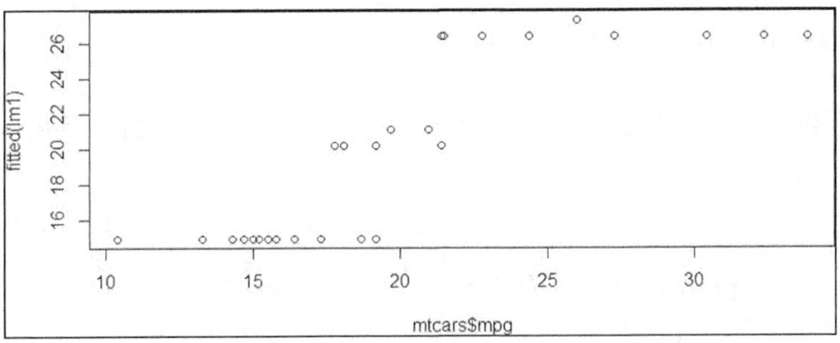

图 10-2

这里，fitted( )也是一个泛型函数，在这个例子中，它等价于 lm1$fitted.values，拟合值等价于用原始数据集得到的预测值，即 predict(lm1, mtcars)。

响应变量的真实值和拟合值的差值称为残差。我们可以使用另一个泛型函数 residuals( )访问残差数值向量，或者等价地使用 lm1$residuals。这里画出残差的密度曲线图，如图 10-3 所示。

```
plot(density(residuals(lm1)),
  main = "Density of lm1 residuals")
```

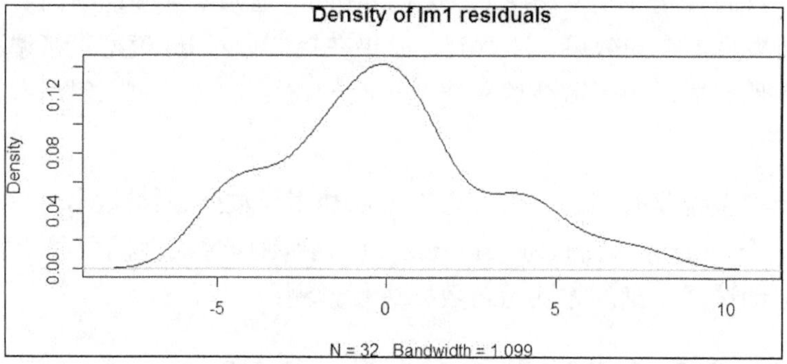

图 10-3

上述函数调用中，所有函数都是泛型函数。residuals( ) 函数从 lm1 中提取残差并返回一个数值向量。density( ) 函数创建了一个类为 density 的列表，用于存储残差的密度函数的估计数据。最后，plot( ) 函数选择 plot.density 方法创建一幅密度图。

这些泛型函数不仅适用于 lm、glm 和其他内置模型，也适用于其他扩展包提供的模型。例如，我们使用 rpart 包，沿用前面例子的数据和公式拟合一个回归树模型。

如果你还没有安装 rpart 包，请先运行以下代码进行安装：

```
install.packages("rpart")
```

现在，这个包可以加载了。然后，调用 rpart( ) 函数，而且，调用 rpart( ) 函数的方式与调用 lm( ) 完全相同：

```
library(rpart)
tree_model <- rpart(mpg ~cyl + vs, data = mtcars)
```

我们可以这样做，是因为这个包的作者希望函数调用的方式与调用 R 的内置函数保持一致。结果对象是一个类为 rpart 的列表，其工作方式与调用 lm( ) 并返回一个类为 lm 的列表完全相同：

```
typeof(tree_model)
## [1] "list"
class(tree_model)
## [1] "rpart"
```

与 lm 对象类似，rpart 对象也有很多可实现的通用方法。例如，我们可以使用 print( ) 函数以它自己的方式将模型打印出来：

```
print(tree_model)
## n= 32
##
## node), split, n, deviance, yval
##       * denotes terminal node
##
## 1) root 32 1126.04700 20.09062
##   2) cyl>= 5 21  198.47240 16.64762
##     4) cyl>= 7 14   85.20000 15.10000 *
##     5) cyl< 7 7   12.67714 19.74286 *
##   3) cyl < 5 11  203.38550 26.66364 *
```

输出结果显示，对于 rpart，print( )用某种方法简要地展示了这棵回归树的样子。除了 print( )，summary( )还给出关于模型拟合的更详细的信息：

```
summary(tree_model)
## Call:
## rpart(formula = mpg ~ cyl + vs, data = mtcars)
##   n= 32
##
##           CP nsplit rel error    xerror       xstd
## 1 0.64312523      0 1.0000000 1.0870669 0.25507260
## 2 0.08933483      1 0.3568748 0.4237026 0.08407831
## 3 0.01000000      2 0.2675399 0.4051812 0.08111957
##
## Variable importance
## cyl  vs
##  65  35
##
## Node number 1: 32 observations,    complexity param=0.6431252
##   mean=20.09062, MSE=35.18897
##   left son=2 (21 obs) right son=3 (11 obs)
##   Primary splits:
##       cyl < 5   to the right, improve=0.6431252, (0 missing)
##       vs  < 0.5 to the left,  improve=0.4409477, (0 missing)
##   Surrogate splits:
##       vs < 0.5 to the left,  agree=0.844, adj=0.545, (0 split)
##
## Node number 2: 21 observations,    complexity param=0.08933483
##   mean=16.64762, MSE=9.451066
##   left son=4 (14 obs) right son=5 (7 obs)
##   Primary splits:
```

```
##        cyl < 7   to the right, improve=0.5068475, (0 missing)
##    Surrogate splits:
##        vs < 0.5 to the left,  agree=0.857, adj=0.571, (0 split)
##
## Node number 3: 11 observations
##   mean=26.66364, MSE=18.48959
##
## Node number 4: 14 observations
##   mean=15.1, MSE=6.085714
##
## Node number 5: 7 observations
##   mean=19.74286, MSE=1.81102
```

同样地，plot( )和 text( )也有方法将 rpart 可视化：

```
oldpar <- par(xpd = NA)
plot(tree_model)
text(tree_model, use.n = TRUE)
par(oldpar)
```

然后，我们就得到了树图，如图 10-4 所示。

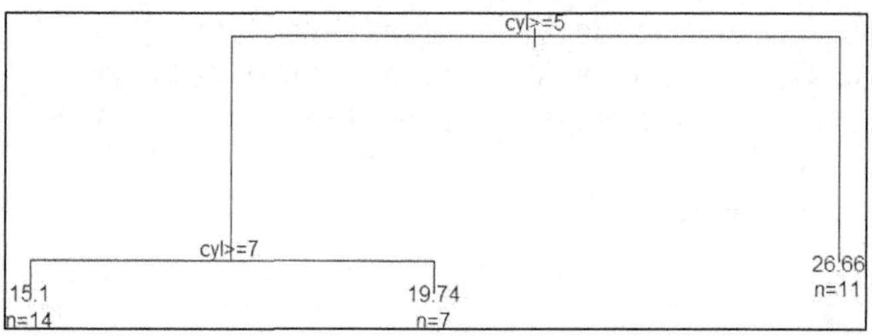

图 10-4

我们可以使用新数据并调用 predict( )进行预测，就像在前面线性模型例子中做的一样：

```
predict(tree_model, data.frame(cyl = c(6, 8), vs = c(1, 1)))
##        1        2
## 19.74286 15.10000
```

要注意，并非所有的模型对所有的泛型函数都有可实现的方法。例如，由于回归树不是一个简单的参数模型，所以，对于 coef( )，它就没有相应的实现方法：

```
coef(tree_model)
## NULL
```

10.2.3 为现有类定义泛型函数

在前面的小节中，我们掌握了如何运用 R 中已有的类和方法处理模型对象。在 S3 系统中，允许自行创建类和泛型函数。

前面的例子中，我们使用条件表达式模拟了 `head( )`的方法分派。虽然模拟成功了，但一般不建议这样做。S3 泛型函数非常灵活，而且很容易拓展。在定义泛型函数时，我们通常创建一个函数去调用 `UseMethod( )`触发方法分派。然后，对泛型函数想要作用的类创建带有 `method.class` 形式的方法函数，同时还要创建带有 `method.default` 形式的默认方法来应对所有其他情况。这里使用泛型函数和方法重写刚刚那个例子。我们创建一个新的泛型函数 `generic_head( )`，它有两个参数：输入对象 `x` 和需要提取的记录条数 `n`。泛型函数仅仅调用 `UseMethod("generic_head")`来让 R 根据输入对象 `x` 的类执行方法分派：

```
generic_head <- function(x, n)
  UseMethod("generic_head")
```

对于原子向量（数值向量、字符向量、逻辑向量等），提取前 `n` 个元素。因此，我们分别定义 `generic_head.numeric`、`generic_head.character` 等，此外，最好定义一个默认方法来捕获不能匹配已定义的 `generic_head.class` 方法的其他所有情况：

```
generic_head.default <- function(x, n) {
  x[1:n]
}
```

现在的 generic_head 只有一种方法，等价于没有使用泛型函数：

```
generic_head(num_vec, 3)
## [1] 1 2 3
```

由于我们还没有定义针对 `data.frame` 类的方法，所以提供一个数据框时，函数会自动转向 `generic_head.default`，又因为要提取的数量超过数据框的列数，导致无效访问而报错：

```
generic_head(data_frame, 3)
## Error in `[.data.frame`(x, 1:n): undefined columns selected
```

如果我们对 `data.frame` 定义了方法：

```
generic_head.data.frame <- function(x, n) {
  x[1:n,]
}
```

那么，就像预期的那样，泛型函数正常运行：

```
generic_head(data_frame, 3)
##   x         y
## 1 1 0.8867848
## 2 2 0.1169713
## 3 3 0.3186301
```

你可能注意到了，因为没有进行参数检查，所以之前执行的方法并不稳健。例如，如果 *n* 大于输入对象的元素数量，函数就会以非预期的不同方式进行处理。这里就留给你作为练习，尝试去优化函数，使得方法更稳健，而且能够合适地处理极端情况。

10.2.4 定义新类并创建对象

现在，我们可以尝试定义新类了。注意到 `class(x)` 获取 x 的类，而 `class(x)<-"some_class"`将 x 的类设为 `some_class`。

1. 使用列表作为底层数据结构

就像 lm 和 rpart，列表可能是创建新类时使用最广泛的底层数据结构。这是因为类描述了对象的类型和对象之间交互作用的方法，其中，对象用于存储多种多样、长度不一的数据。

下面这个例子中，我们定义了一个名为 `product` 的函数，这个函数创建了一个由 `name`、`price` 和 `inventory` 构成的列表，并且该列表的类是 `product`。我们还定义了它自己的 `print` 方法，并且可以随着学习的不断深入，一步步增加更多的方法来拓展函数的行为：

```
product <- function(name, price, inventory) {
  obj <- list(name = name,
    price = price,
    inventory = inventory)
  class(obj) <- "product"
  obj
}
```

我们首先创建了一个列表，然后将它的类替换为 `product`，最后返回这个对象。实际上，对象的类是一个字符向量。另一个方法是使用 `structure( )`：

```
product <- function(name, price, inventory) {
  structure(list(name = name,
```

```
        price = price,
        inventory = inventory),
        class ="product")
}
```

现在，创建一个可以生成类为 product 的对象的函数。然后，调用 product( )创建一个属于这个类的对象实例：

```
laptop <- product("Laptop", 499, 300)
```

与之前所有对象类似，我们可以查看它内部的数据结构和 S3 类方法分派：

```
typeof(laptop)
## [1] "list"
class(laptop)
## [1] "product"
```

很明显，laptop 是一个类为 product 的列表。因为我们还没有为这个类定义任何方法，所有它的行为与一个普通列表对象相同。如果将它打印出来，就会得到一个带有自定义类属性的列表：

```
laptop
## $name
## [1] "Laptop"
##
## $price
## [1] 499
##
## $inventory
## [1] 300
##
## attr(,"class")
## [1] "product"
```

首先，可以对这个类实施 print 方法。这里，我们希望类和其中的数据字段以紧凑形式展现：

```
print.product <- function(x, ...) {
  cat("<product>\n")
  cat("name:", x$name, "\n")
  cat("price:", x$price, "\n")
  cat("inventory:", x$inventory, "\n")
```

```
  invisible(x)
}
```

print 方法返回输入对象本身以备后用，这是一项约定。如果打印是自定义的，那么，我们经常使用 invisible 来阻止函数返回对象的重复打印，也可以尝试直接返回 x 看看会发生什么情况。

然后，我们再次打印这个变量。因为已经定义了 print 方法，所以打印变量时会分派到 print.product：

```
laptop
## <product>
## name: Laptop
## price: 499
## inventory: 300
```

就像从列表中提取成分一样，我们可以访问 laptop 中的成分：

```
laptop$name
## [1] "Laptop"
laptop$price
## [1] 499
laptop$inventory
## [1] 300
```

如果我们创建了另一个对象实例，并且将两者放进同一个列表，那么打印这个列表时，print.product 仍会被调用：

```
cellphone <- product("Phone", 249, 12000)
products <- list(laptop, cellphone)
products
## [[1]]
## <product>
## name: Laptop
## price: 499
## inventory: 300
##
## [[2]]
## <product>
## name: Phone
## price: 249
## inventory: 12000
```

这是因为，当 products 以列表形式被打印时，会对每个成分调用 print( )泛型函数，再由泛型函数进行方法分派。

大多数其他编程语言都要求对类有正式定义，而 S3 没有类的正式定义，所以创建一个 S3 对象相对简单一些。但是很重要的一点是，要对输入参数进行充分的检查，以确保创建的对象与所属类内部一致。

举个反例，我们创建了一个带有非负整数库存的产品，而没有进行合适的检查：

```
product("Basket", 150, -0.5)
## <product>
## name: Basket
## price: 150
## inventory: -0.5
```

为了避免出现这样的情况，我们需要在对象生成函数 product( )中添加检查条件：

```
product <- function(name, price, inventory) {
  stopifnot(
    is.character(name), length(name) == 1,
    is.numeric(price), length(price) == 1,
    is.numeric(inventory), length(inventory) == 1,
price > 0, inventory >= 0)
  structure(list(name = name,
    price = as.numeric(price),
    inventory = as.integer(inventory)),
    class = "product")
}
```

这个函数是加强版，其中 name 必须是单个字符串，price 必须是一个正数，inventory 必须是一个非负数。使用这个函数，我们就不会因错误而创造残次品，并且可以很早发现错误：

```
product("Basket", 150, -0.5)
## Error: inventory >= 0 is not TRUE
```

除了定义新类，也可以定义新的泛型函数。在接下来的代码中，我们创建了一个名为 value 的新的泛型函数，它通过测量产品的库存值来为 product 调用实施方法：

```
value <- function(x, ...)
  UseMethod("value")

value.default <- function(x, ...) {
```

```
  stop("Value is undefined")
}

value.product <- function(x, ...) {
  x$price *x$inventory
}
```

对于其他的类，泛型函数 value( ) 调用 value.default 并终止运行。现在，value( )可以用于所有 product( )创建的对象实例：

```
value(laptop)
## [1] 149700
value(cellphone)
## [1] 2988000
```

泛型函数也适用于 apply 函数族，它对输入向量或列表的每个元素执行方法分派：

```
sapply(products, value)
## [1]  149700 2988000
```

还有一个问题：一旦创建了一个既定类的对象，是不是意味着这个对象就不能再改变了？不是的，我们还可以改变它。在这个例子中，还可以修改 laptop 中的已有元素：

```
laptop$price <- laptop$price *0.85
```

也可以在 laptop 中创建一个新的元素：

```
laptop$value <- laptop$price *laptop$inventory
```

现在，我们看看修改是否有效：

```
laptop
## <product>
## name: Laptop
## price: 424.15
## inventory: 300
```

更有甚者，我们可以设定一个元素为 NULL 来移除它。这就是 S3 系统会被认为非正式的原因。你无法确保一个既定类型的对象有固定的数据字段和方法。

2. 使用原子向量作为底层数据结构

在前面的内容中，我们通过一个示例，演示了从列表对象出发创建新类的过程。实际上，有时需要利用原子向量创建新类对象。在这一小节中，我们将逐步展示百分比形式向量的创建过程。

首先，定义一个函数：percent( )。这个函数仅仅用于检查输入是不是一个数值向量，并将输入对象的类改为 percent，percent 类继承 numeric 类：

```
percent <- function(x) {
  stopifnot(is.numeric(x))
  class(x) <- c("percent", "numeric")
  x
}
```

这里的继承是指方法分派首先在 percent 类的方法中找，如果找不到，就去 numeric 类的方法中找。寻找的顺序由类名称的顺序决定。S3 继承将会在后面内容中进行详细讲解。

现在，我们可以将一个数值向量变成百分比向量：

```
pct <- percent(c(0.1, 0.05, 0.25, 0.23))
pct
## [1] 0.10 0.05 0.25 0.23
## attr(,"class")
## [1] "percent" "numeric"
```

因为此时，还没有为 percent 定义实现方法。所以，pct 只是一个具有自定义类属性的普通数值向量。定义这个类是为了以百分比形式展示向量的值，例如，以 25% 形式展示，而不是原来的小数形式：

```
as.character.percent <- function(x, ...) {
  paste0(as.numeric(x) *100, "%")
}
```

现在，我们就可以得到合意的百分比形式的字符向量了：

```
as.character(pct)
## [1] "10%" "5%"  "25%" "23%"
```

同样地，也可以直接调用 as.character( ) 为 percent( ) 提供 format 方法：

```
format.percent <- function(x, ...) {
  as.character(x, ...)
}
```

这样，format( ) 具有同样的效果：

```
format(pct)
## [1] "10%" "5%"  "25%" "23%"
```

类似地，直接调用 format.percent( )为 percent( )提供 print 方法：

```
print.percent <- function(x, ...) {
  print(format.percent(x), quote = FALSE)
}
```

这里，我们指定参数 quote = FALSE，使得打印的格式化字符串更像数字而非字符串。这也正是我们想要的效果：

```
pct
## [1] 10% 5%  25% 23%
```

注意到，算术运算符（例如+和*）会自动保持输出向量的类不改变。因此，输出向量仍以百分比形式返回：

```
pct + 0.2
## [1] 30% 25% 45% 43%
pct *0.5
## [1] 5%    2.5%  12.5% 11.5%
```

遗憾的是，其他函数可能不会继续保持输入对象的类。例如，sum( )、mean( )、max( )和 min( )就会丢掉自定义的类，返回一个普通的数值向量：

```
sum(pct)
## [1] 0.63
mean(pct)
## [1] 0.1575
max(pct)
## [1] 0.25
min(pct)
## [1] 0.05
```

为了确保执行这些计算时，百分比形式可以保留下来，我们需要对 percent 类实施这些方法：

```
sum.percent <- function(...) {
  percent(NextMethod("sum"))
}
```

```
mean.percent <- function(x, ...) {
  percent(NextMethod("mean"))
}
max.percent <- function(...) {
  percent(NextMethod("max"))
}
min.percent <- function(...) {
  percent(NextMethod("max"))
}
```

第 1 种方法中，`NextMethod("sum")`对 `numeric` 类调用 `sum( )`函数，然后再调用 `percent( )`函数将输出的数值向量包装为百分比形式。其他 3 种方法也是同样的逻辑：

```
sum(pct)
## [1] 63%
mean(pct)
## [1] 15.75%
max(pct)
## [1] 25%
min(pct)
## [1] 5%
```

现在，这些函数的返回值也是百分比形式了。但是，如果我们组合一个百分比向量和其他数值型的值，`percent` 类又会消失掉：

```
c(pct, 0.12)
## [1] 0.10 0.05 0.25 0.23 0.12
```

我们对组合函数 `c( )` 进行同样的改进：

```
c.percent <- function(x, ...) {
  percent(NextMethod("c"))
}
```

现在，组合百分比向量和其他数值型的值仍然返回百分比向量：

```
c(pct, 0.12, -0.145)
## [1] 10%     5%     25%    23%    12%    -14.5%
```

但是，另一方面，当我们对百分比向量构建子集或者从中提取一个值时，`percent` 类也会丢失：

```
pct[1:3]
## [1] 0.10 0.05 0.25
```

```
pct[[2]]
## [1] 0.05
```

为了解决这个问题，我们需要用同样的方式对 percent 实施[和[[。看到一个形如[.percent 的方法，你可能会觉得很意外，但是当我们对一个百分比向量使用这些操作符时，它确实匹配了 percent 类：

```
`[.percent` <- function(x, i) {
  percent(NextMethod("["])
}
`[[.percent` <- function(x, i) {
  percent(NextMethod("[["))
}
```

此时，构建子集和提取元素都会保留 percent 类：

```
pct[1:3]
## [1] 10% 5%  25%
pct[[2]]
## [1] 5%
```

在实现所有这些方法后，我们可以将百分比向量转换成数据框的一列：

```
data.frame(id = 1:4, pct)
##   id pct
## 1  1 10%
## 2  2  5%
## 3  3 25%
## 4  4 23%
```

作为数据框的一列，百分比形式被正确保留了下来。

3. S3 继承

S3 系统是非正式的。只需要以 method.class 这种形式创建一个函数，为泛型函数实现方法分派。而且，只需要提供一个多元素字符向量，就可以反映类之间的继承关系（即向量中类名称出现的先后顺序）。

正如上一节中提到的，类向量确定了方法分派中匹配类的顺序。我们将用一个简单的例子进行展示，其中构造了一些具有继承关系的类。

假设，我们想要对一些交通工具，例如对汽车、公共汽车和飞机进行建模。这些交通工具有一些共性，它们都有名称、速度、位置，而且都可以移动。为了形象化描述它们，我们定义了一个基本类，称为 vehicle，用于存储这些公共部分。另外定义了 car、bus 和 airplane 这 3 个类（子类），它们继承 vehicle 类（父类），但是各自具有自定义的行为。

首先，定义一个函数来创建 vehicle 对象，它本质上是一个环境。我们选择环境而不是列表，因为需要用到环境的引用语义，也就是说，我们传递一个对象，然后原地修改它，而不会创建这个对象的副本。因此，无论在什么位置将对象传递给函数，对象总是指向同一个交通工具。

```
Vehicle <- function(class, name, speed) {
  obj <- new.env(parent =emptyenv())
  obj$name <- name
  obj$speed <- speed
  obj$position <- c(0, 0, 0)
  class(obj) <- c(class, "vehicle")
  obj
}
```

这里值得注意的是，因为 class 既是函数的一个参数，又是一个基础函数，所以 class(obj) <- c(class, "vehicle") 可能看起来有些语义不明。实际上，class(obj) <- 将查找 class <- 函数，所以这种用法不会引起歧义。vehicle( ) 函数是具有公共数据字段的车辆类对象的通用创建者。以下函数是创建继承 vehicle 的 car、bus 和 airplane 的特定函数：

```
Car <- function(...) {
  Vehicle(class = "car", ...)
}
Bus <- function(...) {
  Vehicle(class = "bus", ...)
}
Airplane <- function(...) {
  Vehicle(class = "airplane", ...)
}
```

使用上面 3 个函数，我们就可以创建这 3 个对象：car、bus 和 airplane。它们都继承 vehicle 类。现在，我们为每个类创建一个对象实例：

```
car <- Car("Model-A", 80)
bus <- Bus("Medium-Bus", 45)
airplane <- Airplane("Big-Plane", 800)
```

为 vehicle 提供通用的 print 方法：

```
print.vehicle <- function(x, ...) {
  cat(sprintf("<vehicle: %s>\n", class(x)[[1]]))
  cat("name:", x$name, "\n")
  cat("speed:", x$speed, "km/h\n")
  cat("position:", paste(x$position, collapse = ", "))
}
```

我们在上一小节提到过，所谓**继承**是指子类从父类继承方法。如果子类中不存在某个方法，那么就会使用父类中的方法。因为没有定义 print.car、print.bus 或者 print.airplane，所以打印 car、bus 和 airplane 这些变量的时候，就会调用 print.vehicle( )：

```
car
## <vehicle: car>
## name: Model-A
## speed: 80 km/h
## position: 0, 0, 0
bus
## <vehicle: bus>
## name: Medium-Bus
## speed: 45 km/h
## position: 0, 0, 0
airplane
## <vehicle: airplane>
## name: Big-Plane
## speed: 800 km/h
## position: 0, 0, 0
```

交通工具是被设计为驾驶和移动的运载工具。自然地，我们可以定义一个名为 move 的泛型函数，用来修改交通工具的位置以反映用户提供的三维空间中的移动。由于不同的交通工具以不同的方式移动，并且具有明显的局限性，所以我们可以为刚刚定义的不同类的交通工具进一步实施几种不同的 move 方法：

```
move <- function(vehicle, x, y, z) {
  UseMethod("move")
}
move.vehicle <- function(vehicle, movement) {
  if (length(movement) !=3) {
    stop("All three dimensions must be specified to move a vehicle")
  }
  vehicle$position <- vehicle$position + movement
  vehicle
}
```

这里，我们将汽车和公共汽车的移动限定在二维平面上。通过检查 movement 向量的长度（只允许为 2），实现 move.bus 和 move.car 两种方法。如果提供的 movement 向量是无效的，则将 movement 的第 3 个维度强制转换为 0，然后通过调用 NextMethod("move") 来调用 move.vehicle( )，并且其参数为 vehicle 和转换后最新的 movement：

```
move.bus <- move.car <- function(vehicle, movement) {
  if (length(movement) != 2) {
    stop("This vehicle only supports 2d movement")
  }
  movement <- c(movement, 0)
  NextMethod("move")
}
```

飞机可以在二维平面上移动，也可以在三维空间中移动。因此，move.airplane 相对灵活，二者都可以接收。如果 movement 向量是二维的，相当于 movement 的第 3 个维度为 0：

```
move.airplane <- function(vehicle, movement) {
  if (length(movement) == 2) {
    movement <- c(movement, 0)
  }
  NextMethod("move")
}
```

至此，move 方法对 3 种交通工具都能实现了，我们可以用 3 个对象实例进行检验。首先，看一下这种情况：我们为汽车提供了一个三维向量，想让它移动，但是表达式返回了错误信息。

```
move(car, c(1, 2, 3))
## Error in move.car(car, c(1, 2, 3)): This vehicle only supports 2d movement
```

虽然上述函数调用的方法分派找到了方法 move.car( )，但是却因参数 movement 无效而终止运行。下面这段代码提供了有效的二维 movement：

```
move(car, c(1, 2))
## <vehicle: car>
## name: Model-A
## speed: 80 km/h
## position: 1, 2, 0
```

类似地，我们可以让飞机在二维平面上移动：

```
move(airplane, c(1, 2))
## <vehicle: airplane>
```

```
## name: Big-Plane
## speed: 800 km/h
## position: 1, 2, 0
```

也可以让飞机在三维空间中移动：

```
move(airplane, c(20, 50, 80))
## <vehicle: airplane>
## name: Big-Plane
## speed: 800 km/h
## position: 21, 52, 80
```

注意到，对象 `airplane` 的位置是累积的，因为它本质上是一个环境，因此，修改 `move.vehicle( )` 中的 `position` 不会创建一个副本再修改，而是本地修改。无论你在任何地方传递对象 airplane，它只会有一个实例版本。如果你对环境的引用语义不熟悉的话，可以查阅第 8 章。

10.3 S4 对象系统

上一节中，我们介绍了 S3 系统。与大多数其他编程语言的面向对象系统不同，与那些类被定义为固定结构，且随着程序编译有确定的方法分派的系统相比，S3 系统显得非常不严谨。当我们定义一个 S3 类时，几乎没有可以确定的。我们不仅可以随时添加或移除类的方法，而且可以按需在对象中插入或删除元素。此外，S3 仅支持单一分派，也就是只根据泛型函数的一个参数的类（大部分是第 1 个参数）来选择方法。

之后，R 引入了一个更正式更严谨的面向对象系统 S4。这个系统中允许我们使用预定义和继承结构来正式定义类。它也支持多重分派，即根据泛型函数的多个参数的类选择方法。

在本节中，我们将学习如何定义 S4 类和方法。

10.3.1 定义 S4 类

S3 类仅用一个字符向量表示，与之不同的是，S4 类要求对类和方法有正式定义。为了定义一个 S4 类，我们需要调用 `setClass( )`，并提供一种类成员的表示，这种表示被称为**字段**（slots）。通过名称和每个字段的类来指定这种表示。本节中，我们使用 S4 类重新定义 `product` 对象：

```
setClass("Product",
  representation(name ="character",
```

```
    price = "numeric",
    inventory = "integer"))
```

一旦类被定义了，就可以使用 getSlots( ) 从类定义中获取字段：

```
getSlots("Product")
##        name       price   inventory
## "character"   "numeric"   "integer"
```

S4 比 S3 更严谨，不仅因为 S4 要求类定义，还因为 R 能够确保新创建的对象实例中成员的类与原来的类表示是一致的。现在，我们使用 new( ) 创建一个新的 S4 类对象实例，并且指定字段的取值：

```
laptop <- new("Product", name = "Laptop-A", price = 299, inventory = 100)
## Error in validObject(.Object): invalid class "Product" object: invalid
object for slot "inventory" in class "Product": got class "numeric", should be
or extend class "integer"
```

上述代码产生了错误，这可能会让你觉得惊讶。如果仔细查看一下类表示，就会发现 inventory 必须是整数。换句话说，100 是个数值，它的类不是 integer。相反，应该使用 100L：

```
laptop <- new("Product", name = "Laptop-A", price = 299, inventory = 100L)
laptop
## An object of class "Product"
## Slot "name":
## [1] "Laptop-A"
##
## Slot "price":
## [1] 299
##
## Slot "inventory":
## [1] 100
```

现在，一个 Product 类的新对象实例 laptop 已经创建好了，并且作为 Product 类的一个对象被打印出来，所有字段的值也被自动打印出来。

对于一个 S4 对象，我们仍然可以使用 typeof( ) 和 class( ) 来获取类型信息：

```
typeof(laptop)
## [1] "S4"
class(laptop)
```

```
## [1] "Product"
## attr(,"package")
## [1] ".GlobalEnv"
```

这次，对象的类型是 S4，而非列表或其他数据类型，而且它的类是 S4 类中的名字。S4 对象也是 R 中的“一等公民”，因为它有对应的检查函数：

```
isS4(laptop)
## [1] TRUE
```

与使用 $ 访问一个列表或环境不同，我们需要使用 @ 来访问一个 S4 对象的字段：

```
laptop@price *laptop@inventory
## [1] 29900
```

此外，我们还可以调用 slot( )，以字符形式提供字段名来访问一个字段。这与使用双层方括号（[[ ]]）访问列表或环境的元素是等价的：

```
slot(laptop, "price")
## [1] 299
```

也可以用修改列表的方式修改一个 S4 对象：

```
laptop@price <- 289
```

但是，不能提供给字段与类表示不一致的内容：

```
laptop@inventory <- 200
## Error in (function (cl, name, valueClass) : assignment of an object of
class "numeric" is not valid for @'inventory' in an object of class "Product";
is(value, "integer") is not TRUE
```

也不能像给列表添加成分那样创建一个新的字段，因为 S4 对象的结构是根据它的类表示固定下来的：

```
laptop@value <- laptop@price *laptop@inventory
## Error in (function (cl, name, valueClass) : 'value' is not a slot in class
"Product"
```

现在，我们创建另一个对象实例，但是只提供部分字段值：

```
toy <- new("Product", name = "Toys", price = 10)
toy
```

```
## An object of class "Product"
## Slot "name":
## [1] "Toys"
##
## Slot "price":
## [1] 10
##
## Slot "inventory":
## integer(0)
```

上述代码没有指定字段 inventory，所以结果对象 toy 选取了一个空的整数向量作为 inventory。如果你认为这并不是一个合意的默认值，我们可以指定类的原型，这样将会以它作为模板创建每个对象实例：

```
setClass("Product",
  representation(name = "character",
    price = "numeric",
    inventory = "integer"),
  prototype(name = "Unnamed", price = NA_real_, inventory = 0L))
```

在上面这个原型中，我们将 price 的默认值设定为数值型缺失值，将 inventory 的默认值设定为整数。注意到 NA 是一个逻辑值，与类表示不一致，所以不能用在这里。

然后，我们就可以使用相同的代码重新创建 toy：

```
toy <- new("Product", name = "Toys", price = 10)
toy
## An object of class "Product"
## Slot "name":
## [1] "Toys"
##
## Slot "price":
## [1] 10
##
## Slot "inventory":
## [1] 0
```

这次，inventory 取原型中的默认值 0L。然而，如果我们需要对输入参数施加更多约束呢？尽管参数的类会被检查，但是仍然可以提供对 Product 类的对象实例无意义的值。举个例子，我们可以创建一个有负库存的 bottle 对象：

```
bottle <- new("Product", name = "Bottle", price = 1.5, inventory = -2L)
bottle
```

```
## An object of class "Product"
## Slot "name":
## [1] "Bottle"
##
## Slot "price":
## [1] 1.5
##
## Slot "inventory":
## [1] -2
```

接下来的代码创建了一个验证函数，用于确保一个 Product 类的对象的字段是有意义的。这个验证函数有些特殊，因为当输入对象没有错误时，函数返回 TRUE；当输入对象有错误时，函数返回一个字符向量来描述错误。因此，当字段无效时，最好不要使用 stop( ) 或者 warning( )。

这里，我们通过检查每个字段的长度和它们是不是缺失值来验证对象的有效性。而且，price 必须是正数，inventory 必须是非负数：

```
validate_product <- function(object) {
  errors <- c(
    if (length(object@name) != 1)
      "Length of name should be 1"
    else if (is.na(object@name))
      "name should not be missing value",
    if (length(object@price) != 1)
      "Length of price should be 1"
    else if (is.na(object@price))
      "price should not be missing value"
    else if (object@price <= 0)
      "price must be positive",
    if (length(object@inventory) != 1)
      "Length of inventory should be 1"
    else if (is.na(object@inventory))
      "inventory should not be missing value"
    else if (object@inventory < 0)
      "inventory must be non-negative")
  if (length(errors) == 0) TRUE else errors
}
```

我们编写了这个很长的函数，考虑所有可能出现的错误值，并明确标注每种情况的错误信息。这个函数是可以运行的，因为表达式 if (FALSE) expr 返回 NULL，而 c(x, NULL)返回 x。最后如果没有产生错误信息，函数返回 TRUE，否则返回错误信息。

定义了这个函数，我们就可以直接使用它对 bottle 进行验证：

```
validate_product(bottle)
## [1] "inventory must be non-negative"
```

验证函数返回了预料之中的错误信息。现在，我们可以进一步改进类定义函数，使其每次创建一个新的对象实例时，都会执行验证过程。当使用 setClass( )定义 Product 类时，只需指定 validity 参数：

```
setClass("Product",
  representation(name = "character",
    price = "numeric",
    inventory = "integer"),
  prototype(name = "Unnamed",
    price = NA_real_, inventory = 0L),
  validity = validate_product)
```

这样每次创建 Product 类的对象实例时，我们提供的值都会被自动检查。甚至原型也会被检查。下面是两种没有通过验证的情况。

第 1 种情况：

```
bottle <- new("Product", name = "Bottle")
## Error in validObject(.Object): invalid class "Product" object: price
should not be missing value
```

上述代码无效，因为原型中 price 的默认值是 NA_real_。而在验证函数中，价格不能是缺失值。

第 2 种情况：

```
bottle <- new("Product", name = "Bottle", price = 3, inventory = -2L)
## Error in validObject(.Object): invalid class "Product" object: inventory
must be non-negative
```

这次失效的原因是 inventory 必须是非负整数。

注意到，只有在创建一个新的 S4 类对象实例时，才会对其进行验证。一旦对象被创建出来，就再也不会进行验证了。换句话说，除非我们再次明确地对其进行验证，否则仍然可以设定一个糟糕的字段值。

10.3.2 S4 继承

S3 系统是宽泛且灵活的，同类的 S3 对象也可能有不同的成员。但是，对于 S4 系统，就不会发生，也就是说，当我们创建一个属于某类的 S4 对象实例时，不能任意添加不在类表示中的字段。

举个例子，在创建一个新的 Product 类的对象实例时，我们不能添加 volume 字段：

```
bottle <- new("Product", name = "Bottle",
  price = 3, inventory = 100L, volume = 15)
## Error in initialize(value, ...): invalid name for slot of class "Product":
volume
```

相反，添加只能通过合适的继承来完成。我们需要创建一个新类，它**包含**（或继承自）原始类。在这个例子中，我们定义一个 Container 类，它继承 Product 类，而且有一个新的名为 volume 的数值字段：

```
setClass("Container",
  representation(volume = "numeric"),
  contains = "Product")
```

因为 Container 类继承 Product 类，所以任何 Container 类的对象实例都有 Product 类的所有字段，可以使用 getSlots( ) 进行查看：

```
getSlots("Container")
##      volume        name       price   inventory
##   "numeric" "character"   "numeric"   "integer"
```

现在，我们创建一个含有 volume 字段的 Container 类对象实例：

```
bottle <- new("Container", name ="Bottle",
  price = 3, inventory = 100L, volume = 15)
```

要注意，在创建 Container 类的对象实例时，Product 类的验证函数仍起作用：

```
bottle <- new("Container", name ="Bottle",
  price = 3, inventory = -10L, volume = 15)
## Error in validObject(.Object): invalid class "Container" object: inventory
must be non-negative
```

因此，执行检查可以确保 Product 类字段的有效性，但是检查对 Container 类独有的字段不起作用：

```
bottle <-new("Container", name = "Bottle",
  price = 3, inventory = 100L, volume = -2)
```

我们为 Product 类定义了验证函数，同样，也可以为 Container 类定义一个验证函数：

```
validate_container <- function(object) {
  errors <- c(
    if (length(object@volume) != 1)
      "Length of volume must be 1",
    if (object@volume <= 0)
      "volume must be positive"
  )
  if (length(errors) == 0) TRUE else errors
}
```

这样，我们就可以使用这个验证函数重新定义 Container 类：

```
setClass("Container",
  representation(volume = "numeric"),
  contains ="Product",
  validity = validate_container)
```

注意到，不需要在 validate_container( ) 中调用 validate_product( )，因为两个验证函数会被依次调用来确保所有位于继承链上的类都被（自己的验证函数）适当地检查了。当然，也可以在验证函数中添加一些文本打印代码，以此确保在创建一个 Container 类的对象实例时，validate_product( ) 总是比 validate_container( ) 先被调用：

```
bottle <- new("Container", name = "Bottle",
  price = 3, inventory = 100L, volume = -2)
## Error in validObject(.Object): invalid class "Container" object: volume
must be positive
bottle <- new("Container", name = "Bottle",
  price = 3, inventory = -5L, volume = 10)
## Error in validObject(.Object): invalid class "Container" object:
inventory must be non-negative
```

10.3.3　定义 S4 泛型函数

在前面的例子中，我们可以看出 S4 比 S3 更正式，因为 S4 类有类的正式定义。同样，

S4 的泛型函数也更加正式。

在一个关于形状的例子中，我们定义了一系列具有继承关系的 S4 类，只是继承关系的层级结构比较简单。首先，Shape 是处于根节点的类，Polygon 和 Circle 都继承自 Shape，而 Triangle 和 Rectangle 继承自 Polygon。这些形状的继承结构如图 10-5 所示。

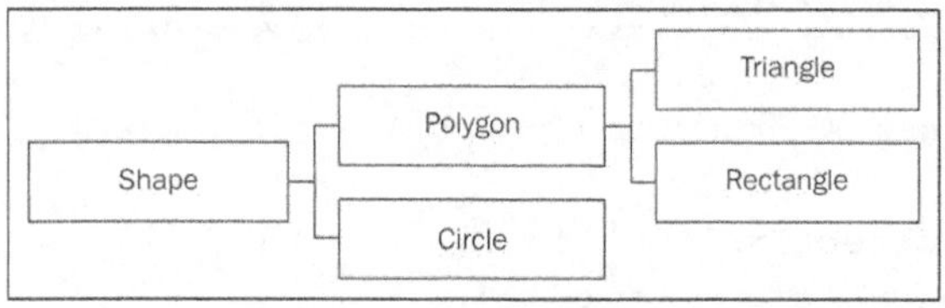

图 10-5

除了 Shape 类，其他每个类都有一些用于描述这个类必要的字段：

```
setClass("Shape")
setClass("Polygon",
  representation(sides = "integer"),
  contains = "Shape")
setClass("Triangle",
  representation(a = "numeric", b = "numeric", c = "numeric"),
  prototype(a = 1, b = 1, c = 1, sides = 3L),
  contains = "Polygon")
setClass("Rectangle",
  representation(a = "numeric", b = "numeric"),
  prototype(a = 1, b = 1, sides = 4L),
  contains = "Polygon")
setClass("Circle",
  representation(r = "numeric"),
  prototype(r = 1, sides = Inf),
  contains = "Shape")
```

定义了这些类，我们就可以构建一个泛型函数来计算一个 Shape 对象的面积。为此，我们需要调用 setGeneric( )创建一个新的泛型函数：area( )，并为 area( )提供一个调用 standardGeneric("area")的函数来使这个新的泛型函数可用于 S4 方法分派。参数 valueClass 是用来确保每种方法的返回值必须是 numeric 类：

```
setGeneric("area", function(object) {
  standardGeneric("area")
}, valueClass = "numeric")
## [1] "area"
```

一旦构建了泛型函数，我们就可以为不同种类的形状实现不同的方法。对于 Triangle，给定三角形的 3 个边长，使用海伦公式[Heron's formula（https://en.wikipedia.org/wiki/Heron's_formula）]来计算它的面积：

```
setMethod("area", signature("Triangle"), function(object) {
  a <- object@a
  b <- object@b
  c <- object@c
  s <- (a + b + c) / 2
  sqrt(s * (s -a) *(s -b) * (s -c))
})
## [1] "area"
```

对于 Rectangle 和 Circle，我们可以很容易地写出它们的面积公式：

```
setMethod("area", signature("Rectangle"), function(object) {
  object@a *object@b
})
## [1] "area"
setMethod("area", signature("Circle"), function(object) {
  pi *object@r ^2
})
## [1] "area"
```

现在，我们创建一个 Triangle 类的对象实例，并查看泛型函数 area( )是否会分派正确的方法，然后返回正确的答案：

```
triangle <- new("Triangle", a = 3, b = 4, c = 5)
area(triangle)
## [1] 6
```

再创建一个 Circle 类对象实例，看看方法分派是否正常进行：

```
circle <- new("Circle", r = 3)
area(circle)
## [1] 28.27433
```

两个答案都是正确的。泛型函数 area( )的工作方式与 S3 的泛型函数类似，都是根据输入对象的类执行方法分派。

10.3.4 多重分派

S4 泛型函数更加灵活，因为它也支持多重分派，也就是说，S4 泛型函数可以根据多个参数执行方法分派。

这里，我们定义另外一个 S4 类族：具有数值 height 类表示的 Object 类。Cylinder 和 Cone 都继承 Object。然后，我们使用多重分派计算底面具有特定形状的特定几何物体的体积：

```
setClass("Object", representation(height = "numeric"))
setClass("Cylinder", contains = "Object")
setClass("Cone", contains = "Object")
```

现在，我们定义一个新的名为 volume 的泛型函数。顾名思义，这个函数用来计算对象的体积，其中这个对象由底面形状和对象的几何体形状描述：

```
setGeneric("volume",
  function(shape, object) standardGeneric("volume"))
## [1] "volume"
```

接下来的代码，实现了两种几何体体积的计算方法：一种是长方体（底面为矩形的柱体），另一种是四棱锥（底面是矩形的锥体）：

```
setMethod("volume", signature("Rectangle", "Cylinder"),
  function(shape, object) {
    shape@a * shape@b * object@height
  })
## [1] "volume"
setMethod("volume", signature("Rectangle", "Cone"),
  function(shape, object) {
    shape@a * shape@b * object@height /3
  })
## [1] "volume"
```

注意到，所有计算体积的方法都需要两个参数（底面形状和几何体形状）。因此，方法分派根据两个参数进行，也就是说，它需要匹配两个输入对象的类来选择正确的方法。接下来，我们分别用 Rectagle 类和 Cylinder 类的对象实例来检验泛型函数 volume( )：

```
rectangle <- new("Rectangle", a =2, b =3)
cylinder <- new("Cylinder", height =3)
volume(rectangle, cylinder)
## [1] 18
```

同底等高的柱体和锥体的体积有一个关系：柱体体积（底面积×高）是锥体体积（$\frac{1}{3}\times$

底面积×高）的 3 倍。为了简化 volume 方法的实现过程，我们直接将 Shape 放进函数的 signature 参数中，并调用 area( ) 泛型函数，然后在计算中直接使用底面面积：

```
setMethod("volume", signature("Shape", "Cylinder"),
  function(shape, object) {
    area(shape) * object@height
  })
## [1] "volume"
setMethod("volume", signature("Shape", "Cone"),
  function(shape, object) {
    area(shape) * object@height /3
  })
## [1] "volume"
```

现在，volume 方法自动适用于 Circle 类：

```
circle <- new("Circle", r =2)
cone <- new("Cone", height =3)
volume(circle, cone)
## [1] 12.56637
```

为了使 volume 方法更简单易用，我们可以另外定义一种直接利用 Shape 类的对象实例和一个代表 Object 类几何体（默认为柱体）的高的数值：

```
setMethod("volume", signature("Shape", "numeric"),
  function(shape, object) {
    area(shape) * object
  })
## [1] "volume"
```

这样就可以直接在计算中使用数值。例如计算给定底面和高的柱体的体积：

```
volume(rectangle, 3)
## [1] 18
```

更进一步，我们通过实现方法*来简化符号：

```
setMethod("*", signature("Shape", "Object"),
  function(e1, e2) {
    volume(e1, e2)
  })
## [1] "*"
```

现在，我们通过底面形状和几何体的简单相乘就可以计算体积了：

```
rectangle * cone
## [1] 6
```

注意到，S4 对象不是列表或环境，它具有复制—修改语义。从这个意义上说，当 S4 对象的一个字段值在函数中通过<- 被修改时，它的行为更像一个列表。也就是说，S4 对象在函数中被复制了（即复制后修改副本），而原始对象并没有被修改。

举个例子，在下面这段代码中，我们定义了一个函数，它通过将 Object 的高修改为原来的高乘以一个数值因子（倍数）来“拉长”Object：

```
lengthen <- function(object, factor) {
  object@height <- object@height * factor
  object
}
```

当我们将这个函数应用在 `cylinder`（前面创建的 `Cylinder` 类的对象实例）时，它的高根本不会变。相反，它在函数内部被复制（然后修改）了：

```
cylinder
## An object of class "Cylinder"
## Slot "height":
## [1] 3
lengthen(cylinder, 2)
## An object of class "Cylinder"
## Slot "height":
## [1] 6
cylinder
## An object of class "Cylinder"
## Slot "height":
## [1] 3
```

10.4 引用类（RC）

R 中还有一种具有引用语义的类系统，它更像其他面向对象编程语言中的类系统。

首先，为了定义一个引用类（reference class，RC），我们要给 `setRefClass( )` 一个类定义。不像 S4 类系统使用 `new( )` 创建一个对象实例，`setRefClass( )` 会返回一个对象实例生成器。例如，我们定义一个名为 `Vehicle` 的类，它有两个字段：一个数值位置和一个数值距离。我们将这个对象实例生成器赋给一个名为 Vehicle 的变量：

```
Vehicle <- setRefClass("Vehicle",
  fields = list(position = "numeric",distance = "numeric"))
```

然后使用 Vehicle$new( ) 创建一个新的 Vehicle 类的对象实例：

```
car <- Vehicle$new(position = 0, distance = 0)
```

RC 的字段（field）不同于 S4 的字段（slot），我们可以使用 $ 来访问 RC 的字段：

```
car$position
## [1] 0
```

使用 Vehicle$new( ) 创建的每个对象实例都是一个具有引用语义的对象，它的行为融合了 S4 对象和环境的行为特征。

下面这段代码中，我们创建一个函数用于修改一个 Vehicle 类对象的字段。更确切地说，我们定义了 move( ) 函数，它修改相对位置，并累积距离，即相对地修改参数 position，将所有的移动累计到参数 distance 上：

```
move <- function(vehicle, movement) {
  vehicle$position <- vehicle$position + movement
  vehicle$distance <- vehicle$distance + abs(movement)
}
```

现在，对 car 调用 move( )，我们发现创建的对象实例 car 确实被修改了，而不是被复制：

```
move(car, 10)
car
## Reference class object of class "Vehicle"
## Field "position":
## [1] 10
## Field "distance":
## [1] 10
```

因为引用类本身是一个类系统，并且更像一般的面向对象系统，所以最好定义这个类自己的方法以便更好地使用它：

```
Vehicle <- setRefClass("Vehicle",
  fields = list(position = "numeric", distance = "numeric"),
  methods = list(move = function(x) {
```

```
    stopifnot(is.numeric(x))
    position <<- position + x
    distance <<- distance + abs(x)
  }))
```

在 S3 系统和 S4 系统中，方法存储在环境中，而 RC 本身包含它的方法。因此，可以直接调用一个对象实例中的方法。但是，在方法中修改字段的值，要用<<- 而不是<-。下面的代码是一个简单的检验，用来检测 RC 对象实例中的方法是否有效，参考对象是否会被修改：

```
bus <- Vehicle(position = 0, distance = 0)
bus$move(5)
bus
## Reference class object of class "Vehicle"
## Field "position":
## [1] 5
## Field "distance":
## [1] 5
```

通过前面的例子，我们发现 RC 更像 C++ 和 Java 中的对象。更详细的介绍，请查阅 ?ReferenceClasses。

10.5 R6

RC 的加强版是 R6，R6 是一个扩展包，能够实现支持公共和私有字段与方法的更有效的引用类，还有一些其他强大的功能。

运行以下代码安装这个包：

```
install.packages("R6")
```

R6 类允许我们定义类，其行为特征更类似于流行的面向对象编程语言。我们用下面的代码定义了 `Vehicle` 类，它既有面向用户的公共字段和方法，也有供内部使用的私有字段和方法：

```
library(R6)
Vehicle <- R6Class("Vehicle",
  public = list(
    name = NA,
    model = NA,
```

```
    initialize = function(name, model) {
      if (!missing(name)) self$name <- name
      if (!missing(model)) self$model <- model
    },
    move = function(movement) {
      private$start()
      private$position <- private$position + movement
      private$stop()
    },
    get_position = function() {
      private$position
    }
  ),
  private = list(
    position = 0,
    speed = 0,
    start = function() {
      cat(self$name, "is starting\n")
      private$speed <- 50
    },
    stop = function() {
      cat(self$name, "is stopping\n")
      private$speed <- 0
    }
  ))
```

从用户端，我们只能访问公共字段和方法。只有类方法可以访问私有字段和方法。例如，尽管 `Vehicle` 有参数 `position`，但是我们并不想让用户修改它的值。所以，我们把它放在了 `private` 部分，而且通过 `get_position( )`来显示它的值。这样，用户就很难从外部修改 `position` 的值了：

```
car <- Vehicle$new(name = "Car", model = "A")
car
## <Vehicle>
##   Public:
##     clone: function (deep = FALSE)
##     get_position: function ()
##     initialize: function (name, model)
##     model: A
##     move: function (movement)
##     name: Car
##   Private:
```

```
##     position: 0
##     speed: 0
##     start: function ()
##     stop: function ()
```

上述代码创建了一个 R6 对象实例 car，并将它打印出来，可以看到所有公共与私有的字段与方法都被展示出来。然后，调用 move( ) 方法，再使用 get_position( ) 获取 position 的值，发现 car 的位置已经发生了改变：

```
car$move(10)
## Car is starting
## Car is stopping
car$get_position()
## [1] 10
```

为了演示 R6 类的继承关系，我们定义一个名为 MeteredVehicle 的新类，它能够记录移动的历史距离之和。为此，我们需要新加一个私有字段 distance，然后重写公共字段 move，使其优先调用 super$move( ) 将交通工具移动到正确的位置，并累计移动的绝对距离：

```
MeteredVehicle <- R6Class("MeteredVehicle",
  inherit = Vehicle,
  public = list(
    move = function(movement) {
      super$move(movement)
      private$distance <<- private$distance + abs(movement)
    },
    get_distance = function() {
      private$distance
    }
  ),
  private = list(
    distance = 0
  ))
```

现在，我们可以使用 MeteredVehicle 做一些试验了。在下面的代码中，我们创建了 bus：

```
bus <- MeteredVehicle$new(name = "Bus", model = "B")
bus
## <MeteredVehicle>
##   Inherits from: <Vehicle>
##   Public:
##     clone: function (deep = FALSE)
##     get_distance: function ()
```

```
##     get_position: function ()
##     initialize: function (name, model)
##     model: B
##     move: function (movement)
##     name: Bus
##   Private:
##     distance: 0
##     position: 0
##     speed: 0
##     start: function ()
##     stop: function ()
```

首先，让 bus 向前移动 10 单位，相应地，位置被改变了，距离也累计了：

```
bus$move(10)
## Bus is starting
## Bus is stopping
bus$get_position()
## [1] 10
bus$get_distance()
## [1] 10
```

然后，再让 bus 向后移动 5 单位。这样，位置又更接近原点了，但是距离累计了所有的移动，所以距离值变大了：

```
bus$move(-5)
## Bus is starting
## Bus is stopping
bus$get_position()
## [1] 5
bus$get_distance()
## [1] 15
```

> **小技巧：**
> R6 也支持其他更强大的功能，想了解更多内容，请查阅相关介绍文档（https://cran.r-project.org/web/packages/R6/vignettes/Introduction.html.）

10.6 小结

在本章中，我们掌握了面向对象编程的基本概念——类和方法，以及在 R 中它们是如何通过方法分派相互联系的。学习了如何创建 S3、S4、RC 和 R6 类和方法。这些系统的基本思想是类似的，区别在于实现方式和用法上。在系统选择方面，Hadley Wickham 给出了一些很好的建议（http://adv-r.had.co.nz/OO-essentials.html#picking-a-system）。

熟悉了 R 最重要的功能之后，后续章节我们将要讨论更实用的专题。在下一章中，你将会了解访问常用数据库的扩展包和技巧，并获得连接 R 和关系型数据库（例如 SQLite 和 MySQL），以及非关系型数据库（例如 MongoDB 和 Redis）的必备知识和技巧。

第 11 章 数据库操作

在前面的章节中，我们已经学习了面向对象编程的基本概念，包括类和方法，以及它们在 R 中是如何通过泛型函数执行方法分派而连接起来的。另外，也掌握了 S3、S4、RC 和 R6 的基本用法，包括如何定义类和泛型函数，以及对特定的类实施相应的方法。

在掌握了 R 的大部分重要特性之后，我们继续深入并探讨更实用的主题。本章开始讨论怎样用 R 来操作数据库，从数据库中提取数据大概是许多数据分析项目的第一步。具体来说，包括以下内容：

- 了解关系型数据库
- 使用 SQL 工具，例如通过 SQLite、MySQL 对关系型数据库进行查询
- 操作非关系型数据库，如 MongoDB 和 Redis

11.1 操作关系型数据库

在前面的章节中，我们使用一系列内置函数，例如 `read.csv( )` 和 `read.table( )` 从分隔符分隔的文件（例如 csv 格式）中读取数据。然而，当数据文件很大时，这些存储方式未必是最好的。

为什么文本格式不再适用呢？主要有如下 3 个理由。

1. `read.csv( )` 这类函数主要用于将整个文件读到内存中，成为 R 中的一个数据框。如果数据量太大，以至于不适合计算机内存时，这个方法就失效了。

2. 虽然数据集很大，但是通常我们并不需要将整个数据集都载入内存来完成任务。相反，往往只需根据某些条件，提取原数据集的一个子集。内置的数据读取函数并不能对 csv

文件进行查询。

3．数据集在不断更新中，即我们需要定期地向数据集中插入记录。如果采用 csv 格式，新添数据将会非常不便，尤其是想在文件的中间部分插入新记录，又要保持其他记录的原有顺序时，将会很棘手。

针对以上情形，最好的方案就是使用数据库。它能有效地应对超出计算机内存容量的数据存储问题。还可以根据用户提供的条件，对数据库中的数据进行查询，这也使在数据库中更新现有记录和插入新数据的操作变得简便。

关系型数据库就是一个由表和表之间的关系组成的集合。数据库中的表和 R 中的数据框具有相同的形式。表之间可以相互关联，使得我们能轻松地合并多张表的信息。

在这一节中，我们从最简单的数据库开始，SQLite（http://sqlite.org/）就是一个轻量级的数据库引擎。

在 R 中操作 SQLite 数据库，我们会用到 RSQLite 扩展包。运行下面的代码可以从 CRAN 上下载并安装此包：

```
install.packages("RSQLite")
```

11.1.1　创建一个 SQLite 数据库

首先，我们学习如何创建一个 SQLite 数据库。如果想要在 data/example.sqlite 这个路径中创建一个示例数据库，就必须确保该路径存在。如果该路径不存在，就必须先创建路径：

```
if (!dir.exists("data")) dir.create("data")
```

现在，路径 data/ 是可访问的了。接下来，我们载入 RSQLite 扩展包，并提供一个数据库驱动（SQLite( )）和数据库文件（data/example.sqlite）来建立连接。尽管目标文件尚不存在，数据库驱动会创建一个空文件，即一个空的 SQLite 数据库：

```
library(RSQLite)
##装载相关扩展包: DBI
con <- dbConnect(SQLite( ), "data/example.sqlite")
```

数据库连接 con 是介于用户和系统中间的一层。我们可以创建一个连接，并且连接到关系型数据库，并通过这个连接实现查询、抽取及更新数据。后续的操作中一直使用该连接，直到连接被关闭。在一个典型的关系型数据库中，我们可以创建一个新表，该表的名称、列的名称和数据类型都是事先确定的，并且可以在表中增加行记录，也可以更新现有记录。关系型数据中的一张表看起来非常像 R 里的数据框。

现在，我们将创建一个简单的数据框，并将它作为一张表插入到数据库中。

```
example1 <- data.frame(
  id=1:5,
  type = c("A", "A", "B", "B", "C"),
  score = c(8, 9, 8, 10, 9),
  stringsAsFactors = FALSE)
example1
##   id type score
## 1  1    A     8
## 2  2    A     9
## 3  3    B     8
## 4  4    B    10
## 5  5    C     9
```

现在，数据框已经准备好了，然后调用 dbWriteTable( ) 将其写入数据库，作为库中的一张表：

```
dbWriteTable(con, "example1", example1)
## [1] TRUE
```

在上面的代码中，我们也可以使用其他表名来存储同样的数据。最后，用 dbDisconnect( ) 断开数据库连接，这样 con 便不可用了。

```
dbDisconnect(con)
## [1] TRUE
```

1. 向一个数据库写入多张表格

一个 SQLite 数据库是一个表的集合。因此，我们可以在数据库中存储多张表。

这次，我们将 ggplot2 中的 diamonds 数据集和 flights 中的 nycflights13 数据集作为两张表格写入到一个数据库中。如果你还没有安装这两个包，请运行下列代码：

```
install.packages(c("ggplot2", "nycflights13"))
```

安装好两个扩展包之后，就可以调用 data( ) 来载入所需数据框：

```
data("diamonds", package = "ggplot2")
```

```
data("flights", package = "nycflights13")
```

我们重复之前的操作，但 dbWriteTable( ) 却报错了：

```
con <- dbConnect(SQLite( ), "data/datasets.sqlite")
dbWriteTable(con, "diamonds", diamonds, row.names=FALSE)
## Error in (function (classes, fdef, mtable) : unable to find an inherited
method for function 'dbWriteTable' for signature '"SQLiteConnection",
"character", "tbl_df"'
dbWriteTable(con, "flights", flights, row.names=FALSE)
## Error in (function (classes, fdef, mtable) : unable to find an inherited
method for function 'dbWriteTable' for signature '"SQLiteConnection",
"character", "tbl_df"'
dbDisconnect(con)
## [1] TRUE
```

此时，检查一下这两个变量的类，可能会有所帮助：

```
class(diamonds)
## [1] "tbl_df"     "tbl"        "data.frame"
class(flights)
## [1] "tbl_df"     "tbl"        "data.frame"
```

注意，diamonds 和 flights 不仅仅是一般的 data.frame 类型，而是更复杂的数据结构。要将它们写入数据库，需要用 as.data.frame( ) 将其转化成普通的数据框对象。

```
con <- dbConnect(SQLite( ), "data/datasets.sqlite")
dbWriteTable(con, "diamonds", as.data.frame(diamonds), row.names = FALSE)
## [1] TRUE
dbWriteTable(con, "flights", as.data.frame(flights), row.names = FALSE)
## [1] TRUE
dbDisconnect(con)
## [1] TRUE
```

现在，数据库中就有这两张表了。

2. 向表中追加数据

在本节的开头我们提到，向数据库的表中追加记录是非常容易的。这里有一个简单的例子，首先生成几个数据块，然后将它们依次追加到数据库的表中：

```
con <- dbConnect(SQLite( ), "data/example2.sqlite")
```

```
chunk_size <- 10
id <- 0
for(i in 1:6) {
  chunk <- data.frame(id = ((i-1L) * chunk_size):(i * chunk_size-1L),
    type = LETTERS[[i]],
    score = rbinom(chunk_size, 10, (10-i)/10),
    stringsAsFactors = FALSE)
  dbWriteTable(con, "products", chunk,
    append = i > 1, row.names = FALSE)
}
dbDisconnect(con)
## [1] TRUE
```

注意，每次代码块都生成了一个数据框，其中包含一些确定数据和一些随机数，我们将这些数据记录追加到一个名为 products 的表中。这个例子与之前例子的不同之处在于，当调用 dbWriteTable( ) 时，在第 1 次循环中令参数 append = FALSE，以便在数据库中创建表格，而后面的每次循环中要令 append = TRUE 来扩展已有的表格。

11.1.2 访问表和表中字段

一旦有了 SQLite 数据库，我们不仅可以访问存储于表中的数据，还可以访问一些元数据，倒如，所有表的名字或某个表的列。

连接到之前创建的 SQLite 数据库，以便演示：

```
con <- dbConnect(SQLite( ), "data/datasets.sqlite")
```

调用 dbExistsTable( ) 函数，检查数据库中是否存在某张表：

```
dbExistsTable(con, "diamonds")
## [1] TRUE
dbExistsTable(con, "mtcars")
## [1] FALSE
```

到目前为止，我们只在 datasets.sqlite 数据库中写入了 diamonds 和 flights 这两张表，所以 dbExistTable( ) 返回的值是正确的。与检测表的存在相对应，我们用 dbListTables( ) 列出数据库中所有的表：

```
dbListTables(con)
## [1] "diamonds" "flights"
```

对于某一张表，我们也可以调用 dbListFields( ) 列出这张表的列名（或字段）：

```
dbListFields(con, "diamonds")
## [1] "carat"   "cut"     "color"   "clarity" "depth"
## [6] "table"   "price"   "x"       "y"       "z"
```

与 dbWriteTable( ) 相反，dbReadTable( ) 将整张表读入一个数据框（从数据库中读取数据）：

```
db_diamonds <- dbReadTable(con, "diamonds")
dbDisconnect(con)
## [1] TRUE
```

这里就有两个版本的数据了，一个是从数据库中读取的数据框，即 db_diamonds，另一个是原有版本，即 diamonds。我们可以将二者做一个对比：

```
head(db_diamonds, 3)
##   carat     cut color clarity depth table price    x    y    z
## 1  0.23   Ideal     E     SI2  61.5    55   326 3.95 3.98 2.43
## 2  0.21 Premium     E     SI1  59.8    61   326 3.89 3.84 2.31
## 3  0.23    Good     E     VS1  56.9    65   327 4.05 4.07 2.31
head(diamonds, 3)
##   carat     cut color clarity depth table price    x    y    z
## 1  0.23   Ideal     E     SI2  61.5    55   326 3.95 3.98 2.43
## 2  0.21 Premium     E     SI1  59.8    61   326 3.89 3.84 2.31
## 3  0.23    Good     E     VS1  56.9    65   327 4.05 4.07 2.31
```

两个数据框的数据看起来完全一样。然而，如果调用 identical( ) 进行比较，就会发现它们其实并不相同：

```
identical(diamonds, db_diamonds)
## [1] FALSE
```

为了揭示它们的不同之处，我们调用 str( ) 查看两个数据框的结构。

这是数据库中表的结构：

```
str(db_diamonds)
## 'data.frame':    53940 obs. of  10 variables:
##  $ carat  : num  0.23 0.21 0.23 0.29 0.31 0.24 0.24...
##  $ cut    : chr  "Ideal" "Premium" "Good" "Premium" ...
##  $ color  : chr  "E" "E" "E" "I" ...
##  $ clarity: chr  "SI2" "SI1" "VS1" "VS2" ...
##  $ depth  : num  61.5 59.8 56.9 62.4 63.3 62.8 62.3...
```

```
##  $ table  : num  55 61 65 58 58 57 57 55 61 61 ...
##  $ price  : int  326 326 327 334 335 336 336 337 337...
##  $ x      : num  3.95 3.89 4.05 4.2 4.34 3.94 3.95...
##  $ y      : num  3.98 3.84 4.07 4.23 4.35 3.96 3.98...
##  $ z      : num  2.43 2.31 2.31 2.63 2.75 2.48 2.47...
```

这是原始版本的结构：

```
str(diamonds)
## Classes 'tbl_df', 'tbl' and 'data.frame':    53940 obs. of  10
variables:
##  $ carat  : num  0.23 0.21 0.23 0.29 0.31 0.24 0.24...
##  $ cut    : Ord.factor w/ 5 levels "Fair"<"Good"<..: 5 4 2 4 2 3 3 3 1 3
...
##  $ color  : Ord.factor w/ 7 levels "D"<"E"<"F"<"G"<..: 2 2 2 6 7 7 6 5 2
5 ...
##  $ clarity: Ord.factor w/ 8 levels "I1"<"SI2"<"SI1"<..: 2 3 5 4 2 6 7 3
4 5 ...
##  $ depth  : num  61.5 59.8 56.9 62.4 63.3 62.8 62.3 61.9 65.1 59.4 ...
##  $ table  : num  55 61 65 58 58 57 57 55 61 61 ...
##  $ price  : int  326 326 327 334 335 336 336 337 337 338 ...
##  $ x      : num  3.95 3.89 4.05 4.2 4.34 3.94 3.95...
##  $ y      : num  3.98 3.84 4.07 4.23 4.35 3.96 3.98...
##  $ z      : num  2.43 2.31 2.31 2.63 2.75 2.48 2.47...
```

现在，差异就显而易见了。在原有版本中，cut、color 和 clarity 是有序因子变量，其本质是包含元数据（次序水平）的整数。与之相比，在数据库版本中，这些列被存储为文本格式。产生这个变动的原因在于 SQLite 中对有序因子没有内置支持。因此，除了通用数据类型（如数值型、文本型、逻辑型等），在向数据库中插入数据框之前，R 特有的类型会被转化为 SQLite 支持的类型。

11.1.3 用 SQL 对关系型数据库进行查询

前面几节中，我们已经掌握了如何向 SQLite 数据库中写入数据。这一节，我们将学习如何根据需求对数据库进行查询，进而从中获取数据。接下来的例子中会使用 data/datasets.sqlite（之前创建的）。

首先，需要与数据库建立连接：

```
con <- dbConnect(SQLite( ), "data/datasets.sqlite")
dbListTables(con)
```

```
## [1] "diamonds" "flights"
```

数据库中有两张表，我们用 select 语句来选取 diamonds 中所有的数据。这里需要选择所有的列（字段）。所以，我们调用 dbGetQuery( )，将数据库连接 con 和查询语句作为参数输入：

```
db_diamonds <- dbGetQuery(con,
"select * from diamonds")
head(db_diamonds, 3)
##   carat     cut color clarity depth table price    x    y    z
## 1  0.23   Ideal     E     SI2  61.5    55   326 3.95 3.98 2.43
## 2  0.21 Premium     E     SI1  59.8    61   326 3.89 3.84 2.31
## 3  0.23    Good     E     VS1  56.9    65   327 4.05 4.07 2.31
```

注意，* 这个符号代表所有的字段。如果我们只需要字段的一个子集，也可以依次列出字段名：

```
db_diamonds <- dbGetQuery(con,
"select carat, cut, color, clarity,
  depth, price
from diamonds")
head(db_diamonds, 3)
##   carat     cut color clarity depth price
## 1  0.23   Ideal     E     SI2  61.5   326
## 2  0.21 Premium     E     SI1  59.8   326
## 3  0.23    Good     E     VS1  56.9   327
```

如果想要选取数据中所有不重复的值，可以使用 select distinct。例如，下面的代码会返回 diamonds 表中 cut 字段的所有不重复的取值：

```
dbGetQuery(con, "select distinct cut from diamonds")
##         cut
## 1     Ideal
## 2   Premium
## 3      Good
## 4 Very Good
## 5      Fair
```

注意，dbGetQuery( ) 总是返回一个数据框，虽然它只有一列。为使单列数据框还原成原子向量，只需从数据框中取出第 1 列：

```
dbGetQuery(con, "select distinct clarity from diamonds")[[1]]
## [1] "SI2"  "SI1"  "VS1"  "VS2"  "VVS2" "VVS1" "I1"   "IF"
```

当用 select 选择列查询时，原表中的列名可能并不合意。此时，可以用 A as B 的形式，得到名为 B 的列，但 B 中的数据与原表的 A 列一致：

```
db_diamonds <- dbGetQuery(con,
"select carat, price, clarity as clarity_level from diamonds")
head(db_diamonds, 3)
##   carat price clarity_level
## 1  0.23   326           SI2
## 2  0.21   326           SI1
## 3  0.23   327           VS1
```

有时候，我们想要的值不是直接存储在数据库中，而是需要经过一些计算才能得到。这时，也可以使用 A as B 的语句形式，这里的 A 是现有列之间的算术运算式：

```
db_diamonds <- dbGetQuery(con,
"select carat, price, x * y * z as size
from diamonds")
head(db_diamonds, 3)
##   carat price     size
## 1  0.23   326 38.20203
## 2  0.21   326 34.50586
## 3  0.23   327 38.07688
```

假如要用现有列生成一个新列，再用该新列生成另一个列，我们该怎么办呢？

```
db_diamonds <- dbGetQuery(con,
"select carat, price, x * y * z as size,
  price / size as value_density
  from diamonds")
## Error in sqliteSendQuery(con, statement, bind.data): error in statement:
no such column: size
```

上面的做法是行不通的。语句 A as B 中，A 必须由已存在的列构成。然而，如果确实需要这样做，可以用嵌套查询的办法，即通过一个内嵌的 select 语句产生一个临时表，再从临时表中选出所需列：

```
db_diamonds <- dbGetQuery(con,
"select *, price / size as value_density from
```

```
  (select carat, price, x * y * z as size
from diamonds)")
head(db_diamonds, 3)
##   carat price     size  value_density
## 1  0.23   326  38.20203      8.533578
## 2  0.21   326  34.50586      9.447672
## 3  0.23   327  38.07688      8.587887
```

这种情况下，在计算 price/size 时，size 已经在临时表中定义了。

数据库查询的另一个重要部分就是条件查询。我们使用 where 指明查询结果应满足的条件。例如，选择 cut 值为 Good 的钻石数据：

```
good_diamonds <- dbGetQuery(con,
"select carat, cut, price from diamonds
where cut = 'Good'")
head(good_diamonds, 3)
##   carat  cut price
## 1  0.23 Good   327
## 2  0.31 Good   335
## 3  0.30 Good   339
```

注意，cut 取值为 Good 的记录只有很少一部分：

```
nrow(good_diamonds) / nrow(diamonds)
## [1] 0.09095291
```

如果查询需要同时满足多个条件，可以用 and 来连结这些条件。例如，选出所有 cut 为 Good 且 color 值为 E 的记录：

```
good_e_diamonds <- dbGetQuery(con,
"select carat, cut, color, price from diamonds
  where cut = 'Good' and color = 'E'")
head(good_e_diamonds, 3)
##   carat  cut color price
## 1  0.23 Good     E   327
## 2  0.23 Good     E   402
## 3  0.26 Good     E   554
nrow(good_e_diamonds) / nrow(diamonds)
## [1] 0.017297
```

同样的逻辑也适用于 or 和 not。

除了这些简单的逻辑运算之外，也可以通过检查字段的值是否包含在给定集合中，可以使用 in 来筛选记录。例如，筛选出 color 为 E 或 F 的记录：

```
color_ef_diamonds <- dbGetQuery(con,
"select carat, cut, color, price from diamonds
  where color in ('E', 'F')")
nrow(color_ef_diamonds)
## [1] 19339
```

我们用下表验证该结果：

```
table(diamonds$color)
##
##     D     E     F     G     H     I     J
##  6775  9797  9542 11292  8304  5422  2808
```

使用 in 语句 的时候，我们需要为它指定一个集合。而语句 between … and…则需要指定一个区间：

```
some_price_diamonds <- dbGetQuery(con,
"select carat, cut, color, price from diamonds
  where price between 5000 and 5500")
nrow(some_price_diamonds) /nrow(diamonds)
## [1] 0.03285132
```

实际上这个区间不一定是数值型的，只要字段的数据类型是可比的即可。而对于字符串类型的列，我们可用 between 'string1' to 'string2' 语句，按照字典的排列顺序来筛选记录。

针对字符串字段，还有一个有用的运算符：like，它可以用来筛选具有某种模式的字段。例如，我们可以选出表中 cut 变量取值以 Good 结尾的记录。它可以是 Good 或 VeryGood。我们用 like '%Good'，这里的 % 符号可以匹配任何字符串。

```
good_cut_diamonds <- dbGetQuery(con,
"select carat, cut, color, price from diamonds
  where cut like '%Good' ")
nrow(good_cut_diamonds) / nrow(diamonds)
## [1] 0.3149425
```

数据库查询还有一个重要功能，即按照指定字段重新排列数据，可以使用 order by 实现这个功能。例如，检索所有记录的 carat 和 price 字段，并按照 price 字段升序排列：

```
cheapest_diamonds <- dbGetQuery(con,
"select carat, price from diamonds
  order by price")
```

如此便可得到一个钻石数据的数据框，按照由便宜到昂贵的顺序排列：

```
head(cheapest_diamonds)
##   carat price
## 1  0.23   326
## 2  0.21   326
## 3  0.23   327
## 4  0.29   334
## 5  0.31   335
## 6  0.24   336
```

在指定排序字段时加一个 desc，就可以进行降序排列，这里我们得到一个顺序完全相反的数据框：

```
most_expensive_diamonds <- dbGetQuery(con,
"select carat, price from diamonds
  order by price desc")
head(most_expensive_diamonds)
##   carat price
## 1  2.29 18823
## 2  2.00 18818
## 3  1.51 18806
## 4  2.07 18804
## 5  2.00 18803
## 6  2.29 18797
```

也可以根据多个字段（或列）对记录进行排序。例如，首先按照 price 进行升序排列，如果两条记录的 price 取值相等，再按照 carat 进行降序排列：

```
cheapest_diamonds <- dbGetQuery(con,
"select carat, price from diamonds
  order by price, carat desc")
head(cheapest_diamonds)
##   carat price
## 1  0.23   326
## 2  0.21   326
## 3  0.23   327
```

```
## 4  0.29   334
## 5  0.31   335
## 6  0.24   336
```

就像 select 语句中用于排序的列可以是根据已有列计算生成的：

```
dense_diamonds <- dbGetQuery(con,
"select carat, price, x * y * z as size from diamonds
  order by carat /size desc")
head(dense_diamonds)
##   carat price      size
## 1  1.07  5909  47.24628
## 2  1.41  9752  74.41726
## 3  1.53  8971  85.25925
## 4  1.51  7188 133.10400
## 5  1.22  3156 108.24890
## 6  1.12  6115 100.97448
```

同时使用 where 和 order by 便可得到一个排序的子集结果：

```
head(dbGetQuery(con,
"select carat, price from diamonds
   where cut = 'Ideal' and clarity = 'IF' and color = 'J'
   order by price"))
##   carat price
## 1  0.30   489
## 2  0.30   489
## 3  0.32   521
## 4  0.32   533
## 5  0.32   533
## 6  0.35   569
```

如果只关心前几行结果，我们可以用 limit 来限制取出的记录条数：

```
dbGetQuery(con,
"select carat, price from diamonds
  order by carat desc limit 3")
##   carat price
## 1  5.01 18018
## 2  4.50 18531
## 3  4.13 17329
```

除了字段选择（按列选取）、条件筛选和排序，我们还可以在数据库中对记录进行分组聚合。例如，计算每种颜色的记录条数：

```
dbGetQuery(con,
"select color, count(*) as number from diamonds
  group by color")
##   color number
## 1     D   6775
## 2     E   9797
## 3     F   9542
## 4     G  11292
## 5     H   8304
## 6     I   5422
## 7     J   2808
```

对原始数据调用 table( )，检验查询结果：

```
table(diamonds$color)
##
##     D     E     F     G     H     I     J
##  6775  9797  9542 11292  8304  5422  2808
```

除了汇总计数，其他聚合函数还有 avg( )、max( )、min( ) 和 sum( )。例如，计算不同透明度水平的平均价格：

```
dbGetQuery(con,
"select clarity, avg(price) as avg_price
   from diamonds
   group by clarity
   order by avg_price desc")
##   clarity avg_price
## 1     SI2  5063.029
## 2     SI1  3996.001
## 3     VS2  3924.989
## 4      I1  3924.169
## 5     VS1  3839.455
## 6    VVS2  3283.737
## 7      IF  2864.839
## 8    VVS1  2523.115
```

也可以检查一下，在最低的 5 个价格水平下，能买到的最大克拉数是多少：

```
dbGetQuery(con,
"select price, max(carat) as max_carat
```

```
   from diamonds
   group by price
   order by price limit 5")
##   price max_carat
## 1   326      0.23
## 2   327      0.23
## 3   334      0.29
## 4   335      0.31
## 5   336      0.24
```

还可以在组内同时进行多个运算。以下代码计算了每个透明度水平下的价格区间和价格平均值：

```
dbGetQuery(con,
"select clarity,
     min(price) as min_price,
     max(price) as max_price,
     avg(price) as avg_price
   from diamonds
   group by clarity
   order by avg_price desc")
##   clarity min_price max_price avg_price
## 1     SI2       326     18804  5063.029
## 2     SI1       326     18818  3996.001
## 3     VS2       334     18823  3924.989
## 4      I1       345     18531  3924.169
## 5     VS1       327     18795  3839.455
## 6    VVS2       336     18768  3283.737
## 7      IF       369     18806  2864.839
## 8    VVS1       336     18777  2523.115
```

接下来的例子，用重量进行加权，计算了不同透明度水平下每克拉钻石的平均价格：

```
dbGetQuery(con,
"select clarity,
     sum(price * carat) / sum(carat) as wprice
   from diamonds
   group by clarity
   order by wprice desc")
##   clarity   wprice
## 1     SI2 7012.257
## 2     VS2 6173.858
## 3     VS1 6059.505
```

```
## 4      SI1 5919.187
## 5     VVS2 5470.156
## 6       I1 5233.937
## 7       IF 5124.584
## 8     VVS1 4389.112
```

就像可以根据多个字段进行排序，我们也可以根据多个字段进行分组。以下代码计算了不同透明度水平和颜色种类下钻石的平均价格，并展示了最昂贵的 5 种组合：

```
dbGetQuery(con,
"select clarity, color,
     avg(price) as avg_price
   from diamonds
   group by clarity, color
   order by avg_price desc
   limit 5")
##   clarity color avg_price
## 1      IF     D  8307.370
## 2     SI2     I  7002.649
## 3     SI2     J  6520.958
## 4     SI2     H  6099.895
## 5     VS2     I  5690.506
```

关系型数据中，最能体现“关系”概念的运算是表的连接（join），即将若干表通过某些字段连接起来。例如，创建一个新的数据框 diamond_selector，包含字段 cut、color 和 clarity 的共有 3 条记录，之后我们将根据这 3 条记录筛选数据：

```
diamond_selector <- data.frame(
cut = c("Ideal", "Good", "Fair"),
color = c("E", "I", "D"),
clarity = c("VS1", "T1", "IF"),
stringsAsFactors = FALSE
)
diamond_selector
##     cut color clarity
## 1 Ideal     E     VS1
## 2  Good     I      T1
## 3  Fair     D      IF
```

创建好数据框后，我们将它写入数据库，然后连接 diamonds 表和 diamond_selector 表，再筛选出合意的记录：

```
dbWriteTable(con, "diamond_selector", diamond_selector,
row.names=FALSE, overwrite=TRUE)
## [1] TRUE
```

通过连接子句（join-clause）声明相匹配的列：

```
subset_diamonds <- dbGetQuery(con,
"select cut, color, clarity, carat, price
  from diamonds
  join diamond_selector using (cut, color, clarity)")
head(subset_diamonds)
##      cut color clarity carat price
## 1 Ideal     E     VS1  0.60  2774
## 2 Ideal     E     VS1  0.26   556
## 3 Ideal     E     VS1  0.70  2818
## 4 Ideal     E     VS1  0.70  2837
## 5 Ideal     E     VS1  0.26   556
## 6 Ideal     E     VS1  0.26   556
```

总的来说，符合 3 个筛选条件其中之一的，只有很少一部分记录：

```
nrow(subset_diamonds) / nrow(diamonds)
## [1] 0.01104931
```

最后，不要忘记断开数据库连接，以确保所有资源被正确释放：

```
dbDisconnect(con)
## [1] TRUE
```

在前面的例子中，我们只展示了 SQL 用于查询关系型数据库（以 SQLite 为例）的基本用法。实际上，SQL 远比我们演示的更加丰富和强大。若想了解更多细节，请访问 http://www.w3schools.com/sql。

11.1.4 分块提取查询结果

在本节开始的部分，我们提到使用关系型数据库的优势之一，是可以存储大量数据。通常，我们只提取出数据库的一个子集进行研究。然而，有时，我们需要检查的数据量还是超过了计算机内存容量。显然不能把所有数据载入内存，所以必须逐块处理。

绝大部分关系型数据库支持逐块提取查询。接下来的例子，我们用 dbSendQuery( ) 进行查询，而不是用 dbGetQuery( )。然后，我们重复地从查询结果中取回一块数据（几行记录），直到取回所有的查询结果。通过这种方式，逐块地处理数据，便不需要用到很大的内存空间。

```
con <- dbConnect(SQLite( ), "data/datasets.sqlite")
res <- dbSendQuery(con,
"select carat, cut, color, price from diamonds
  where cut = 'Ideal' and color = 'E' ")
while(!dbHasCompleted(res)){
  chunk <- dbFetch(res, 800)
  cat(nrow(chunk), "records fetched\n")
}
## 800 records fetched
## 800 records fetched
## 800 records fetched
## 800 records fetched
## 703 records fetched
dbClearResult(res)
## [1] TRUE
dbDisconnect(con)
## [1] TRUE
```

实践中，数据库中可能有数十亿条记录，查询结果有可能达到千万条。如果用 dbGetQuery( ) 一次性取出所有查询结果，内存可能会吃不消。但是，如果允许分块处理数据来完成任务，那么上述方法不失为一个好的选择。

11.1.5 出于一致性考虑的事务操作

流行的关系数据库具有很强的确保一致性的能力。当我们插入或更新数据时，是通过事务实现的。其中事务是对数据库操作的逻辑单位，事务操作有两种：提交（将数据库所做的修改永久写入数据库）和回滚（将数据库所做的修改全部撤销，数据库还原到操作前的状态）。如果一个事务操作失败了，我们可以撤销并回滚，以保证数据的一致性。

下面的例子简单模拟了一次数据累积过程（追加数据的过程），在这种过程中时常出现错误。假设我们需要累积某些产品的数据，并将它存储到 data/products.sqlite 中。每一次生成一块数据（几行数据），并将它追加到数据库的某张表上。然而，在每次迭代中，该进程都有 20%的概率出错。

```
set.seed(123)
con <- dbConnect(SQLite( ), "data/products.sqlite")
chunk_size <- 10
```

```
for( i in 1:6 ){
  cat("Processing chunk", i, "\n")
  if(runif(1) <= 0.2) stop("Data error")
  chunk <- data.frame(id = ((i - 1L) * chunk_size) : (i * chunk_size - 1L),
    type = LETTERS[[i]],
    score = rbinom(chunk_size, 10, (10 - i) /10),
    stringsAsFactors = FALSE)
  dbWriteTable(con, "products", chunk, append = i > 1, row.names = FALSE)
}
## Processing chunk 1
## Processing chunk 2
## Processing chunk 3
## Processing chunk 4
## Processing chunk 5
## Error in eval(expr, envir, enclos): Data error
```

这个累积过程在第 5 块数据处理时出错。我们计算一下表中的记录数：

```
dbGetQuery(con, "select COUNT(*) from products")
##   COUNT(*)
## 1       40
dbDisconnect(con)
## [1] TRUE
```

此时，发现表中存储了一些记录。某些情形下，我们希望只有两种结果：要么正确存储所有数据，要么不存入任何数据，这两种结果都保证了数据库的一致性。而如果只有一部分数据被存储时，就会产生新的问题。为了确保对数据库的一系列变更能够作为一个整体，即要么全部成功，要么全部失败。我们在写入任何数据前都调用 dbBegin( )，待所有变更完成后，再调用 dbCommit( )，如果这个过程中出现错误，就调用 dbRollback( )。

接下来的代码是上一个例子的增强版。我们通过事务操作确保要么所有分块数据都被正确写入数据库，要么不做任何变更。更确切地说，我们把数据写入过程放进 tryCatch 里。在写入开始前，调用 dbBegin( ) 开始事务操作。接着，在 tryCatch 中，向数据库逐块地写入数据。若一切顺利进行，再用 dbCommit( ) 提交事务。如果过程中出现任何错误，error( ) 函数会捕获错误并产生警告，此时再调用 dbRollback( ) 回滚事务：

```
set.seed(123)
file.remove("data/products.sqlite")
## [1] TRUE
con <- dbConnect(SQLite( ), "data/products.sqlite")
chunk_size <- 10
```

```
dbBegin(con)
## [1] TRUE
fes <- tryCatch({
  for( i in 1:6 ){
cat("Processing chunk", i, "\n")
    if(runif(1) <= 0.2) stop("Data error")
    chunk <- data.frame(id = ((i - 1L) * chunk_size) : (i * chunk_size - 1L),
type = LETTERS[[i]],
score = rbinom(chunk_size, 10, (10 - i) /10),
stringsAsFactors = FALSE)
dbWriteTable(con, "products", chunk,
append = i > 1, row.names = FALSE)
  }
dbCommit(con)
},error = function(e){
  warning("An error occurs: ", e, "\nRolling back", immediate. = TRUE)
  dbRollback(con)
})
## Processing chunk 1
## Processing chunk 2
## Processing chunk 3
## Processing chunk 4
## Processing chunk 5
## Warning in value[[3L]](cond): An error occurs: Error in
doTryCatch(return(expr), name, parentenv, handler): Data error
##
## Rolling back
```

我们看到相同的错误又一次发生。但是，这次错误被捕获到了，事务操作取消，数据库回滚。我们再一次计算表 products 中的记录条数进行验证：

```
dbGetQuery(con, "select COUNT(*) from products")
## Error in sqliteSendQuery(con, statement, bind.data): error in
statement:no such table: products
dbDisconnect(con)
## [1] TRUE
```

也许你会很惊讶，计数查询居然返回错误。为什么不返回 0 呢？如果我们仔细检查这个例子，就会明白，在第一次调用 dbWriteTable( ) 时，它创建了一个新表，并在第一块插入数据。换言之，创建表的操作也包括在事务中。所以在回滚时，表的创建也被撤销了。由于名为 products 的表根本不存在，计数查询返回错误也就不奇怪了。如果创建表在前，开始事务在后，那么撤销该事务后进行计数查询，其结果就与事务开始前表中的记录条数一致了。

要求数据之间具有强一致性的另一个例子是账户转移。当我们将一笔资金从一个帐户转移到另一个帐户时，必须确保系统从一个账户提取资金，同时向另一账户存入等额资金。这两个变动要么同时发生，要么都失败，以保证一致性。针对这一类问题，利用关系型数据的事务操作可以轻松实现。

我们定义一个函数用于创建一个虚拟银行的 SQLite 数据库。调用 dbSendQuery( ) 发送命令，创建 accounts 表（账户表）和 transactions 表（交易表）：

```
create_bank <- function(dbfile) {
  if(file.exists(dbfile)) file.remove(dbfile)
  con <- dbConnect(SQLite( ), dbfile)
  dbSendQuery(con,
    "create table accounts
    (name text primarykey key, balance real)")
  dbSendQuery(con,
    "create table transactions
    (time text, account_from text, account_to text, value real)")
  con
}
```

这个 accounts 表具有 2 列：name 和 balance。transactions 表有 4 列：time、account_from、account_to 和 value。第 1 张表存储了所有账户信息，第 2 张表存储所有历史交易信息。

此外，我们定义另一个函数，用于创建带有账户名和初始余额的账户。这个函数用 insert into 向 accounts 表写入新记录：

```
create_account <- function(con, name, balance){
  dbSendQuery(con,
    sprintf("insert into accounts (name, balance) values ('%s', %.2f)",
name, balance))
  TRUE
}
```

我们用 sprintf( ) 产生之前的 SQL 语句。它适用于本地和个人用途，但对于网络应用来说通常不够安全，因为黑客很容易通过局部表达式运行一些破坏性语句，进而操控整个数据库。

接着，我们定义一个转账函数，用于检查数据库中是否同时存在取款账户和收款账户。

它确保取款账户的余额足够完成转账请求。一旦转账有效，它会更新两个账户的余额，并向数据库中添加一条交易记录：

```
transfer <- function(con, from, to, value){
  get_account <- function(name){
    account <- dbGetQuery(con,
      sprintf("select * from accounts
              where name = '%s' ", name))
    if (nrow(account) == 0)
      stop(sprintf("Account '%s' does nor exist", name))
    account
  }
  account_from <- get_account(from)
  account_to <- get_account(to)
  if (account_from$balance < value) {
    stop(sprintf("Insufficient money to transter from '%s' ", from))}
  else {
    dbSendQuery(con,
      sprintf("update accounts set balance = %.2f
              where name = '%s' ",
        account_from$balance - value, from))
dbSendQuery(con,
sprintf("update accounts set balance = %.2f
where name = '%s' ",
        account_to$balance + value, to))
      dbSendQuery(con,
        sprintf("insert into transactions (time, account_from,
                account_to, value)
        values ('%s', '%s', '%s', %.2f)",
        format(Sys.time(), "%Y-%m-%d %H:%M:%S"),
        from, to, value))
  }
TRUE
}
```

尽管已经考虑到取款账户余额不足的可能性，并对此进行事前检查，但是仍有其他原因导致转账操作的风险。因此，我们实现一种 `transfer( )` 的安全版本，利用事务操作可以确保只要转账中出现任何错误，就能够撤销 `transfer( )` 函数所做的一切更改。

```
safe_transfer <- function(con, ...) {
  dbBegin(con)
  tryCatch({
```

```
    transfer(con, ...)
    dbCommit(con)
  }, error = function(e) {
    message("An error occurs in the transaction. Rollback...")
    dbRollback(con)
    stop(e)
  })
}
```

实际上，safe_transfer( ) 是 transfer( ) 的一个封装。safe_transfer( ) 仅仅是将 transfer( ) 放进了 tryCatch( ) 的沙箱中。如果有错误发生，我们就调用 doRollback( ) 以确保数据库的一致性。

在对这些函数进行测试前，我们还需要一个函数，用于查看给定账户的余额和成功完成的交易信息。

```
get_balance <- function(con, name) {
  res <- dbGetQuery(con,
    sprintf("select balance from accounts
            where name = '%s'", name))
  res$balance
}
get_transactions <- function(con, from, to) {
  dbGetQuery(con,
    sprintf( "select * from transactions
      where account_from = '%s' and account_to = '%s'",
      from,  to))
}
```

现在可以进行测试了。首先，调用 create_bank( ) 创建一个虚拟银行，它返回一个指向数据库文件的 SQLite 连接。然后，我们创建两个账户，并赋予初始余额。

```
con <- create_bank("data/bank.sqlite")
create_account(con, "David", 5000)
## [1] TRUE
create_account(con, "Jenny", 6500)
## [1] TRUE
get_balance(con, "David")
## [1] 5000
get_balance(con, "Jenny")
## [1] 6500
```

接着，再用 safe_transfer( ) 从 David 的账户向 Jenny 的账户转账。

```
safe_transfer(con, "David", "Jenny", 1500)
## [1] TRUE
get_balance(con, "David")
## [1] 3500
get_balance(con, "Jenny")
## [1] 8000
```

转账成功，并且在保证一致性的前提下，两个账户的余额都被修改了。现在再做一次转账。这一次，David 的账户余额不足，所以转账操作以失败告终：

```
safe_transfer(con, "David", "Jenny", 6500)
## An error occurs in the transaction. Rollback...
## Error in transfer(con, ...): Insufficient money to transter from 'David'
get_balance(con, "David")
## [1] 3500
get_balance(con, "Jenny")
## [1] 8000
```

函数返回错误信息，并对数据库进行回滚。两个账户的余额都没有变动。现在查询所有成功的交易记录：

```
get_transactions(con, "David", "Jenny")
##                  time   account_from  account_to value
## 1 2017-03-05 08:58:59         David       Jenny  1500
```

我们找到了第 1 次交易，但第 2 次交易失败了，所以没有出现在数据库中。最后，一定要记得切断数据库连接：

```
dbDisconnect(con)
## [1] TRUE
```

11.1.6 将多个文件的数据存入一个数据库

在处理大数据文件时，常常在读写数据方面遇到许多问题。实际可能出现两种极端情况。一种是文本格式的数据源非常大，几乎不能载入内存。另一种是：数据分散在许多文件中，需要费些力气将它们整合到一个数据框中。

对于第 1 种情况，我们可以逐块地读取数据，并将每块数据分别追加到数据库的某张表中。以下函数便是为此设计的，给定输入文件、输出数据库、表名和数据块的容量，该函数向数据库的表中追加记录。考虑到输入数据可能过大，以至于无法载入内存，所以这个函数每次只会读取一块数据，并将其写入数据库，因此，只需要很小的工作内存：

```
chunk_rw <- function(input, output, table, chunk_size = 10000) {
  first_row <- read.csv(input, nrows = 1, header = TRUE)
  header <- colnames(first_row)
  n <- 0
  con <- dbConnect(SQLite(), output)
on.exit(dbDisconnect(con))
  while (TRUE) {
    df <- read.csv(input,
skip = 1 + n * chunk_size,nrows = chunk_size,
header = FALSE, col.names = header,
stringsAsFactors = FALSE)
    if (nrow(df) == 0) break
dbWriteTable(con, table, df, row.names = FALSE, append = n > 0)
    n <- n + 1
cat(sprintf("%d records written\n", nrow(df)))
  }
}
```

因为是逐块进行操作，所以技巧性在于正确地计算输入文件中每个数据块的偏移量。

为了测试这个函数，我们先将 diamonds 写入一个 csv 文件，再用 chunk_rw( ) 逐块地将 csv 文件写入 SQLite 数据库。用这种办法，写入过程只需要非常小的工作内存，远远小于将整个数据载入所需的内存。

```
write.csv(diamonds, "data/diamonds.csv", quote = FALSE, row.names = FALSE)
chunk_rw("data/diamonds.csv", "data/diamonds.sqlite", "diamonds")
## 10000 records written
## 10000 records written
## 10000 records written
## 10000 records written
## 10000 records written
## 3940 records written
```

另一种极端的情况是，我们需要从很多个小文件中读取数据。在这种情况下，我们可以把分布在这些文件中的所有数据写入到一个数据库，以便轻松地实现查询。下面这个函数将一个文件夹中的所有 csv 文件的数据导入一个数据库中：

```
batch_rw <- function(dir, output, table, overwrite = TRUE) {
  files <- list.files(dir, "\\.csv$", full.names = TRUE)
  con <- dbConnect(SQLite(), output)
on.exit(dbDisconnect(con))
  exist <- dbExistsTable(con, table)
  if (exist) {
    if (overwrite) dbRemoveTable(con, table)
    else stop(sprintf("Table '%s' already exists", table))
  }
  exist <- FALSE
  for (file in files) {
cat(file, "... ")
    df <- read.csv(file, header = TRUE,
stringsAsFactors = FALSE)
dbWriteTable(con, table, df, row.names = FALSE,
append = exist)
    exist <- TRUE
cat("done\n")
  }
}
```

为了演示，我们在 data/groups 中放入多个小的 csv 格式文件，调用 batch_rw( ) 将所有数据导入数据库。

```
batch_rw("data/groups", "data/groups.sqlite", "groups")
## data/groups/group1.csv ... done
## data/groups/group2.csv ... done
## data/groups/group3.csv ... done
```

现在，所有文件中的数据都被放进数据库了。我们读取整个表来看看最终效果：

```
con <- dbConnect(SQLite(), "data/groups.sqlite")
dbReadTable(con, "groups")
##   group   id grade
## 1     1  I-1     A
## 2     1  I-2     B
## 3     1  I-3     A
## 4     2 II-1     C
## 5     2 II-2     C
## 6     3 III-1    B
## 7     3 III-2    B
## 8     3 III-3    A
```

```
## 9       3 III-4    C
dbDisconnect(con)
## [1] TRUE
```

本节介绍了 SQLite 数据库的基本知识和用法。实际上，许多流行的关系型数据库的功能特征和查询语句基本类似。掌握这些通用知识，就可以使用各种工具操作不同的关系型数据库，例如，通过 RMySQL 操作 MySQL，通过 RPostges 操作 PostreSQL，通过 RSQLServer 操作 Microsoft SQL，或者通过 RODBC 操作 ODBC 兼容数据库（Microsoft Access 和 Excel）。它们的操作方法相同，因此，熟悉了其中一种，操作其他几种应该也不成问题。

11.2 操作非关系型数据库

在本章的前几节中，我们已经掌握了关系型数据库的基础，学会使用 SQL 查询数据。关系型数据库主要是以表的形式组织，即它是相互之间具有关联的表的集合。

然而，当数据量超出服务器的承载容量时，新问题就产生了，因为关系型数据库的传统模型不容易支持水平可伸缩性，即不再用单个服务器，而是用服务器群集中存储数据。这就为数据库管理的复杂性增加了一个层级，因为数据以分布式形式存储，同时仍可以通过一个逻辑数据库进行访问。

近些年来，新数据库模型的引入和其在大数据分析与实时应用中的出色表现，使得 NoSQL（即非关系型数据库）开始流行起来。一些非关系型数据库旨在实现高可用性、扩展性、灵活性和高性能等。

关系型数据库和非关系型数据库在存储模型方面的差别是显而易见的。举个例子，对一个购物网站来说，商品和评论信息可以存储在一个具有两张表的关系型数据库里：商品表和评论表。所有的商品信息存储在一张表中，各个商品的所有评价存储在另一张表中。以下代码展示了这些表的基本结构：

```
products:
code,name,type,price,amount
A0000001,Product-A,Type-I,29.5,500
```

每条评论带有一个字段，指向它描述的商品：

```
comments:
code,user,score,text
```

```
A0000001,david,8,"This is a good product"
A0000001,jenny,5,"Just so so"
```

当一个商品具有许多相关的表和海量记录时，数据库必须分配给服务器群，但这会增加数据查询的难度，因为即使仅运行一个简单的查询，也是极度低效的。如果用 MongoDB 存储这样的数据，每个商品被存储为一个文档，该商品的所有评论会以数组的形式存储在该文档的一个字段中。如此一来，数据查询就容易多了，而且数据库也可以很方便地实现多服务器分布式存储。

11.2.1　MongoDB 操作

MongoDB 是一种流行的非关系型数据库，它提供了一种面向文档的数据存储方式。每种商品就是集合中的一份文档。商品具有一些描述字段和一个数组类型的评论字段。所有评论都是一个子文档，因此每个逻辑项都可以以自己的逻辑形式进行存储。

以下是集合中一种商品的 JSON（https://en.wikipedia.org/wiki/JSON）文件存储方式：

```
{
  "code":"A0000001",
  "name":"Product-A",
  "type":"Type-I",
  "price":29.5,
  "amount":500,
  "comments":[
    {
      "user":"david",
      "score":8,
      "text":"This is a good product"
    },
    {
      "user":"jenny",
      "score":5,
      "text":"Just so so"
    }
  ]
}
```

关系型数据库可能具有许多模式（schemas）。每种模式（或数据库）可以由多张表组成，每张表可能含有多条记录。相似地，一个 MongoDB 实例可以搭建多个数据库。每个数据库有可以存在多个集合，每个集合内可能有多个文档。二者的主要区别在于，关系型数据库中，一张表的所有记录具有相同的结构，但 MongoDB 数据库集合内的文档却没有模式限制，可以灵活地实现嵌套结构。

例如，前面的 JSON 格式用一个这样的文档描述一种商品的特征，文档内的 code、name、type、price 和 amount 这些数据字段都是简单的数据类型，而 comment 则是数组对象。每条评论由 comments 数组的一个对象所表示，该对象具有 user、score 和 text 的结构。该商品的所有评论共同组成一个对象，并存储在 comments 字段中。因此，根据商品的信息和评论，每种商品都是高度自包含的。如果我们需要某种产品的信息，不必再连接两张表，只需选出几个字段即可。

安装 MongoDB，请访问 https://docs.mongodb.com/manual/installation/，根据说明操作即可，它支持几乎所有主流平台。

1. 用 MongoDB 查询数据

假设我们有一个在本地设备上运行的 MongoDB 实例，它使用 mongolite 扩展包操作 MongoDB。可运行以下代码安装该扩展包：

```
install.packages("mongolite")
```

一旦安装好了扩展包，我们便可以通过声明集合、数据库和 MongoDB 的地址来创建 Mongo 连接：

```
library(mongolite)
m <- mongo("products", "test", "mongodb://localhost")
```

首先，我们创建一个到本地的 MongoDB 实例的连接。初始状态下，集合 products 不含任何文档。

```
m$count( )
## [1] 0
```

为了插入一个带评论的商品，直接将 JSON 文档以字符串形式传递给 m$insert( )：

```
m$insert('
{
  "code": "A0000001",
  "name": "Product-A",
  "type": "Type-I",
```

```
    "price": 29.5,
    "amount": 500,
    "comments": [
      {
        "user": "david",
        "score": 8,
        "text": "This is a good product"
      },
      {
        "user": "jenny",
        "score": 5,
        "text": "Just so so"
      }
    ]
  }')
```

现在，这个集合中就有一个文档了：

```
m$count( )
## [1] 1
```

此外，也可以用 R 中的列表对象来表示相同的结构。以下代码使用 list( ) 插入了第 2 个商品：

```
m$insert(list(
    code = "A0000002",
    name = "Product-B",
    type = "Type-II",
    price = 59.9,
    amount = 200L,
    comments = list(
      list(user = "tom", score = 6L,
        text = "Just fine"),
      list(user = "mike", score = 9L,
        text = "great product!")
    )
  ), auto_unbox = TRUE)
```

注意，R 没有提供标量类型，默认情况下，所有向量在 MongoDB 中都会被解释为 JSON 数组，除非设置 auto_unbox = TRUE，它会将单元素向量转换为 JSON 中的标量。如果没有设置 auto_unbox = TRUE，就要用 jsonlite::unbox( ) 来确保标量输出或用 I( ) 确保数组输出。

现在，集合中有两个文档了：

```
m$count( )
## [1] 2
```

接着，我们用 m$find( ) 取出集合中的所有文档，为了更方便地进行数据处理，结果会自动简化为数据框类型。

```
products <- m$find( )
##
 Found 4 records...
 Imported 4 records. Simplifying into dataframe...
str(products)
## 'data.frame':    4 obs. of  6 variables:
##  $ code    : chr  "A0000001" "A0000002"
##  $ name    : chr  "Product-A" "Product-B"
##  $ type    : chr  "Type-I" "Type-II"
##  $ price   : num  29.5 59.9
##  $ amount  : int  500 200
##  $ comments:List of 2
##   ..$ :'data.frame': 2 obs. of  3 variables:
##   .. ..$ user : chr  "david" "jenny"
##   .. ..$ score: int  8 5
##   .. ..$ text : chr  "This is a good product" "Just so so"
##   ..$ :'data.frame': 2 obs. of  3 variables:
##   .. ..$ user : chr  "tom" "mike"
##   .. ..$ score: int  6 9
##   .. ..$ text : chr  "Just fine" "great product!"
```

为了避免自动转换，可以用 m$iterate( ) 在集合中进行迭代，并得到具有原始存储形式的列表对象：

```
iter <- m$iterate( )
products <- iter$batch(2)
str(products)
## List of 2
##  $ :List of 6
##   ..$ code    : chr "A0000001"
```

```
##    ..$ name     : chr "Product-A"
##    ..$ type     : chr "Type-I"
##    ..$ price    : num 29.5
##    ..$ amount   : int 500
##    ..$ comments:List of 2
##    .. ..$ :List of 3
##    .. .. ..$ user : chr "david"
##    .. .. ..$ score: int 8
##    .. .. ..$ text : chr "This is a good product"
##    .. ..$ :List of 3
##    .. .. ..$ user : chr "jenny"
##    .. .. ..$ score: int 5
##    .. .. ..$ text : chr "Just so so"
##  $ :List of 6
##    ..$ code     : chr "A0000002"
##    ..$ name     : chr "Product-B"
##    ..$ type     : chr "Type-II"
##    ..$ price    : num 59.9
##    ..$ amount   : int 200
##    ..$ comments:List of 2
##    .. ..$ :List of 3
##    .. .. ..$ user : chr "tom"
##    .. .. ..$ score: int 6
##    .. .. ..$ text : chr "Just fine"
##    .. ..$ :List of 3
##    .. .. ..$ user : chr "mike"
##    .. .. ..$ score: int 9
##    .. .. ..$ text : chr "great product!"
```

还可以在 m$find( ) 中声明条件查询及字段来筛选集合：

首先，我们查询 code 为 A0000001 的文档，并取出 name、price 和 amount 字段：

```
m$find('{ "code": "A0000001" }',
'{ "_id": 0, "name": 1, "price": 1, "amount": 1 }')
##
 Found 2 records...
 Imported 2 records. Simplifying into dataframe...
##        name price amount
## 1 Product-A  29.5    500
```

然后，查询 price 字段大于等于 40 的文档，这一步可以通过条件查询的 $gte 运算符来实现：

```
m$find('{ "price": { "$gte": 40 } }',
'{ "_id": 0, "name": 1, "price": 1, "amount": 1 }')
##
 Found 1 records...
 Imported 1 records. Simplifying into dataframe...
##        name price amount
## 1 Product-B  59.9    200
## 2 Product-B  59.9    200
```

我们不仅可以查询文档字段，也可以查询数组字段中某个对象。下列代码用来取出对应评论数组中评分为 9 分的商品文档：

```
m$find('{ "comments.score": 9 }',
'{ "_id": 0, "code": 1, "name": 1}')
##
 Found 2 records...
 Imported 2 records. Simplifying into dataframe...
##       code      name
## 1 A0000002 Product-B
```

类似地，下面的代码可取出 6 分以下的低分评论的商品文档：

```
m$find('{ "comments.score": { "$lt": 6 }}',
'{ "_id": 0, "code": 1, "name": 1}')
##
 Found 2 records...
 Imported 2 records. Simplifying into dataframe...
##       code      name
## 1 A0000001 Product-A
```

注意，使用 . 符号可以轻松实现访问子文档中的字段，这使我们能够更加灵活地对嵌套结构进行控制：

```
## [1] TRUE
```

m$insert( ) 函数也可以用来处理 R 中的数据框。现在，创建一个新的 MongoDB 连接，并连接至另一个集合：

```
m <- mongo("students", "test", "mongodb://localhost")
```

我们创建一个 MongoDB 连接对象 m，来处理本地 MongoDB 实例中 test 数据库的 students 集合。

```
m$count( )
## [1] 0
```

最初，这个集合中没有文档。我们创建一个简单的数据框，以便向其中插入一些数据：

```
students <- data.frame(
  name = c("David", "Jenny", "Sara", "John"),
  age = c(25, 23, 26, 23),
  major = c("Statistics", "Physics", "Computer Science", "Statistics"),
  projects = c(2, 1, 3, 1),
  stringsAsFactors = FALSE
)
students
##    name age            major projects
## 1 David  25       Statistics        2
## 2 Jenny  23          Physics        1
## 3  Sara  26 Computer Science        3
## 4  John  23       Statistics        1
```

然后，将这些行行为文档插入到集合中：

```
m$insert(students)
##
Complete! Processed total of 4 rows.
```

现在，集合中有一些文档了：

```
m$count( )
## [1] 4
```

用 find( ) 取出所有的文档：

```
m$find( )
##
 Found 4 records...
```

```
 Imported 4 records. Simplifying into dataframe...
##    name age            major projects
## 1 David  25       Statistics        2
## 2 Jenny  23          Physics        1
## 3  Sara  26 Computer Science        3
## 4  John  23       Statistics        1
```

正如前面的例子中所提到的，文档存储在 MongoDB 集合中的方式，与关系型数据库中字段存储在表中的方式是不同的。MongoDB 集合中的一个文档，更像是一个 JSON 文档，但实际上，它是以二进制数据形式存储的，以获得高性能和紧凑性。`m$find( )` 函数首先取出类似 JSON 格式的数据，然后将它简化成便于处理的数据格式。

为了筛选数据，我们可以在 `m$find( )` 中声明查询条件。例如，找出名为 `Jenny` 的所有文档：

```
m$find('{ "name": "Jenny" }')
##
 Found 1 records...
 Imported 1 records. Simplifying into dataframe...
##    name age   major projects
## 1 Jenny  23 Physics        1
```

结果自动强制转换为数据框，以便于使用。然后，查询 `projects` 字段数值大于等于 2 的所有文档：

```
m$find('{ "projects": { "$gte": 2 }}')
##
 Found 2 records...
 Imported 2 records. Simplifying into dataframe...
##    name age            major projects
## 1 David  25       Statistics        2
## 2  Sara  26 Computer Science        3
```

为了选择字段，我们可以指定 `find( )` 函数的 `fields` 参数：

```
m$find('{ "projects": { "$gte": 2 }}',
'{ "_id": 0, "name": 1, "major": 1 }')
##
 Found 2 records...
 Imported 2 records. Simplifying into dataframe...
##    name            major
```

```
## 1 David       Statistics
## 2  Sara Computer Science
```

也可以设置 sort 参数来整理数据：

```
m$find('{ "projects": { "$gte": 2 }}',
fields ='{ "_id": 0, "name": 1, "age": 1 }',
sort ='{ "age": -1 }')
##
 Found 2 records...
 Imported 2 records. Simplifying into dataframe...
##    name age
## 1  Sara  26
## 2 David  25
```

指定 limit 参数来限制返回文档的数量：

```
m$find('{ "projects": { "$gte": 2 }}',
fields ='{ "_id": 0, "name": 1, "age": 1 }',
sort ='{ "age": -1 }',
limit =1)
##
 Found 1 records...
 Imported 1 records. Simplifying into dataframe...
##   name age
## 1 Sara  26
```

同样，我们可以得到所有文档中某一字段中所有不同的值：

```
m$distinct("major")
## [1] "Statistics"       "Physics"           "Computer Science"
```

得到基于某个条件的不同取值：

```
m$distinct("major", '{ "projects": { "$gte": 2 } }')
## [1] "Statistics"       "Computer Science"
```

要更新某个文档，我们可以调用 update( )，找到所选文档，设置特定字段的取值：

```
m$update('{ "name": "Jenny" }', '{ "$set": { "age": 24 } }')
## [1] TRUE
m$find()
##
```

```
 Found 4 records...
 Imported 4 records. Simplifying into dataframe...
##    name age            major projects
## 1 David  25       Statistics        2
## 2 Jenny  24          Physics        1
## 3  Sara  26 Computer Science        3
## 4  John  23       Statistics        1
```

2. 创建或移除索引

与关系型数据库类似，MongoDB 也支持索引。一个集合可以有多个索引，并且索引字段被高速缓存在存储器中以便快速查找。适当地创建索引能够使文档检索变得非常高效。

借助 mongolite 扩展包能够轻松地在 MongoDB 中创建索引，这个工作在我们向集合中导入数据之前或之后进行都是可行的。然而，如果在已经导入了数十亿的数据后，再创建索引会是一件费时的工作。同样，如果在导入文档前就创建了许多索引，就会影响导入集合的性能。

这里，我们为 students 集合创建一个索引：

```
m$index('{ "name": 1 }')
##   v key._id key.name   name            ns
## 1 2       1       NA   _id_ test.students
## 2 2      NA        1 name_1 test.students
```

现在，如果通过索引字段查找文档，其运算性能是优异的：

```
m$find('{ "name": "Sara" }')
##
 Found 1 records...
 Imported 1 records. Simplifying into dataframe...
##   name age            major projects
## 1 Sara  26 Computer Science        3
```

如果没有文档满足条件，则会返回一个空的数据框：

```
m$find('{ "name": "Jane" }')
##
 Imported 0 records. Simplifying into dataframe...
## data frame with 0 columns and 0 rows
```

最后，使用 drop( ) 删除集合。

```
m$drop( )
## [1] TRUE
```

显然，如果数据量本身很小，那么由索引带来的性能提升是很有限的。在下一个例子中，我们会创建一个有许多行的数据框，以便比较使用索引和不使用索引两种情况下，查找文档的性能差异。

```
set.seed(123)
m <- mongo("simulation", "test")
sim_data <- expand.grid(
type = c("A", "B", "C", "D", "E"),
category = c("P-1", "P-2", "P-3"),
group = 1:20000,
stringsAsFactors = FALSE)
head(sim_data)
##   type category group
## 1    A      P-1     1
## 2    B      P-1     1
## 3    C      P-1     1
## 4    D      P-1     1
## 5    E      P-1     1
## 6    A      P-2     1
```

索引字段已经创建好了。接下来，我们生成一些随机数字：

```
sim_data$score1 <- rnorm(nrow(sim_data), 10, 3)
sim_data$test1 <- rbinom(nrow(sim_data), 100, 0.8)
```

现在的数据框如下所示：

```
head(sim_data)
##   type category group    score1 test1
## 1    A      P-1     1  8.318573    80
## 2    B      P-1     1  9.309468    75
## 3    C      P-1     1 14.676125    77
## 4    D      P-1     1 10.211525    79
## 5    E      P-1     1 10.387863    80
## 6    A      P-2     1 15.145195    76
```

然后向 simulation 集合中插入以下数据：

```
m$insert(sim_data)
```

```
Complete! Processed total of 300000 rows.
[1] TRUE
```

第 1 项测试用于回答在未使用索引的情况下，查询一个文档需要的时间：

```
system.time(rec <- m$find('{ "type": "C", "category": "P-3", "group": 87}'))
##
 Found 1 records...
 Imported 1 records. Simplifying into dataframe...
##   user system elapsed
## 0.000  0.000   0.104
rec
##    type category group   score1 test1
## 1     C      P-3    87 6.556688    72
```

第 2 项测试是关于使用联合条件查询文档的性能表现：

```
system.time({
  recs <- m$find('{ "type": { "$in": ["B", "D"] },
    "category": { "$in": ["P-1", "P-2"] },
    "group": { "$gte": 25, "$lte": 75 } }')
})
##
Found 204 records...
 Imported 204 records. Simplifying into dataframe...
##   user system elapsed
## 0.004  0.000   0.094
```

查询结果数据框如下所示：

```
head(recs)
##   type category group    score1 test1
## 1    B      P-1    25 11.953580    80
## 2    D      P-1    25 13.074020    84
## 3    B      P-2    25 11.134503    76
## 4    D      P-2    25 12.570769    74
## 5    B      P-1    26  7.009658    77
## 6    D      P-1    26  9.957078    85
```

第 3 项测试是关于使用非索引字段进行文档查询的性能表现：

```
system.time(recs2 <- m$find('{ "score1": { "$gte": 20 } }'))
##
```

```
Found 158 records...
 Imported 158 records. Simplifying into dataframe...
##    user  system elapsed
##   0.000   0.000   0.096
```

查询结果数据框是这样的：

```
head(recs2)
##   type category group   score1 test1
## 1    D       P-1    89 20.17111    76
## 2    B       P-3   199 20.26328    80
## 3    E       P-2   294 20.33798    75
## 4    E       P-2   400 21.14716    83
## 5    A       P-3   544 21.54330    73
## 6    A       P-1   545 20.19368    80
```

以上 3 个测试都在无索引的情况下完成。为了进行对比，现在创建一个索引：

```
m$index('{ "type": 1, "category": 1, "group": 1 }')
##   v key._id key.type key.category key.group
## 1 1       1       NA           NA        NA
## 2 1      NA        1            1         1
##                            name               ns
## 1                          _id_ test.simulation
## 2 type_1_category_1_group_1 test.simulation
```

一旦索引被创建出来，第 1 项测试（以索引字段进行查询）就变得非常快：

```
system.time({
  rec <- m$find('{ "type": "C", "category": "P-3", "group": 87 }')
})
##
 Found 1 records...
 Imported 1 records. Simplifying into dataframe...
##  user system elapsed
## 0.000  0.000   0.001
```

第 2 项测试的结果也很快输出：

```
system.time({
  recs <- m$find('{ "type": { "$in": ["B", "D"] },
    "category": { "$in": ["P-1", "P-2"] },
    "group": { "$gte": 25, "$lte": 75 } }')
```

```
})
##
 Found 204 records...
 Imported 204 records. Simplifying into dataframe...
##    user  system elapsed
##   0.000   0.000   0.002
```

然而，非索引字段的查询性能却没有得到提升：

```
system.time({
  recs2 <- m$find('{ "score1": { "$gte": 20 } }')
})
##
 Found 158 records...
 Imported 158 records. Simplifying into dataframe...
##    user  system elapsed
##   0.000   0.000   0.095
```

MongoDB 的另一个重要特性是它的聚合管道。聚合数据时，我们提供一个聚合操作数组，以便它们可以由 MongoDB 实例调度分派。例如，以下代码按类型对数据进行分组。每一组中有计数字段、平均分、最小测试分和最大测试分。由于输出信息冗长，这里我们就不在这里打印出来了。你可以自行运行下列代码查看结果：

```
m$aggregate('[
  { "$group": {
      "_id": "$type",
      "count": { "$sum": 1 },
      "avg_score": { "$avg": "$score1" },
      "min_test": { "$min": "$test1" },
      "max_test": { "$max": "$test1" }
    }
  }
]')
```

我们也可以把多个字段当作一个组的键，这与 SQL 中的语句 `group by A,B` 类似：

```
m$aggregate('[
  { "$group": {
      "_id": { "type": "$type", "category": "$category" },
      "count": { "$sum": 1 },
      "avg_score": { "$avg": "$score1" },
      "min_test": { "$min": "$test1" },
```

```
      "max_test": { "$max": "$test1" }
    }
  }
]')
```

聚合管道支持以流线形式运行聚合操作：

```
m$aggregate('[
  { "$group": {
      "_id": { "type": "$type", "category": "$category" },
      "count": { "$sum": 1 },
      "avg_score": { "$avg": "$score1" },
      "min_test": { "$min": "$test1" },
      "max_test": { "$max": "$test1" }
    }
  },
  {
    "$sort": { "_id.type": 1, "avg_score": -1 }
  }
]')
```

我们可以通过增加更多操作来延长管道。例如可以创建组和聚合数据。之后，根据降序平均分对文档进行整理，提取出平均值最大的 3 个文档，并将字段投影到有用的东西上：

```
m$aggregate('[
  { "$group": {
      "_id": { "type": "$type", "category": "$category" },
      "count": { "$sum": 1 },
      "avg_score": { "$avg": "$score1" },
      "min_test": { "$min": "$test1" },
      "max_test": { "$max": "$test1" }
    }
  },
  {
    "$sort": { "avg_score": -1 }
  },
  {
    "$limit": 3
  },
  {
    "$project": {
```

```
        "_id.type": 1,
        "_id.category": 1,
        "avg_score": 1,
        "test_range": { "$subtract": ["$max_test", "$min_test"] }
      }
    }
  ]')
```

除了我们在例子中演示的聚合运算，还有许多更强大的运算。更多细节，请访问 https://docs.mongodb.com/manual/reference/operator/aggregation-pipeline/和 https://docs.mongodb.com/manual/reference/operator/aggregation-arithmetic/。

MongoDB 的另一个重要特性是，它包含对 MapReduce（https://en.wikipedia.org/wiki/MapReduce）的内置支持。MapReduce 模型在分布式集群的大数据分析中运用广泛。在当前环境下，我们可以写一个极其简单的 MapReduce 代码，尝试生成给定数据的直方图：

```
bins <- m$mapreduce(
map = 'function() {
    emit(Math.floor(this.score1 / 2.5) * 2.5, 1);
  }',
reduce = 'function(id, counts) {
    return Array.sum(counts);
  }'
)
```

MapReduce 的第 1 步是 map。在此步骤中，所有数值都映射到一个键—值对（key-value pair）上。第 2 步是 reduce，在这一步骤中聚合键—值对。在前面的例子中，我们简单计算了每一个 bin 的记录条数：

```
bins
##     _id  value
## 1  -5.0      6
## 2  -2.5    126
## 3   0.0   1747
## 4   2.5  12476
## 5   5.0  46248
## 6   7.5  89086
## 7  10.0  89489
## 8  12.5  46357
## 9  15.0  12603
## 10 17.5   1704
```

```
## 11 20.0   153
## 12 22.5     5
```

我们也可以由 bins 创建一幅柱状图：

```
with(bins, barplot(value /sum(value), names.arg = `_id`,
main = "Histogram of scores",
xlab = "score1", ylab = "Percentage"))
```

生成的柱状图如图 11-1 所示。

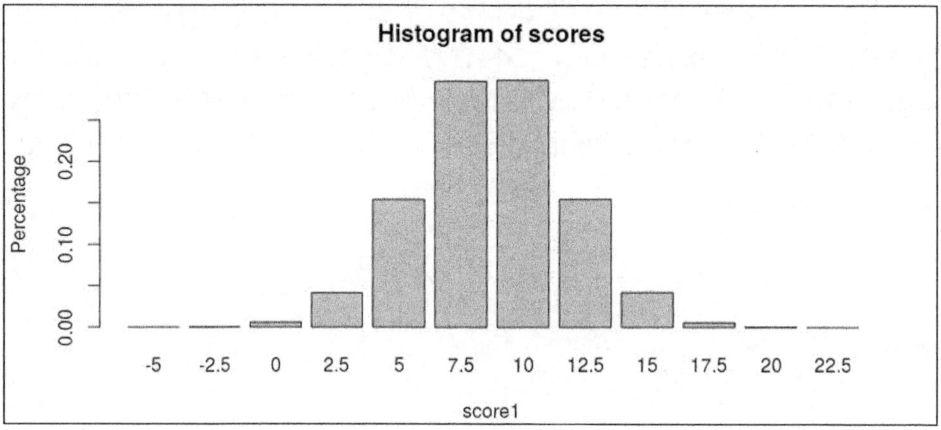

图 11-1

如果该集合不用了，就可以用 drop( ) 函数删除它：

```
m$drop( )
## [1] TRUE
```

因为这部分内容仅停留在介绍层面，MongoDB 的更多高级操作已超出了本书的范围。如果你对 MongoDB 感兴趣，请浏览官方指南 https://docs.mongodb.com/manual/tutorial/。

11.2.2 使用 Redis

Redis（https://redis.io/），既不像 SQLite 以表的形式存储数据，也不像 MongoDB 允许以嵌套结构存储和查询，它是一种内存数据库结构，即将数据缓存在内存中。它将键—值（key-value）缓存于内存中，以此获得极高的键值检索性能。然而，它并不支持 SQL 数据库或 MongoDB 中所使用的查询语句。

Redis 通常被用作高速缓冲存储器。我们可以用它存储和操作一系列基本的数据结构。安装 Redis，请访问 https://redis.io/download。遗憾的是，官方版本不支持 Windows 操作系统，但 Microsoft Open Tech 小组仍开发并维护着一种 Win64 接口的 Redis，详情请访问 https://github.com/MSOpenTech/redis。

SQL 数据库存储表格、MongoDB 存储文档，而 Redis 存储键—值对，如下所示：

```
name: Something
type: 1
grade: A
```

该值不是简单数值，它可以具有更复杂的数据结构（例如，哈希映射、集合、有序集合）。Redis 提供了一个处理这些数据结构的简单界面，并且同时具有高性能和低延迟的优点。

1. 用 R 访问 Redis

用 R 访问 Redis 实例，需要使用 `rredis` 扩展包，它提供了一些操作 Redis 的简单函数。运行下列代码安装此扩展包：

```
install.packages("rredis")
```

一旦扩展包准备就绪，我们就可连接至 Redis 实例：

```
library(rredis)
redisConnect( )
```

在不设置参数的情况下，默认连接至本地 Redis 实例，也可以连接至远程实例。

2. 设置 Redis 服务器和获取数据

Redis 最基本的用法就是调用 `redisSet(key, value)`。在 R 中，这个值默认序列化，因此我们可以在 Redis 中存储所有 R 对象：

```
redisSet("num1", 100)
## [1] "OK"
```

现在，该命令生效了，我们可以取出该键中的值：

```
redisGet("num1")
## [1] 100
```

也可以存储一个整数向量：

```
redisSet("vec1", 1:5)
## [1] "OK"
redisGet("vec1")
## [1] 1 2 3 4 5
```

甚至可以存储一个数据框：

```
redisSet("mtcars_head", head(mtcars, 3))
## [1] "OK"
redisGet("mtcars_head")
##                mpg cyl disp  hp drat    wt  qsec vs am gear carb
## Mazda RX4     21.0   6  160 110 3.90 2.620 16.46  0  1    4    4
## Mazda RX4 Wag 21.0   6  160 110 3.90 2.875 17.02  0  1    4    4
## Datsun 710    22.8   4  108  93 3.85 2.320 18.61  1  1    4    1
```

实际上，如果其他计算机有权限访问你的 Redis 实例，他们在 R 中使用 `redisGet( )` 会得到相同的数据。

然而，如果这个键根本不存在，我们只能得到 NULL：

```
redisGet("something")
## NULL
```

可以用 `redisExists( )` 检验某个键是否存在，而不是得到 `NULL`：

```
redisExists("something")
## [1] FALSE
redisExists("num1")
## [1] TRUE
```

如果不再用到某个键，可以用 `redisDelete( )` 删除它：

```
redisDelete("num1")
## [1] "1"
## attr(,"redis string value")
## [1] TRUE
redisExists("num1")
## [1] FALSE
```

除了普通的键—值对，Redis 也支持一些更高级的数据结构。例如，我们可以用 `redisHset( )` 对水果创建一个哈希映射，其中不同水果的数量不同：

```
redisHSet("fruits", "apple", 5)
## [1] "0"
## attr(,"redis string value")
## [1] TRUE
redisHSet("fruits", "pear", 2)
## [1] "0"
## attr(,"redis string value")
## [1] TRUE
redisHSet("fruits", "banana", 9)
## [1] "0"
## attr(,"redis string value")
## [1] TRUE
```

调用 redisHGet( ) 获取哈希映射中某个字段的值：

```
redisHGet("fruits", "banana")
## [1] 9
```

也可以得到这个哈希映射结构的列表表示：

```
redisHGetAll("fruits")
## $apple
## [1] 5
##
## $pear
## [1] 2
##
## $banana
## [1] 9
```

此外，还可以得到哈希映射的键：

```
redisHKeys("fruits")
## [[1]]
## [1] "apple"
## attr(,"redis string value")
## [1] TRUE
##
## [[2]]
## [1] "pear"
## attr(,"redis string value")
## [1] TRUE
##
```

```
## [[3]]
## [1] "banana"
## attr(,"redis string value")
## [1] TRUE
```

也可以只取出哈希映射中的所有值（不包括键）：

```
redisHVals("fruits")
## [[1]]
## [1] 5
##
## [[2]]
## [1] 2
##
## [[3]]
## [1] 9
```

获取哈希映射中的字段数量：

```
redisHLen("fruits")
## [1] "3"
## attr(,"redis string value")
## [1] TRUE
```

一次性取出多个字段的值：

```
redisHMGet("fruits", c("apple", "banana"))
## $apple
## [1] 5
##
## $banana
## [1] 9
```

通过提供一个列表来设置多个字段的值：

```
redisHMSet("fruits", list(apple = 4, pear = 1))
## [1] "OK"
```

现在，字段中的值被更改了：

```
redisHGetAll("fruits")
## $apple
## [1] 4
```

```
##
## $pear
## [1] 1
##
## $banana
## [1] 9
```

除了哈希映射，Redis 也支持队列。我们可以从队列的左端或右端推送（push）值。例如，从右端依次输入整数 1、2、3：

```
for (qi in 1:3) {
  redisRPush("queue", qi)
}
```

调用 redisLLen( ) 获取当前队列的长度：

```
redisLLen("queue")
## [1] "3"
## attr(,"redis string value")
## [1] TRUE
```

现在，这个队列有 3 个元素。值得注意的是，这里的值是一个字符向量，而不是一个整数。因此，如果在其他地方需要使用数值形式，就必须进行转换。

然后，我们可以保持队列的值一直从左端弹出（pop）：

```
redisLPop("queue")
## [1] 1
redisLPop("queue")
## [1] 2
redisLPop("queue")
## [1] 3
redisLPop("queue")
## NULL
```

注意，队列中只有 3 个元素可供取出，所以第 4 次试图提取的动作返回了 NULL，这可以用来检查队列当前是否为空。

最后，应关闭 Redis 连接，释放占用的资源。

```
redisClose()
```

Redis 具有更高级的特性，但超出了本章的范围。它不仅支持数据结构的存储，还可用于消息代理，也就是说，我们可以利用它在不同程序间传送消息。更多高级用法，请访问官方文档 http://redis.io/documentation。

11.3 小结

在本章中，我们学习了如何用 R 访问不同类型的数据库，涵盖了关系型数据库（以 SQLite 为例）和非关系型数据（以 MongoDB 和 Redis 为例）的基本用法。理解了它们在功能和特性方面的主要差异后，再根据实际项目的目的和需求，选择合适的数据库。

在许多数据相关的项目中，数据存储和数据导入仅仅是最初步骤，而数据清洗和数据处理往往最为耗时。下一章将开始学习数据处理技术，包括几个专门用于数据处理的方便使用且功能强大的扩展包。为了更好地使用这些扩展包，我们需要深入理解它们是如何运作的，这就需要充分和熟练地掌握前面几章所介绍的知识。

第 12 章
数据操作

在前面的章节中，我们已经学习了连接不同类型数据库的方法，包括关系型数据库（SQLite 和 MySQL）和非关系型数据库（MongoDB 和 Redis）。关系型数据库通常以表格形式返回结果，非关系型数据库则可能支持嵌套数据结构和其他特性。

通常来说，即使数据已经被载入内存中，我们为数据分析所做的准备还远远不够。事实上，在进行任何统计建模和可视化之前，大部分数据仍需要花费大量的时间进行清洗和转换。在本章中，我们将学习用于数据操作的一系列内置函数和许多相关的扩展包。这些扩展包都非常强大。然而，为了能够更好地使用这些包，需要扎实地掌握前面章节所介绍的知识。

本章，我们会介绍以下主题：

- 使用基础函数操作数据框
- 通过 `sqldf` 包使用 SQL 查询数据框
- 使用 `data.table` 包操作数据
- 使用 `dplyr` 管道操作处理数据框
- 使用 `rlist` 包处理嵌套数据结构

12.1 使用内置函数操作数据框

我们已经学习了数据框的基础，这里回顾一下用于筛选数据框的内置函数。尽管数据框本质上是一个由向量构成的列表，由于各列长度相同，所以可以将其看作矩阵进行访问和操作。选择满足特定条件的行，需要为 `[ ]` 的第 1 个参数提供一个逻辑向量，第 2 个参数留空。

在 R 中，这些操作可以通过内置函数实现。本节会介绍一些非常有用的数据操作内置函数，这些函数可以将数据转换成建模或展示需要的形式。一些函数和技巧在前面的章节中已经展示过了。

本章的大部分代码都是基于一组产品的虚构数据。为了更好地处理列的类型，我们要使用 readr 包载入数据。如果尚未安装，请运行 install.packages("readr")：

```
library(readr)
product_info <- read_csv("data/product-info.csv")
product_info
##     id      name  type   class released
## 1 T01    SupCar   toy vehicle      yes
## 2 T02  SupPlane   toy vehicle       no
## 3 M01     JeepX model vehicle      yes
## 4 M02 AircraftX model vehicle      yes
## 5 M03    Runner model  people      yes
## 6 M04    Dancer model  people       no
```

一旦数据以数据框的格式载入内存，我们便可以查看每一列的类型：

```
sapply(product_info, class)
##          id        name        type       class    released
## "character" "character" "character" "character" "character"
```

readr::read_csv( ) 这个函数和内置的函数 read.csv( ) 有不同的用法。举个例子，它不会自动地将字符串列转为因子（这可能会导致一些问题，但好处是引入了较少的值）。因此，建议使用 readr 包提供的函数导入表格数据。如果使用 read.csv( ) 读取文件，那么所有的列都会变成具有有限取值的因子类型。

12.1.1 使用内置函数操作数据框

接下来的例子中，我们会继续使用前面介绍过的产品信息样本和统计数据来演示数据筛选和统计的基本方法。

例如，选取所有 type 为 toy 的行：

```
product_info[product_info$type == "toy", ]
##     id     name type   class released
## 1 T01   SupCar  toy vehicle      yes
```

```
## 2 T02 SupPlane   toy vehicle       no
```

或者，所有 released 为 no 的行：

```
product_info[product_info$released == "no", ]
##    id      name  type   class released
## 2 T02 SupPlane   toy vehicle       no
## 6 M04   Dancer model  people       no
```

对列进行筛选，需要将第 1 个参数留空，并为第 2 个参数提供一个字符向量，这和对矩阵构建子集的做法完全一样：

```
product_info[, c("id", "name", "type")]
##    id       name  type
## 1 T01    SupCar   toy
## 2 T02  SupPlane   toy
## 3 M01      JeepX model
## 4 M02 AircraftX model
## 5 M03     Runner model
## 6 M04     Dancer model
```

除此之外，将数据框看作列表并进行筛选也是可行的。我们只需要在 [ ] 中提供一个由选取的列名构成的字符向量（忽略逗号）即可：

```
product_info[c("id", "name", "class")]
##    id       name   class
## 1 T01    SupCar vehicle
## 2 T02  SupPlane vehicle
## 3 M01      JeepX vehicle
## 4 M02 AircraftX vehicle
## 5 M03     Runner  people
## 6 M04     Dancer  people
```

同时按行和列对数据框进行筛选，需要分别向第 1 个和第 2 个参数提供向量来选择相应的行和列：

```
product_info[product_info$type == "toy", c("name", "class", "released")]
##        name   class released
## 1   SupCar vehicle      yes
## 2 SupPlane vehicle       no
```

如果行筛选条件是基于特定列的值，上述的代码就显得很繁琐，特别是条件更加复杂的时候。另一个内置的函数 subset( ) 可以简化代码，就如前面介绍的：

```
subset(product_info,
  subset = type == "model" & released == "yes",
  select = name:class)
##         name  type   class
## 3      JeepX model vehicle
## 4 AircraftX model vehicle
## 5     Runner model  people
```

subset( ) 函数使用了非标准计算，所以可以直接使用数据框的列，而不用输入很多次 product_info，因为这个表达式是在数据框的语义中被计算的。

类似地，也可以使用 with( ) 在数据框的语义中计算表达式，也就是说，可以直接使用数据框的列名，而不必重复指定数据框：

```
with(product_info, name[released == "no"])
## [1] "SupPlane" "Dancer"
```

表达式的用法中，除了用于构建子集，还可以统计每列的各个可能值出现的频数。例如，提取了一个 released 列取值为 yes 的子集，我们对这个子集的 type 列创建一个频数统计表：

```
with(product_info, table(type[released == "yes"]))
##
## model   toy
##     3     1
```

除了产品信息表，我们还有一张描述产品属性的统计表：

```
product_stats <- read_csv("data/product-stats.csv")
product_stats
##    id material size weight
## 1 T01    Metal  120   10.0
## 2 T02    Metal  350   45.0
## 3 M01 Plastics   50     NA
## 4 M02 Plastics   85    3.0
## 5 M03     Wood   15     NA
## 6 M04     Wood   16    0.6
```

现在，思考一下如何获得尺寸最大的前 3 个产品的名字。一种方法是将 product_stats 按尺寸降序排列，选择前 3 个记录的 id 值，并用 id 值筛选 product_info 的行：

```
top_3_id <- unlist(product_stats[order(product_stats$size, decreasing = TRUE),
"id"])[1:3]
product_info[product_info$id %in% top_3_id, ]
##    id      name  type   class released
## 1 T01    SupCar   toy vehicle      yes
## 2 T02  SupPlane   toy vehicle       no
## 4 M02 AircraftX model vehicle      yes
```

尽管结果和预期一样，但是这种方式有些冗长。注意到，事实上 product_info 和 product_stats 是从不同方面描述相同的一系列产品。两个表格通过 id 列建立连接。每个 id 值都是独一无二的，表示同一个产品。为了同时访问两个信息集，我们可以把这两个表格合并成一个数据框，最简单的方法是使用 merge( )：

```
product_table <- merge(product_info, product_stats, by = "id")
product_table
##    id      name  type   class released material size weight
## 1 M01     JeepX model vehicle      yes Plastics   50     NA
## 2 M02 AircraftX model vehicle      yes Plastics   85    3.0
## 3 M03    Runner model  people      yes     Wood   15     NA
## 4 M04    Dancer model  people       no     Wood   16    0.6
## 5 T01    SupCar   toy vehicle      yes    Metal  120   10.0
## 6 T02  SupPlane   toy vehicle       no    Metal  350   45.0
```

现在创建了一个新的数据框，即共享 id 列的 product_table 和 product_info 的组合版本。实际上，即使对第 2 个表重新排序，两张表格仍然可以正确地合并。

有了这个组合版本，我们可以更简便地完成工作。举个例子，通过合并版本，在一张表中就能根据任意一列排序数据框，而不需要人工处理另一张表：

```
product_table[order(product_table$size), ]
##    id      name  type   class released material size weight
## 3 M03    Runner model  people      yes     Wood   15     NA
## 4 M04    Dancer model  people       no     Wood   16    0.6
## 1 M01     JeepX model vehicle      yes Plastics   50     NA
## 2 M02 AircraftX model vehicle      yes Plastics   85    3.0
## 5 T01    SupCar   toy vehicle      yes    Metal  120   10.0
## 6 T02  SupPlane   toy vehicle       no    Metal  350   45.0
```

对于前面那个问题，我们可以直接使用这个合并表获得相同结果：

```
product_table[order(product_table$size, decreasing = TRUE), "name"][1:3]
```

```
## [1] "SupPlane"  "SupCar"    "AircraftX"
```

在合并后的数据框中，可以按某一列排序，再按另一列筛选记录。例如，先按产品重量进行降序排列，再筛选 type 取值为 model 的所有记录：

```
product_table[order(product_table$weight, decreasing = TRUE),] [product_
table $type == "model",]
step2
##    id      name  type   class released material size weight
## 6 T02  SupPlane   toy vehicle       no    Metal  350   45.0
## 5 T01    SupCar   toy vehicle      yes    Metal  120   10.0
## 2 M02 AircraftX model vehicle      yes Plastics   85    3.0
## 4 M04    Dancer model  people       no     Wood   16    0.6
```

有时，某些列的取值可能是文本，将其转换为 R 的标准数据结构，可以更恰当地表示数据。例如，product_info 中的 released 列是二元取值：yes 或 no，更适合用逻辑向量表示。正如前面学到的，可以用 <- 修改列的值。然而，一般来说，更好的方法是生成一个新的数据框，在此基础上调整原有列和添加新列，从而避免损坏原始数据。我们可以使用 transform( ) 来完成：

```
transform(product_table,
  released = ifelse(released == "yes", TRUE, FALSE),
  density = weight / size)
##    id      name  type   class released material size weight
## 1 M01     JeepX model vehicle     TRUE Plastics   50     NA
## 2 M02 AircraftX model vehicle     TRUE Plastics   85    3.0
## 3 M03    Runner model  people     TRUE     Wood   15     NA
## 4 M04    Dancer model  people    FALSE     Wood   16    0.6
## 5 T01    SupCar   toy vehicle     TRUE    Metal  120   10.0
## 6 T02  SupPlane   toy vehicle    FALSE    Metal  350   45.0
##      density
## 1         NA
## 2 0.03529412
## 3         NA
## 4 0.03750000
## 5 0.08333333
## 6 0.12857143
```

结果返回了一个新的数据框，其中 released 这一列被转换成了一个逻辑向量，同时添加了一个新列 density。你可以验证一下 product_table 是不是被修改了。

同时，我们也注意到，transform( ) 的工作方式与 subset( ) 很相似。这是因为两个函数都使用了非标准计算，从而允许我们直接将数据框的列名作为参数，不必每次都在列名前输入 product_table$。

在前面的数据中，许多列中都有缺失值（用 NA 表示）。很多情形中，我们不希望数据中出现任何缺失值。因此需要以某种方式处理它们。为了演示这些技术，我们需要载入另一个包含缺失值的表。这个表是前面用的数据集的每件产品的质量、耐久性、防水性的测试结果。我们将这些数据储存在 product_tests 中：

```
product_tests <- read_csv("data/product-tests.csv")
product_tests
##    id quality durability waterproof
## 1 T01      NA         10         no
## 2 T02      10          9         no
## 3 M01       6          4        yes
## 4 M02       6          5        yes
## 5 M03       5         NA        yes
## 6 M04       6          6        yes
```

注意到，quality 和 durability 两列中都存在缺失值（NA）。na.omit( ) 可以剔除所有包含缺失值的行：

```
na.omit(product_tests)
##    id quality durability waterproof
## 2 T02      10          9         no
## 3 M01       6          4        yes
## 4 M02       6          5        yes
## 6 M04       6          6        yes
```

还有一种方法，使用函数 complete.cases( )，它返回一个逻辑向量，表明某一行是否完整（完整意味着这一行不包含缺失值）：

```
complete.cases(product_tests)
## [1] FALSE  TRUE  TRUE  TRUE FALSE  TRUE
```

然后，使用这个逻辑向量筛选数据框。例如可以获得不含缺失值的行的 id 值：

```
product_tests[complete.cases(product_tests), "id"]
## [1] "T02" "M01" "M02" "M04"
```

此外也可以获得所有包含缺失值的行的 id：

```
product_tests[!complete.cases(product_tests), "id"]
## [1] "T01" "M03"
```

注意到，product_info、product_stats 和 product_tests 这 3 个数据框共享同一个 id 列，因此，可以将它们按 id 列合并。不幸的是，没有可以合并多个数据框的内置函数。我们只能一次合并两个现有的数据框，也就是逐个合并：

```
product_full <- merge(product_table, product_tests, by = "id")
product_full
##    id      name  type   class released material size weight quality
## 1 M01     JeepX model vehicle      yes Plastics   50     NA       6
## 2 M02 AircraftX model vehicle      yes Plastics   85    3.0       6
## 3 M03    Runner model  people      yes     Wood   15     NA       5
## 4 M04    Dancer model  people       no     Wood   16    0.6       6
## 5 T01    SupCar   toy vehicle      yes    Metal  120   10.0      NA
## 6 T02  SupPlane   toy vehicle       no    Metal  350   45.0      10
##   durability waterproof
## 1          4        yes
## 2          5        yes
## 3         NA        yes
## 4          6        yes
## 5         10         no
## 6          9         no
```

对于完全合并好的表，我们可以使用 tapply( ) 函数，它也是 apply 函数族的一个成员，专门处理表格数据，使用某些方法根据某一列对另一列的数据进行统计。例如可以根据 type 列计算 quality 列的均值，即每种 type 对应的 quality 的均值：

```
mean_quality1 <- tapply(product_full$quality,
  list(product_full$type),
  mean, na.rm = TRUE)
mean_quality1
## model   toy
##  5.75 10.00
```

注意到，我们不仅提供了函数 mean ，还设定了 na.rm = TRUE，这就意味着忽略 quality 中的缺失值。返回的结果看起来是一个数值向量，调用 str( ) 来看看它的结构：

```
str(mean_quality1)
##  num [1:2(1d)] 5.75 10
##  - attr(*, "dimnames")=List of 1
```

```
##    ..$ : chr [1:2] "model" "toy"
```

实际上，这是个一维数组：

```
is.array(mean_quality1)
## [1] TRUE
```

tapply( ) 函数返回了一个数组，而不是一个简单的数值向量。因此可以方便地进行多组操作。例如，计算每一对 type 和 class 组合的 quality 的均值：

```
mean_quality2 <- tapply(product_full$quality,
  list(product_full$type, product_full$class),
  mean, na.rm = TRUE)
mean_quality2
##        people vehicle
## model     5.5       6
## toy        NA      10
```

现在我们有了一个二维数组，可以通过两个参数来获取其中的值：

```
mean_quality2["model", "vehicle"]
## [1] 6
```

此外，也可以根据多列进行分组。在下面这段代码中，我们调用 with( ) 函数，避免反复输入 product_full：

```
mean_quality3 <- with(product_full,
  tapply(quality, list(type, material, released),
    mean, na.rm = TRUE))
mean_quality3
## , , no
##
##        Metal Plastics Wood
## model     NA       NA    6
## toy       10       NA   NA
##
## , , yes
##
##        Metal Plastics Wood
## model     NA        6    5
## toy      NaN       NA   NA
```

现在，我们得到了一个三维数组。尽管已经设置了 na.rm = TRUE，但仍有许多单元格是缺失值。这是因为该组没有数据：

```
str(mean_quality3)
##  num [1:2, 1:3, 1:2] NA 10 NA NA 6 NA NA NaN 6 NA ...
##  - attr(*, "dimnames") = List of 3
##   ..$ : chr [1:2] "model" "toy"
##   ..$ : chr [1:3] "Metal" "Plastics" "Wood"
##   ..$ : chr [1:2] "no" "yes"
```

我们可以通过 3 个参数获取单元格中的值：

```
mean_quality3["model", "Wood", "yes"]
## [1] 5
```

总的来说，tapply( ) 根据 *n* 个特定变量对输入的数据框分组，并返回一个 *n* 维数组。这种汇总数据的方法可能比较麻烦，尤其是需要对多列进行分组的时候。主要是因为数组一般是高维的，难以表示，进一步的操作不够灵活。在本章的后续部分，你会学到许多不同的方法来简化分组汇总工作。

12.1.2 使用 reshape2 重塑数据框

我们已经学习了如何筛选、排序、合并和汇总数据框。这些操作只适用于行和列，然而有时候我们需要做一些更复杂的事情。

例如，下面这段代码读取了一个数据集，包含了两种产品不同日期的质量和耐久性的测试结果：

```
toy_tests <- read_csv("data/product-toy-tests.csv")
toy_tests
##    id     date sample quality durability
## 1 T01 20160201    100       9          9
## 2 T01 20160302    150      10          9
## 3 T01 20160405    180       9         10
## 4 T01 20160502    140       9          9
## 5 T02 20160201     70       7          9
## 6 T02 20160303     75       8          8
## 7 T02 20160403     90       9          8
## 8 T02 20160502     85      10          9
```

上述数据框的每一行都表示一个特定产品（id）在一个特定日期（date）的测试记录。如果需要同时比较两种产品的质量和耐久性，这种数据格式可能比较麻烦。相反，如果将数据转换为下面这样，就可以很方便地比较两种产品的值：

```
date       T01 T02
20160201     9   9
20160301    10   9
```

reshape2 扩展包就是用来完成这种转换的。若还没有安装，请运行以下命令：

```
install.packages("reshape2")
```

一旦安装成功，就可以使用 `reshape2::dcast( )` 来转换数据，以便于比较相同日期不同产品的质量(quality)。更确切地说，它重塑了 `toy_test` 使得 `date` 列被共享，`id` 的值被分割成列，每个 `date` 和 `id` 下的值都是 `quality` 数据：

```
library(reshape2)
toy_quality <- dcast(toy_tests, date ~ id, value.var = "quality")
toy_quality
##       date T01 T02
## 1 20160201   9   7
## 2 20160302  10  NA
## 3 20160303  NA   8
## 4 20160403  NA   9
## 5 20160405   9  NA
## 6 20160502   9  10
```

如你所见，`toy_tests` 立即被转换了。两种产品的 `quality` 值都以 `date` 对齐。尽管两种产品每个月都要进行一次测试，它们的日期却不一定会完全匹配。如果一种产品在某一天有值，另一个产品在同一天没有对应值，结果就会产生缺失值。

一种填补缺失值的方法称为**末次观测值结转法**（Last Observation Carried Forward，LOCF），当非缺失值后面紧跟着一个缺失值时，就用该非缺失值填补后面的缺失值，直到所有的缺失值都被填补完成。`zoo` 包提供了 LOCF 的一个实现。如果你还没有安装这个包，请运行以下代码安装：

```
install.packages("zoo")
```

为了演示它的工作方式，我们在一个非常简单的带缺失值的数值向量上调用 `zoo::na.locf( )`：

```
zoo::na.locf(c(1, 2, NA, NA, 3, 1, NA, 2, NA))
## [1] 1 2 2 2 3 1 1 2 2
```

显然，所有的缺失值都被它前面的非缺失值替换了。为了对 toy_quality 的 T01 和 T02 两列进行相同的处理，我们可以将处理后的向量分别赋值到对应列中：

```
toy_quality$T01 <- zoo::na.locf(toy_quality$T01)
toy_quality$T02 <- zoo::na.locf(toy_quality$T02)
```

然而，如果 toy_tests 包含了成百上千种产品，我们也相应地写出上千行代码来完成类似工作的话，就有点荒唐了。一个更好的做法是使用子分配：

```
toy_quality[-1] <- lapply(toy_quality[-1], zoo::na.locf)
toy_quality
##       date T01 T02
## 1 20160201   9   7
## 2 20160302  10   7
## 3 20160303  10   8
## 4 20160403  10   9
## 5 20160405   9   9
## 6 20160502   9  10
```

我们使用 lapply( ) 对 toy_quality 中除了 date 外的所有列都进行了 LOCF 处理，并将结果赋值给对应的列。这里，数据框的子分配可以接收列表输入，返回结果也保留了数据框的类。

但是，虽然数据中没有包含任何缺失值，每一行的含义却发生了变化。原始数据中产品 T01 在 20160303 这天并没有测试。所以这一天的值应该被解释为在此之前的最后一次 quality 的测试值。另一个缺点是原始数据中，两种产品都是按月测试的，但是重塑后的数据框并没有以固定频率对齐 date。

这里有一种修正方法，就是使用年-月数据而不是一个确定的日期。在接下来的代码中，我们会创造一个新列 ym，也就是 toy_tests 的日期值中的前 6 个字符。例如，substr (20160101, 1, 6) 将会返回 201601：

```
toy_tests$ym <- substr(toy_tests$date, 1, 6)
toy_tests
##    id     date sample quality durability     ym
## 1 T01 20160201    100       9          9 201602
## 2 T01 20160302    150      10          9 201603
## 3 T01 20160405    180       9         10 201604
## 4 T01 20160502    140       9          9 201605
## 5 T02 20160201     70       7          9 201602
## 6 T02 20160303     75       8          8 201603
## 7 T02 20160403     90       9          8 201604
```

```
## 8 T02 20160502      85       10            9 201605
```

这次，我们按 ym 列对齐，而不是 date：

```
toy_quality <- dcast(toy_tests, ym ~ id,
    value.var = "quality")
toy_quality
##        ym T01 T02
## 1 201602   9   7
## 2 201603  10   8
## 3 201604   9   9
## 4 201605   9  10
```

现在，缺失值消失了，并且两种产品每月的质量得分都被自然地表示出来了。

有时候，我们需要将许多列合并为一列，用于表示被测量的对象，另一列则存储对应的值。例如，以下代码使用 reshape2::melt( ) 组合原始数据的两种测量（quality 和 durability），并生成一个名为 measure 的列和一个度量值列：

```
toy_tests2 <- melt(toy_tests, id.vars = c("id", "ym"),
  measure.vars = c("quality", "durability"),
  variable.name = "measure")
toy_tests2
##     id     ym    measure value
## 1   T01 201602    quality     9
## 2   T01 201603    quality    10
## 3   T01 201604    quality     9
## 4   T01 201605    quality     9
## 5   T02 201602    quality     7
## 6   T02 201603    quality     8
## 7   T02 201604    quality     9
## 8   T02 201605    quality    10
## 9   T01 201602 durability     9
## 10 T01 201603 durability     9
## 11 T01 201604 durability    10
## 12 T01 201605 durability     9
## 13 T02 201602 durability     9
## 14 T02 201603 durability     8
## 15 T02 201604 durability     8
## 16 T02 201605 durability     9
```

现在，变量名就出现在数据中了，可以被扩展包直接使用。例如，针对这种格式的数据，我们使用 ggplot2 扩展包来画图。以下代码先对不同的因子组合进行分面，然后绘制散点图：

```
library(ggplot2)
ggplot(toy_tests2, aes(x = ym, y = value)) +
  geom_point() +
  facet_grid(id ~ measure)
```

这样，我们便得到了一个按照产品 id 和 measure 分组，并以 ym 为 x 轴，以 value 为 y 轴的散点图，如图 12-1 所示。

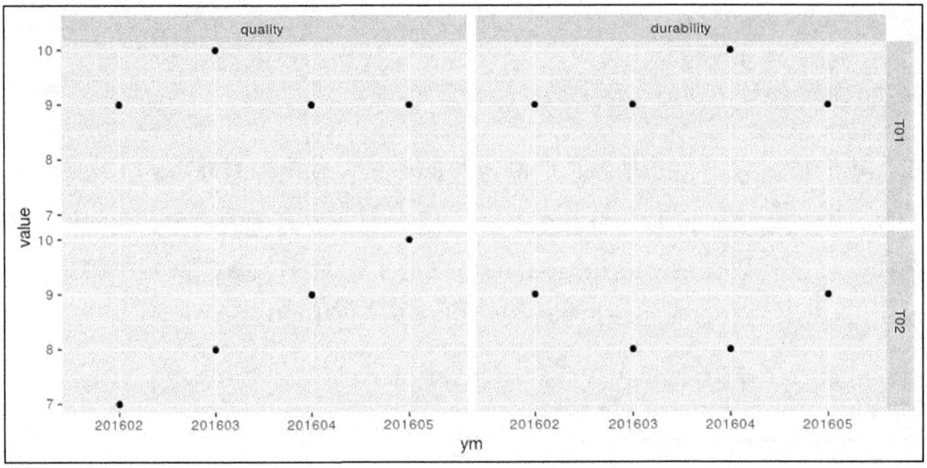

图 12-1

因为分组因子包含在数据中，而不是列名，因此可以很方便地通过透视图将其表示出来。这次，我们用两种不同颜色的点表示两种产品，如图 12-2 所示。

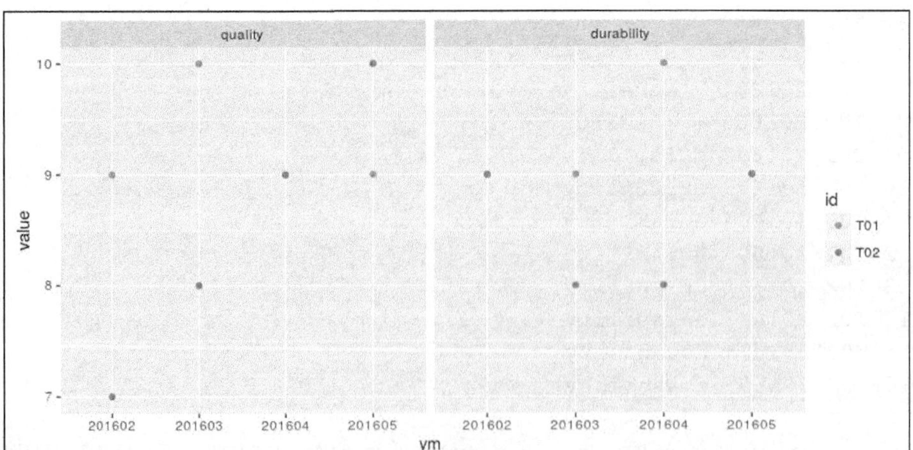

图 12-2

```
ggplot(toy_tests2, aes(x = ym, y = value, color = id)) +
  geom_point() +
  facet_grid(. ~ measure)
```

12.2 通过 sqldf 包使用 SQL 查询数据框

在前面的章节中，我们学习了如何编写 SQL 语句，在关系型数据库（如 SQLite 和 MySQL）中查询数据。我们可能会想，有没有一种方法，能够直接使用 SQL 进行数据框查询，就像数据框是关系型数据库中的表一样呢？sqldf 包给了我们肯定的答案。

这个包吸收了 SQLite 的轻量结构和易于嵌入 R 会话的优势。如果还没有这个包，运行以下命令进行安装：

```
install.packages("sqldf")
```

首先，加载包：

```
library(sqldf)
## Loading required package: gsubfn
## Loading required package: proto
## Loading required package: RSQLite
## Loading required package: DBI
```

注意到，在加载 sqldf 包时，其他相关的几个包也会被自动载入。因为 sqldf 包的实现依赖于这些包，它基本上就是在 R 和 SQLite 之间传输数据和转换数据类型。

然后，读入前面使用的产品表格：

```
product_info <- read_csv("data/product-info.csv")
product_stats <- read_csv("data/product-stats.csv")
product_tests <- read_csv("data/product-tests.csv")
toy_tests <- read_csv("data/product-toy-tests.csv")
```

这个包的神奇之处在于，我们可以使用 SQL 语句直接查询工作环境中的数据框。例如，选择 product_info 中的所有记录：

```
sqldf("select * from product_info")
## Loading required package: tcltk
##    id       name type   class released
## 1 T01     SupCar  toy vehicle      yes
## 2 T02   SupPlane  toy vehicle       no
```

```
## 3 M01     JeepX model vehicle       yes
## 4 M02 AircraftX model vehicle       yes
## 5 M03    Runner model  people       yes
## 6 M04    Dancer model  people        no
```

sqldf 和 SQLite 一样，支持简单的选择请求，例如可以选择特定的列：

```
sqldf("select id, name, class from product_info")
##    id      name   class
## 1 T01    SupCar vehicle
## 2 T02  SupPlane vehicle
## 3 M01     JeepX vehicle
## 4 M02 AircraftX vehicle
## 5 M03    Runner  people
## 6 M04    Dancer  people
```

或者，根据特定的条件筛选记录：

```
sqldf("select id, name from product_info where released = 'yes'")
##    id      name
## 1 T01    SupCar
## 2 M01     JeepX
## 3 M02 AircraftX
## 4 M03    Runner
```

也可以计算一个新列并对其命名：

```
sqldf("select id, material, size / weight as density from product_stats")
##    id material   density
## 1 T01    Metal 12.000000
## 2 T02    Metal  7.777778
## 3 M01 Plastics        NA
## 4 M02 Plastics 28.333333
## 5 M03     Wood        NA
## 6 M04     Wood 26.666667
```

还可以根据特定的列对记录进行排序：

```
sqldf("select * from product_stats order by size desc")
##    id material size weight
## 1 T02    Metal  350   45.0
## 2 T01    Metal  120   10.0
## 3 M02 Plastics   85    3.0
```

```
## 4 M01 Plastics   50     NA
## 5 M04     Wood   16    0.6
## 6 M03     Wood   15     NA
```

这个包也支持查询多个数据框，如 join。在以下代码中，我们将 product_info 和 product_ stats 按照 id 合并，与之前用 merge( ) 一样：

```
sqldf("select * from product_info join product_stats using (id)")
##    id      name  type   class released material size weight
## 1 T01    SupCar   toy vehicle      yes    Metal  120   10.0
## 2 T02  SupPlane   toy vehicle       no    Metal  350   45.0
## 3 M01     JeepX model vehicle      yes Plastics   50     NA
## 4 M02 AircraftX model vehicle      yes Plastics   85    3.0
## 5 M03    Runner model  people      yes     Wood   15     NA
## 6 M04    Dancer model  people       no     Wood   16    0.6
```

同时，它还支持嵌套查询。下面的代码中，我们选出 product_info 中所有的木制产品记录：

```
sqldf("select * from product_info where id in
  (select id from product_stats where material = 'Wood')")
##    id   name  type  class released
## 1 M03 Runner model people      yes
## 2 M04 Dancer model people       no
```

除此之外，相同的 where 条件，使用 join 也可以达到相同的目标。对于许多关系型数据库，在数据量比较大的时候，join 通常运行得比 in 快：

```
sqldf("select * from product_info join product_stats using (id)
  where material = 'Wood'")
##    id   name  type  class released material size weight
## 1 M03 Runner model people      yes     Wood   15     NA
## 2 M04 Dancer model people       no     Wood   16    0.6
```

除了 join，还可以轻松地对数据进行分组汇总。例如，按照 waterproof 把 product_tests 分成两组：yes 和 no。对于每一组，计算 quality 和 durability 的均值，如下：

```
sqldf("select waterproof, avg(quality), avg(durability) from product_tests
  group by waterproof")
##   waterproof avg(quality) avg(durability)
## 1         no        10.00             9.5
## 2        yes         5.75             5.0
```

对于 toy_tests 数据，很容易根据每个产品对数据进行加总。例如，计算每个产品的 quality 和 durability 在时间上的均值：

```
sqldf("select id, avg(quality), avg(durability) from toy_tests
  group by id")
##    id avg(quality) avg(durability)
## 1 T01         9.25            9.25
## 2 T02         8.50            8.50
```

为了返回更多有价值的信息，我们可以把 product_info 和分组汇总表连接起来，这样就可以一起展示产品信息和平均指标了：

```
sqldf("select * from product_info join
  (select id, avg(quality), avg(durability) from toy_tests
    group by id) using (id)")
##    id     name type   class released avg(quality) avg(durability)
## 1 T01   SupCar  toy vehicle      yes         9.25            9.25
## 2 T02 SupPlane  toy vehicle       no         8.50            8.50
```

使用 sqldf 和 SQL 对数据框进行查询看起来很方便，但是局限性也很明显。

第一，sqldf 默认基于 SQLite，SQLite 数据库的局限性，自然也是这个包的局限性，也就是说内置的分组汇总函数是有限的。官方页面（https://sqlite.org/lang_aggfunc.html）提供了一系列函数：avg( )、count( )、group_concat( )、max( )、sum( ) 和 total( )。如果需要更多函数，如 quantile( )，就不是那么容易了。在 R 中，可以使用更多高级方法来加总列。

第二，查询数据时，需要提供一串选择语句，但是当语句的某部分是由 R 变量决定时，动态生成 SQL 语句就不那么方便了。

第三，SQL 的限制性也是 sqldf 的限制性。很难使用更加复杂的方法计算新列。例如，使用现有列计算出一个排序列，就没有那么简单了。然而，在 R 中，只需要调用 order( ) 就能实现了。另外，实现更加复杂的筛选操作（如基于排序的筛选）会很难或者非常复杂。例如，你想如何实现这样的筛选呢：按照 size 降序排列，再按 material 分组，然后提取第 1 个或前两个产品？确实，实现类似的查询需要许多思考和技巧。

然而，如果使用 plyr 包，类似的问题就是小菜一碟。如果还没有安装它，请运行以下代码：

```
install.packages("plyr")
```

为了体验它的便捷之处，我们使用 plyr::ddply 来实现上述筛选。这里将 material

作为数据分离器，即 product_stats 会根据 material 进行分组。此外，这里还自定义了一个函数，将输入的数据框（的每个部分）转换为新的数据框。之后，ddply( ) 函数将这些数据框组合在一起：

```
plyr::ddply(product_stats, "material",
  function(x) {
    head(x[order(x$size, decreasing = TRUE),], 1L)
})
##    id material size weight
## 1 T02    Metal  350   45.0
## 2 M02 Plastics   85    3.0
## 3 M04     Wood   16    0.6
```

值得说明的是，匿名函数的调用是基于分组的 product_stats 的，也就是说，根据 material 对 product_stats 进行分组，每一组对应的 material 取值唯一。

另一个例子是选出样本数最多的两个测试结果：

```
plyr::ddply(toy_tests, "id",
  function(x) {
    head(x[order(x$sample, decreasing = TRUE), ], 2)
  })
##    id     date sample quality durability
## 1 T01 20160405    180       9         10
## 2 T01 20160302    150      10          9
## 3 T02 20160403     90       9          8
## 4 T02 20160502     85      10          9
```

其中，匿名函数的调用是基于 toy_tests 的两个部分，即 id 为 T01 和 T02 的数据框。每个数据框子集都根据 sample 降序排列，并取出前两条记录。这个任务很容易就完成了。

另外，ddply 和 plyr 针对很多输入输出的数据类型组合提供了多种多样的函数。想要了解更多，请访问 http://had.co.nz/plyr/ 和 https://github.com/hadley/plyr。

12.3 使用 data.table 包操作数据

在第一节中，我们回顾了许多用于操作数据框的内置函数。然后，了解了 sqldf 扩展包，它使得简单的数据查询和统计变得更简便。然而，两种方法都有各自的局限性。使用内置函数可能既繁琐又缓慢，而相对于各式各样的 R 函数来说，SQL 又不够强大，所以用

sqldf 进行数据的汇总统计，也不容易。

data.table 包提供了一个加强版的 data.frame。它运行效率极高，而且能够处理适合内存的大数据集，它通过 [ ] 实现了一种自然的数据操作语法。如果尚未安装，请运行以下命令：

```
install.packages("data.table")
```

安装成功后，我们就可以加载它，并查看它都提供了些什么：

```
library(data.table)
##
## Attaching package: 'data.table'
## The following objects are masked from 'package:reshape2':
##
##     dcast, melt
```

注意到，前面加载的 reshape2 包中已经定义了 dcast( ) 和 melt( )。data.table 包提供了加强版的 dcast( ) 和 melt( )，它们的功能更强大，性能更高，内存使用也更高效。本节的后续部分我们将介绍它们。

创建一个 data.table 与创建一个 data.frame 非常相似：

```
dt <- data.table(x = 1:3, y = rnorm(3), z = letters[1:3])
d
##    x          y z
## 1: 1 -0.2469598 a
## 2: 2  1.4126529 b
## 3: 3 -1.2174483 c
```

通过 str( ) 查看它的结构：

```
str(dt)
## Classes 'data.table' and 'data.frame':   3 obs. of  3 variables:
##  $ x: int  1 2 3
##  $ y: num  -0.247 1.413 -1.217
##  $ z: chr  "a" "b" "c"
##  - attr(*, ".internal.selfref") = <externalptr>
```

很明显，dt 的类是 data.table 和 data.frame，这意味着 data.table 继承自 data.frame。换句话说，它继承了 data.frame 的一些行为，但是增强了其他部分。

data.table 的基本语法 dt[i,j,by]。简单来说，就是使用 i 选择行，用 by 分组，然后计算 j。接下来我们就看看 data.table 具体继承了什么，增强了什么。

首先，仍然先载入产品数据。但这次我们使用 data.table 包中的 fread( ) 函数来读取数据。fread( ) 函数非常快，内存效率很高，而且直接返回了 data.table：

```
product_info <- fread("data/product-info.csv")
product_stats <- fread("data/product-stats.csv")
product_tests <- fread("data/product-tests.csv")
toy_tests <- fread("data/product-toy-tests.csv")
```

如果查看 product_info，可以看到它的数据格式与 data.frame 几乎是一样：

```
product_info
##      id      name  type   class released
## 1: T01    SupCar   toy vehicle      yes
## 2: T02  SupPlane   toy vehicle       no
## 3: M01     JeepX model vehicle      yes
## 4: M02 AircraftX model vehicle      yes
## 5: M03    Runner model  people      yes
## 6: M04    Dancer model  people       no
```

再次查看它的结构：

```
str(product_info)
## Classes 'data.table' and 'data.frame':   6 obs. of  5 variables:
##  $ id      : chr  "T01" "T02" "M01" "M02" ...
##  $ name    : chr  "SupCar" "SupPlane" "JeepX" "AircraftX" ...
##  $ type    : chr  "toy" "toy" "model" "model" ...
##  $ class   : chr  "vehicle" "vehicle" "vehicle" "vehicle" ...
##  $ released: chr  "yes" "no" "yes" "yes" ...
##  - attr(*, ".internal.selfref")=<externalptr>
```

与 data.frame 不同，如果对 data.table 只提供一个参数来构建子集的话，是选择行而不是选择列：

```
product_info[1]
##      id   name type   class released
## 1: T01 SupCar  toy vehicle      yes
product_info[1:3]
##      id     name  type   class released
## 1: T01   SupCar   toy vehicle      yes
```

```
## 2: T02 SupPlane   toy vehicle       no
## 3: M01    JeepX model vehicle      yes
```

如果为 [ ] 提供负值，意味着排除对应记录（行），这与构建向量子集完全一致：

```
product_info[-1]
##      id      name  type   class released
## 1: T02  SupPlane   toy vehicle       no
## 2: M01     JeepX model vehicle      yes
## 3: M02 AircraftX model vehicle      yes
## 4: M03    Runner model  people      yes
## 5: M04    Dancer model  people       no
```

此外，data.table 也提供了许多特殊符号，它们是 data.table 的重要组成部分。.N 是最有用的符号之一，它表示在当前的分组中，对象的数目（即每组的行数）。有了这个符号，我们就不必再用 nrow(product_info) 计算行数。但是在 [ ] 中单独使用 .N 是指提取最后一行：

```
product_info[.N]
##      id   name  type  class released
## 1: M04 Dancer model people       no
```

也可以轻松地选择第一和最后一行：

```
product_info[c(1, .N)]
##      id   name  type   class released
## 1: T01 SupCar   toy vehicle      yes
## 2: M04 Dancer model  people       no
```

在对 data.table 构建子集时，能够根据语义自动地计算表达式。也就是说，在选取列时，可以直接使用列名，就像使用 subset( )、transform( ) 和 with( )一样。例如，选择已经发布的产品时，我们可以直接使用 released 作为第 1 个参数来选择满足条件的行：

```
product_info[released == "yes"]
##      id      name  type   class released
## 1: T01    SupCar   toy vehicle      yes
## 2: M01     JeepX model vehicle      yes
## 3: M02 AircraftX model vehicle      yes
## 4: M03    Runner model  people      yes
```

方括号内的第 1 个参数是行筛选器，第 2 个则对筛选后的数据进行适当地计算（包括选择某些列或执行某个表达式）。例如，我们可以直接使用 id 来表达 roduct_info$id，这里提取满足 released 取值为 yes 的 id 列：

```
product_info[released == "yes", id]
## [1] "T01" "M01" "M02" "M03"
```

而选择 data.frame 的列的方式（“id”）在这里不起作用。如果把一个字符向量作为第 2 个参数，就会得到这个字符向量本身，因为一个字符串就只是表示一个字符串，可以试一下：

```
product_info[released == "yes", "id"]
## [1] "id"
```

为了避免这种情况，我们可以设定 with = FALSE。这样，第 2 个参数就可以根据字符向量选择列，并且不论指定多少列，总是返回 data.table：

```
product_info[released == "yes", "id", with = FALSE]
##     id
## 1: T01
## 2: M01
## 3: M02
## 4: M03
product_info[released == "yes", c("id", "name"), with = FALSE]
##     id      name
## 1: T01    SupCar
## 2: M01     JeepX
## 3: M02 AircraftX
## 4: M03    Runner
```

第 2 个参数也可以是表达式。例如，生成一张表，用于反映每种 type 和 class 的组合中的 released 取值为 yes 的产品数量：

```
product_info[released == "yes", table(type, class)]
##        class
## type    people vehicle
##   model      1       2
##   toy        0       1
```

要注意是，给第 2 个参数提供 list()，它仍然会被转换为 data.table：

```
product_info[released == "yes", list(id, name)]
##     id      name
## 1: T01    SupCar
```

```
## 2: M01     JeepX
## 3: M02 AircraftX
## 4: M03    Runner
```

此外，我们也可以轻松地生成一个替换原有列的新的 data.table：

```
product_info[, list(id, name, released = released == "yes")]
##     id      name released
## 1: T01    SupCar     TRUE
## 2: T02  SupPlane    FALSE
## 3: M01     JeepX     TRUE
## 4: M02 AircraftX     TRUE
## 5: M03    Runner     TRUE
## 6: M04    Dancer    FALSE
```

还可以利用原有列来创建新列，并生成新的 data.table：

```
product_stats[, list(id, material, size, weight, density = size / weight)]
##     id material size weight   density
## 1: T01    Metal  120   10.0 12.000000
## 2: T02    Metal  350   45.0  7.777778
## 3: M01 Plastics   50     NA        NA
## 4: M02 Plastics   85    3.0 28.333333
## 5: M03     Wood   15     NA        NA
## 6: M04     Wood   16    0.6 26.666667
```

为了简化，data.table 为 list( ) 提供了缩写.( )，即.( ) 和 list( ) 是等价的：

```
product_info[, .(id, name, type, class)]
##     id      name  type   class
## 1: T01    SupCar   toy vehicle
## 2: T02  SupPlane   toy vehicle
## 3: M01     JeepX model vehicle
## 4: M02 AircraftX model vehicle
## 5: M03    Runner model  people
## 6: M04    Dancer model  people
product_info[released == "yes", .(id, name)]
##     id      name
## 1: T01    SupCar
## 2: M01     JeepX
## 3: M02 AircraftX
## 4: M03    Runner
```

通过提供排序索引，我们可以根据既定的要求对记录进行排序：

```
product_stats[order(size, decreasing = TRUE)]
##     id material size weight
## 1: T02    Metal  350   45.0
## 2: T01    Metal  120   10.0
## 3: M02 Plastics   85    3.0
## 4: M01 Plastics   50     NA
## 5: M04     Wood   16    0.6
## 6: M03     Wood   15     NA
```

前面都是在构建子集之后，又创建了一个新的 data.table。data.table 包还提供了一个对列进行原地赋值的符号:=。例如，product_stats 原始数据是这样的：

```
product_stats
##     id material size weight
## 1: T01    Metal  120   10.0
## 2: T02    Metal  350   45.0
## 3: M01 Plastics   50     NA
## 4: M02 Plastics   85    3.0
## 5: M03     Wood   15     NA
## 6: M04     Wood   16    0.6
```

使用 :=，可以直接在 product_stats 中创建新列：

```
product_stats [, density := size / weight]
```

虽然并没有返回什么，但原始的 data.table 已经被修改了：

```
product_stats
##     id material size weight   density
## 1: T01    Metal  120   10.0 12.000000
## 2: T02    Metal  350   45.0  7.777778
## 3: M01 Plastics   50     NA        NA
## 4: M02 Plastics   85    3.0 28.333333
## 5: M03     Wood   15     NA        NA
## 6: M04     Wood   16    0.6 26.666667
```

使用 := 替换已有的列：

```
product_info[, released := released == "yes"]
product_info
##     id      name type   class released
```

```
## 1: T01     SupCar   toy vehicle     TRUE
## 2: T02   SupPlane   toy vehicle    FALSE
## 3: M01      JeepX model vehicle     TRUE
## 4: M02 AircraftX model vehicle     TRUE
## 5: M03     Runner model  people     TRUE
## 6: M04     Dancer model  people    FALSE
```

data.table 包提供 := ，主要是因为原地修改的性能更高，避免了不必要的复制。

12.3.1　使用键获取行

data.table 的另一个独特功能是它的索引支持，也就是说，我们可以在 data.table 中创建键（key），通过键获取记录极其高效。例如，使用 setkey( ) 将 id 设置为 product_info 中的一个键：

```
setkey(product_info, id)
```

注意到，这个函数的行为与 R 的大部分函数行为都不同。它并没有返回一个 data.table 的副本，而是直接为原始输入数据设置了键。而原来的数据框看起来似乎没有变化：

```
product_info
##     id      name  type   class released
## 1: M01     JeepX model vehicle     TRUE
## 2: M02 AircraftX model vehicle     TRUE
## 3: M03    Runner model  people     TRUE
## 4: M04    Dancer model  people    FALSE
## 5: T01    SupCar   toy vehicle     TRUE
## 6: T02  SupPlane   toy vehicle    FALSE
```

但是，它的键已经生成了：

```
key(product_info)
## [1] "id"
```

现在，我们可以用键来获取记录了。例如，可以直接提供一个 id 值来获取对应记录：

```
product_info["M01"]
##     id  name  type   class released
## 1: M01 JeepX model vehicle     TRUE
```

但是，如果我们对没有设置 key 的 data.table 使用以上用法，程序就会报错，并提醒你需要设置键：

```
product_stats["M01"]
## Error in `[.data.table`(product_stats, "M01"): When i is a data.table
(or character vector), x must be keyed (i.e. sorted, and, marked as sorted)
so data.table knows which columns to join to and take advantage of x being
sorted. Call setkey(x,...) first, see ?setkey.
```

也可以使用 setkeyv( ) 来设置键，但是它只接受字符向量：

```
setkeyv(product_stats, "id")
```

当 key 是一个动态变化的向量时，这个函数就特别好用。现在，我们也可以用键获取 product_stats 的数据了：

```
product_stats["M02"]
##     id material size weight  density
## 1: M02 Plastics   85      3 28.33333
```

如果两个表格有相同的键，我们可以轻松地将它们连接在一起：

```
product_info[product_stats]
##     id      name  type   class released material size
## 1: M01     JeepX model vehicle     TRUE Plastics   50
## 2: M02 AircraftX model vehicle     TRUE Plastics   85
## 3: M03    Runner model  people     TRUE     Wood   15
## 4: M04    Dancer model  people    FALSE     Wood   16
## 5: T01    SupCar   toy vehicle     TRUE    Metal  120
## 6: T02  SupPlane   toy vehicle    FALSE    Metal  350
##    weight   density
## 1:     NA        NA
## 2:    3.0 28.333333
## 3:     NA        NA
## 4:    0.6 26.666667
## 5:   10.0 12.000000
## 6:   45.0  7.777778
```

data.table 的键可以不止一个。例如，需要通过指定 id 和 date，定位 toy_tests 中的一条记录。在以下代码中，我们在 toy_tests 中把这两列设置为一个键：

```
setkey(toy_tests, id, date)
```

现在，提供 key 中的两个元素，就可以获得一行记录了：

```
toy_tests[.("T01", 20160201)]
##     id     date sample quality durability
## 1: T01 20160201    100       9          9
```

如果我们只提供第 1 个元素，便会得到由匹配了第 1 个元素的所有记录构成的数据子集：

```
toy_tests["T01"]
##     id     date sample quality durability
## 1: T01 20160201    100       9          9
## 2: T01 20160302    150      10          9
## 3: T01 20160405    180       9         10
## 4: T01 20160502    140       9          9
```

然而，如果只提供了第 2 个元素，便会返回错误信息。这是因为算法背后要求键必须按顺序排列：

```
toy_tests[.(20160201)]
## Error in bmerge(i, x, leftcols, rightcols, io, xo, roll, rollends,
nomatch, : x.'id' is a character column being joined to i.'V1' which is type
'double'. Character columns must join to factor or character columns.
```

同样地，如果以错误顺序提供了一个键，也无法得到任何数据：

```
toy_tests[.(20160201, "T01")]
## Error in bmerge(i, x, leftcols, rightcols, io, xo, roll, rollends, nomatch, :
x.'id' is a character column being joined to i.'V1' which is type 'double'.
Character columns must join to factor or character columns.
```

12.3.2 对数据分组汇总

data.table 中另一个非常重要的参数是 by，它用于将数据分割成多个部分（即按照 by 的值进行分组），并且对每个部分（组）计算第 2 个参数。在本节中，我们将会演示如何通过 by 以更简便的方式实现数据的分组汇总。例如，by 的最简单用法就是计算每组的记录条数。在下面的代码中，我们将分别统计已发布和未发布的产品数量：

```
product_info[, .N, by = released]
##    released N
## 1:     TRUE 4
```

```
## 2:    FALSE 2
```

分组变量可以不止一个。例如，由 type 和 class 确定一个组，然后计算每组的记录条数：

```
product_info[, .N, by = .(type, class)]
##     type   class N
## 1: model vehicle 2
## 2: model  people 2
## 3:   toy vehicle 2
```

我们也可以对每个组进行统计计算。这里，分别计算防水产品和非防水产品两组的质量得分均值：

```
product_tests[, mean(quality, na.rm = TRUE),
  by = .(waterproof)]
##    waterproof    V1
## 1:         no 10.00
## 2:        yes  5.75
```

注意到，均值存储在 V1 列中，因为没有提供列名，所以使用了默认的列名 V1。为了避免这种情况的出现，需要改用 .(y = f(x)) 形式的表达式：

```
product_tests[, .(mean_quality = mean(quality, na.rm = TRUE)),
  by = .(waterproof)]
##    waterproof mean_quality
## 1:         no        10.00
## 2:        yes         5.75
```

我们可以将多个 [] 按顺序连接起来。在接下来的例子中，首先使用通用的键 id，将 product_info 和 product_tests 连接起来，然后筛选出已发布的产品，再按照 type 和 class 进行分组，最后计算每组的 quality 和 durability 的均值：

```
type_class_tests0 <- product_info[product_tests][released == TRUE,
  .(mean_quality = mean(quality, na.rm = TRUE),
    mean_durability = mean(durability, na.rm = TRUE)),
  by = .(type, class)]
##     type   class mean_quality mean_durability
## 1:   toy vehicle          NaN            10.0
## 2: model vehicle            6             4.5
## 3: model  people            5             NaN
```

值得注意的是，在返回的 data.table 中，by 所对应的组合中的值是唯一的。虽然成功实现了目标，但是 type_class_tests0 中并没有设置键：

```
key(type_class_tests0)
## NULL
```

此时，我们可以使用 keyby（而不是 by）来确保在结果的 data.table 中自动地将 keyby 对应的分组向量设置为键。一般情况下，data.table 的默认返回结果中，会保持原来的顺序。但有时，我们想让返回结果根据分组变量自动排序。keyby 也可以实现自动排序，即按照分组变量自动排序（默认升序），可谓一举两得：

```
type_class_tests <- product_info[product_tests][released == TRUE,
  .(mean_quality = mean(quality, na.rm = TRUE),
    mean_durability = mean(durability, na.rm = TRUE)),
  keyby = .(type, class)]
type_class_tests
##       type   class mean_quality mean_durability
## 1: model  people            5             NaN
## 2: model vehicle            6             4.5
## 3:   toy vehicle          NaN            10.0
key(type_class_tests)
## [1] "type" "class"
```

这样，我们便可以直接用一组键—值来获取记录：

```
type_class_tests[.("model", "vehicle"), mean_quality]
## [1] 6
```

可以清楚地看到，要找到表中的特定记录，使用键比使用逻辑比较更加方便。而且，因为数据集还不够大，键的真正优势还未展现出来。对大数据集使用键进行搜索记录，能够比迭代使用逻辑比较快得多。因为键搜索利用了二进制搜索，而迭代则在不必要的计算上浪费了很多时间。

这里我们举个例子进行对比。首先，我们创建一个有 1000 万行的数据，其中一列是索引列 id，其他两列是随机数：

```
n <- 10000000
test1 <- data.frame(id = 1:n, x = rnorm(n), y = rnorm(n))
```

现在我们想要找到 id 为 876543 的行，看一下这要花多久：

```
system.time(row <- test1[test1$id == 876543, ])
```

```
##   user system elapsed
## 0.156  0.036   0.192
row
##             id          x        y
## 876543 876543 0.02300419 1.291588
```

看起来，好像不是很久。但是，如果需要频繁地这样做，例如每秒几百次，那么计算机根本无法及时返回结果。

作为对比，我们使用 data.table 来完成这个任务。先调用 setDT( ) 将数据框转换为 data.table。这个函数可以将对象原地转换，不需要复制。使用 setDT( ) 函数时，我们还将 id 作为一个键，因此最终的结果 data.table 以 id 列作为键：

```
setDT(test1, key = "id")
class(test1)
## [1] "data.table" "data.frame"
```

现在，test1 已经被转换成 data.table 了。接着，我们搜索相同的元素：

```
system.time(row <- test1[.(8765432)])
##   user   system elapsed
##  0.000    0.000   0.001
row
##          id          x         y
## 1: 8765432 0.2532357 -2.121696
```

结果相同，但 data.table 用的时间比 data.frame 少很多。

12.3.3 重塑 data.table

在前面的章节中，我们已经学习了如何使用 reshape2 扩展包对 data.frame 进行塑形。其实，data.table 扩展包为 data.table 对象提供了更快更强的 dcast( ) 函数和 melt( ) 函数。

例如，将 toy_tests 的每个产品的质量得分按照年和月进行对齐：

```
toy_tests[, ym := substr(date, 1, 6)]
toy_quality <- dcast(toy_tests, ym ~ id, value.var = "quality")
toy_quality
##         ym T01 T02
## 1: 201602   9   7
## 2: 201603  10   8
```

```
## 3: 201604    9   9
## 4: 201605    9  10
```

首先，我们使用 := 在 toy_tests 中直接创建了一个新列 ym，然后，使用 dcast( ) 对 toy_tests 进行转换，这一步和前面 reshape2 的例子是一样的。结果看起来和在数据框上使用 reshape2::dcast( ) 一样。

但是，reshape2::dcast( ) 不支持多个变量，而 data.table::dcast( ) 可以：

```
toy_tests2 <- dcast(toy_tests, ym ~ id, value.var = c("quality",
"durability"))
toy_tests2
##        ym quality_T01 quality_T02 durability_T01 durability_T02
## 1: 201602           9           7              9              9
## 2: 201603          10           8              9              8
## 3: 201604           9           9             10              8
## 4: 201605           9          10              9              9
```

除了第 1 列以外，其他的列名都不再是 id 值，而是用下划线将变量名和 id 值连接起来。此外，塑形公式 ym～id 左边的变量将被自动设置为结果 data.table 的键：

```
key(toy_tests2)
## [1] "ym"
```

这个键意味着我们可以通过提供一个 ym 的值，直接获得对应的记录。然而，下面的代码会报错：

```
toy_tests2[.(201602)]
## Error in bmerge(i, x, leftcols, rightcols, io, xo, roll, rollends, nomatch, :
x.'ym' is a character column being joined to i.'V1' which is type 'double'.
Character columns must join to factor or character columns.
```

从错误信息来看，是因为数据的类型存在一些问题。因此，我们通过以下代码来查看每一列的类：

```
sapply(toy_tests2, class)
##             ym    quality_T01    quality_T02 durability_T01
##    "character"      "integer"      "integer"      "integer"
## durability_T02
##      "integer"
```

问题出在 ym 的类上。它是一个字符向量，但是我们提供了数值型的键。因为无法匹配数据类型，所以搜索失败。如果我们提供一个字符串，便可得到对应的记录：

```
toy_tests2["201602"]
##        ym quality_T01 quality_T02 durability_T01 durability_T02
## 1: 201602           9           7              9              9
```

但是，ym 是如何变成字符的呢？回顾一下，在 ym := substr(date, 1, 6) 中，date 是一个整数向量，但是，调用 substr( ) 函数时，先将 date 强制转换成字符向量，再提取前 6 个字符。因此，结果是一个字符向量，至此，我们就很不会觉得那么奇怪了。以下是简单的演示：

```
class(20160101)
## [1] "numeric"
class(substr(20160101, 1, 6))
## [1] "character"
```

这提醒我们，在进行数据操作时，对于键列的数据类型，需要小心一点。

12.3.4 使用原地设置函数

使用 data.frame 时，改变列名或者排序，都会导致数据结构的复制。在最新版本的 R 中，对列重命名已经很少复制了，但要实现完全不进行任何复制就能将某列重新排序，仍然很困难。当数据量较小的时候，还不是问题，如果数据非常大的话，这种操作对性能和内存造成的压力可能就比较麻烦了。

作为 data.frame 的加强版，data.table 提供了一系列支持引用语义的 set 函数，也就是说，它们可以原地修改 data.table，从而避免了不必要的复制，展现出来惊人的性能。

仍以 product_stats 为例。我们可以调用函数 setDF( )，不需要任何复制，便可以将 data.table 转换为 data.frame：

```
product_stats
##     id material size weight   density
## 1: M01 Plastics   50     NA        NA
## 2: M02 Plastics   85    3.0 28.333333
## 3: M03     Wood   15     NA        NA
## 4: M04     Wood   16    0.6 26.666667
## 5: T01    Metal  120   10.0 12.000000
## 6: T02    Metal  350   45.0  7.777778
setDF(product_stats)
class(product_stats)
```

```
## [1] "data.frame"
```

其实，setDT( )可以将任意的 data.frame 转换为 data.table，并设置键（如果指定了的话）：

```
setDT(product_stats, key = "id")
class(product_stats)
## [1] "data.table" "data.frame"
```

调用 setnames( ) 对列重命名：

```
setnames(product_stats, "size", "volume")
product_stats
##     id material volume weight   density
## 1: M01 Plastics     50     NA        NA
## 2: M02 Plastics     85    3.0 28.333333
## 3: M03     Wood     15     NA        NA
## 4: M04     Wood     16    0.6 26.666667
## 5: T01    Metal    120   10.0 12.000000
## 6: T02    Metal    350   45.0  7.777778
```

如果我们添加了一个新列，这一列应该作为最后一列。例如，给所有行添加一个索引，即新加一列索引值，用 .I 表示 1:.N：

```
product_stats[, i := .I]
product_stats
##     id material volume weight   density i
## 1: M01 Plastics     50     NA        NA 1
## 2: M02 Plastics     85    3.0 28.333333 2
## 3: M03     Wood     15     NA        NA 3
## 4: M04     Wood     16    0.6 26.666667 4
## 5: T01    Metal    120   10.0 12.000000 5
## 6: T02    Metal    350   45.0  7.777778 6
```

方便起见，大多数情况下，索引出现在第 1 列。为了实现这一目的，我们可以调用 setcolorder( ) 函数，提供一个合意的列名顺序，这样不用复制，便可以直接调换列的顺序：

```
setcolorder(product_stats,
  c("i", "id", "material", "weight", "volume", "density"))
product_stats
##    i  id material weight volume   density
## 1: 1 M01 Plastics     NA     50        NA
```

```
## 2: 2 M02 Plastics    3.0      85 28.333333
## 3: 3 M03     Wood     NA      15        NA
## 4: 4 M04     Wood    0.6      16 26.666667
## 5: 5 T01    Metal   10.0     120 12.000000
## 6: 6 T02    Metal   45.0     350  7.777778
```

12.3.5 data.table 中的动态作用域

data.table 中最常用的语法就是 data[i, j, by]，其中 i、j 和 by 都是在动态作用域中被计算的。换句话说，我们不仅可以直接使用列，也可以提前定义诸如 .N 、.I 和 .SD 来指代数据中的重要部分。

演示之前，我们先创建一个新的 data.table，并命名为 market_data，其中 date 列是连续的。

```
market_data <- data.table(date = as.Date("2015-05-01") + 0:299)
head(market_data)
##           date
## 1: 2015-05-01
## 2: 2015-05-02
## 3: 2015-05-03
## 4: 2015-05-04
## 5: 2015-05-05
## 6: 2015-05-06
```

就像调用函数一样，我们调用 := 向 market_data 中添加两列：

```
set.seed(123)
market_data[, `:=`(
  price = round(30 * cumprod(1 + rnorm(300, 0.001, 0.05)), 2),
  volume = rbinom(300, 5000, 0.8)
)]
```

注意到，price 是一个简单的随机游走过程，volume 是服从二项分布的随机数：

```
head(market_data)
##           date price volume
## 1: 2015-05-01 29.19   4021
## 2: 2015-05-02 28.88   4000
## 3: 2015-05-03 31.16   4033
## 4: 2015-05-04 31.30   4036
## 5: 2015-05-05 31.54   3995
## 6: 2015-05-06 34.27   3955
```

然后，我们将数据以图形的方式展示出来，如图 12-3 所示。

```
plot(price ~ date, data = market_data,
  type = "l",
  main = "Market data")
```

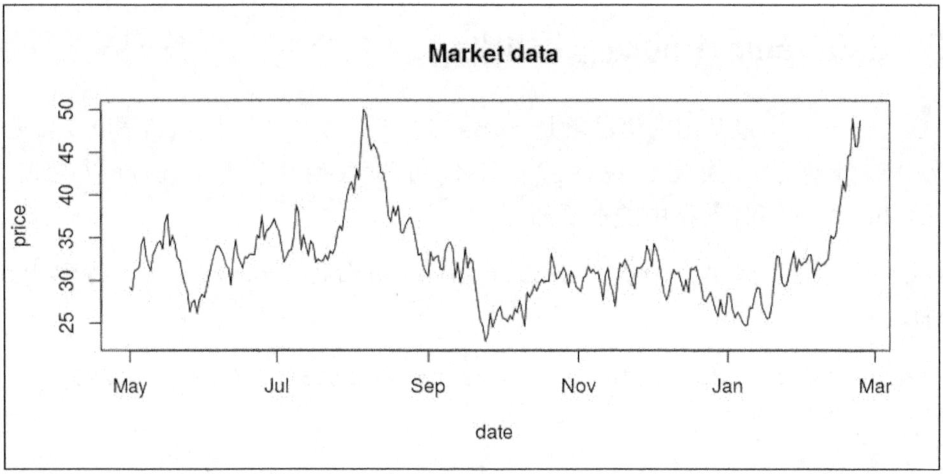

图 12-3

数据准备好之后，就可以通过聚合数据并发现动态作用域怎样让事情变得更简单。

首先，看一下 date 这一列的时间范围：

```
market_data[, range(date)]
## [1] "2015-05-01" "2016-02-24"
```

该数据也可以被整合缩减为 open-high-low-close（OHLC）的月度数据：

```
monthly <- market_data[,
  .(open = price[[1]], high = max(price),
    low = min(price), close = price[[.N]]),
  keyby = .(year = year(date), month = month(date))]
head(monthly)
##    year month  open  high   low close
## 1: 2015     5 29.19 37.71 26.15 28.44
## 2: 2015     6 28.05 37.63 28.05 37.21
## 3: 2015     7 36.32 40.99 32.13 40.99
## 4: 2015     8 41.52 50.00 30.90 30.90
## 5: 2015     9 30.54 34.46 22.89 27.02
## 6: 2015    10 25.68 33.18 24.65 29.32
```

上述代码的含义是：先将数据按照 year 和 month 进行分组（根据 keyby 分组），然后每一组生成一条 OHLC 记录（执行 j 表达式）。最后，不管 j 表达式返回的是一个 list，或者 data.frame，还是 data.table，都会被堆叠在一起（成为列），最终生成一个 data.table。

事实上，即使已经指定 by，j 表达式也可以是任意的。更确切地说，先根据 by 表达式将原始数据分割，分割后的每个部分都是原始数据的一个子集，并且原始数据和子集都是 data.table。然后，在每个子集 data.table 的语义中计算 j 表达式。例如，以下代码没有按组聚合数据，而是画出了每一年的价格图，如图 12-4 所示。

```
oldpar <- par(mfrow = c(1, 2))
market_data[, {
  plot(price ~ date, type = "l",
    main = sprintf("Market data (%d)", year))
}, by = .(year = year(date))]
par(oldpar)
```

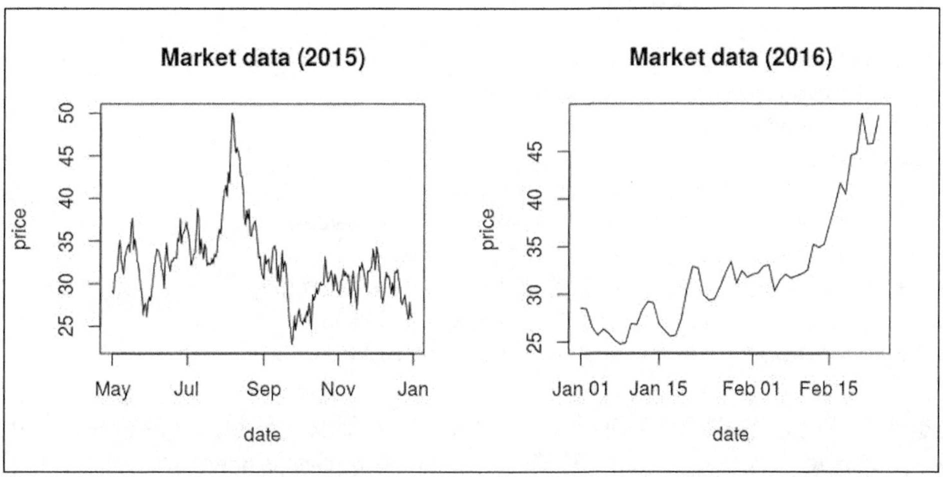

图 12-4

注意到，我们并没有为 plot( ) 设定 data 参数，图形也成功地画出来了。这是因为 plot( ) 是在子集 data.table 的语义中进行的，而这里的子集 data.table 就是原始数据 data.table(即 market_data)按照 year 分组后得到的，其中 price 和 date 已经被定义好了。

此外，j 表达式还可以是用于构建模型的代码。这里有一个批量拟合线性模型的例子。首先，我们要从 ggplot2 包中载入 diamonds 数据集：

```
data("diamonds", package = "ggplot2")
setDT(diamonds)
head(diamonds)
##    carat       cut color clarity depth table price    x    y    z
## 1:  0.23     Ideal     E     SI2  61.5    55   326 3.95 3.98 2.43
## 2:  0.21   Premium     E     SI1  59.8    61   326 3.89 3.84 2.31
## 3:  0.23      Good     E     VS1  56.9    65   327 4.05 4.07 2.31
## 4:  0.29   Premium     I     VS2  62.4    58   334 4.20 4.23 2.63
## 5:  0.31      Good     J     SI2  63.3    58   335 4.34 4.35 2.75
## 6:  0.24 Very Good     J    VVS2  62.8    57   336 3.94 3.96 2.48
```

该数据集包含 53940 条钻石信息的记录，每条记录有 10 个属性。这里，我们对 cut 列中的每种切割类型都拟合一个线性回归模型，由此观察每种切割类型中 carat 和 depth 是如何反映关于 log(price) 的信息。

在接下来的代码中，j 表达式拟合了一个线性模型，并将回归系数强制转换成一个列表。注意到，针对 keyby 表达式的每个值都计算了 j 表达式。回归系数以列表形式返回，并且都被储存在一个 data.table 中：

```
diamonds[, {
  m <- lm(log(price) ~ carat + depth)
  as.list(coef(m))
}, keyby = .(cut)]
##          cut (Intercept)    carat        depth
## 1:      Fair    7.730010 1.264588 -0.014982439
## 2:      Good    7.077469 1.973600 -0.014601101
## 3: Very Good    6.293642 2.087957 -0.002890208
## 4:   Premium    5.934310 1.852778  0.005939651
## 5:     Ideal    8.495409 2.125605 -0.038080022
```

动态作用域也允许我们组合使用 data.table 内部或外部预定义的符号。举个例子，我们定义一个函数，计算 market_data 中由用户定义的列的年度均值：

```
average <- function(column) {
  market_data[, .(average = mean(.SD[[column]])),
    by = .(year = year(date))]
}
```

在上述的 j 表达式中，.SD 表示按 year 分组后的所有子集 data.table。我们可以使用 .SD[[x]] 来提取 x 列的值，这与通过名字从列表中提取成分或元素相同。

然后，运行以下代码，计算每年的平均价格：

```
average("price")
##    year  average
## 1: 2015 32.32531
## 2: 2016 32.38364
```

只需将参数变为 volume，就可以计算每年的平均数量：

```
average("volume")
##    year  average
## 1: 2015 3999.931
## 2: 2016 4003.382
```

我们也可以使用此包专门发明的语法，创造一个列数动态变化的组合，并且组合中的列是由动态变化的名称决定的。

假设我们添加了额外的 3 列价格，每一列都是由原有的价格值加了随机噪声生成的。不用重复调用 market_data[, price1 := ...] 和 market_data[, price2 := ...]，而是使用 market_ data[, (columns) := list(...)] 来动态地设定列，其中 columns 是一个包含列名的字符向量，list(...) 是 columns 中每个列的对应值：

```
price_cols <- paste0("price", 1:3)
market_data[, (price_cols) := lapply(1:3
  function(i) round(price + rnorm(.N, 0, 5), 2))]
head(market_data)
##          date price volume price1 price2 price3
## 1: 2015-05-01 29.19   4021  30.55  27.39  33.22
## 2: 2015-05-02 28.88   4000  29.67  20.45  36.00
## 3: 2015-05-03 31.16   4033  34.31  26.94  27.24
## 4: 2015-05-04 31.30   4036  29.32  29.01  28.04
## 5: 2015-05-05 31.54   3995  36.04  32.06  34.79
## 6: 2015-05-06 34.27   3955  30.12  30.96  35.19
```

另一方面，如果得到的表格有很多列，并且需要对它们的子集进行一些计算，也可以用类似的语法来解决。想象一下，和价格相关的列中可能存在缺失值。我们需要对每个价格列调用 zoo::na.locf( )。首先，我们使用正则表达式来获取所有的价格列：

```
cols <- colnames(market_data)
price_cols <- cols[grep("^price", cols)]
price_cols
## [1] "price" "price1" "price2" "price3"
```

然后，我们使用类似的语法，并且添加了一个参数.SDcols = price_cols，这是

为了使 .SD 中的列就只是我们想要的那些价格列。在以下代码中，对每个价格列调用 zoo::na.locf( )，对应列的原始值都会被替换：

```
market_data[, (price_cols) := lapply(.SD, zoo::na.locf),
  .SDcols = price_cols]
```

本节，我们演示了 data.table 的使用方法，体会了它是如何使得数据操作变得更简便易用。请前往 https://github.com/Rdatatable/data.table/wiki 查看 data.table 的完整功能列表。要想快速回顾使用方法，可以阅读 data.table 的简要说明 https://www.datacamp.com/community/ tutorials/data-table-cheat-sheet。

12.4 使用 dplyr 管道操作处理数据框

关于数据操作的另一个流行的包是 dplyr，它发明了一种数据操作语法。dplyr 扩展包并没有使用构建子集函数（[ ]），而是定义了一系列基础的变形函数作为数据操作模块，并且引入了一个管道操作符，利用管道操作符将这些变形函数串联起来，进而完成复杂的多步任务。

如果还没有安装 dplyr，请运行以下代码以从 CRAN 中安装：

```
install.packages("dplyr")
```

首先，我们重新加载产品表格，将它们重置为原始形式：

```
library(readr)
product_info <- read_csv("data/product-info.csv")
product_stats <- read_csv("data/product-stats.csv")
product_tests <- read_csv("data/product-tests.csv")
toy_tests <- read_csv("data/product-toy-tests.csv")
```

然后，载入 dplyr 包：

```
library(dplyr)
##
## Attaching package: 'dplyr'
## The following objects are masked from 'package:data.table':
##
##     between, last
## The following objects are masked from 'package:stats':
##
##     filter, lag
## The following objects are masked from 'package:base':
```

```
##
##     intersect, setdiff, setequal, union
```

以上输出信息说明 dplyr 泛化了很多内置函数。加载这个包之后，这些内置函数便被屏蔽了。

现在，我们可以使用 dplyr 包提供的变形函数了。先使用 select( ) 函数从数据框中提取列，并将这些列存储在新创建的表中：

```
select(product_info, id, name, type, class)
## Source:local data frame[6x4]
##
##       id      name  type   class
##    <chr>     <chr> <chr>   <chr>
## 1    T01    SupCar   toy vehicle
## 2    T02  SupPlane   toy vehicle
## 3    M01     JeepX model vehicle
## 4    M02 AircraftX model vehicle
## 5    M03    Runner model  people
## 6    M04    Dancer model  people
```

打印出来的表格与 data.frame 和 data.table 都不太一样。它不仅显示了表格本身，也包括一个表头，用于说明数据框的大小和每一列的数据类型。

显然，select( ) 使用了非标准计算，所以我们可以直接将数据框的列名作为参数。它和 subset( )、transform( ) 以及 with( ) 的工作方式类似。

其次，我们可以使用 filter( ) 函数，通过逻辑条件筛选数据框。同样地，这个函数也是在数据框的语义中被计算：

```
filter(product_info, released == "yes")
## Source:local data frame[4x5]
##
##       id      name  type   class released
##    <chr>     <chr> <chr>   <chr>    <chr>
## 1    T01    SupCar   toy vehicle      yes
## 2    M01     JeepX model vehicle      yes
## 3    M02 AircraftX model vehicle      yes
## 4    M03    Runner model  people      yes
```

如果想要根据多个条件筛选记录，只需要把每个条件都作为 filter() 的参数：

```
filter(product_info,
  released == "yes", type == "model")
```

```
## Source:local data frame[3x5]
##
##        id       name  type   class released
##     <chr>      <chr> <chr>   <chr>    <chr>
## 1   M01      JeepX model vehicle      yes
## 2   M02 AircraftX model vehicle      yes
## 3   M03     Runner model  people      yes
```

mutate( )函数可以创建一个新的数据框，这个数据框包含新列，或者替换原数据框的列。它与 transform( )类似，不同的是，如果数据是 data.table，它也能支持原地赋值 := ：

```
mutate(product_stats, density = size / weight)
## Source: local data frame [6 x 5]
##
##        id material  size weight   density
##     <chr>    <chr> <int>  <dbl>     <dbl>
## 1   T01    Metal   120   10.0 12.000000
## 2   T02    Metal   350   45.0  7.777778
## 3   M01 Plastics    50     NA        NA
## 4   M02 Plastics    85    3.0 28.333333
## 5   M03     Wood    15     NA        NA
## 6   M04     Wood    16    0.6 26.666667
```

arrange( ) 函数也是用于创建一个新的数据框，这个数据框是按一个或多个列排序后的。desc( ) 函数表示降序排列：

```
arrange(product_stats, material, desc(size), desc(weight))
## Source: local data frame [6 x 4]
##
##        id material  size weight
##     <chr>    <chr> <int>  <dbl>
## 1   T02    Metal   350   45.0
## 2   T01    Metal   120   10.0
## 3   M02 Plastics    85    3.0
## 4   M01 Plastics    50     NA
## 5   M04     Wood    16    0.6
## 6   M03     Wood    15     NA
```

dplyr 包提供了丰富的连接函数，包括 inner_join( )、left_join( )、right_join( )、full_join( )、semi_join( ) 和 anti_join( )。如果要连接的两个表存在无法匹配的记录，这些连接操作的行为会有很大差别。对于 product_info 和 product_tests，它们的记录可以完全匹配，所以 left_join( ) 的返回结果和 merge( ) 相同：

```
product_info_tests <- left_join(product_info, product_tests, by = "id")
product_info_tests
## Source: local data frame [6 x 8]
##
##     id      name  type   class released quality durability
##   <chr>    <chr> <chr>   <chr>    <chr>   <int>      <int>
## 1 T01    SupCar   toy vehicle      yes      NA         10
## 2 T02  SupPlane   toy vehicle       no      10          9
## 3 M01     JeepX model vehicle      yes       6          4
## 4 M02 AircraftX model vehicle      yes       6          5
## 5 M03    Runner model  people      yes       5         NA
## 6 M04    Dancer model  people       no       6          6
## Variables not shown: waterproof (chr)
```

运行 ?dplyr::join 了解这些连接操作的更多差异。

为了对数据进行分组汇总，我们需要先利用 group_by( ) 创建一个分组后的表格。然后使用 summarize( ) 汇总数据。例如，我们想把 product_info_tests 按照 type 和 class 分割开，然后对每一组计算 quality 和 durability 的平均值：

```
summarize(group_by(product_info_tests, type, class),
  mean_quality = mean(quality, na.rm = TRUE),
  mean_durability = mean(durability, na.rm = TRUE))
## Source: local data frame [3 x 4]
## Groups: type [?]
##
##    type   class mean_quality mean_durability
##   <chr>   <chr>        <dbl>           <dbl>
## 1 model  people          5.5             6.0
## 2 model vehicle          6.0             4.5
## 3   toy vehicle         10.0             9.5
```

通过前面的代码示例，我们掌握了这些变形函数：select( )、filter( )、mutate( )、arrange( )、group_by( ) 和 summarize( )。这些函数的设计初衷都是对数据进行一个小操作，但是将它们合理地组合到一起，就可以完成复杂的数据处理操作。除了这些函数，dplyr 包还从 magrittr 包中引入了管道操作符 %>% ，利用 %>% 将函数连接起来，组合使用。

假设现在有 product_info 和 product_tests。我们需要对已发布的产品进行分析，对于每种类型和类对应的组，计算该组产品的质量和耐久性的平均值，并将结果数据按照质量均值降序排列。通过使用管道操作符将 dplyr 变形函数连接起来，可以漂亮地完成这个任务：

```
product_info %>%
  filter(released == "yes") %>%
  inner_join(product_tests, by = "id") %>%
  group_by(type, class) %>%
  summarize(
    mean_quality = mean(quality, na.rm = TRUE),
    mean_durability = mean(durability, na.rm = TRUE)) %>%
  arrange(desc(mean_quality))
## Source: local data frame [3 x 4]
## Groups: type [2]
##
##    type   class mean_quality mean_durability
##   <chr>   <chr>        <dbl>           <dbl>
## 1 model vehicle            6             4.5
## 2 model  people            5             NaN
## 3   toy vehicle          NaN            10.0
```

但是 `%>%` 是如何工作的呢？其实，管道操作符基本上只负责一件事情：把符号左侧返回的结果，作为符号右侧调用函数的第 1 个参数。也就是说，`x %>% f(...)` 等价于 `f(x, ...)`。因为 `%>%` 是一个由包定义的二元操作符，所以允许我们将函数调用连接起来，一方面避免存储多余的中间值，另一方面将嵌套调用分解，使每一步操作流程清晰地展现出来。

假设将 `d0` 转化为 `d3` 需要 3 个步骤。在每一步的函数调用中，需要将前面一步的结果作为参数。如果像这样操作数据，可能会有很多中间结果，当数据量很大的时候，会消耗很多内存：

```
d1 <- f1(d0, arg1)
d2 <- f2(d1, arg2)
d3 <- f3(d2, arg3)
```

想要避免中间结果，就不得不写嵌套调用。这个任务看起来一点都不友好，特别是在每个函数调用都有多个参数的时候：

```
f3(f2(f1(d0, arg1), arg2), arg3)
```

使用管道操作符，工作流便可以像下面这样重新组织：

```
d0 %>%
 f1(arg1) %>%
 f2(arg2) %>%
 f3(arg3)
```

这样的代码看起来更加简洁和直观。整个表达式不止看起来像一个管道，其工作方式也像一个管道。`d0 %>% f1(arg1)` 等价于 `f1(d0, arg1)`，并会被送往 `f2(., arg2)`，紧接着又会被送往 f3(., arg3)。每一步的输出结果都会成为下一步的输入。

而且，管道操作符不止在 dplyr 的函数中生效，对其他所有的函数也都是适用的。假设我们想要对钻石价格画一个密度图，如图 12-5 所示。

```
data(diamonds, package = "ggplot2")
plot(density(diamonds$price, from = 0),
  main = "Density plot of diamond prices")
```

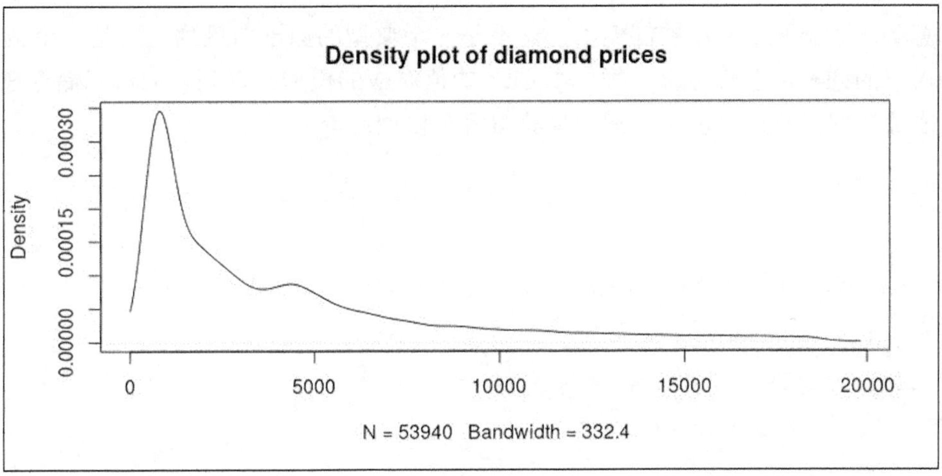

图 12-5

使用管道操作符，我们可以像这样重写代码：

```
diamonds$price %>%
  density(from = 0) %>%
  plot(main = "Density plot of diamonds prices")
```

与 data.table 类似，dplyr 也提供了 do( ) 函数来对每组数据进行任意操作。例如，将 diamonds 按 cut 分组，每组都按 log(price) ~ carat 拟合一个线性模型。和 data.table 不同的是，我们需要为操作指定一个名称，以便将结果储存到列中。而且，do( ) 中的表达式不能直接在分组数据的语义下计算，我们需要使用 . 来表示数据：

```
models <- diamonds %>%
  group_by(cut) %>%
  do(lmod = lm(log(price) ~ carat, data = .))
models
## Source: local data frame [5 x 2]
## Groups: <by row>
```

```
##
##          cut      lmod
##       <fctr>     <chr>
## 1       Fair <S3: lm>
## 2       Good <S3: lm>
## 3 Very Good <S3: lm>
## 4    Premium <S3: lm>
## 5      Ideal <S3: lm>
```

注意到一个新列 lmod 被创建了。这不是一个典型的原子向量列，而是一个包含了线性回归对象的列表，也就是说，每一个 cut 的值对应的模型会以列表的形式储存在 lmod 列的对应位置中。我们可以使用索引来获得每个模型：

```
models$lmod[[1]]
##
## Call:
## lm(formula = log(price) ~ carat, data = .)
##
## Coefficients:
## (Intercept)        carat
##       6.785        1.251
```

在需要完成高度定制的操作时，do( ) 函数的优势就更加明显了。举个例子，假如我们需要分析 toy_tests 数据，要对每种产品的质量和耐久性进行汇总。如果只需要样本数最多的 3 个测试记录，并且每个产品的质量和耐久性是经样本数加权的平均数，考虑下我们应该做什么。

使用 dplyr 包的函数和管道操作符，上述任务可以通过以下代码轻松完成：

```
toy_tests %>%
  group_by(id) %>%
  arrange(desc(sample)) %>%
  do(head(., 3)) %>%
  summarize(
    quality = sum(quality *  sample) / sum(sample),
    durability = sum(durability *  sample) / sum(sample))
## Source:local data frame[2x3]
##
##       id  quality durability
##    <chr>    <dbl>      <dbl>
## 1    T01 9.319149   9.382979
## 2    T02 9.040000   8.340000
```

注意到，当数据分组后，所有的后续操作都是按组进行的。为了查看中间结果，我们可以运行 do(head(., 3)) 之前的代码，如下所示：

```
toy_tests %>%
  group_by(id) %>%
  arrange(desc(sample))
## Source: local data frame [8 x 5]
## Groups: id [2]
##
##      id     date sample quality durability
##   <chr>    <int>  <int>   <int>      <int>
## 1   T01 20160405    180       9         10
## 2   T01 20160302    150      10          9
## 3   T01 20160502    140       9          9
## 4   T01 20160201    100       9          9
## 5   T02 20160403     90       9          8
## 6   T02 20160502     85      10          9
## 7   T02 20160303     75       8          8
## 8   T02 20160201     70       7          9
```

这样我们就得到了按样本数降序排列的所有记录。然后，do(head(., 3)) 将会对每一个组计算 head(. 3)，其中，. 表示每组数据：

```
toy_tests %>%
  group_by(id) %>%
  arrange(desc(sample)) %>%
  do(head(., 3))
## Source: local data frame [6 x 5]
## Groups: id [2]
##
##      id     date sample quality durability
##   <chr>    <int>  <int>   <int>      <int>
## 1   T01 20160405    180       9         10
## 2   T01 20160302    150      10          9
## 3   T01 20160502    140       9          9
## 4   T02 20160403     90       9          8
## 5   T02 20160502     85      10          9
## 6   T02 20160303     75       8          8
```

现在，我们得到了每一组的样本数最多的 3 条记录，如此汇总数据是很方便的。

dplyr 函数定义了一种非常直观的数据操作语法，并且提供了便于使用管道操作符的高性能变形函数。更多内容，请阅读包的指南（https://cran.rstudio.com/web/packages/dplyr/

vignettes/introduction.html），并且访问 DataCamp 上的交互式教程（https://www.datacamp.com/courses/dplyr-data-manipulation-r-tutorial）。

12.5 使用 rlist 包处理嵌套数据结构

在前面的章节中，我们已经学习了存储表的关系型数据库，支持嵌套数据结构的非关系型数据库。在 R 中，最常见的嵌套数据结构就是列表对象。之前的章节都关注操作表格数据。本节，我们一起玩转作者开发的 rlist 包，这是一个为操作非表格数据设计的包。

rlist 的设计和 dplyr 非常相似。它提供了针对列表对象的映射、筛选、选择、排序、分组和聚合功能。运行以下代码来从 CRAN 安装 rlist 包：

```
install.packages("rlist")
```

我们有一个非表格式版本的产品数据，储存在 data/products.json。在这个文件中，每个产品都以 JSON 形式表达，如下：

```
{
    "id": "T01",
    "name": "SupCar",
    "type": "toy",
    "class": "vehicle",
    "released": true,
    "stats": {
      "material": "Metal",
      "size": 120,
      "weight": 10
    },
    "tests": {
      "quality": null,
      "durability": 10,
      "waterproof": false
    },
    "scores": [8, 9, 10, 10, 6, 5]
  }
```

所有的产品都被存储在一个 JSON 数组中，就像这样：`[ {...}, {...} ]`。不同于将数据储存在不同的表中，我们把所有与产品相关的东西都放入一个对象中。然后使用 rlist 的函数来处理这种格式的数据。首先载入 rlist 包：

```
library(rlist)
```

为了把数据以列表的形式载入 R 中，我们需要使用 jsonlite::fromJSON( )，或者就直接使用 rlist 提供的 list.load( )函数：

```
products <- list.load("data/products.json")
str(products[[1]])
## List of 8
##  $ id       : chr "T01"
##  $ name     : chr "SupCar"
##  $ type     : chr "toy"
##  $ class    : chr "vehicle"
##  $ released: logi TRUE
##  $ stats    :List of 3
##   ..$ material: chr "Metal"
##   ..$ size    : int 120
##   ..$ weight  : int 10
##  $ tests    :List of 3
##   ..$ quality   : NULL
##   ..$ durability: int 10
##   ..$ waterproof: logi FALSE
##  $ scores   : int [1:6] 8 9 10 10 6 5
```

现在，列表 products 存储了所有产品的信息。products 的每个成分都包含了一个产品的所有相关信息。

可以调用 list.map( ) 函数，在每个成分的语义中计算表达式：

```
str(list.map(products, id))
## List of 6
##  $ : chr "T01"
##  $ : chr "T02"
##  $ : chr "M01"
##  $ : chr "M02"
##  $ : chr "M03"
##  $ : chr "M04"
```

这个函数迭代计算 products 中每个成分的 id 并返回一个新的列表，其中包含所有相关的结果。list.mapv( ) 函数简化了这个列表，返回一个向量：

```
list.mapv(products, name)
```

```
## [1] "SupCar"    "SupPlane"  "JeepX"    "AircraftX"
## [5] "Runner"   "Dancer"
```

为了对 products 进行筛选，我们可以调用 list.filter( )函数并配合使用逻辑条件。只有所有条件都返回 TRUE 的 products 的元素，才会被筛选出来：

```
released_products <- list.filter(products, released)
list.mapv(released_products, name)
## [1] "SupCar"    "JeepX"     "AircraftX" "Runner"
```

注意到，rlist 的函数设计也和 dplyr 的函数设计很相似，也就是说，输入的数据永远作为第 1 个参数。因此我们可以使用管道操作符将结果逐步向前传送：

```
products %>%
  list.filter(released) %>%
  list.mapv(name)
## [1] "SupCar"    "JeepX"     "AircraftX" "Runner"
```

可以使用 list.select( ) 函数将输入列表的每个成分的某些特定字段都筛选出来：

```
products %>%
  list.filter(released, tests$waterproof) %>%
  list.select(id, name, scores) %>%
  str()
## List of 3
##  $ :List of 3
##   ..$ id    : chr "M01"
##   ..$ name  : chr "JeepX"
##   ..$ scores: int [1:6] 6 8 7 9 8 6
##  $ :List of 3
##   ..$ id    : chr "M02"
##   ..$ name  : chr "AircraftX"
##   ..$ scores: int [1:7] 9 9 10 8 10 7 9
##  $ :List of 3
##   ..$ id    : chr "M03"
##   ..$ name  : chr "Runner"
##   ..$ scores: int [1:10] 6 7 5 6 5 8 10 9 8 9
```

除此之外，还可以用 list.select( ) 函数创建新的字段：

```
products %>%
  list.filter(mean(scores) >= 8) %>%
```

```
  list.select(name, scores, mean_score = mean(scores)) %>%
  str()
## List of 3
##  $ :List of 3
##   ..$ name      : chr "SupCar"
##   ..$ scores    : int [1:6] 8 9 10 10 6 5
##   ..$ mean_score: num 8
##  $ :List of 3
##   ..$ name      : chr "SupPlane"
##   ..$ scores    : int [1:5] 9 9 10 10 10
##   ..$ mean_score: num 9.6
##  $ :List of 3
##   ..$ name      : chr "AircraftX"
##   ..$ scores    : int [1:7] 9 9 10 8 10 7 9
##   ..$ mean_score: num 8.86
```

也可以用 list.sort( ) 函数，按照特定字段或值对列表元素进行排序，再使用 list.stack( ) 将所有元素整合成一个数据框：

```
products %>%
  list.select(name, mean_score = mean(scores)) %>%
  list.sort(-mean_score) %>%
  list.stack()
##        name mean_score
## 1  SupPlane   9.600000
## 2 AircraftX   8.857143
## 3    SupCar   8.000000
## 4    Dancer   7.833333
## 5     JeepX   7.333333
## 6    Runner   7.300000
```

为了给列表分组，可以调用 list.group( ) 创建一个嵌套列表，其中所有元素都被分组变量的字段值分割开来：

```
products %>%
  list.select(name, type, released) %>%
  list.group(type) %>%
  str()
## List of 2
##  $ model:List of 4
##   ..$ :List of 3
##   .. ..$ name     : chr "JeepX"
##   .. ..$ type     : chr "model"
```

```
##     .. ..$ released: logi TRUE
##    ..$ :List of 3
##     .. ..$ name    : chr "AircraftX"
##     .. ..$ type    : chr "model"
##     .. ..$ released: logi TRUE
##    ..$ :List of 3
##     .. ..$ name    : chr "Runner"
##     .. ..$ type    : chr "model"
##     .. ..$ released: logi TRUE
##    ..$ :List of 3
##     .. ..$ name    : chr "Dancer"
##     .. ..$ type    : chr "model"
##     .. ..$ released: logi FALSE
##   $ toy   :List of 2
##    ..$ :List of 3
##     .. ..$ name    : chr "SupCar"
##     .. ..$ type    : chr "toy"
##     .. ..$ released: logi TRUE
##    ..$ :List of 3
##     .. ..$ name    : chr "SupPlane"
##     .. ..$ type    : chr "toy"
##     .. ..$ released: logi FALSE
```

rlist 也提供了许多其他函数，从而能够方便地操作非表格式数据。举个例子，函数 list.table( ) 便是 table( ) 的加强版，它使得 table( ) 可以直接作用于列表元素：

```
products %>%
  list.table(type, class)
##          class
## type     people vehicle
##   model       2       2
##   toy         0       2
```

通过在输入列表的语义中计算每个参数，它也支持多维表格：

```
products %>%
  list.filter(released) %>%
  list.table(type, waterproof = tests$waterproof)
##          waterproof
## type      FALSE TRUE
##   model       0    3
##   toy         1    0
```

尽管数据是通过非表格形式存储的，我们仍然可以进行复杂的数据操作，并用表格形式展示结果。例如，假设我们需要计算两个产品的平均得分，并统计有多少种不同的得分。其中，这两个产品具有最高的平均得分，且至少包含 5 种得分。

我们可以将这个任务分解成几个数据操作的小任务，这些小任务可以轻松地通过 rlist 的函数处理。由于数据操作中需要的步骤较多，我们使用管道操作来组织工作流：

```
products %>%
  list.filter(length(scores) >= 5) %>%
  list.sort(-mean(scores)) %>%
  list.take(2) %>%
  list.select(name,
  mean_score = mean(scores),
  n_score = length(scores)) %>%
  list.stack()
##         name mean_score n_score
## 1  SupPlane   9.600000       5
## 2 AircraftX   8.857143       7
```

以上代码看起来很直观，而且可以很方便地预测和分析每一步操作。如果最终结果可以用表格展示，我们就调用 list.stack( )，这样就能够将所有列表元素组合成一个数据框。

想了解更多关于 rlist 的函数，可以阅读 rlist 教程（https://renkun.me/rlist-tutorial/）。还有很多处理嵌套数据结构的包，它们具有不同的设计理念，例如 purrr（https://github. com/hadley/purrr）。如果感兴趣，可以访问他们的网站。

12.6 小结

在本章中，我们学习了用于数据操作的各种各样的基本函数和扩展包，然而仅仅使用内置函数会使得操作变得繁琐。有一些扩展包是为数据筛选和聚合量身定做的，但是它们的技术和设计理念有所不同。sqldf 包基于嵌入式的 SQList 数据库，可以直接用 SQL 语句查询工作环境中的数据框。data.table 包提供了一个加强版的 data.frame，它的语法也非常强大。而 dplyr 则通过提供一系列基于管道操的变形函数，定义了一种用户友好的新型数据操作语法。rlist 为非表格形式的数据操作提供了一系列管道友好型函数。没有一个包可以胜任所有的情况，每个包都表达了一种思考方式。对于某个特定问题，到底哪个包是最合适的，取决于我们对问题的理解和数据处理经验。

数据处理和模拟需要考虑计算性能。然而，从开始到现在，性能并不是 R 的首要考虑因素。尽管 R 在交互式分析、可视化和报告方面都非常强大，但在处理大量数据的时候，与其他脚本语言相比，R 的处理速度仍被认为是缓慢的。下一章将介绍几种技术：从性能测试到向量化分析，包括 MKL-powered R 内核、并行计算以及 Rcpp。在真正需要的时候，这些技术将会帮助我们获得更好的性能。

第 13 章 高性能计算

在前一章中，我们学习了许多内置函数以及为数据操作量身定制的扩展包。虽然这些包依赖于不同的技术，设计初衷也有所不同，但它们都在很大程度上简化了数据筛选和聚合的步骤。

然而，数据处理不仅仅是简单的筛选和聚合，有时还涉及模拟和其他计算密集型任务。R 比 C 和 C++ 这些高性能编程语言要慢很多，这是因为 R 的动态设计和即时实现的性质使其更侧重于稳定性、简易性以及统计分析和可视化的能力，而不是性能和语言特征。尽管如此，对大多数应用来说，编写良好的 R 代码已经足够快了。

本章将会介绍几种方法，帮助大家写出高性能的 R 代码：

- 测试代码性能
- 分析代码查找瓶颈
- 使用内置函数和向量化
- 利用多核进行并行计算
- 用 Rcpp 和其他相关扩展包写 C++

13.1 理解代码性能问题

在诞生之初，R 就是为统计计算和数据可视化而设计的，并且被学界和业界广泛运用。就大多数数据分析的目的而言，正确性比性能更重要。换句话说，在 1 分钟内得到正确的结果比在 20 秒内获得错误的结果要好。速度快 3 倍的结果并不比速度慢但正确的结果好 3 倍。因此，在确认自己的代码正确之前先不必考虑性能的问题。

若百分之百地确认代码正确无误，只是运行速度比较慢时，就有必要进行代码优化从而提升运行速度了。当然，具体情况需要具体分析。在制定决策之前，最好将解决问题的时间划分为 3 部分：开发时间、运行时间和未来的维护时间。

假设我们处理一个问题花了 1 个小时，由于在开始时没有考虑性能问题，代码运行的速度并不快。我们需要花 50 分钟来思考并解决问题。然后，再花 1 分钟的时间运行代码并得到答案。由于代码和问题高度一致并且很直观，之后的改进就很容易，因此可以节省维护时间。

假设另一个开发人员要处理相同的问题，他一开始就想写一个性能极好的代码。本身求解问题就需要花费一定的时间，优化代码结构提升运行速度则需要花费更多的时间。这样，想出并实现一个高性能的解法可能需要 2 个小时。然后，再用 0.1 秒的时间运行并得到答案。代码经过了特别优化以尽可能高效率地使用硬件，但是对于未来的改进就不够灵活，特别是当问题更新后，可能需要花费更多的时间来维护。

第二个开发人员可以很高兴地说，他的代码性能要比我们的好 600 倍，但也许是不值得的。因为他花费了更多自己的时间。在很多情况下，我们自己的时间要比计算机的时间宝贵的多。

但是，如果代码经常使用，例如需要迭代数十亿次，那么每次迭代的性能提升一点点，就可以节省大量的时间。在这种情况下，代码的性能就很重要了。

举一个简单的例子：对数值向量进行累加的算法，即输出向量的每个元素是输入向量对应元素之前的所有元素的和。接下来的讨论中，我们将在不同的语义下检验代码。

尽管 R 提供了一个内置函数 `cumsum( )`，为了帮助大家理解性能的问题，我们还是自己写一个程序。上述算法很容易实现：

```
x <- c(1, 2, 3, 4, 5)
y <- numeric( )
sum_x <- 0
for (xi in x) {
  sum_x <- sum_x + xi
  y <- c(y, sum_x)
}
y
## [1]  1  3  6 10 15
```

这个算法只是用了 `for` 循环，将输入向量 `x` 的每个元素加到 `sum_x` 里。每次迭代中，`sum_x` 都追加在输出向量 `y` 的后面。我们可以用下面这个函数的形式重写算法：

```
my_cumsum1 <- function(x) {
  y <- numeric( )
  sum_x <- 0
  for (xi in x) {
    sum_x <- sum_x + xi
    y <- c(y, sum_x)
  }
  y
}
```

另一种实现方法是使用索引访问输入向量 x，访问或修改输出向量 y：

```
my_cumsum2 <- function(x) {
  y <- numeric(length(x))
  if (length(y)) {
    y[[1]] <- x[[1]]
    for (i in 2:length(x)) {
      y[[i]] <- y[[i - 1]] + x[[i]]
    }
  }
  y
}
```

R 提供了内置函数 cumsum( ) 做完全一样的工作。前面两个算法应该会得到与 cumsum( ) 完全相同的结果。下面我们生成一些随机数看看结果是否一致：

```
x <- rnorm(100)
all.equal(cumsum(x), my_cumsum1(x))
## [1] TRUE
all.equal(cumsum(x), my_cumsum2(x))
## [1] TRUE
```

上述代码中，all.equal( ) 检查两个向量中的对应元素是否都相等。从返回结果看，可以确定 my_cumsum1( )、my_cumsum2( ) 和 cumsum( ) 是一致的。下一节，我们将测试每个版本的累加算法所需要的运行时间。

测试代码性能

输入相同，3 个函数的输出结果也相同。尽管如此，它们的性能差异还是很明显。为了揭示性能差异，我们需要一些工具来测试每段代码的运行时间。最简单的便是 system.time( ) 函数。

测试任意表达式的运行时间，只需将代码封装在函数内。这里，我们测试 my_cumsum1( ) 函数计算包含 100 个元素的数值向量所需的时间：

```
x <- rnorm(100)
system.time(my_cumsum1(x))
##    user system elapsed
##       0      0       0
```

计时结果显示为 3 列：user、system 和 elapsed。我们关注的是用户时间。它衡量的是代码运行所需的 CPU 时间。想要获得更详细的信息，可以运行 ?proc.time 查看不同测量方法的差异。

上面的结果说明代码运行速度很快，以至于无法测量。再接着测试 my_cumsum2( )，结果几乎是一样的：

```
system.time(my_cumsum2(x))
##    user  system elapsed
##   0.000   0.000   0.001
```

用内置函数 cumsum( ) 也会得到同样的结果：

```
system.time(cumsum(x))
##    user  system elapsed
##       0       0       0
```

计时结果没有达到我们的目的，因为输入的数据量太小，所耗费的时间小到无法测量。现在，我们生成一个长度为 1000 的向量，再重复之前的步骤：

```
x <- rnorm(1000)
system.time(my_cumsum1(x))
##    user  system elapsed
##   0.000   0.000   0.003
system.time(my_cumsum2(x))
##    user  system elapsed
##   0.000   0.000   0.001
system.time(cumsum(x))
##    user  system elapsed
##       0       0       0
```

现在，可以肯定的是 my_cumsum1( ) 和 my_cumsum2( ) 确实需要花一点时间计算出结果，但是差别并不明显。然而，cumsum( ) 的运行速度仍然很快，无法衡量。

我们继续用一个数据量更大的输入来看看能否揭示这 3 个函数的性能差异：

```
x <- rnorm(10000)
system.time(my_cumsum1(x))
##    user  system elapsed
##   0.208   0.000   0.211
system.time(my_cumsum2(x))
##    user  system elapsed
##   0.012   0.004   0.013
system.time(cumsum(x))
##    user  system elapsed
##       0       0       0
```

这下结果就很明显了：my_cumsum1( ) 要比 my_cumsum2( ) 慢 10 倍多，而内置函数 cumsum( ) 仍然比我们编写的函数快很多。

需要注意的是，性能差异可能不是恒定的，尤其是当我们提供一个更大的输入时：

```
x <- rnorm(100000)
system.time(my_cumsum1(x))
##    user  system elapsed
##  25.732   0.964  26.699
system.time(my_cumsum2(x))
##    user  system elapsed
##   0.124   0.000   0.123
system.time(cumsum(x))
##    user  system elapsed
##       0       0       0
```

这个结果给出了一个惊人的对比：在输入向量长度数量级在 10 万时，my_cumsum1( ) 比 my_cumsum2( ) 慢了 200 倍。而 cumsum( ) 函数则始终保持着极快的速度。

system.time( ) 函数可以测试一段代码的运行时间，但不是很精确。一方面，每次测试的结果可能不同，我们需要重复足够多次才能做出有效对比。另一方面，计时器的分辨率可能不够高，不足以说明我们感兴趣的代码的性能之间真正的差异。

microbenchmark 包则提供了比较不同表达式性能的更为精确的方法。请运行以下代码来安装这个包：

```
install.packages("microbenchmark")
```

安装好之后，加载这个包，然后直接调用函数 microbenchmark( ) 比较 3 个函数的性能：

```
library(microbenchmark)
x <- rnorm(100)
microbenchmark(my_cumsum1(x), my_cumsum2(x), cumsum(x))
## Unit: nanoseconds
##            expr    min       lq      mean   median       uq
##   my_cumsum1(x)  58250  64732.5  68353.51  66396.0  71840.0
##   my_cumsum2(x) 120150 127634.5 131042.40 130739.5 133287.5
##       cumsum(x)    295    376.5    593.47    440.5    537.5
##     max neval cld
##   88228   100   b
##  152845   100   c
##    7182   100   a
```

需要注意的是，microbenchmark( ) 会默认将表达式运行 100 次，以便提供更多运行时间的分位数。你可能会对此感到惊讶，当输入向量有 100 个元素时，我们编写的函数中，my_cumsum1( ) 要比 my_cumsum2( ) 快一点。另外，时间的单位是纳秒（1 秒是 1000000000 纳秒）。

接下来，我们尝试将输入 1000 个数据：

```
x <- rnorm(1000)
microbenchmark(my_cumsum1(x), my_cumsum2(x), cumsum(x))
## Unit: microseconds
##            expr      min        lq       mean    median
##   my_cumsum1(x) 1600.186 1620.5190 2238.67494 1667.5605
##   my_cumsum2(x) 1034.973 1068.4600 1145.00544 1088.4090
##       cumsum(x)    1.806    2.1505    3.43945    3.4405
##          uq      max neval cld
##   3142.4610 3750.516   100   c
##   1116.2280 2596.908   100   b
##      4.0415   11.007   100   a
```

这次 my_cumsum2( ) 的运行速度比 my_cumsum1( ) 快一点。但是这两个函数都比内置函数 cumsum( ) 慢很多。注意到，这里的时间单位变成了毫秒。

对于 5000 个数据的输入，my_cumsum1( ) 和 my_cumsum2( ) 的性能差异就更加明显了：

```
x <- rnorm(5000)
microbenchmark(my_cumsum1(x), my_cumsum2(x), cumsum(x))
## Unit: microseconds
##            expr       min        lq        mean      median
```

```
##  my_cumsum1(x) 42646.201 44043.050 51715.59988 44808.9745
##  my_cumsum2(x)  5291.242  5364.568  5718.19744  5422.8950
##      cumsum(x)    10.183    11.565    14.52506    14.6765
##         uq        max neval cld
##  46153.351 135805.947   100   c
##   5794.821  10619.352   100   b
##     15.536     37.202   100   a
```

对于 10000 个数据的输入，对比结果亦是如此：

```
x <- rnorm(10000)
microbenchmark(my_cumsum1(x), my_cumsum2(x), cumsum(x), times = 10)
## Unit: microseconds
##           expr        min          lq        mean      median
##  my_cumsum1(x) 169609.730 170687.964 198782.7958 173248.004
##  my_cumsum2(x)  10682.121  10724.513  11278.0974  10813.395
##      cumsum(x)     20.744     25.627     26.0943     26.544
##         uq        max neval cld
##  253662.89  264469.677    10   b
##   11588.99  13487.812    10   a
##      27.64     29.163    10   a
```

前面所有的基准测试中，cumsum( ) 的性能看起来非常稳定，而且，随着输入向量长度的增加，运行时间并没有明显变化。

为了更好地理解这 3 个函数性能的变化情况，我们创建以下可视化函数，输入不同长度的向量，分别测试并查看函数的运行情况：

```
library(data.table)
benchmark <- function(ns, times = 30) {
  results <- lapply(ns, function(n) {
    x <- rnorm(n)
    result <- microbenchmark(my_cumsum1(x), my_cumsum2(x), cumsum(x),
times = times, unit = "ms")
    data <- setDT(summary(result))
    data[, n := n]
    data
  })
rbindlist(results)
}
```

这个函数的逻辑很简单：ns 是一个数值向量，其中的元素就是输入向量的长度。注意到，函数 microbenchmark( ) 以数据框的形式返回所有的测试结果，而函数 summary (microbenchmark( ))则返回之前的汇总表。用 n 来标记每条汇总情况，并逐行叠加存储测试结果，然后用 ggplot2 包将结果进行可视化。

首先，用 100 到 3000，步长为 100 的序列来做基准测试：

```
benchmarks <- benchmark(seq(100, 3000, 100))
```

然后，创建一个图来显示 3 个函数的性能对比：

```
library(ggplot2)
ggplot(benchmarks, aes(x = n, color = expr)) +
  ggtitle("Microbenchmark on cumsum functions") +
  geom_point(aes(y = median)) +
  geom_errorbar(aes(ymin = lq, ymax = uq))
```

图 13-1 展示了我们想要比较的 3 个版本的 cumsum 函数的性能差异：

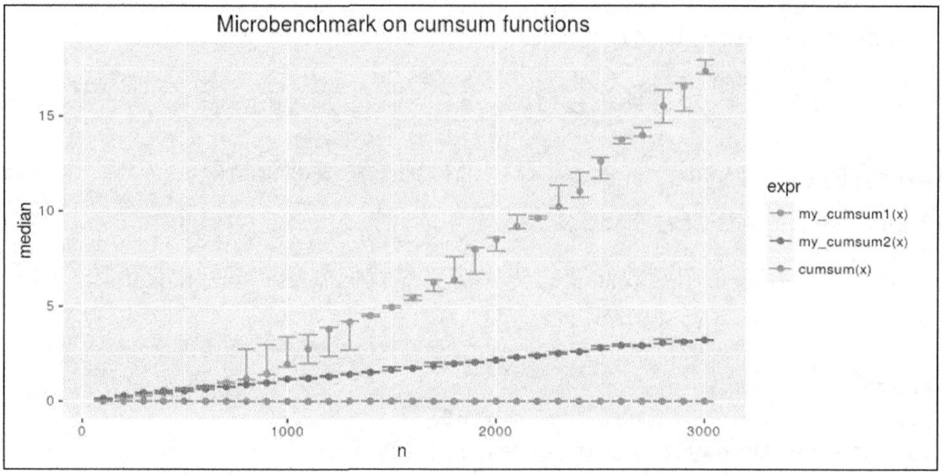

图 13-1

在图 13-1 中，我们把 3 个函数的结果放在一起。其中的点表示中位数，误差条表示 75%和 25%分位数。

很明显，对于更长的输入来说，my_cumsum1( ) 的性能下降得更快，而 my_cumsum2( )的性能几乎是随着输入长度的增加呈线性递减。但 cumsum( ) 的运行速度一直非常快，其性能似乎并没有随着输入的增加而出现明显的衰减。

正如前面演示的那样，对于数据量比较小的输入，my_cumsum1( ) 要比 my_cumsum2( )快一点。我们可以测试一下输入数据量比较小的情况：

```
benchmarks2 <- benchmark(seq(2, 600, 10), times = 50)
```

这次，我们将输入向量的长度限制在 2～600 之间，步长为 10。由于函数需要执行的次数几乎是之前的两倍，为了保持总时间不变，我们把 `benchmark( )` 中执行次数的参数 `times` 由默认值 100 改为 50：

```
ggplot(benchmarks2, aes(x = n, color = expr)) +
  ggtitle("Microbenchmark on cumsum functions over small input") +
  geom_point(aes(y = median)) +
  geom_errorbar(aes(ymin = lq, ymax = uq))
```

图 13-2 显示了输入数据量较小的情况下，函数的性能差异。

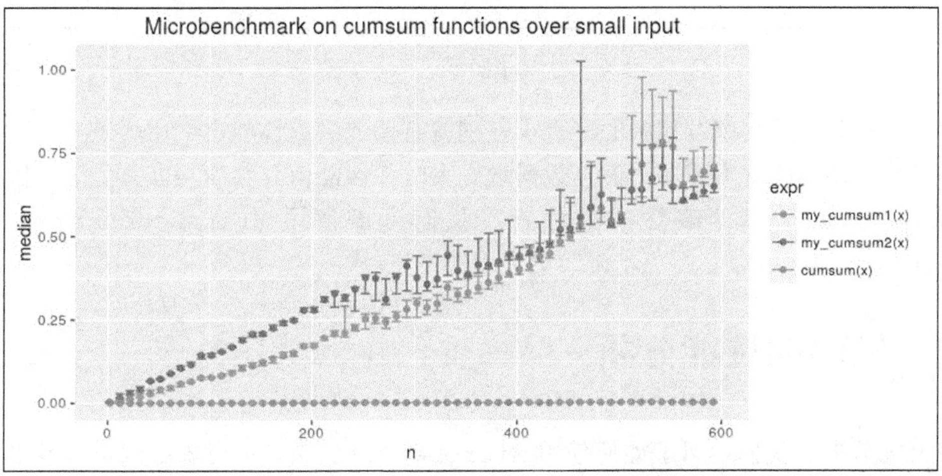

图 13-2

由图 13-2 可以看出，当输入的长度小于 400 左右时，`my_cumsum1( )` 的运行速度比 `my_cumsum2( )` 快。然而，随着输入的数据量的增加，`my_cumsum1( )` 性能的衰减速度要比 `my_cumsum2( )` 快得多。

用数据量从 10～800 的输入可以更好地测试函数性能的动态评级：

```
benchmarks3 <- benchmark(seq(10, 800, 10), times = 50)
ggplot(benchmarks3, aes(x = n, color = expr)) +
  ggtitle("Microbenchmark on cumsum functions with break even") +
  geom_point(aes(y = median)) +
  geom_errorbar(aes(ymin = lq, ymax = uq))
```

如图 13-3 所示：

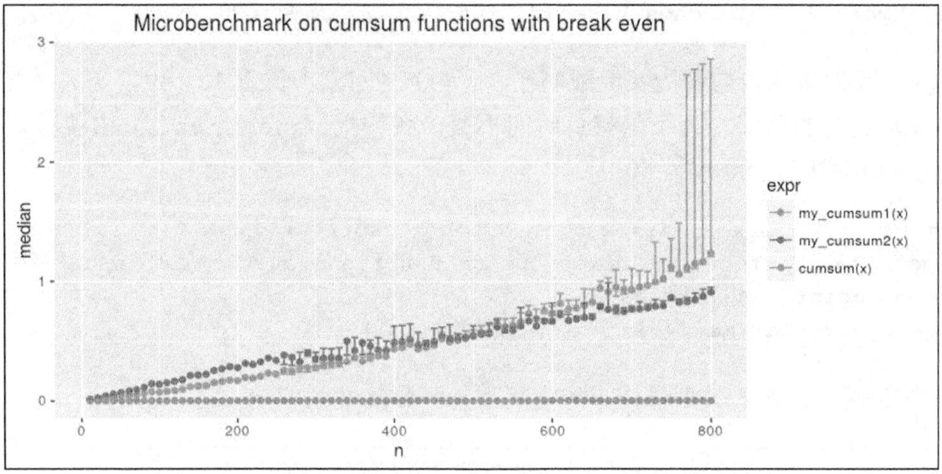

图 13-3

总之，不同函数实现过程中的一点小差别就有可能导致性能上的巨大差异。对于小数据量的输入，差异通常不明显，但当数据量变大时，性能差异会变得非常显著，因此不该被忽略。为了比较多个表达式的性能，我们可以使用 `microbenchmark( )` 来代替 `system.time( )` 以获得更精确、更有用的结果。

13.2 代码的性能分析

在上一节中，我们学习了如何使用 `microbenchmark( )` 对表达式进行基准测试。当一个问题有多种解法时，我们就会想知道哪一个的性能更好；或者在优化一个表达式时，想看它的性能是否比原始代码更好，这时 `microbenchmark( )` 就能派上用场了。

然而，通常情况下，当感觉到代码很慢时，想要找出拖慢整个程序的关键表达式（代码最慢的部分）并非易事，这些关键表达式被称作“性能瓶颈”。要想提高代码的性能，最好先解决代码瓶颈。

幸运的是，R 提供了分析工具帮我们找到这个瓶颈，即运行速度最慢的代码，这应该是提高代码性能的首要重点。

13.2.1 用 Rprof 进行性能分析

R 提供了内置函数 `Rprof( )` 对代码的性能进行分析。在分析过程中，会有一个抽样程序，并且是和后续代码一起运行的，直到分析结束。默认情况下，抽样程序基本上每隔

20 毫秒就会记录一下当前 R 在运行哪个函数。这样，如果某个函数运行得很慢，那么很可能大部分时间都在调用这个函数。

这种抽样方法可能不会得到非常精确的结果，但是大多数情况下，它都可以满足要求。在下面的例子中，我们将使用 Rprof( ) 分析调用 my_cumsum1( ) 时的执行过程，并尝试找出使代码变慢的部分。

使用 Rprof( ) 的方法非常简单：调用 Rprof( ) 开始分析，运行你想分析的代码；再调用 Rprof(NULL) 停止分析；最后调用 summaryRprof( ) 查看分析结果：

```
x <- rnorm(1000)
tmp <- tempfile(fileext = ".out")
Rprof(tmp)
for (i in 1:1000) {
  my_cumsum1(x)
}
Rprof(NULL)
summaryRprof(tmp)
## $by.self
##              self.time self.pct total.time total.pct
## "c"               2.42    82.88       2.42     82.88
## "my_cumsum1"      0.46    15.75       2.92    100.00
## "+"               0.04     1.37       0.04      1.37
## $by.total
##              total.time total.pct self.time self.pct
## "my_cumsum1"       2.92    100.00      0.46    15.75
## "c"                2.42     82.88      2.42    82.88
## "+"                0.04      1.37      0.04     1.37
##
## $sample.interval
## [1] 0.02
##
## $sampling.time
## [1] 2.92
```

注意到，我们使用 tempfile( ) 创建了一个临时文件来储存分析数据。如果不向 Rprof( ) 提供这样一个文件，它会在当前工作目录中自动创建一个 Rprof.out 文件。summaryRprof( ) 同样也有这样的默认行为。

分析结果将分析数据汇总为可读格式：$by.self 通过 self.time 对时间进行排序，$by.total 通过 total.time 对时间排序。更具体地说，self.time 只是在函数内部运行代码所花的时间，而 total.time 是函数的总运行时间。

要想找出代码瓶颈，我们应该更关心 self.time，因为它代表的是每个函数运行的独立时间。

之前的分析结果显示 c( ) 占了整个运行中绝大部分时间，即 y <-c(y, sum_x) 是拖慢函数运行的主要原因。

也可以对 my_cumsum2( ) 进行同样的分析。分析结果显示大部分时间用在了 my_cumsum2( ) 上，不过这是正常的，因为这是代码所做的唯一一件事。换句话说，my_cumsum2( ) 中没有某个特定函数会占用大部分的运行时间：

```
tmp <- tempfile(fileext = ".out")
Rprof(tmp)
for (i in 1:1000) {
  my_cumsum2(x)
}
Rprof(NULL)
summaryRprof(tmp)
## $by.self
##              self.time self.pct total.time total.pct
## "my_cumsum2"      1.42    97.26       1.46    100.00
## "-"               0.04     2.74       0.04      2.74
##
## $by.total
##              total.time total.pct self.time self.pct
## "my_cumsum2"       1.46    100.00      1.42    97.26
## "-"                0.04      2.74      0.04     2.74
##
## $sample.interval
## [1] 0.02
##
## $sampling.time
## [1] 1.46
```

在实际情况中，我们想要分析的代码通常很复杂，它有可能涉及很多不同的函数。如果只看每个函数的时间，这样的分析结果可能就不够用了。幸运的是，Rprof( ) 支持按行分析，当指定 line.profiling = TRUE，并使用 source(..., keep.source = TRUE) 时，它会告诉我们每行代码的运行时间。

我们用以下代码在 code/my_cumsum1.R 中创建一个脚本文件：

```
my_cumsum1 <- function(x) {
  y <- numeric( )
  sum_x <- 0
  for (xi in x) {
    sum_x <- sum_x + xi
    y <- c(y, sum_x)
  }
  y
}

x <- rnorm(1000)

for (i in 1:1000) {
  my_cumsum1(x)
}
```

然后，调用 Rprof( ) 和 source( ) 分析这个脚本文件：

```
tmp <- tempfile(fileext = ".out")
Rprof(tmp, line.profiling = TRUE)
source("code/my_cumsum1.R", keep.source = TRUE)
Rprof(NULL)
summaryRprof(tmp, lines = "show")
## $by.self
##                 self.time self.pct total.time total.pct
## my_cumsum1.R#6       2.38    88.15       2.38     88.15
## my_cumsum1.R#5       0.26     9.63       0.26      9.63
## my_cumsum1.R#4       0.06     2.22       0.06      2.22
##
## $by.total
##                 total.time total.pct self.time self.pct
## my_cumsum1.R#14       2.70    100.00      0.00     0.00
## my_cumsum1.R#6        2.38     88.15      2.38    88.15
## my_cumsum1.R#5        0.26      9.63      0.26     9.63
## my_cumsum1.R#4        0.06      2.22      0.06     2.22
##
## $by.line
##                 self.time self.pct total.time total.pct
## my_cumsum1.R#4       0.06     2.22       0.06      2.22
## my_cumsum1.R#5       0.26     9.63       0.26      9.63
## my_cumsum1.R#6       2.38    88.15       2.38     88.15
## my_cumsum1.R#14      0.00     0.00       2.70    100.00
##
```

```
## $sample.interval
## [1] 0.02
##
## $sampling.time
## [1] 2.7
```

这次显示的不再是函数名称，而是脚本文件中的行号。我们通过 `$by.self` 中最上面的几行就可以轻松找出花费时间最多的代码行。`my_cumsum1.R#6` 代表 `y<- c(y, sum_x)`，这个结果与之前的分析结果相同。

13.2.2 用 profvis 进行性能分析

`Rprof( )` 函数提供了有用的信息帮助我们找到代码瓶颈，进而提升代码性能。RStudio 也发布了一个增强版的分析工具 `profvis( )`，它还提供了用于分析 R 代码的交互式可视化功能（https://rstudio.github.io/profvis/）。

它是一个 R 扩展包，已经集成到 RStudio 中。要安装这个包，请运行以下代码：

```
install.packages("profvis")
```

一旦安装成功，我们就可以用 `profvis( )` 来分析代码，并将结果进行可视化：

```
library(profvis)
profvis({
  my_cumsum1 <- function(x) {
    y <- numeric( )
    sum_x <- 0
    for (xi in x) {
      sum_x <- sum_x + xi
      y <- c(y, sum_x)
    }
    y
  }

  x <- rnorm(1000)

  for (i in 1:1000) {
    my_cumsum1(x)
  }
})
```

分析完成后，会出现一个带有交互式用户界面的新选项卡，如图 13-4 所示。

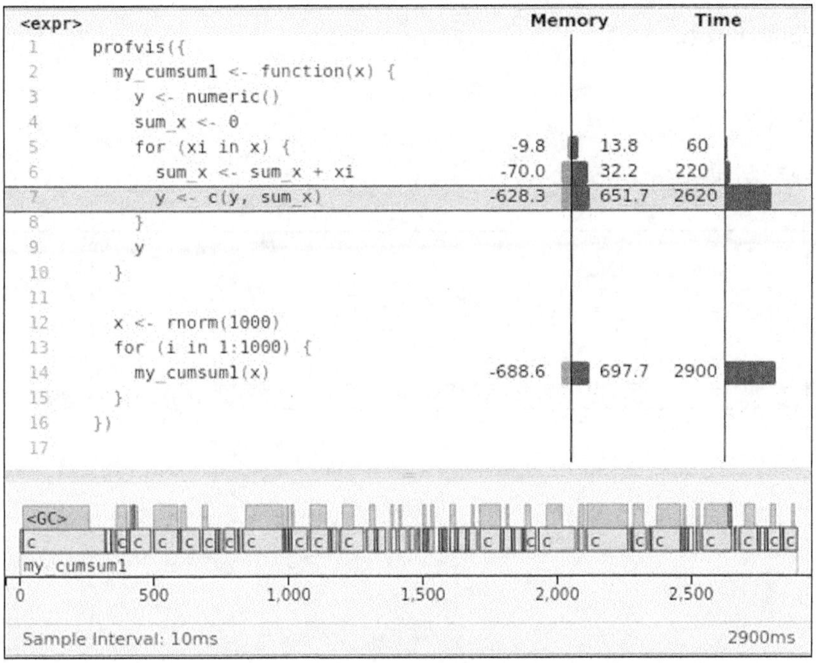

图 13-4

图 13-4 的上部显示了代码、内存使用情况和消耗时间，下部显示了函数调用，以及垃圾收集发生的时间轴。我们可以单击并选择一行代码，查看函数执行的时间轴。与 summaryRprof( ) 返回的结果相比，这种交互式可视化提供了更丰富的信息，使我们能够更多地了解在这么长的时间里代码是如何运行的。这样，我们可以很容易地识别慢的代码，以及可能引发问题的某些模式。

接下来，对 my_cumsum2( ) 做同样的分析：

```
profvis({
  my_cumsum2 <- function(x) {
    y <- numeric(length(x))
    y[[1]] <- x[[1]]
    for (i in 2:length(x)) {
      y[[i]] <- y[[i-1]] + x[[i]]
    }
    y
  }

  x <- rnorm(1000)
```

```
  for (i in 1:1000) {
    my_cumsum2(x)
  }
})
```

这次的分析结果如图 13-5 所示。

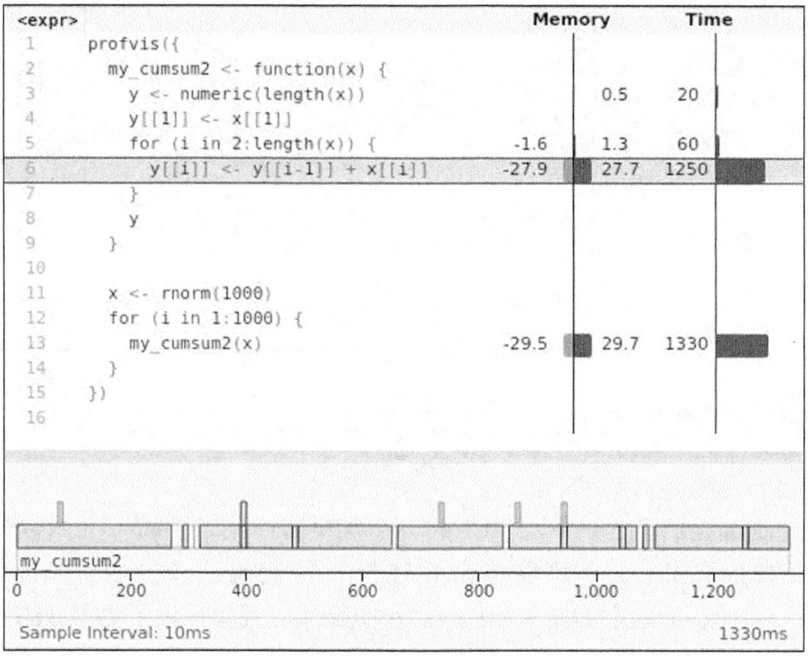

图 13-5

我们可以很容易地找到运行时间最长的部分，并衡量其是否可接受。在所有的代码中，总会有一些代码占用了大部分时间，但这并不意味着它太慢。如果代码能够达到目标，性能也是可接受的，那么就没有必要冒着将其修改成错误的风险去优化它的性能了。

13.2.3 理解代码为什么会慢

在前面的内容中，我们学习了测试代码时间和分析代码性能的工具。为了解决同样的问题，某个函数可能非常快，而另一个函数可能会很慢。理解代码为什么会慢，对编程是很有帮助的。

首先，R 是一个动态编程语言。它本身提供了非常灵活的数据结构和代码运行机制。因此，在函数被调用之前，代码解释器很难提前知道如何处理调用。对于 C 和 C++ 这种强类型的静态编程语言来说，情况并非如此。很多事情都是在编译时而非运行时确定的，所以程序事先就确定了如何进行，而且可以进行集中优化。相比之下，R 舍弃性能换来了灵活性，虽然它的性能不是很好，但是良好的 R 代码仍然可以表现出可接受的性能。

R 代码运行速度慢的主要原因是它可能会频繁地创建、分配或复制数据结构。这也正是在输入数据量更大时，`my_cumsum1( )` 和 `my_cumsum2( )` 的性能表现出巨大差异的原因。`my_cumsum1( )` 函数总是增加向量，这也意味着在每次迭代中，向量都会被复制到一个新地址，并追加一个新元素。因此，迭代次数越多，需要复制的元素也越多，代码也就越慢。

我们可以通过下面这个基准测试来说明这一点，其中 `grow_by_index` 是指要先初始化的一个空列表，`preallocated` 函数是指给新建列表预分配位置，即给 n 个位置都赋值为 NULL。在这两种情况下，我们都修改列表的第 i 个元素。不同的是，每一次迭代中，第 1 个列表的长度都会增加，而第 2 个列表的位置已经被完全分配，因此迭代过程中其长度不会改变：

```
n <- 10000
microbenchmark(grow_by_index = {
  x <- list( )
  for (i in 1:n) x[[i]] <- i
}, preallocated = {
  x <- vector("list", n)
  for (i in 1:n) x[[i]] <- i
}, times = 20)
## Unit: milliseconds
##            expr        min         lq       mean     median
##   grow_by_index 258.584783 261.639465 299.781601 263.896162
##    preallocated   7.151352   7.222043   7.372342   7.257661
##          uq        max neval cld
##  351.887538 375.447134    20   b
##    7.382103   8.612665    20   a
```

结果很明显，频繁地增长列表会显著地减慢代码速度，而在长度范围内修改预分配的列表则很快。同样的逻辑也适用于原子向量和矩阵。在 R 中，增长数据结构通常很慢，因为这会导致重分配，也即将原始数据结构复制到新的内存地址中。这种操作非常耗时，尤其是在数据量很大的时候。

然而，准确的预分配并不总是可行的，因为我们需要在迭代之前确定列表长度。有时，只能重复储存结果，而不知道确切的长度。在这种情况下，也许给列表或向量预分配一个合适的长度仍是个好主意。当迭代结束后，如果迭代次数没有达到预分配的长度，我们对列表和向量构建子集即可。这样就可以避免对数据结构进行频繁地重分配了。

13.3 提高代码性能

在上一节中，我们演示了如何使用分析工具找出代码中的“性能瓶颈”。本节将学习一些提高代码性能的方法。

13.3.1 使用内置函数

前面，我们演示了 my_cumsum1( )、my_cumsum2( ) 和内置函数 cumsum( ) 之间的性能差异。尽管 my_cumsum2( ) 比 my_cumsum1( ) 快，但是当输入向量的数据量很大时，cumsum( ) 要比它们都快很多。而且，随着输入向量数据量的增加，cumsum( ) 的性能也不会显著降低。如果我们输入 cumsum，可以看到，它是一个原函数：

```
cumsum
## function (x)  .Primitive("cumsum")
```

R 中的原函数是在 C/C++/Fortran 的环境中实现的，然后编译成本机指令，因此，效率非常高。另一个要介绍的例子是 diff( )。现在，我们在 R 中定义一个函数，计算向量的差分序列：

```
diff_for <- function(x) {
  n <- length(x) - 1
  res <- numeric(n)
  for (i in seq_len(n)) {
    res[[i]] <- x[[i + 1]] - x[[i]]
  }
  res
}
```

可以证实这个函数正确地执行了差分运算：

```
diff_for(c(2, 3, 1, 5))
## [1]  1 -2  4
```

因此，对于同样的输入，diff_for( ) 和 内置函数 diff( ) 一定会返回相同的结果：

```
x <- rnorm(1000)
all.equal(diff_for(x), diff(x))
```

```
## [1] TRUE
```

然而，这两个函数的性能差异却非常大。

```
microbenchmark(diff_for(x), diff(x))
## Unit: microseconds
##          expr      min        lq        mean    median
##   diff_for(x) 1034.028 1078.9075 1256.01075 1139.1270
##       diff(x)   12.057   14.2535   21.72772   17.5705
##          uq      max neval cld
##   1372.1145 2634.128   100   b
##     25.4525   75.850   100   a
```

在大多数情况下，R 的内置函数要比其他功能相同的函数快很多。对向量如此，对矩阵也是如此。例如，下面是一个简单的 3×4 的整数矩阵：

```
mat <- matrix(1:12, nrow = 3)
mat
##      [,1] [,2] [,3] [,4]
## [1,]    1    4    7   10
## [2,]    2    5    8   11
## [3,]    3    6    9   12
```

我们写一个函数来求矩阵的转置：

```
my_transpose <- function(x) {
  stopifnot(is.matrix(x))
  res <- matrix(vector(mode(x), length(x)),
    nrow = ncol(x), ncol = nrow(x),
    dimnames = dimnames(x)[c(2, 1)])
  for (i in seq_len(ncol(x))) {
    for (j in seq_len(nrow(x))) {
      res[i, j] <- x[j, i]
    }
  }
  res
}
```

在这个函数中，首先创建一个和输入同类型的矩阵，分别交换行数和列数、行名和列名。然后，再通过迭代列和行，替换对应元素来转置矩阵：

```
my_transpose(mat)
##      [,1] [,2] [,3]
```

```
## [1,]    1    2    3
## [2,]    4    5    6
## [3,]    7    8    9
## [4,]   10   11   12
```

矩阵转置的内置函数是 t( )。很容易验证这两个函数返回相同的结果：

```
all.equal(my_transpose(mat), t(mat))
## [1] TRUE
```

然而，它们在性能上可能会有很大的差异：

```
microbenchmark(my_transpose(mat), t(mat))
## Unit: microseconds
##                expr    min     lq     mean  median      uq
##   my_transpose(mat) 22.795 24.633 29.47941 26.0865 35.5055
##              t(mat)  1.576  1.978  2.87349  2.3375  2.7695
##     max neval cld
##  71.509   100   b
##  16.171   100   a
```

当输入矩阵更大时，这种差异就更显著了。下面我们创建一个含有 1000 行和 25 列的新矩阵。尽管结果相同，性能差距却非常大：

```
mat <- matrix(rnorm(25000), nrow = 1000)
all.equal(my_transpose(mat), t(mat))
## [1] TRUE
microbenchmark(my_transpose(mat), t(mat))
## Unit: microseconds
##                expr       min         lq      mean
##   my_transpose(mat) 21786.241 22456.3990 24466.055
##              t(mat)    36.611    46.2045    61.047
##      median        uq        max neval cld
##  23821.5905 24225.142 113395.811   100   b
##     57.7505    68.694    142.126   100   a
```

这里需要注意的是，t( ) 是一个泛型函数，它对矩阵和数据框都适用。S3 方法分派会为输入寻找正确的方法，也会有一些耗时开销。因此，对于矩阵输入，直接调用 t.default( ) 会稍快一点：

```
microbenchmark(my_transpose(mat), t(mat), t.default(mat))
## Unit: microseconds
```

```
##                 expr       min         lq        mean
##   my_transpose(mat) 21773.751 22498.6420 23673.26089
##              t(mat)    37.853    48.8475    63.57713
##      t.default(mat)    35.518    41.0305    52.97680
##       median        uq       max neval cld
##   23848.6625 24139.7675 29034.267   100   b
##      61.3565    69.6655   140.061   100   a
##      46.3095    54.0655   146.755   100   a
```

前面所有的例子都说明，在R中，大多数情况下，最好使用内置函数（如果R提供了的话）而不是“重造轮子”。因为，内置函数直接调用C代码，从而节省了R代码所花费的时间，即使在输入数据量巨大的时候，还是极其高效的。

13.3.2 使用向量化

算术运算符是一些特殊的内置函数，诸如+、-、*、/、^和%%。这些运算符不仅高效，还是向量化的。

比如在R中完成一个+的实现：

```
add <- function(x, y) {
  stopifnot(length(x) == length(y),
    is.numeric(x), is.numeric(y))
  z <- numeric(length(x))
  for (i in seq_along(x)) {
    z[[i]] <- x[[i]] + y[[i]]
  }
  z
}
```

接着，随机生成x和y。`add(x, y)`和`x + y`会返回相同的结果：

```
x <- rnorm(10000)
y <- rnorm(10000)
all.equal(add(x, y), x + y)
## [1] TRUE
```

下面的基准测试结果说明两者的性能差异是巨大的：

```
microbenchmark(add(x, y), x + y)
## Unit: microseconds
##       expr       min          lq        mean      median
```

```
##   add(x, y) 9815.495 10055.7045 11478.95003 10712.7710
##       x + y   10.260    12.0345    17.31862    13.3995
##         uq       max neval cld
##   12598.366 18754.504   100  b
##      22.208    56.969   100  a
```

现在，假设需要计算前 *n* 个正整数的平方的倒数的和，用 for 循环可以轻松地实现这个算法：

```
algo1_for <- function(n) {
  res <- 0
  for (i in seq_len(n)) {
    res <- res + 1 /i ^ 2
  }
  res
}
```

此函数接收一个输入 *n*，迭代 *n* 次，逐次累加，最后返回结果。

一个更好的方法，就是直接使用向量化计算，避免使用 for 循环，就像 algo1_vec( ) 的实现过程：

```
algo1_vec <- function(n) {
  sum(1 / seq_len(n) ^ 2)
}
```

给定一个简单的输入，两个函数得到的结果相同：

```
algo1_for(10)
## [1] 1.549768
algo1_vec(10)
## [1] 1.549768
```

然而，它们的性能却大不相同：

```
microbenchmark(algo1_for(200), algo1_vec(200))
## Unit: microseconds
##             expr    min       lq      mean   median      uq
##   algo1_for(200) 91.727 101.2285 104.26857 103.6445 105.632
##   algo1_vec(200)  2.465   2.8015   3.51926   3.0355   3.211
##       max neval cld
##   206.295   100   b
##    19.426   100   a
```

```
microbenchmark(algo1_for(1000), algo1_vec(1000))
## Unit: microseconds
##             expr     min       lq      mean   median
##  algo1_for(1000) 376.335 498.9320 516.63954 506.859
##  algo1_vec(1000)   8.718   9.1175   9.82515   9.426
##        uq      max neval cld
##  519.2420 1823.502   100   b
##    9.8955   20.564   100   a
```

强烈推荐大家在写 R 代码时使用向量化。它不仅具有高性能，还会使你的代码更容易理解。

13.3.3 使用字节码编译器

在上一节中，我们介绍了向量化的强大之处。然而，有时候难以使用向量化解决某些问题，必须使用 for 循环。在这种情况下，我们可以考虑使用字节代码编译器来编译函数，就不需要对函数进行解析，运行速度也会更快。

首先，我们加载编译器的包，它是随 R 一起发布的。使用 cmpfun( ) 函数编译一个给定的 R 函数。例如，编译 diff_for( )，然后保存结果，并命名为 diff_cmp( )：

```
library(compiler)
diff_cmp <- cmpfun(diff_for)
diff_cmp
## function(x) {
##   n <- length(x) - 1
##   res <- numeric(n)
##   for (i in seq_len(n)) {
##     res[[i]] <- x[[i + 1]] - x[[i]]
##   }
##   res
## }
## <bytecode: 0x93aec08>
```

当查看函数 diff_cmp( ) 时，我们发现与 diff_for( ) 相比，它并没有什么特别之处，只是最后多了一串字节码（bytecode）地址。

接下来，我们对 diff_for( ) 进行基准测试：

```
x <- rnorm(10000)
microbenchmark(diff_for(x), diff_cmp(x), diff(x))
## Unit: microseconds
```

```
##          expr       min         lq       mean     median
##   diff_for(x) 10664.387 10940.0840 11684.3285 11357.9330
##   diff_cmp(x)   732.110   740.7610   760.1985   751.0295
##       diff(x)    80.824    91.2775   107.8473   103.8535
##         uq       max neval cld
##   12179.98 16606.291   100   c
##     763.66  1015.234   100   b
##     115.11   219.396   100   a
```

结果令人惊讶，尽管我们没有进行任何改动，只是将函数编译成字节码，但经过编译的版本 diff_cmp( ) 比 diff_for( ) 要快得多。

现在，我们对函数 algo1_for( ) 进行同样的操作：

```
algo1_cmp <- cmpfun(algo1_for)
algo1_cmp
## function(n) {
##   res <- 0
##   for (i in seq_len(n)) {
##     res <- res + 1 / i ^ 2
##   }
##   res
## }
## <bytecode: 0xa87e2a8>
```

然后对编译版本和原版函数进行测试：

```
n <- 1000
microbenchmark(algo1_for(n), algo1_cmp(n), algo1_vec(n))
## Unit: microseconds
##           expr     min       lq      mean    median       uq
##   algo1_for(n) 490.791 499.5295 509.46589 505.7560 517.5770
##   algo1_cmp(n)  55.588  56.8355  58.10490  57.8270  58.7140
##   algo1_vec(n)   8.688   9.2150   9.79685   9.4955   9.8895
##        max neval cld
##   567.680   100   c
##    69.734   100   b
##    19.765   100   a
```

结果与之前相似，编译版本比原版快了 6 倍多，即使我们没有对代码进行任何改动。

然而，当我们编译一个完全向量化的函数时，它就失去了惊人的魔力。这里，我们编译 algo1_vec( ) 函数，并比较它和原版函数的性能：

```
algo1_vec_cmp <- cmpfun(algo1_vec)
microbenchmark(algo1_vec(n), algo1_vec_cmp(n), times = 10000)
## Unit: microseconds
##              expr  min    lq      mean median    uq
##      algo1_vec(n) 8.47 8.678 20.454858  8.812 9.008
##  algo1_vec_cmp(n) 8.35 8.560  9.701012  8.687 8.864
##        max neval cld
##  96376.483 10000   a
##   1751.431 10000   a
```

我们注意到，编译后的函数在性能上并没有明显提升。如果想了解更多关于编译器的工作原理，可以输入 ?compile 阅读帮助文档。

13.3.4 使用由 Intel MKL 支持的 R

我们通常使用的 R 版本是单线程的，即只使用一个 CPU 线程运行所有 R 代码。这样的好处是运行模型比较简单且安全，但是它并没有利用多核计算。

Microsoft R Open（MRO，https://mran.microsoft.com/open/）是 R 的一个增强版本。由 Intel Math Kernel Library（MKL，https://software.intel.com/en-us/intel-mkl）提供技术支持，MRO 自动使用多线程计算以增强矩阵算法。在多核计算机上，MRO 在矩阵相乘、Cholesky 因式分解、QR 分解、奇异值分解、主成分分析和线性判别分析等方面的实现要比标准的 R 快 10～80 倍。如果想了解更多的信息，可以访问 https://mran.microsoft.com/documents/rro/multithread/ 并查看测试情况。

13.3.5 使用并行计算

正如我们在上一节提到的，R 是被设计成单线程的，但它仍然可以使用多线程并行计算，即运行多个 R 会话进行计算。该技术是由一个随 R 一起发布的并行库来支持的。

假设我们需要做一次模拟：生成一个遵循特定随机过程的随机路径，看看在任何一点是否有值超出了起点的一个固定邻域。

以下代码是一种实现：

```
set.seed(1)
sim_data <- 100 * cumprod(1 + rnorm(500, 0, 0.006))
plot(sim_data, type = "s", ylim = c(85, 115),
  main = "A simulated random path")
abline(h = 100, lty = 2, col = "blue")
```

```
abline(h = 100 * (1 + 0.1 * c(1, -1)), lty = 3, col = "red")
```

生成的结果如图 13-6 所示。

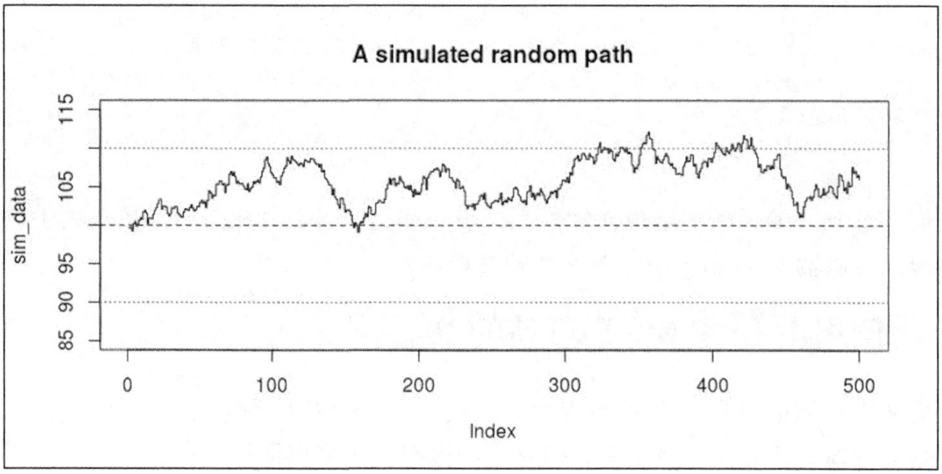

图 13-6

图 13-6 显示了随机路径以及 10%的边界。很明显，在 300～500 之间有很多值超出了上界。

这只是一条路径，一个有效的模拟要求我们根据需要运行尽可能多的次数，以得到具有统计意义的结果。以下函数对随机路径生成器进行参数化，并返回我们感兴趣的统计指标。注意，signal 表示路径上是否存在超出边界的点：

```
simulate <- function(i, p = 100, n = 10000,
   r = 0, sigma = 0.0005, margin = 0.1) {
   ps <- p * cumprod(1 + rnorm(n, r, sigma))
   list(id = i,
     first = ps[[1]],
     high = max(ps),
     low = min(ps),
     last = ps[[n]],
     signal = any(ps > p * (1 + margin) | ps < p * (1 - margin)))
}
```

接着可以运行一次，查看模拟结果：

```
simulate(1)
$id
```

```
[1] 1

$first
[1] 100.0039

$high
[1] 101.4578

$low
[1] 94.15108

$last
[1] 96.13973

$signal
[1] FALSE
```

要进行模拟，就需要运行该函数很多次。在实际运用中，我们可能需要运行至少数百万次，这可能需要耗费大量的时间。接下来，测试一下运行一万次迭代的模拟需要耗费多长时间：

```
system.time(res <- lapply(1:10000, simulate))
##    user  system elapsed
##   8.768   0.000   8.768
```

模拟结束后，我们将所有结果存入一个数据表中：

```
library(data.table)
res_table <- rbindlist(res)
head(res_table)
##    id     first     high      low      last signal
## 1:  1 100.03526 100.7157 93.80330 100.55324  FALSE
## 2:  2 100.03014 104.7150 98.85049 101.97831  FALSE
## 3:  3  99.99356 104.9834 95.28500  95.59243  FALSE
## 4:  4  99.93058 103.4315 96.10691  97.22223  FALSE
## 5:  5  99.99785 100.6041 94.12958  95.97975  FALSE
## 6:  6 100.03235 102.1770 94.65729  96.49873  FALSE
```

还可以计算 `signal == TRUE` 的实现概率：

```
res_table[, sum(signal) /.N]
## [1] 0.0881
```

更进一步地，如果实际问题需要运行数百万次呢？在这种情况下，一些研究人员可能就会选择具有更高性能的 C 和 C++ 等灵活高效的编程语言来实现。它们都是实现算法的强大工具，但是需要更多的精力来处理编译器、链接器和数据的输入输出。

我们注意到，在之前的模拟中，每一次迭代都是相互独立的，所以使用并行计算进行实现会更好。

由于不同的操作系统有不同的进程和线程模型的实现，某些功能在 Linux 和 MacOS 操作系统下可用，而在 Windows 操作系统下不可用。因此，我们会更详细地介绍如何在 Windows 操作系统下进行并行计算。

1. 在 Windows 上使用并行计算

在 Windows 操作系统下进行并行计算，需要创建一个包含多个 R 会话的本地集群：

```
library(parallel)
cl <- makeCluster(detectCores( ) )
```

detectCores( ) 函数返回你的计算机配备的核数目。创建超过该数量的节点集群是可行的，但这并没有什么好处，因为你的计算机无法同时执行这么多任务。

然后，调用 parLapply( ) 函数，即并行版本的 lapply( ) 函数：

```
system.time(res <- parLapply(cl, 1:10000, simulate))
##    user system elapsed
##   0.024  0.008   3.772
```

我们注意到，耗时比原来减少了一半以上。当不再需要这个集群时，可以调用 stopCluster( ) 终止刚才创建的 R 会话：

```
stopCluster(cl)
```

当调用 parLapply( ) 时，它会自动为每个集群节点安排任务。更具体地说，所有的集群节点各自同时运行输入为 1:10000 的 simulate( ) 函数，所有的计算并行完成。最后，收集所有结果，我们便可以得到一个像 lapply( ) 函数返回结果那样的列表：

```
length(res)
## [1] 10000
res_table <- rbindlist(res)
res_table[, sum(signal) /.N]
## [1] 0.0889
```

并行代码看起来很简单，因为 simulate( ) 函数是自给自足的，不依赖用户定义的外部变量或数据集。如果我们并行运行一个函数，该函数引用了主会话（创建了集群的当前会话）中的变量，那么程序就会报错找不到该变量：

```
cl <- makeCluster(detectCores( ) )
n <- 1
parLapply(cl, 1:3, function(x) x + n)
## Error in checkForRemoteErrors(val): 3 nodes produced errors; first
error: object 'n' not found
stopCluster(cl)
```

所有的节点都出现了错误，因为它们都启动了新的 R 会话，环境里没有用户定义的变量。为了使集群节点获得所需的变量值，我们需要将其导入所有节点。

下面的例子演示了如何完成这一步。假设我们有一个包含一些数值的数据框，然后进行随机抽样：

```
n <- 100
data <- data.frame(id = 1:n, x = rnorm(n), y = rnorm(n))
take_sample <- function(n) {
  data[sample(seq_len(nrow(data)),
    size = n, replace = FALSE), ]
}
```

如果想并行抽样，就要求所有节点必须共享数据框和函数。为此，我们可以使用 `clusterEvalQ( )` 函数在每一个集群节点上计算表达式。首先，创建一个集群：

```
cl <- makeCluster(detectCores( ) )
```

`Sys.getpid( )` 函数返回当前 R 会话的进程 ID。由于集群中有 4 个节点，每个节点都是具有唯一进程 ID 的 R 会话。我们可以调用函数 `clusterEvalQ( )`，并将函数 `Sys.getpid( )` 作为一个参数，查看每个节点的进程 ID：

```
clusterEvalQ(cl, Sys.getpid( ) )
## [[1]]
## [1] 20714
##
## [[2]]
## [1] 20723
##
## [[3]]
```

```
## [1] 20732
##
## [[4]]
## [1] 20741
```

如果想要查看每个节点在全局环境中的变量，可以调用 ls( )，就像在自己的工作环境中调用一样：

```
clusterEvalQ(cl, ls( ) )
## [[1]]
## character(0)
##
## [[2]]
## character(0)
##
## [[3]]
## character(0)
##
## [[4]]
## character(0)
```

正如前面提到的，默认情况下，所有集群节点在初始化时，全局环境均为空。要将 data 和 take_sample( ) 导入每个节点，可以调用 clusterExport( )：

```
clusterExport(cl, c("data", "take_sample"))
clusterEvalQ(cl, ls( ) )
## [[1]]
## [1] "data"        "take_sample"
##
## [[2]]
## [1] "data"        "take_sample"
##
## [[3]]
## [1] "data"        "take_sample"
##
## [[4]]
## [1] "data"        "take_sample"
```

此时，如你所见，所有的节点都包含 data 和 take_sample。现在就可以对每个节点调用 take_sample( )：

```
clusterEvalQ(cl, take_sample(2))
```

```
## [[1]]
##    id         x           y
## 88 88 0.6519981  1.43142886
## 80 80 0.7985715 -0.04409101
##
## [[2]]
##    id          x          y
## 65 65 -0.4705287 -1.0859630
## 35 35  0.6240227 -0.3634574
##
## [[3]]
##    id         x          y
## 75 75 0.3994768 -0.1489621
## 8   8 1.4234844  1.8903637
##
## [[4]]
##    id         x         y
## 77 77 0.4458477  1.420187
## 9   9 0.3943990 -0.196291
```

或者，我们可以使用 clusterCall( ) 和 <<- 在每个节点中创建全局变量，而 <- 只能在函数中创建局部变量：

```
invisible(clusterCall(cl, function()  {
  local_var <- 10
  global_var <<- 100
}))
clusterEvalQ(cl, ls())
## [[1]]
## [1] "data"         "global_var"  "take_sample"
##
## [[2]]
## [1] "data"         "global_var"  "take_sample"
##
## [[3]]
## [1] "data"         "global_var"  "take_sample"
##
## [[4]]
## [1] "data"         "global_var"  "take_sample"
```

注意到，clusterCall( ) 给出了每个节点的返回值。在上面这段代码中，我们调用函数 invisible( ) 隐藏节点的返回值。

由于每个集群节点启动时都是原始的状态，因此，只加载了基本的扩展包。在每个节点处加载特定的扩展包，也可以调用函数 clusterEvalQ( ) 进行加载。以下代码在每个节点加载了 data.table 扩展包，以便 parLapply( ) 在每个节点都可以运行包里的函数：

```
clusterExport(cl, "simulate")
invisible(clusterEvalQ(cl, {
  library(data.table)
}))
res <- parLapply(cl, 1:3, function(i) {
  res_table <- rbindlist(lapply(1:1000, simulate))
  res_table[, id := NULL]
  summary(res_table)
})
```

结果返回一个数据汇总列表：

```
res
## [[1]]
##      first             high              low
##  Min.   : 99.86   Min.   : 99.95   Min.   : 84.39
##  1st Qu.: 99.97   1st Qu.:101.44   1st Qu.: 94.20
##  Median :100.00   Median :103.32   Median : 96.60
##  Mean   :100.00   Mean   :103.95   Mean   : 96.04
##  3rd Qu.:100.03   3rd Qu.:105.63   3rd Qu.: 98.40
##  Max.   :100.17   Max.   :121.00   Max.   :100.06
##       last          signal
##  Min.   : 84.99   Mode :logical
##  1st Qu.: 96.53   FALSE:911
##  Median : 99.99   TRUE :89
##  Mean   : 99.92   NA's :0
##  3rd Qu.:103.11
##  Max.   :119.66
##
## [[2]]
##      first             high              low
##  Min.   : 99.81   Min.   : 99.86   Min.   : 83.67
##  1st Qu.: 99.96   1st Qu.:101.48   1st Qu.: 94.32
##  Median :100.00   Median :103.14   Median : 96.42
##  Mean   :100.00   Mean   :103.91   Mean   : 96.05
##  3rd Qu.:100.04   3rd Qu.:105.76   3rd Qu.: 98.48
##  Max.   :100.16   Max.   :119.80   Max.   :100.12
##       last          signal
##  Min.   : 85.81   Mode :logical
```

```
##  1st Qu.: 96.34   FALSE:914
##  Median : 99.69   TRUE :86
##  Mean   : 99.87   NA's :0
##  3rd Qu.:103.31
##  Max.   :119.39
##
## [[3]]
##      first              high              low
##  Min.   : 99.84   Min.   : 99.88   Min.   : 85.88
##  1st Qu.: 99.97   1st Qu.:101.61   1st Qu.: 94.26
##  Median :100.00   Median :103.42   Median : 96.72
##  Mean   :100.00   Mean   :104.05   Mean   : 96.12
##  3rd Qu.:100.03   3rd Qu.:105.89   3rd Qu.: 98.35
##  Max.   :100.15   Max.   :117.60   Max.   :100.03
##       last          signal
##  Min.   : 86.05   Mode :logical
##  1st Qu.: 96.70   FALSE:920
##  Median :100.16   TRUE :80
##  Mean   :100.04   NA's :0
##  3rd Qu.:103.24
##  Max.   :114.80
```

当不需要集群时，可以运行以下代码来移除：

```
stopCluster(cl)
```

2. 在 Linux 和 MacOS 上使用并行计算

在 Linux 和 MacOS 操作系统下使用并行计算，比在 Windows 操作系统下容易很多。我们无需手动地创建一个基于套接字的集群，mclapply( )直接将当前的 R 会话分配到多个 R 会话中，保留所有内容，并为每个子会话安排任务，并行运行：

```
system.time(res <- mclapply(1:10000, simulate,
  mc.cores = detectCores( ) ))
##    user system elapsed
##   9.732  0.060   3.415
```

因此，我们无需导出变量，因为在每个分配的进程中，它们都是可以直接使用的：

```
mclapply(1:3, take_sample, mc.cores = detectCores( ) )
## [[1]]
##    id          x           y
```

```
## 62 62 0.1679572 -0.5948647
##
## [[2]]
##    id         x           y
## 56 56 1.5678983  0.08655707
## 39 39 0.1015022 -1.98006684
##
## [[3]]
##    id           x          y
## 98 98  0.13892696 -0.1672610
## 4   4  0.07533799 -0.6346651
## 76 76 -0.57345242 -0.5234832
```

此外，还可以用非常灵活的方式创建并行作业。例如，创建一个生成 10 个随机数的作业：

```
job1 <- mcparallel(rnorm(10), "job1")
```

创建了一项作业之后，我们就可以调用 mccollect( ) 函数收集作业结果。这样，该函数在作业完成之前不会返回任何结果：

```
mccollect(job1)
## $`20772`
##  [1] 1.1295953 -0.6173255 1.2859549 -0.9442054 0.1482608
##  [6] 0.4242623 0.9463755 0.6662561 0.4313663 0.6231939
```

还可以通过编程方式创建并运行多项作业。例如，我们创建 8 项作业，每项作业都随机休眠一段时间，mccollect( ) 在所有作业完成休眠之前不会返回任何结果。作业是并行运行的，因而 mccollect( ) 耗费的时间不会太长：

```
jobs <- lapply(1:8, function(i) {
  mcparallel({
    t <- rbinom(1, 5, 0.6)
    Sys.sleep(t)
    t
  }, paste0("job", i))
})
system.time(res <- mccollect(jobs))
##   user system elapsed
##  0.012  0.040   4.852
```

这就允许我们自定义任务调度机制。

13.3.6 使用 Rcpp

正如我们所提到的那样，并行计算只有在每次迭代都是独立的情况下才可行，这样最终结果才不会依赖运行顺序。然而，并非所有任务都像这样理想。因此，并行计算可能会受到影响。那么怎样才能使算法快速运行，并且可以轻松地与 R 实现交互呢？答案是通过 Rcpp 用 C++ 语言编写算法（http://www.rcpp.org/）。

C++ 代码的运行速度通常很快，这是因为它被编译为本地指令，比 R 这样的脚本语言更接近于硬件级别。Rcpp 是一个扩展包，它使我们能够利用 R 和 C++ 的无缝整合来编写 C++代码。使用 Rcpp 可以编写 C++ 代码，并且代码中还可以调用 R 函数，利用 R 数据结构的优势。Rcpp 使我们能够编写高性能代码，同时保留 R 强大的数据操作功能。

使用 Rcpp，先要使用正确的工具链，以确保系统可以计算本地代码。在 Windows 操作系统下使用 Rtools，可以在 https://cran.r-project.org/bin/windows/Rtools/下载。在 Linux 和 MacOS 操作系统下，也需要正确安装的 C/C++ 工具链。

正确安装好工具链之后，我们便可以运行如下代码来安装扩展包：

```
install.packages("Rcpp")
```

然后，通过以下代码在路径 `code/rcpp-demo.cpp` 中创建一个 C++ 源文件：

```
#include <Rcpp.h>
usingnamespace Rcpp;

// [[Rcpp::export]]
NumericVector timesTwo(NumericVector x) {
  return x * 2;
}
```

这段代码是用 C++ 语言写的，如果你不熟悉 C++ 的语法，可以快速学习一些最简单的部分，详细内容请阅读 http://www.learncpp.com/。C++ 语言设计和支持的功能比 R 丰富且复杂得多。不要指望在短时间内就能成为专家，但是入门之后通常就能够编写一些简单的算法了。

通过阅读前面的代码，我们会发现它和典型的 R 代码差别很大，因为 C++ 是强类型语言，需要指定函数参数的类型和函数返回的类型。使用 `[[Rcpp::export]]` 注释的函数会被 Rcpp 捕获，当在 RStudio 中执行一个脚本文件，或者直接使用 `Rcpp::sourceCpp`，这些 C++ 函数将被自动编译并移植到 R 的工作环境中。

前面的 C++ 函数接收一个数值向量，然后返回一个所有元素乘以 2 的新的数值向量。注意到 NumericVector 类是由包含在源文件开头部分的 Rcpp.h 提供的。事实上，Rcpp.h 提供了所有常用的 R 数据结构的 C++ 代理。现在，调用 Rcpp::sourceCpp( ) 编译并加载源文件：

```
Rcpp::sourceCpp("code/rcpp - demo.cpp")
```

该函数对源代码进行编译，并将其链接到必要的共享库中，将 R 函数显示在环境里。其便捷之处在于，所有工作都是自动完成的，这让非专业的 C++ 开发人员编写算法更加容易。现在，我们就有一个可以调用的 R 函数了：

```
timesTwo
## function (x)
## .Primitive(".Call")(<pointer: 0x7f81735528c0>, x)
```

可以看到，在 R 中 timeTwo 不像一个普通的函数，而是对 C++ 函数进行了一个本地调用。此函数对单个数值输入也是可行的：

```
timesTwo(10)
## [1] 20
```

同样适用于多元素的数值向量：

```
timesTwo(c(1, 2, 3))
## [1] 2 4 6
```

现在，我们使用很简单的 C++语言结构来重新实现 algo1_for 算法。先创建一个 C++源文件 code/rcpp-algo1.cpp 并输入以下代码：

```
#include <Rcpp.h>
 using namespace Rcpp;

 // [[Rcpp::export]]
 double algo1_cpp(int n) {
   double res = 0;
   for (double i = 1; i < n; i++) {
     res += 1 / (i * i);
   }
   return res;
}
```

需要注意到的是，algo1_cpp 中并没有使用 R 而是 C++ 的数据结构。当获取代码时，

Rcpp 会处理好所有的移植工作：

```
Rcpp::sourceCpp("code/rcpp-algo1.cpp")
```

输入单个数值时，函数可以运行：

```
algo1_cpp(10)
## [1] 1.539768
```

但是，输入一个数值向量，就会发生报错：

```
algo1_cpp(c(10, 15))
## Error in eval(expr, envir, enclos): expecting a single value
```

现在，我们可以再做一次测试。这一次，我们把 algo1_cpp 加入对比的行列中。下面比较 R 中的 for 循环版本、for 循环的字节码编译版本、向量化版本以及 C++ 版本：

```
n <- 1000
microbenchmark(
  algo1_for(n),
  algo1_cmp(n),
  algo1_vec(n),
  algo1_cpp(n))
## Unit: microseconds
##           expr     min       lq      mean   median       uq
##   algo1_for(n) 493.312 507.7220 533.41701 513.8250 531.5470
##   algo1_cmp(n)  57.262  59.1375  61.44986  60.0160  61.1190
##   algo1_vec(n)  10.091  10.8340  11.60346  11.3045  11.7735
##   algo1_cpp(n)   5.493   6.0765   7.13512   6.6210   7.2775
##       max neval cld
##   789.799   100   c
##   105.260   100   b
##    23.007   100   a
##    22.131   100   a
```

令人惊讶的是，C++版本甚至比向量化版本还要快。尽管向量化版本使用的是原函数，而且已经非常快了，但是在方法分派和参数检查上仍然需要花费一些时间。而 C++ 版本是专门为这个任务编写的，所以它会比向量化版本稍快一些。

还有一个例子是 diff_for( ) 的 C++ 实现，代码如下：

```
#include <Rcpp.h>
```

```
usingnamespace Rcpp;

// [[Rcpp::export]]
NumericVector diff_cpp(NumericVector x) {
  NumericVector res(x.size( )  - 1);
  for (int i = 0; i < x.size( )  - 1; i++) {
    res[i] = x[i + 1] - x[i];
  }
  return res;
}
```

在这段 C++ 代码中，diff_cpp( ) 接收一个数值向量并返回一个数值向量。该函数创建一个新向量，以迭代的方式计算并储存 x 中连续两个元素的差。我们执行代码文件：

```
Rcpp::sourceCpp("code/rcpp - diff.cpp")
```

很容易验证函数能否正确运行：

```
diff_cpp(c(1, 2, 3, 5))
## [1] 1 1 2
```

接下来，我们再测试 5 个版本函数的性能，分别是 R 中 for 循环的版本（diff_for）、字节码编译版本（diff_cmp）、向量化版本（diff）、无需进行方法调度的向量化版本（diff.default），以及 C++ 版本（diff_cpp）：

```
x <- rnorm(1000)
microbenchmark(
  diff_for(x),
  diff_cmp(x),
  diff(x),
  diff.default(x),
  diff_cpp(x))
## Unit: microseconds
##             expr      min        lq       mean    median
##      diff_for(x) 1055.177 1113.8875 1297.82994 1282.9675
##      diff_cmp(x)   75.511   78.4210   88.46485   88.2135
##          diff(x)   12.899   14.9340   20.64854   18.3975
##  diff.default(x)   10.750   11.6865   13.90939   12.6400
##      diff_cpp(x)    5.314    6.4260    8.62119    7.5330
##         uq      max neval cld
##  1400.8250 2930.690   100   c
##    90.3485  179.620   100   b
```

```
##    24.2335   65.172   100 a
##    15.3810   25.455   100 a
##     8.9570   54.455   100 a
```

结果显示 C++版本是最快的。

近年来，使用 Rcpp 提高性能或是直接链接到比较流行的高性能算法的库上的 R 包越来越多。例如，RcppArmadillo 和 RcppEigen 提供了高性能的线性代数算法，RcppDE 通过在 C++中进行差分计算演变出一种全局最优化的快速实现算法等。

如果想了解关于 Rcpp 以及相关扩展包的更多内容，可以访问官方网站：http://www.rcpp.org/。同时向大家推荐 Rcpp 的作者 Dirk Eddelbuettel 写的 *Seamless R and C++ Integration with Rcpp* 这本书，网址是：http://www.rcpp.org/book/。

1. OpenMP

我们在并行计算一节中有提到过，R 会话是单线程运行的。在 Rcpp 代码中，可以使用多线程来提高性能。其中一个多线程技术是 OpenMP（http://openmp.org），它是由大多数现代 C++ 编译器支持的（参见 http://openmp.org/wp/openmp-compilers/）。

在这个网站（http://gallery.rcpp.org/tags/openmp/）上，一些文章讨论并演示了 OpenMP 配合 Rcpp 的用法。这里，我们举一个简单的例子。首先创建一个 C++ 源文件：code/rcpp-diff-openmp.cpp，并输入以下代码：

```
// [[Rcpp::plugins(openmp)]]
#include <omp.h>
#include <Rcpp.h>
usingnamespace Rcpp;

// [[Rcpp::export]]
NumericVector diff_cpp_omp(NumericVector x) {
  omp_set_num_threads(3);
  NumericVector res(x.size( )  - 1);
#pragma omp parallel for
  for (int i = 0; i < x.size( )  - 1; i++) {
    res[i] = x[i + 1] - x[i];
  }
  return res;
}
```

Rcpp 会识别第一行的注释，并为编译器添加必要选项，以便 OpenMP 可被启用。使用

OpenMP，需要添加 omp.h。然后，通过调用 omp_set_num_threads(n) 设置线程数，使用 #pragma omp parallel for 来指明后面的 for 循环是并行的。如果将线程数设置为 1，代码也能够正常运行。

我们先获取 C++代码文件：

```
Rcpp::sourceCpp("code/rcpp - diff - openmp.cpp")
```

看一下函数能否正确运行：

```
diff_cpp_omp(c(1, 2, 4, 8))
## [1] 1 2 4
```

接着，用 1000 个数的输入向量来测试函数性能：

```
x <- rnorm(1000)
microbenchmark(
  diff_for(x),
  diff_cmp(x),
  diff(x),
  diff.default(x),
  diff_cpp(x),
  diff_cpp_omp(x))
## Unit: microseconds
##             expr      min        lq       mean    median
##      diff_for(x) 1010.367 1097.9015 1275.67358 1236.7620
##      diff_cmp(x)   75.729   78.6645   88.20651   88.9505
##          diff(x)   12.615   16.4200   21.13281   20.5400
##  diff.default(x)   10.555   12.1690   16.07964   14.8210
##      diff_cpp(x)    5.640    6.4825    8.24118    7.5400
##  diff_cpp_omp(x)    3.505    4.4390   26.76233    5.6625
##         uq      max neval cld
##  1393.5430 2839.485   100   c
##    94.3970  186.660   100   b
##    24.4260   43.893   100   a
##    18.4635   72.940   100   a
##     8.6365   50.533   100   a
##    13.9585 1430.605   100   a
```

遗憾的是，即使使用了多线程，diff_cpp_omp( ) 还是比其单线程的 C++ 实现要慢。这是因为使用多线程会耗费一些时间。如果输入量很小，初始化多线程的时间可能会占整个计算时间的很大一部分。然而，如果输入量足够大，多线程的优势就能够得到充分体现。

这里，我们使用 100000 个数的输入向量：

```
x <- rnorm(100000)
microbenchmark(
  diff_for(x),
  diff_cmp(x),
  diff(x),
  diff.default(x),
  diff_cpp(x),
  diff_cpp_omp(x))
## Unit: microseconds
##             expr        min          lq        mean
##      diff_for(x) 112216.936 114617.4975 121631.8135
##      diff_cmp(x)   7355.241   7440.7105   8800.0184
##          diff(x)    863.672    897.2060   1595.9434
##  diff.default(x)    844.186    877.4030   3451.6377
##      diff_cpp(x)    418.207    429.3125    560.3064
##  diff_cpp_omp(x)    125.572    149.9855    237.5871
##      median          uq        max neval cld
##  115284.377 116165.3140 214787.857   100   c
##    7537.405   8439.9260 102712.582   100   b
##    1029.642   2195.5620   8020.990   100   a
##     931.306   2365.6920  99832.513   100   a
##     436.638    552.5110   2165.091   100   a
##     166.834    190.7765   1983.299   100   a
```

相对于对性能的提升来说，创建多线程的时间成本非常小。因此，由 OpenMP 驱动的版本比简单的 C++ 版本还要快。

事实上，OpenMP 的功能比我们演示的还要多很多。想了解更多信息，请阅读官方文档。若想查看更多的例子，推荐阅读 Joel Yliluoma 写的 *Guide into OpenMP: Easy multithreading programming for C++*一书，网址是 http://bisqwit.iki.fi/story/howto/openmp/。

2. RcppParallel

RcppParallel 是另一种结合 Rcpp（http://rcppcore.github.io/RcppParallel/）利用了多线程的方法，

这个扩展包涵盖了 Intel TBB

（https://www.threadingbuildingblocks.org/）和 TinyThread

（http://tinythreadpp.bitsnbites.eu/）。RcppParallel 提供了线程安全向量和矩阵封装的数据

结构以及高级并行函数。

使用 RcppParallel 执行多线程并行计算，需要实现一个 `Worker` 将一个输入转换为输出。然后，RcppParallel 负责剩下的工作，如多线程任务分配。

下面是一个简单的演示。我们创建一个包含如下代码的 C++源文件 code/rcpp- parallel.cpp。注意，需要向 Rcpp 声明，该文件依赖于 `RcppParallel`，并使用 C++11 来调用 lambda 函数。

接下来，实现一个名为 `Transformer` 的 `Worker`，它将矩阵的每一个元素 `x` 转换为 `1/(1 + x*×2)`。然后，在 `par_transform` 中，创建一个 `Transformer` 的对象实例并调用 `parallelFor`，使其自动利用多线程计算：

```
// [[Rcpp::plugins(cpp11)]]
// [[Rcpp::depends(RcppParallel)]]
#include <Rcpp.h>
#include <RcppParallel.h>

using namespace Rcpp;
using namespace RcppParallel;

struct Transformer : public Worker {
  const RMatrix<double> input;
  RMatrix<double> output;
  Transformer(const NumericMatrix input, NumericMatrix output)
    : input(input), output(output) {}
  void operator( ) (std::size_t begin, std::size_t end) {
    std::transform(input.begin( )  + begin, input.begin( )  + end,
      output.begin( )  + begin, [](double x) {
        return 1 / (1 + x * x);
      });
  }
};

// [[Rcpp::export]]
NumericMatrix par_transform (NumericMatrix x) {
  NumericMatrix output(x.nrow( ) , x.ncol( ) );
  Transformer transformer(x, output);
  parallelFor(0, x.length( ) , transformer);
  return output;
}
```

很容易验证该函数在输入一个小矩阵的时候可以正确运行：

```
mat <- matrix(1:12, nrow = 3)
mat
##      [,1] [,2] [,3] [,4]
## [1,]    1    4    7   10
## [2,]    2    5    8   11
## [3,]    3    6    9   12
par_transform(mat)
##      [,1]       [,2]       [,3]        [,4]
## [1,]  0.5 0.05882353 0.02000000 0.009900990
## [2,]  0.2 0.03846154 0.01538462 0.008196721
## [3,]  0.1 0.02702703 0.01219512 0.006896552
all.equal(par_transform(mat), 1 /(1 + mat ^ 2))
## [1] TRUE
```

它和向量化的 R 表达式返回完全相同的结果。现在，看一下当输入矩阵很大时，该函数的性能：

```
mat <- matrix(rnorm(1000 * 2000), nrow = 1000)
microbenchmark(1 /(1 + mat ^ 2), par_transform(mat))
## Unit: milliseconds
##                 expr      min        lq     mean    median
##       1/(1 + mat ^ 2) 14.50142 15.588700 19.78580 15.768088
##   par_transform(mat)  7.73545  8.654449 13.88619  9.277798
##        uq      max neval cld
##  18.79235 127.1912   100   b
##  11.65137 110.6236   100   a
```

结果显示多线程版本的函数要比向量化版本的快了几乎一倍。

RcppParallel 的功能远比我们演示的要强大得多。若想了解更多介绍和实例，可以访问 http://rcppcore.github.io/RcppParallel。

13.4 小结

在本章中，我们明白了什么时候性能才是重要的，如何测试 R 代码的性能，如何使用性能分析工具找出代码中最慢的部分，并理解这些代码为什么慢。之后，我们介绍了提高代码性能最重要的方法：尽量使用内置函数、利用向量化的优势、使用字节码编译器、使用并行计算，以及通过 Rcpp 编写 C++代码，并在 C++中使用多线程技术。高性能计算是一个比较高阶的课题，如果要在实践中应用，还需要学习更多的知识。这一章说明了使用

R 并不等价于选择了运行慢的代码。相反，我们可以在 R 中实现高性能。

下一章将介绍另一个有用的专题：网页爬虫。要想从网页上抓取数据，我们需要了解网页的结构，以及如何从源代码中提取数据。我们将学习 HTML、XML 和 CSS 的基本思想和表现形式，以及如何分析目标网页，以便能够从网页中准确地提取想要的信息。

第 14 章 网页爬虫

R 是统计计算和数据分析的利器。给定一个数据集，利用前几章介绍到的 R 中灵活的数据结构或高性能计算，我们可以很方便地进行数据转换、建模和数值分析。

一般来说，商业数据库会将数据以表格的形式很好地组织起来，便于使用。然而，情况并非总是如此合意，输入数据集也并非总是立即可得。有时，我们需要自己收集数据。对于很多研究领域而言，网页内容是一个重要的数据源。为了从互联网上收集（抓取或收取）数据，我们需要适当的技术和工具。本章将会介绍网络爬虫的基本知识和工具，包括：

- 查阅网页内容
- 使用 CSS 和 XPath 选择器
- 分析 HTML 代码并提取数据

14.1 查阅网页内容

信息展示在网页上。图 14-1 展示了一个简单的网页（网址为 data/simple-page.html），包括标题和一个段落：

所有现代浏览器都支持这样的网页。用任意的文本编辑器打开 data/simple-page.html，就会看到网页背后的代码，如下所示：

```
<!DOCTYPE html>
<html>
<head>
  <title>Simple page</title>
</head>
```

```
<body>
  <h1>Heading 1</h1>
  <p>This is a paragraph.</p>
</body>
</html>
```

上述代码是 HTML（Hyper Text Markup Language）的一个例子。HTML 是互联网中使用最广泛的语言。与其他任何一种语言都不同的是：HTML 描述了网页的布局排版和内容，浏览器则根据 Web 标准将代码渲染到网页上（而其他语言最终都被转换为计算机指令）。

现代 Web 浏览器根据 HTML 的第一行决定使用哪种标准进行网页渲染。在上面的例子中，使用的是最新标准 HTML 5。

通篇阅读代码，就会发现 HTML 是一些标签的嵌套结构，这些标签包括：`<html>`、`<title>`、`<body>`、`<h1>` 和 `<p>`。每一个标签都是以`<tag>`开始，以`</tag>`结束。

事实上，网页的这些标签并不是随意命名的，也不能任意包含其他标签。每个标签对浏览器都有特殊含义，且只允许包含一部分特定的标签，或不允许包含任何标签。

标签 `<html>` 是所有 HTML 的根元素。HTML 通常也包括 `<head>` 和 `<body>`。其中，标签 `<head>` 通常包含 `<title>`，展示在标题栏上，包括浏览标签和网页元数据。而 <body> 则在网页内容和排版方面起主要作用。

在 `<body>` 标签中，标签可以更自由地嵌套。最简单的一个网页可以只包含一级标题（`<h1>`）和一个段落（`<p>`）。这个网页（图 14-2）包含一个 2 行 2 列的表格。

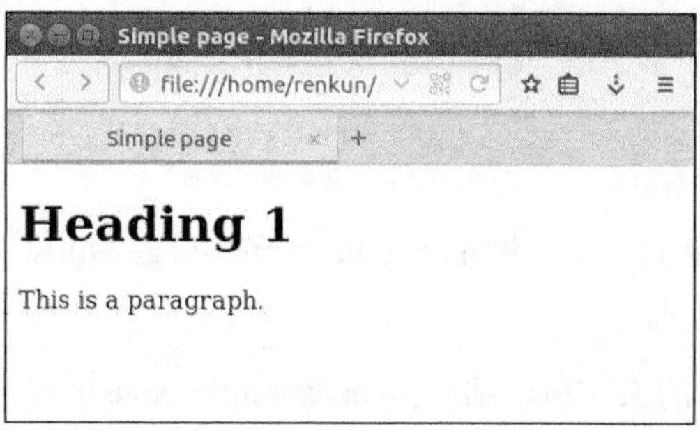

图 14-1

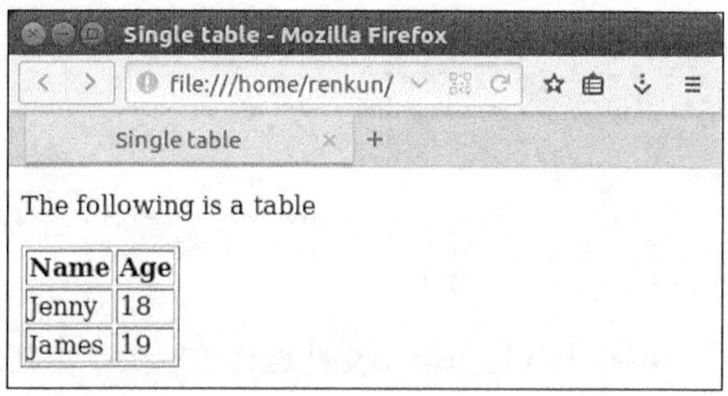

图 14-2

网页背后的 HTML 代码存储在 data/single-table.html 中：

```
<!DOCTYPE html>
<html>
<head>
```

```
    <title>Single table</title>
  </head>
  <body>
    <p>The following is a table</p>
    <table id = "table1" border = "1">
      <thead>
        <tr>
          <th>Name</th>
          <th>Age</th>
        </tr>
      </thead>
      <tbody>
        <tr>
          <td>Jenny</td>
          <td>18</td>
        </tr>
        <tr>
          <td>James</td>
          <td>19</td>
        </tr>
      </tbody>
    </table>
  </body>
  </html>
```

注意到，标签<table>是按行构建的：<tr> 指表格的行，<th> 指表头单元格，<td> 指表格的单元格。

同时，HTML 元素，例如<table>，采用<table attr1 = "value1" attr2 = "value2"> 格式时，<table> 可能就会具有其他的属性。这些属性并不是随意定义的。相反，根据相应的标准，每一个属性都有特定含义。在前面的代码中，id 是表格的标识符，border 用于控制边框宽度。

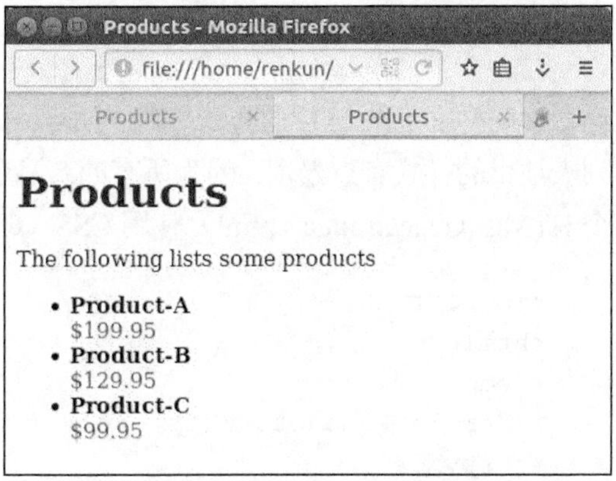

图 14-3

下面这个页面（见图 14-3）的内容样式看起来和前面的有所不同：

如果查看 data/simple-products.html 的源代码，就会发现一些新的标签，例如 <div>（章节）、<ul>（无序列表）、<li>（列表项目）和 <span>（应用样式的章节）；此外，许多 HTML 元素还有一个属性，称为 style，用于定义这些元素的样式外观：

```
<!DOCTYPE html>
<html>
<head>
  <title>Products</title>
</head>
<body>
  <h1 style = "color: blue;">Products</h1>
  <p>The following lists some products</p>
  <div id = "table1" style = "width: 50px;">
    <ul>
      <li>
        <span style = "font-weight: bold;">Product-A</span>
        <span style = "color: green;">$199.95</span>
      </li>
      <li>
        <span style = "font-weight: bold;">Product-B</span>
        <span style = "color: green;">$129.95</span>
      </li>
      <li>
        <span style = "font-weight: bold;">Product-C</span>
        <span style = "color: green;">$99.95</span>
      </li>
    </ul>
  </div>
</body>
</html>
```

style 中的值以这样的方式编写：property1: value1; property2: value2;。但是，列表项目的样式有点繁琐，因为所有的产品名称都共享同一个样式，产品价格亦是如此。下面这个 HTML（data/products.html）使用 CSS（Cascading Style Sheets）来避免冗长的样式定义：

```
<!DOCTYPE html>
<html>
<head>
  <title>Products</title>
  <style>
    h1 {
      color: darkblue;
    }
    .product-list {
      width: 50px;
```

```
      }
      .product-list li.selected .name {
        color: 1px blue solid;
      }
      .product-list .name {
        font-weight: bold;
      }
      .product-list .price {
        color: green;
      }
    </style>
  </head>
  <body>
    <h1>Products</h1>
    <p>The following lists some products</p>
    <div id = "table1" class = "product-list">
      <ul>
        <li>
          <span class = "name">Product-A</span>
          <span class = "price">$199.95</span>
        </li>
        <li class = "selected">
          <span class = "name">Product-B</span>
          <span class = "price">$129.95</span>
        </li>
        <li>
          <span class = "name">Product-C</span>
          <span class = "price">$99.95</span>
        </li>
      </ul>
    </div>
  </body>
</html>
```

注意到，我们在<head>中添加了<style>来声明网页的全局样式表。也将 style 转换为 class，以便内容元素（div、li 和 span）使用这些预定义的样式。我们借助下述代码简要介绍一下 CSS 的语法。

匹配所有<h1> 元素：

```
h1 {
  color: darkblue;
}
```

匹配所有属于 product-list 类的元素：

```
.product-list {
  width: 50px;
}
```

先匹配所有属于 product-list 类的元素，再从中匹配所有属于 name 类的嵌套元素：

```
.product-list .name {
  font-weight: bold;
}
```

先匹配所有属于 product-list 类的元素，再从中匹配所有属于 selected 类的嵌套 <li> 元素，最后从这些嵌套元素中匹配属于 name 类的：

```
.product-list li.selected .name {
  color: 1px blue solid;
}
```

要提醒的是，单纯使用 style 不能实现上述目标。图 14-4 展示了网页的渲染效果。

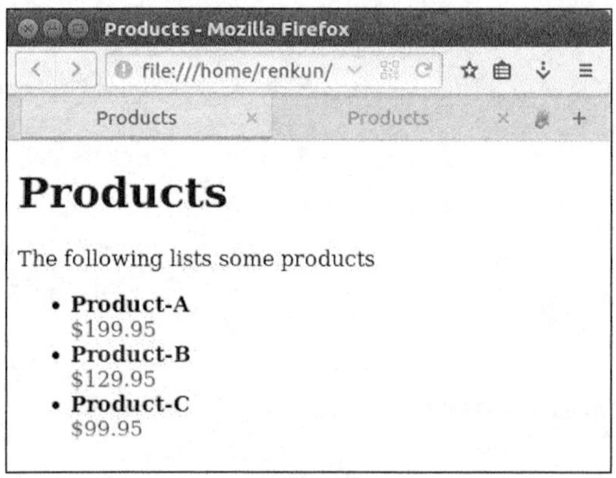

图 14-4

每个 CSS 元素都包含一个 CSS 选择器（例如 .product-list）用来匹配 HTML 元素和样式（例如 color: red）以便渲染应用。CSS 选择器不仅用于应用样式，也常用于提取网页内容，以便我们感兴趣的 HTML 元素可以被正确地匹配，这是网络爬虫背后的底层技术。

CSS 的内容比上述代码展示出来的要丰富得多。对于网络爬虫，我们使用下面这些例子展示最常用的 CSS 选择器，如表 14-1 所示。

表 14-1

语法	匹配
*	All elements
h1, h2, h3	<h1>,<h2>,<h3>
#table	<* id="table1">

续表

语法	匹配
.product-list	<* class="product-list">
div#container	<div id="container">
div a	<div> <a>and<div> <p> <a>
div > a	<div> <a>but not<div> <p> <a>
div > a.new	<div> <a class="new">
ul > li:first-child	First <li> in <ul>
ul > li:last-child	Last <li> in<ul>
ul > li:nth-child(3)	3rd <li> in <ul>
p + *	Next element of <p>
img[title]	<img>with title attribute
table[border=1]	<table border="1">

每个级别上，`tag#id.class[ ]` 可以和可选项：`tag`、`#id.class` 和 `[ ]` 一起使用。

更多关于 CSS 选择器的信息，请访问 https://developer.mozilla.org/en-US/docs/Web/CSS/CSS_Selectors。想了解更多关于 HTML 的标签，可以访问 http://www.w3schools.com/tags/。

14.2 使用 CSS 选择器从网页中提取数据

在 R 中，关于网络爬虫最简单易用的扩展包是 `rvest`。运行以下代码从 CRAN 上安装：

```
install.packages("rvest")
```

首先，加载包并用 `read_html( )` 读取 data/single-table.html，再尝试从网页中提取表格：

```
library(rvest)
## Loading required package: xml2
single_table_page <- read_html("data/single-table.html")
single_table_page
## {xml_document}
## <html>
```

```
## [1] <head>\n <title>Single table</title>\n</head>
## [2] <body>\n <p>The following is a table</p>\n <table i ...
```

注意到，single_table_page 是一个 HTML 解析文档，是 HTML 节点的嵌套数据结构。

使用 rvest 函数从网页上爬取信息的典型过程是这样的。首先，定位需要从中提取数据的 HTML 节点。然后，使用 CSS 选择器或者 XPath 表达式筛选 HTML 节点，从而选择需要的节点，剔除不需要的节点。最后，对已解析的网页使用合适的选择器，用 html_nodes( ) 提取节点子集，用 html_attrs( ) 提取属性，用 html_text( ) 提取文本。

rvest 包也提供了一些简单的函数，从网页中直接提取数据并返回一个数据框。例如，提取网页中所有的 <table> 元素，我们直接调用 html_table( )：

```
html_table(single_table_page)
## [[1]]
##    Name Age
## 1 Jenny  18
## 2 James  19
```

为了提取<table> 中的第 1 个元素，我们在使用 CSS 选择器 table 的时候，调用 html_node( ) 选择第 1 个节点，再对选择出来的节点调用 html_table( ) 得到一个数据框：

```
html_table(html_node(single_table_page, "table"))
##    Name Age
## 1 Jenny  18
## 2 James  19
```

一个很自然的想法便是使用管道操作，就像第 12 章中介绍的 dplyr 包中使用 %>% 管道操作符。回顾一下，%>% 执行 x %>% f(···) 的基本方法就是 f(x,···)，因此，嵌套调用可以被拆解，从而提高可读性。上述代码可以用 %>% 重写为：

```
single_table_page %>%
  html_node("table") %>%
  html_table()
##    Name Age
## 1 Jenny  18
## 2 James  19
```

现在，读取 data/products.html，并用 html_nodes( ) 匹配 <span class = "name"> 节点：

```
products_page <- read_html("data/products.html")
```

```
products_page %>%
  html_nodes(".product-list li .name")
## {xml_nodeset (3)}
## [1] <span class = "name">Product-A</span>
## [2] <span class = "name">Product-B</span>
## [3] <span class = "name">Product-C</span>
```

注意到，我们想选择的节点是 product-list 类的 <li> 标签下属于 name 类的节点。因此，使用.product-list li .name 选择这样的嵌套节点。如果对这些符号不熟悉，请温习常用的 CSS 表。

之后，再用 html_text( ) 从选择的节点中提取内容，这个函数会返回一个字符向量：

```
products_page %>%
  html_nodes(".product-list li .name") %>%
  html_text()
## [1] "Product-A" "Product-B" "Product-C"
```

类似地，下面的代码提取出产品价格：

```
products_page %>%
  html_nodes(".product-list li .price") %>%
  html_text()
## [1] "$199.95" "$129.95" "$99.95"
```

前面这些代码中，html_nodes( ) 返回一个包含 HTML 节点的集合，而 html_text( ) 则从每个 HTML 节点中智能地提取内部文本，然后返回一个字符向量。

但是，这些价格保留了它们的原生格式，即字符串形式，而不是数字。下面的代码提取出来相同的数据，并把它转换成更常用的格式：

```
product_items <- products_page %>%
  html_nodes(".product-list li")
products <- data.frame(
  name = product_items %>%
    html_nodes(".name") %>%
    html_text(),
  price = product_items %>%
    html_nodes(".price") %>%
    html_text() %>%
    gsub("$", "", ., fixed = TRUE) %>%
    as.numeric(),
```

```
  stringsAsFactors = FALSE
)
products
##          name  price
## 1 Product-A 199.95
## 2 Product-B 129.95
## 3 Product-C  99.95
```

注意到，选择节点的中间结果可以被存储在一个变量中，以便重复使用。后续的 `html_nodes( )` 或 `html_node( )` 仅仅匹配内部节点。

既然产品价格是数值，我们便可以用 `gsub( )` 从原生价格中移除 `$`，然后将结果转换成一个数值向量。管道操作中的 `gsub( )` 调用有点特殊，因为前面的结果（用 `.` 表示）本该放在第 3 个参数位置，而不是第 1 个。

这个例子中，`.product-list li .name` 可以缩写为 `.name`，同理，`.product-list li .price` 可以被 `.price` 代替。在实际应用中，CSS 类被广泛地运用，因此，一个通用的选择器可能会匹配太多非合意的元素。所以，最好选择一个描述更清晰，限制条件更严格的选择器去匹配感兴趣的节点。

14.3 使用 XPath 选择器

在前面的内容中，我们掌握了一些 CSS 选择器和它们的使用方法，以及 `rvest` 包中用于提取网页内容的函数。

一般来说，CSS 选择器足够满足绝大部分的 HTML 节点匹配的需要。但是，当需要根据某些特殊条件选择节点时，需要用更强大的技术。

图 14-5 所示的网页比 data/products.html 复杂一点：

图 14-5

这个网页作为一个独立的 HTML 文件被存储在 data/new-products.html。全部的源代码很长，这里只展示 <body> 部分。请浏览一遍源代码，以便对它的结构有个印象：

```
<body>
  <h1>New Products</h1>
```

```
  <p>The following is a list of products</p>
  <div id = "list" class = "product-list">
    <ul>
      <li>
        <span class = "name">Product-A</span>
        <span class = "price">$199.95</span>
        <div class = "info bordered">
          <p>Description for Product-A</p>
          <ul>
            <li><span class = "info-key">Quality</span> <span class =
"infovalue">Good</span></li>
            <li><span class = "info-key">Duration</span> <span class =
"infovalue">5 </span><span class = "unit">years</span></li>
          </ul>
        </div>
      </li>
      <li class = "selected">
        <span class = "name">Product-B</span>
        <span class = "price">$129.95</span>
        <div class = "info">
          <p>Description for Product-B</p>
          <ul>
            <li><span class = "info-key">Quality</span> <span class = "infovalue">
Medium</span></li>
            <li><span class = "info-key">Duration</span> <span class = "infovalue">
2</span><span class = "unit">years</span></li>
          </ul>
        </div>
      </li>
      <li>
        <span class = "name">Product-C</span>
        <span class = "price">$99.95</span>
        <div class = "info">
          <p>Description for Product-C</p>
          <ul>
            <li><span class = "info-key">Quality</span> <span class = "infovalue">
Good</span></li>
            <li><span class = "info-key">Duration</span> <span class = "infovalue">
4</span><span class = "unit">years</span></li>
          </ul>
        </div>
      </li>
    </ul>
```

```
  </div>
  <p>All products are available for sale!</p>
</body>
```

网页的源代码包含了一个样式表和产品详细信息的列表。每个产品都有其描述和很多性质。接下来，就像前面的例子一样，我们载入网页：

```
page <- read_html("data/new-products.html")
```

HTML 的代码结构简单明晰。在深入挖掘 XPath 之前，我们需要了解一下 XML。编写良好且组织规范的 HTML 文档可以被看作 XML（eXtensive Markup Language）文档的一个特例。与 HTML 不同，XML 允许任意的标签和属性。下面是一个简单的 XML 文档示例：

```
<?xml version = "1.0"?>
<root>
  <product id = "1">
    <name>Product-A<name>
    <price>$199.95</price>
  </product>
  <product id = "2">
    <name>Product-B</name>
    <price>$129.95</price>
  </product>
</root>
```

XPath 专门用于提取 XML 文档中的数据。在本节中，我们比较 XPath 表达式和 CSS 选择器，查看二者在提取网页数据过程中的作用。

函数 `html_node( )` 和 `html_nodes( )` 支持 XPath 表达式，并通过参数 `xpath=` 实现。表 14-2 展示了 CSS 选择器和等价的 XPath 表达式之间的一些重要对比。

表 14-2

CSS	XPath	Math
li > *	//li/*	All children of <li>
li[attr]	//li[@attr]	All <li> with attr attribute
li[attr=value]	//li[@attr = 'value']	<li attr = "value">
li#item	//li[@id = 'item']	<li id = "item">
li.info	//li[contains(@class,'info')]	<li class = "info">

续表

CSS	XPath	Math
li:first-child	//li[1]	First <li>
li:last-child	//li[last()]	Last <li>
li:nth-child(n)	//li[n]	n^{th} <li>
(N/A)	//p[a]	All <p> with a child <a>
(N/A)	//p[position() <= 5]	The first five <p> nodes
(N/A)	//p[last()-2]	The last third last <p>
(N/A)	//li[value>0.5]	All <li> with child <value>whose value > 0.5

CSS 选择器会匹配所有子层级的节点。在 XPath 表达式中，标签 `//` 和 `/` 匹配不同的节点。更具体地说，// 标签引用所有子层级的 `<tag>` 节点，而 / 标签只引用第 1 个子层级的 `<tag>` 节点。

我们通过下面这些例子展示它们的用法：

选择所有 `<p>` 节点：

```
page %>% html_nodes(xpath = "//p")
## {xml_nodeset (5)}
## [1] <p>The following is a list of products</p>
## [2] <p>Description for Product-A</p>
## [3] <p>Description for Product-B</p>
## [4] <p>Description for Product-C</p>
## [5] <p>All products are available for sale!</p>
```

选择所有具有 `class` 属性的 `<li>` 节点：

```
page %>% html_nodes(xpath = "//li[@class]")
## {xml_nodeset (1)}
## [1] <li class = "selected">\n <span class = "name">Pro ...
```

选择 `<div id = "list"><ul>` 节点中所有 `<li>` 子节点：

```
page %>% html_nodes(xpath = "//div[@id = 'list']/ul/li")
## {xml_nodeset (3)}
## [1] <li>\n        <span class = "name">Product-A</span>\n ...
```

```
## [2] <li class = "selected">\n        <span class = "name">Pro ...
## [3] <li>\n        <span class = "name">Product-C</span>\n ...
```

选择所有嵌套于<div id = "list">中<li>标签下的<span class = "name">子节点：

```
page %>% html_nodes(xpath = "//div[@id = 'list']//li/span[@class = 'name']")
## {xml_nodeset (3)}
## [1] <span class = "name">Product-A</span>
## [2] <span class = "name">Product-B</span>
## [3] <span class = "name">Product-C</span>
```

选择所有嵌套于<li class = "selected">中的<span class = "name">子节点：

```
page %>%
  html_nodes(xpath = "//li[@class = 'selected']/span[@class = 'name']")
## {xml_nodeset (1)}
## [1] <span class = "name">Product-B</span>
```

上面这些例子也可以使用等效的 CSS 选择器来实现。然而，下面这些例子就不能用 CSS 选择器实现了：

选择所有包含<p>子节点的<div>节点：

```
page %>% html_nodes(xpath = "//div[p]")
## {xml_nodeset (3)}
## [1] <div class = "info bordered">\n        <p>Description ...
## [2] <div class = "info">\n        <p>Description for Prod ...
## [3] <div class = "info">\n        <p>Description for Prod ...
```

选择所有的<span class = "info-value">Good</span>：

```
page %>%
  html_nodes(xpath = "//span[@class = 'info-value' and text() = 'Good']")
## {xml_nodeset (2)}
## [1] <span class = "info-value">Good</span>
## [2] <span class = "info-value">Good</span>
```

选择所有优质产品的名称：

```
page %>%
  html_nodes(xpath = "//li[div/ul/li[1]/span[@class = 'info-value' and
text() = 'Good']]/span[@class = 'name']")
## {xml_nodeset (2)}
## [1] <span class = "name">Product-A</span>
## [2] <span class = "name">Product-C</span>
```

选择所有持续时间超过 3 年的产品名称：

```
page %>%
  html_nodes(xpath = "//li[div/ul/li[2]/span[@class = 'info-value' and
text()>3]]/span[@class = 'name']")
## {xml_nodeset (2)}
## [1] <span class = "name">Product-A</span>
## [2] <span class = "name">Product-C</span>
```

XPath 是非常灵活的，在匹配网页节点方面是一个强大的工具。想要了解更多内容，请访问 http://www.w3schools.com/xsl/xpath_syntax.aspac。

14.4 分析 HTML 代码并提取数据

在前面的内容中，我们已经学习了 HTML、CSS 和 XPath 的基础知识。从真实世界的网页中获取数据，关键在于如何编写合适的 CSS 或者 XPath 选择器。本节介绍一些确定选择器的简单方法。

假设从 https://cran.rstudio.com/web/packages/available_packages_by_name.html 这个网页上获取所有可用的 R 程序包。网页看起来很简单。想知道选择器的表达式，在页面上右击，选择菜单中的审查元素选项（检查大部分现代浏览器中都有），然后就会出现检查面板，如图 14-6 所示。

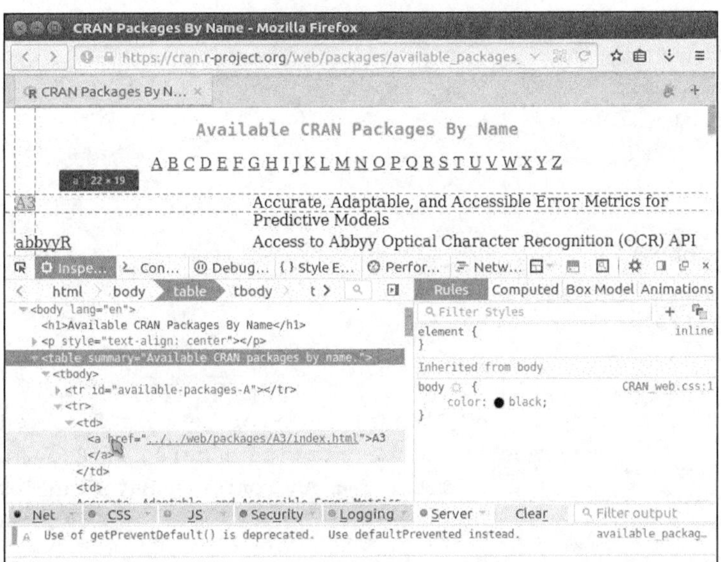

图 14-6

我们便可以看到网页底层的 HTML 代码。在火狐浏览器和谷歌浏览器中，选择的节点是高亮的，更容易定位，如图 14-7 所示。

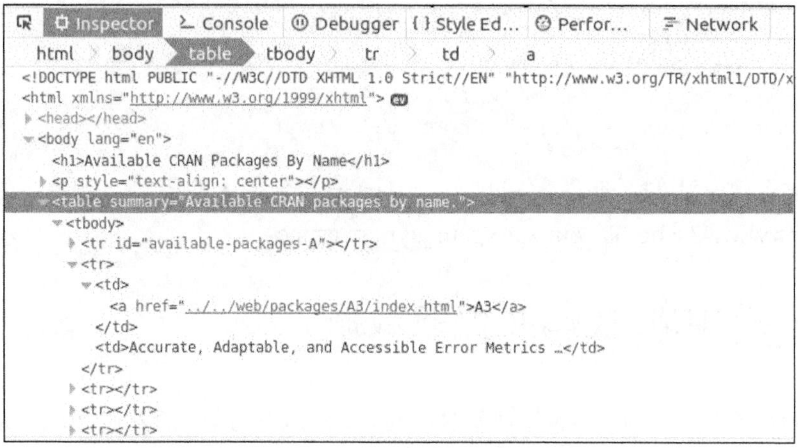

图 14-7

HTML 包含唯一的 `<table>`，因此可以直接将 CSS 选择器设为 `table`，再用 `html_table( )` 提取表格并返回一个数据框：

```
page <-
read_html("https://cran.rstudio.com/web/packages/available_packages_by_name
.html")
pkg_table <- page %>%
  html_node("table") %>%
  html_table(fill = TRUE)
head(pkg_table, 5)
##              X1
## 1
## 2            A3
## 3       abbyyR
## 4           abc
## 5 ABCanalysis
##              X2
## 1          <NA>
## 2 Accurate, Adaptable, and Accessible Error Metrics for Predictive\nModels
## 3                 Access to Abbyy Optical Character Recognition (OCR) API
## 4                         Tools for Approximate Bayesian Computation (ABC)
## 5                                                   Computed ABC Analysis
```

注意，原始表没有表头。而结果数据框使用了默认表头，并且第一行是空的。下面的代码解决了这些问题：

```
pkg_table <- pkg_table[complete.cases(pkg_table), ]
colnames(pkg_table) <- c("name", "title")
head(pkg_table, 3)
##     name
## 2     A3
## 3 abbyyR
## 4    abc
##
title
## 2 Accurate, Adaptable, and Accessible Error Metrics for Predictive\nModels
## 3                   Access to Abbyy Optical Character Recognition (OCR) API
## 4                            Tools for Approximate Bayesian Computation (ABC)
```

在下一个例子中，我们想要提取微软最新的股票价格 http://finance.yahoo.com/quote/MSFT。使用元素查看器，发现价格包含在 `<span>` 中，其中通过程序生成的 `class` 属性值特别长，如图 14-8 所示。

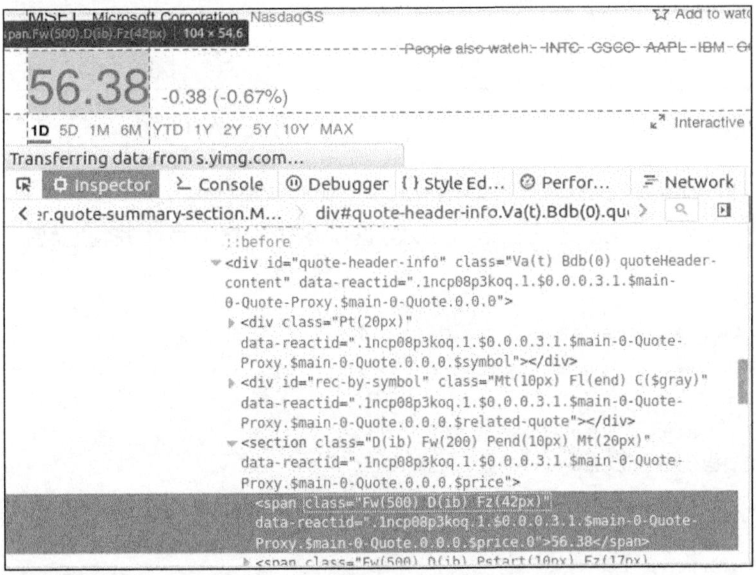

图 14-8

查看几个层级后，我们找到一条路径 `div#quote-header-info > section > span`，就是它导向这个价格节点。因此，可以使用这个 CSS 选择器寻找并提取股票价格：

```
page <- read_html("https://finance.yahoo.com/quote/MSFT")
```

```
page %>%
  html_node("div#quote-header-info > section > span") %>%
  html_text() %>%
  as.numeric()
## [1] 56.68
```

在网页的右侧，有一张包含企业关键数据的统计表格，如图 14-9 所示。

取出表格之前，我们可以通过查看器找到它所属的节点和能够定位到这个表格的选择器。

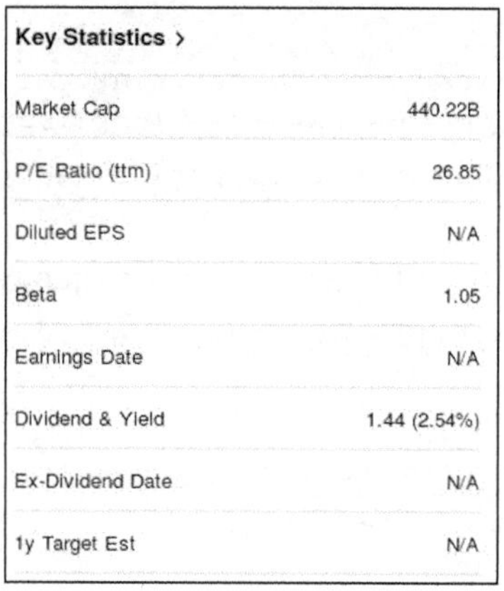

图 14-9

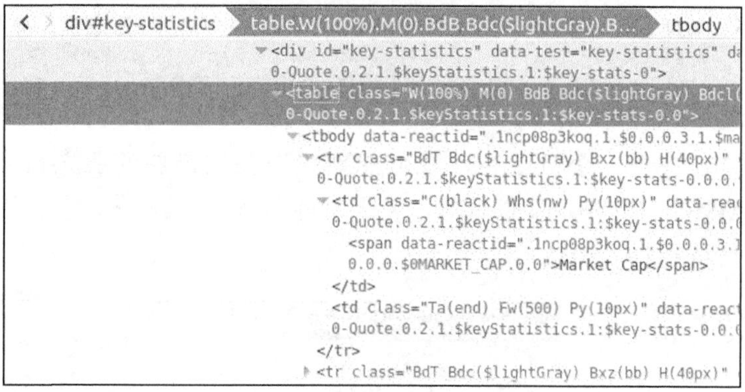

图 14-10

显然，我们感兴趣的 `<table>` 节点是 `<div id="key-statustics">` 的子节点。因此，我们可以直接使用 `#key-statistics table` 匹配这个表格节点，并将它转换为一个数据框：

```
page %>%
  html_node("#key-statistics table") %>%
  html_table()
##                  X1             X2
## 1        Market Cap       442.56B
## 2   P/E Ratio (ttm)         26.99
## 3       Diluted EPS           N/A
## 4              Beta          1.05
## 5     Earnings Date           N/A
## 6 Dividend & Yield 1.44   (2.56%)
## 7 Ex-Dividend Date            N/A
## 8      1y Target Est          N/A
```

使用类似的方法，我们也能创建一个函数，给定一个股票代码（例如 MSFT）就可以返回公司名称和股票价格：

```
get_price <- function(symbol) {
  page <- read_html(sprintf("https://finance.yahoo.com/quote/%s", symbol))
  list(symbol = symbol,
    company = page %>%
      html_node("div#quote-header-info > div:nth-child(1) > h6") %>%
      html_text(),
    price = page %>%
      html_node("div#quote-header-info > section > span:nth-child(1)") %>%
      html_text() %>%
      as.numeric())
}
```

CSS 选择器充分的限制条件能够保证定位到正确的 HTML 节点。我们运行以下代码来测试这个函数：

```
get_price("AAPL")
## $symbol
## [1] "AAPL"
##
## $company
## [1] "Apple Inc."
##
## $price
## [1] 104.19
```

另一个例子是获取 http://stackoverflow.com/questions/tagged/r?sort=votes 上关于 R 的投票数最多的问题，如图 14-11 所示。

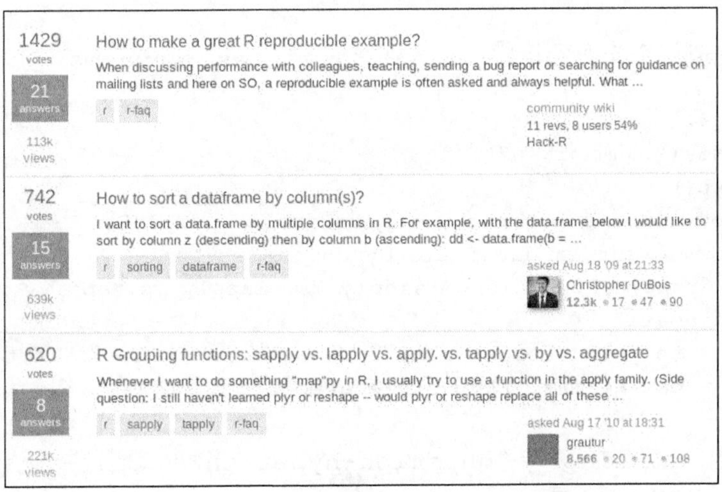

图 14-11

使用类似的方法，很容易就能找到问题列表包含在一个 id 是 questions 的集合中。因此，我们载入页面并用#questions 选择和存储问题集合：

```
page <-
read_html("https://stackoverflow.com/questions/tagged/r?sort = votes&pageSize
= 5")
questions <- page %>%
  html_node("#questions")
```

为了提取问题标题，我们仔细查看第 1 个问题的 HTML 结构，如图 14-12 所示。

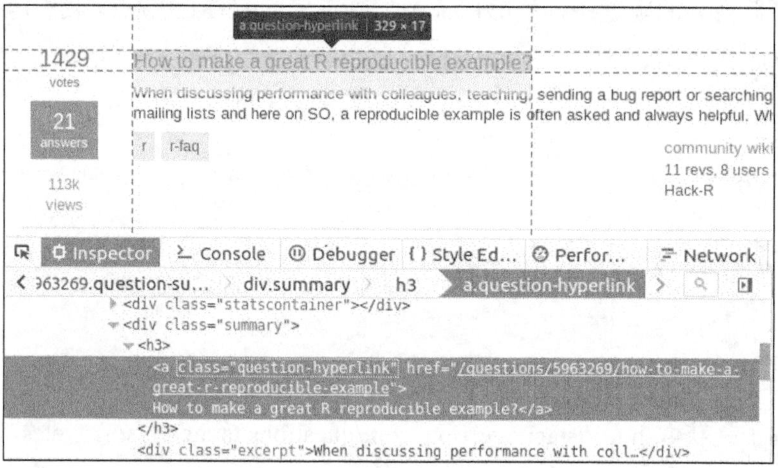

图 14-12

很容易便发现每个问题的标题都包含在 <div class = "summary"><h3> 中：

```
questions %>%
  html_nodes(".summary h3") %>%
  html_text()
## [1] "How to make a great R reproducible example?"
## [2] "How to sort a dataframe by column(s)?"
## [3] "R Grouping functions: sapply vs. lapply vs. apply. vs. tapply vs.
by vs. aggregate"
## [4] "How to join (merge) data frames (inner, outer, left, right)?"
## [5] "How can we make xkcd style graphs?"
```

要注意的是，<a class = "question-hyperlink"> 还提供了一个更简单的 CSS 选择器，能够返回相同的结果：

```
questions %>%
  html_nodes(".question-hyperlink") %>%
  html_text()
```

如果对每个问题的票数也感兴趣，可以返回去检查投票情况，并查看它们是如何用 CSS 选择器描述的，如图 14-13 所示。

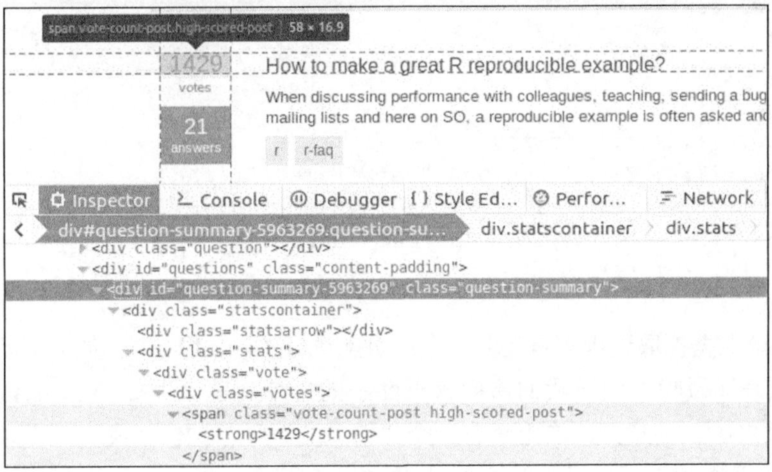

图 14-13

幸运的是，所有的投票面板共享同一个结构，并且非常容易找到它们的模式。每个问题被包含在一个 question-summary 类的 <div> 节点中，其中，票数位于 .vote-count-post 类的 <span> 节点中：

```
questions %>%
  html_nodes(".question-summary .vote-count-post") %>%
  html_text() %>%
  as.integer()
## [1] 1429 746 622 533 471
```

类似地，下面这段代码用于提取回答数量：

```
questions %>%
  html_nodes(".question-summary .status strong") %>%
  html_text() %>%
  as.integer()
## [1] 21 15 8 11 7
```

但是，若想继续提取每个问题的标签，就比较棘手了，因为不同问题的标签数量可能不同。

在下面的代码中，我们先选择所有问题的标签集合，再通过迭代提取每个集合中的标签：

```
questions %>%
  html_nodes(".question-summary .tags") %>%
  lapply(function(node) {
    node %>%
      html_nodes(".post-tag") %>%
      html_text()
  }) %>%
  str
## List of 5
## $ : chr [1:2] "r" "r-faq"
## $ : chr [1:4] "r" "sorting" "dataframe" "r-faq"
## $ : chr [1:4] "r" "sapply" "tapply" "r-faq"
## $ : chr [1:5] "r" "join" "merge" "dataframe" ...
## $ : chr [1:2] "r" "ggplot2"
```

上面所有的数据抓取过程都是在同一个网页上进行的。试想一下，如果需要从多个网页收集数据，应该怎样做呢？假设我们访问该页面中的每个问题（例如 http://stackoverflow.com/q/5963269/2906900）。注意到，右上角有一个“信息盒”（信息框），我们以列表形式提取每个问题的“信息盒”，如图 14-14 所示。

图 14-14

通过检查，我们发现 #qinfo 正是每个问题页面“信息盒”的“钥匙”（键）。然后，选择所有问题的超链接，提取每个问题的 URL 并进行迭代，读取每个问题页面，再使用 #qinfo 从中提取信息框：

```
questions %>%
  html_nodes(".question-hyperlink") %>%
  html_attr("href") %>%
  lapply(function(link) {
    paste0("https://stackoverflow.com", link) %>%
      read_html() %>%
      html_node("#qinfo") %>%
      html_table() %>%
      setNames(c("item", "value"))
  })
## [[1]]
##      item         value
## 1   asked   5 years ago
## 2 viewed 113698 times
## 3 active    7 days ago
##
```

```
## [[2]]
##      item         value
## 1  asked   6 years ago
## 2 viewed 640899 times
## 3 active 2 months ago
##
## [[3]]
##      item         value
## 1  asked   5 years ago
## 2 viewed 221964 times
## 3 active  1 month ago
##
## [[4]]
##      item         value
## 1  asked   6 years ago
## 2 viewed 311376 times
## 3 active  15 days ago
##
## [[5]]
##      item         value
## 1  asked   3 years ago
## 2 viewed  53232 times
## 3 active 4 months ago
```

除了这些，`rvest` 扩展包还支持创建 HTTP 会话来模拟导航过程。想了解更多内容，请阅读 `rvest` 扩展包的帮助文档。对于多个爬虫任务，可以使用 http://selectorgadget.com/ 提供的工具简化选择器的寻找过程。

还有很多更高级的网页爬虫技术，例如使用 JavaScript 处理 AJAX 和动态网页，但是它们超出了本章的范围。想学习更多关于 `rvest` 的用法，请阅读 `rvest` 扩展包的帮助文档。

值得一提的是，在网页爬虫方面，`rvest` 在很大程度上是受到 Python 的 Robobrowser 和 BeautifulSoup 的启发。这些包更强大，甚至某些方面要比 `rvest` 更流行。如果源代码很复杂并且规模很大的话，可能最好还是要学习使用 Python 的扩展包。读者可以访问 https://www. crummy.com/software/BeautifulSoup/ 获取更多信息。

14.5 小结

在本章中，我们学习了如何用 HTML 编写网页，并用 CSS 进行布局排版。CSS 选择器用来匹配 HTML 节点，从而提取其中内容。编写良好的 HTML 文档也可以用 XPath 表达式进行查询，并且 XPath 表达式具有更多的功能特性，也更加灵活。之后，我们学习了如何在 Web 浏览器中使用元素检查器，找到限制性的选择器来匹配感兴趣的 HTML 节点，进而从网页中提取需要的数据。

下一章将会介绍一系列可以提升效率的技术，从 R Markdown 文档、图表到交互式 shiny 应用程序。这些工具使得创建高质量、可重复的交互式文档更加便捷，同时，这类文档也是呈现数据、想法和原型的极佳方式。

第 15 章 效率提升

在上一章中，我们掌握了使用 R 从网页中提取信息。为了理解网页爬虫的运行机理，我们学习了几种语言，如 HTML、CSS 和 XPath。事实上，R 提供的不仅仅是统计计算环境。R 社区还提供数据收集、数据操作、统计建模、可视化，以及报告和演示等一切可能涉及到的工具。

本章将介绍一些提高生产力的扩展包。先回顾一下在本书中学到的几种语言，再学习另一种语言：markdown。我们将看到如何结合 R 和 markdown 来生成强大的动态文档。具体包括以下内容：

- 了解 markdown 和 R Markdown
- 嵌入表格、统计图表、示意图和交互式绘图
- 创建交互式应用程序

15.1 编写 R Markdown 文档

数据分析师的工作不仅是将数据放入模型并得出一些结论。通常需要完成从数据收集、数据清理、可视化、建模再到最后编写报告或制作演示文稿的完整工作流程。

在前面几章中，我们从不同方面深入学习 R 编程语言，从各个环节，一步一步提升生产效率。在本章中，我们将关注最后一步：报告和展示。在以下内容中，我们将学习一种非常简洁的文档编写语言：markdown。

15.1.1 了解 markdown

在本书中，我们已经学习了许多种语言。这些语言有很大的不同，而且可能会混淆初学

者。但是如果你记住了它们各自的使用目的，几种语言一起使用也并非难事。在学习 markdown 之前，我们将快速回顾前几章中学习过的语言。

第一个当然是 R 编程语言，这是一种为解决问题而设计的编程语言。R 是专门为统计计算量身定制的，并被社区授权，开发了多种多样的功能，种类繁多的扩展包，能够做许多事情。举个例子：

```
n <- 100
x <- rnorm(n)
y <- 2 * x + rnorm(n)
m <- lm(y ~ x)
coef(m)
```

在第 12 章中，我们学习了用 SQL 查询关系数据库。它也是一种编程语言，用于关系数据库操作，例如插入或更新记录、查询数据：

```
SELECT name, price
FROM products
WHERE category = 'Food'
ORDER BY price desc
```

R 编程语言是通过 R 引擎来执行操作的，SQL 是由数据库引擎执行操作的。我们还学习了用于表示数据的语言，而不是为执行操作才设计的语言。也许，在编程世界中最常用来表示数据的语言就是 JSON 和 XML：

```
[
 {
   "id": 1,
   "name": "Product-A",
   "price": 199.95
 },
 {
   "id": 2,
   "name": "Product-B",
   "price": 129.95
 }
]
```

JSON 语言，定义了诸如：值 value (`1, "text"`)、数组 array（`[]`），和对象 object（`{}`）等元素。但 XML 不提供类型支持，而允许使用属性和节点：

```
<?xml version = "1.0"?>
```

```
<root>
  <product id = "1">
    <name>Product-A<name>
    <price>$199.95</price>
  </product>
  <product id = "2">
    <name>Product-B</name>
    <price>$129.95</price>
   </product>
</root>
```

在第 14 章中，我们学习了 HTML 的基本知识，它与 XML 非常类似。大多数网页都是用 HTML 编写的，因为它能够灵活地表示内容和布局。

```
<!DOCTYPE html>
<html>
<head>
  <title>Simple page</title>
</head>
<body>
  <h1>Heading 1</h1>
  <p>This is a paragraph.</p>
</body>
</html>
```

本章将学习 markdown，它是一种轻量级标记语言，其语法为纯文本格式，并且可以转换为许多其他文档格式。在熟悉了 markdown 之后，我们将进一步使用 R Markdown，它是为动态文档设计的，得到了 RStudio 和其他 R 社区的积极支持。markdown 的格式很简单，可以使用任何纯文本编辑器编写 markdown 文档。

以下代码展示了它的语法：

```
# Heading 1

This is a top level section. This paragraph contains both __bold__ text
and _italic_ text. There are more than one syntax to represent **bold** text
and *italic* text.

## Heading 2

This is a second level section. The following are some bullets.

* Point 1
```

```
* Point 2
* Point 3

### Heading 3

This is a third level section. Here are some numbered bullets.

1. hello
2. world

Link: [click here](https://r-project.org)
Image: ![image-title](https://www.r-project.org/Rlogo.png)
Image link: [![image-
title](https://www.r-project.org/Rlogo.png)](https://r-project.org)
```

可以看到，语法非常简单：用一些字符表示不同的格式。在纯文本编辑器中，我们无法预览具体格式。但是当转换为 HTML 文档时，就会根据语法将文本格式化。

图 15-1 展示了 Abricotine（http://abricotine.brrd.fr/ ）中的 markdown 文档的预览，它是一个具有实时预览功能的开源 markdown 编辑器。

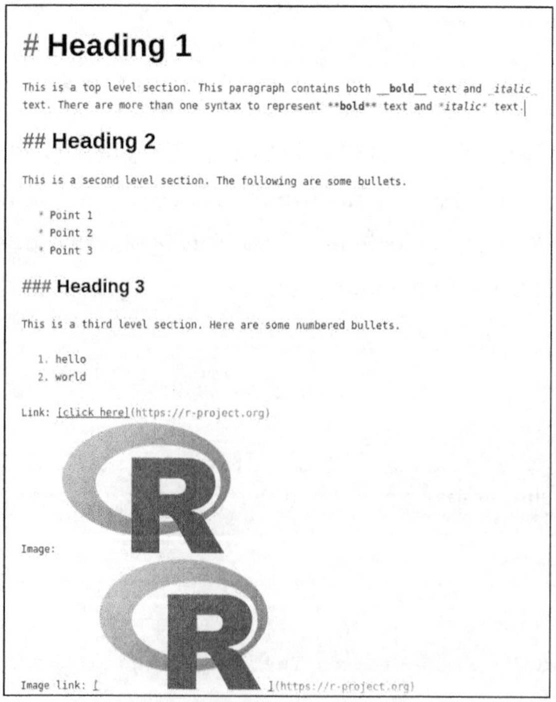

图 15-1

一些在线 markdown 编辑器还有某些神奇的功能。我最喜欢的 markdown 编辑器是 StackEdit（https://stackedit.io/）。你可以创建一个新的空白文档，并将上述 markdown 文本复制到编辑器中，编辑器右侧就会出现 HTML 版的即时预览页面，如图 15-2 所示。

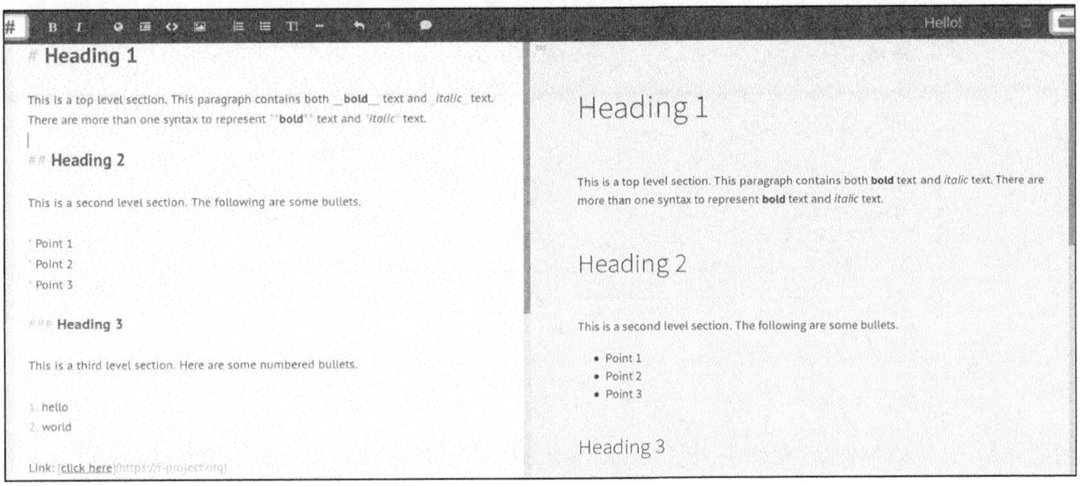

图 15-2

markdown 广泛应用于线上讨论中。最大的开源的软件源代码托管平台 GitHub（https://github.com）在写入内容时支持 markdown，如图 15-3 所示。

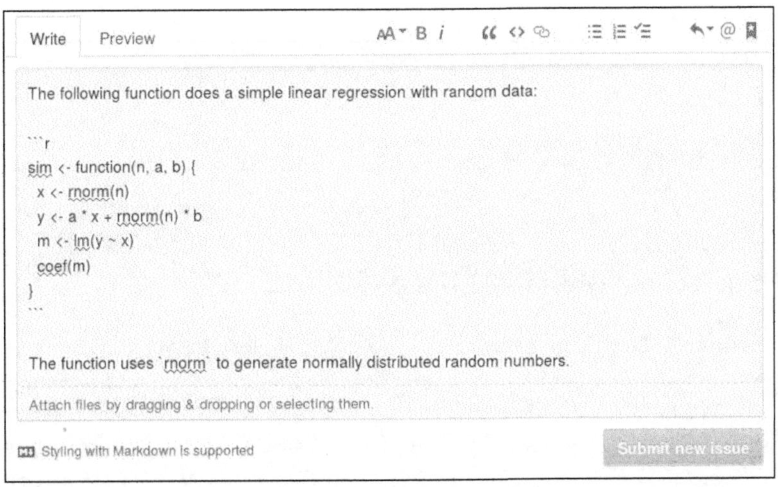

图 15-3

注意，反引号（`）用于创建源代码符号，3 个反引号（```X）用于包含以 X 语言编写

的代码块。代码块以固定宽度字体显示，更适合呈现程序代码。此外，也可以预览我们已经写好的部分，如图 15-4 所示。

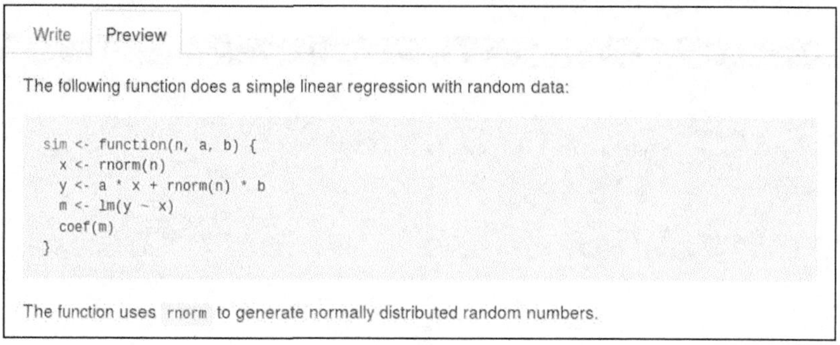

图 15-4

另一个特殊符号 $ 用于引用数学公式。单个美元符号（$）表示行中的数学公式，而两个美元符号（$$）则是在新行中显示数学公式。数学公式最好用 LaTeX 数学语法编写（https://en.wikibooks.org/wiki/LaTeX/Mathematics）。

有的数学公式就没那么简单，例如 `$$x^2+y^2=z^2$$`，其中 `$x$`、`$y$`和`$z$`都是整数。

并非所有的 markdown 编辑器都支持数学公式的预览。在 StackEdit 编辑器中，上述内容预览如图 15-5 所示。

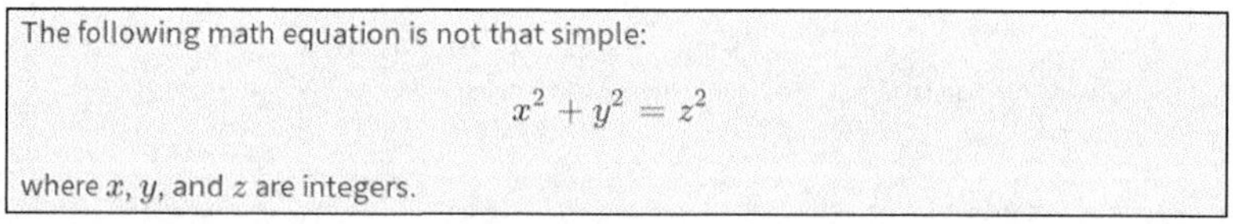

图 15-5

此外，许多 markdown 编辑器支持渲染表格的语法：

```
| Sepal.Length| Sepal.Width| Petal.Length| Petal.Width|Species |
|------------:|-----------:|------------:|-----------:|:-------|
|          5.1|         3.5|          1.4|         0.2| setosa |
|          4.9|         3.0|          1.4|         0.2| setosa |
|          4.7|         3.2|          1.3|         0.2| setosa |
|          4.6|         3.1|          1.5|         0.2| setosa |
|          5.0|         3.6|          1.4|         0.2| setosa |
|          5.4|         3.9|          1.7|         0.4| setosa |
```

在 StackEdit 中，上面的文本表格渲染出来的效果如图 15-6 所示。

Sepal.Length	Sepal.Width	Petal.Length	Petal.Width	Species
5.1	3.5	1.4	0.2	setosa
4.9	3.0	1.4	0.2	setosa
4.7	3.2	1.3	0.2	setosa
4.6	3.1	1.5	0.2	setosa
5.0	3.6	1.4	0.2	setosa
5.4	3.9	1.7	0.4	setosa

图 15-6

15.1.2 将 R 整合到 markdown 中

markdown 易于写入和读取，具有编写报告的必要功能，例如简单的文本格式，嵌入图片、链接、表、引用、数学公式以及代码块。

虽然在 markdown 中编写纯文本很容易，但是创建具有许多图片和表格的报告却不是很容易，特别是当图和表是由代码动态生成的时候。R Markdown 是将 R 整合到 markdown 的“杀手锏”级别的应用程序。

更具体地说，我们在本章前面展示的 markdown 都是静态文档。也就是说，它们在编写的过程中就被确定下来了。但是，R Markdown 是 R 代码和 markdown 文本的结合。R 代码的输出可以是文本、表、图像以及交互式的小工具，可以渲染成 HTML 网页、PDF 文档，甚至是 Word 文档。要了解更多 R Markdown 支持的格式，请访问 http://rmarkdown.rstudio.com/formats.html。

为了创建一个 R Markdown 文档，请单击菜单项，如图 15-7 所示。

图 15-7

如果还没有安装 rmarkdown 和 knitr，RStudio 会自动安装这些必要的扩展包。然后，编辑标题和作者，并选择默认的输出格式，如图 15-8 所示。

一个新的 R Markdown 文档就会被创建出来。新文档并非空文档，而是一个演示文档，内容包括编写文本和嵌入生成的图像的 R 代码的基础知识。在模板文档中，我们可以看到如图 15-9 所示的一些代码。

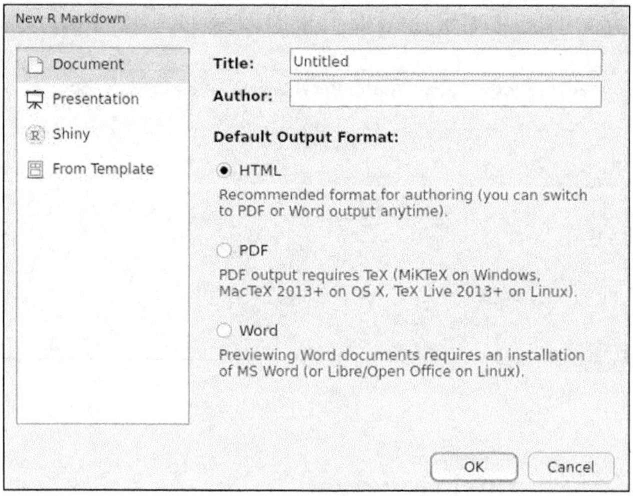

图 15-8

```

```{r cars}
summary(cars)
```

```

图 15-9

这段代码计算了 summary(cars)，并返回一些文本内容，如图 15-10 所示。

```

```{r pressure, echo=FALSE}
plot(pressure)
```
```

图 15-10

上面这段代码执行 plot(pressure)，并生成一幅图。注意，我们可以通过这样的形式：{r [chunk_name], [options]}设置每段代码的选项。其中[chunk_name]是可选的参数，用于命名生成的图像；[options]也是可选的，用于指定是否将显示代码在输出文档中。此外，还可以限定图的宽度和高度等。还有很多可以设置的选项，具体内容请访问 http://yihui.name/knitr/options/。

渲染文档，只需单击 **Knit** 按钮，如图 15-11 所示。

图 15-11

当文档被正确保存到硬盘时，RStudio 就会调用函数将文档渲染成到网页。具体来说，渲染文档需要两个步骤。

1．knitr 模块运行每个代码块的代码，并根据代码块的选项对代码和输出进行相应的设置，从而将 Rmd 完全渲染成为静态标记文档。

2．pandoc 模块则根据文件开始部分指定的 Rmd 选项，将 markdown 文档渲染成为 HTML、PDF 或 DOCX 文件格式。

当我们在 RStudio 中编辑一个 R Markdown 文档时，可以随时选择生成哪种文件格式，然后它将自动调用 knitr 模块将文档渲染成 markdown，再运行已经设置了适当参数的 pandoc 模块来生成这种格式的文档。此外，也可以通过使用由 knitr 和 rmarkdown 模块提供的函数来完成上面这些操作。

在新文档对话框中，我们还可以使用 R Markdown 选择演示文稿并创建幻灯片。由于编辑文档和创建幻灯片是类似的，这里我们不再详细介绍这个主题。

15.1.3 嵌入表格和图表

如果没有 R 代码块，R Markdown 与普通的 markdown 文档没有什么区别。使用代码块，代码的输出便可以嵌入到文档中，动态生成最终结果。如果代码块使用的是随机数生成器而没有设定随机数种子，那么每次渲染文档，都将得到不同的结果。

在默认情况下，代码块的输出直接放在代码下面，以##开头，固定宽度字体，就像代码在控制台中运行一样。这种输出方式是高效的，但并不总是令人满意，特别是当我们想以更直观的形式呈现数据时。

1．嵌入表格

在编写报告时，经常需要在内容中放置表格。在 R Markdown 文档中，直接运行一个 `data.frame` 变量，便可以得到该变量对应的 `data.frame` 数据内容。举个例子：

```
toys <- data.frame(
  id = 1:3,
  name = c("Car", "Plane", "Motocycle"),
  price = c(15, 25, 14),
  share = c(0.3, 0.1, 0.2),
  stringsAsFactors = FALSE
)
```

以纯文本格式输出变量，只需在代码块中键入变量名：

```
toys
##   id      name price share
## 1  1       Car    15   0.3
## 2  2     Plane    25   0.1
## 3  3 Motocycle    14   0.2
```

注意，HTML、PDF 和 Word 文档都可以渲染 markdown 的原生表格。想要生成上面这种形式的表格，可以调用 `knitr::kable( )` 生成一种 markdown 版本的表格：

```
| id|name      | price| share|
|--:|:---------|-----:|-----:|
|  1|Car       |    15|   0.3|
|  2|Plane     |    25|   0.1|
|  3|Motocycle |    14|   0.2|
```

然后，pandoc 将编辑好的 markdown 文档渲染成其他格式时，就会从 markdown 形式生成一个常见形式的表格：

```
knitr::kable(toys)
```

渲染出来的效果如表 15-1 所示。

表 15-1

id	name	price	share
1	Car	15	0.3
2	Plane	25	0.1
3	Motocycle	14	0.2

还有其他扩展包可以渲染表格，而且具有增强功能。例如，`xtable` 包不仅可以将 `data.frame` 转换为 LaTeX，还提供了一些预定义的模板，用于呈现多个统计模型的结果。

```
xtable::xtable(lm(mpg ~ cyl + vs, data = mtcars))
```

在组织上述代码时，如果设置了 `results = 'asis'`选项，那么，在输出的 PDF 文档中，线形模型将会呈现为表 15-2 的形式。

表 15-2

	Estimate	Std.Error	t value	Pr(>|t|)
(Intercept)	39.6250	4.2246	9.38	0.0000
cy1	−3.0907	0.5581	−5.54	0.0000
vs	−0.9391	1.9775	−0.47	0.6384

Microsoft Excel 是著名的数据分析软件。Excel 有一个非常有趣的特性，即条件化格式操作。为了在 R 中也能实现这样的特性，作者开发了 formattable 扩展包，可以运行 install.packages("formattable")命令安装这个包。它能够使数据框中的单元格格式显示更多的比较信息：

```
library(formattable)
formattable(toys,
  list(price = color_bar("lightpink"), share = percent))
```

生成的表格如表 15-3 所示。

表 15-3

id	name	price	Share
1	Car	15	30.00%
2	Plane	25	10.00%
3	Motocycle	14	20.00%

有时，数据会有很多行，而将这样的表格嵌入到文档中并不是一个好主意。可喜的是，JavaScript 库（例如 DataTables）可以比较方便地将大数据集嵌入到网页中，它可以自动执行分页，也支持搜索和筛选。R Markdown 文档可以渲染成 HTML 网页，自然也可以利用 JavaScript 库。一个名为 DT 的 R 扩展包（http://rstudio.github.io/DT/）可以将 DataTables 连接到 R 数据框，实现交互式操作。因此，我们可以轻松地将大型数据集放入文档中，以便读者详细地探索和检查数据：

```
library(DT)
datatable(mtcars)
```

生成的表格如表 15-4 所示。

表 15-4

Show 10 entries　　Search:

	mpg	cyl	disp	hp	drat	wt	qsec	vs	am	gear	carb
Mazda RX4	21	6	160	110	3.9	2.62	16.46	0	1	4	4
Mazda RX4 Wag	21	6	160	110	3.9	2.875	17.02	0	1	4	4
Datsun 710	22.8	4	108	93	3.85	2.32	18.61	1	1	4	1
Hornet 4 Drive	21.4	6	258	110	3.08	3.215	19.44	1	0	3	1
Hornet Sportabout	18.7	8	360	175	3.15	3.44	17.02	0	0	3	2
Valiant	18.1	6	225	105	2.76	3.46	20.22	1	0	3	1
Duster 360	14.3	8	360	245	3.21	3.57	15.84	0	0	3	4
Merc 240D	24.4	4	146.7	62	3.69	3.19	20	1	0	4	2
Merc 230	22.8	4	140.8	95	3.92	3.15	22.9	1	0	4	2
Merc 280	19.2	6	167.6	123	3.92	3.44	18.3	1	0	4	4

Showing 1 to 10 of 32 entries　　Previous 1 2 3 4 Next

formattable 和 DT 扩展包只是众多 HTML 工具（http://www.htmlwidgets.org/）的两个例子。很多工具都是从流行的 JavaScript 库改编而来，因为社区中已经有很多高质量的 JavaScript 库。

2. 嵌入图表

嵌入图表就像前面演示的嵌入表格那样简单。如果一个代码块生成了一幅图，knitr 模块会将图像保存到文件中，并用代码块中的名字进行命名。如果在代码下面写上 [name](image-file.png)，pandoc 模块在渲染文档时，就会找到图像并将其插入到正确的位置：

```
set.seed(123)
x <- rnorm(1000)
y <- 2 * x + rnorm(1000)
m <- lm(y ~ x)
plot(x, y, main = "Linear regression", col = "darkgray")
abline(coef(m))
```

绘制的图形如图 15-12 所示。图像的默认大小可能不适用于所有情况。我们可以设定 chunk 选项中的 fig.height 和 fig.width 来改变图像的大小。

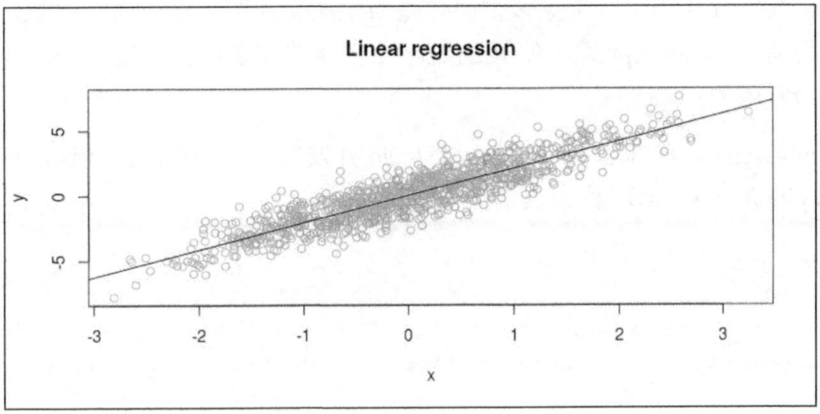

图 15-12

对于图表的创建，除了使用基本的绘图函数和 ggplot2 等扩展包之外，我们还可以使用 DiagrammeR 包。从 CRAN 安装扩展包，请运行 install.packages("DiagrammeR")。

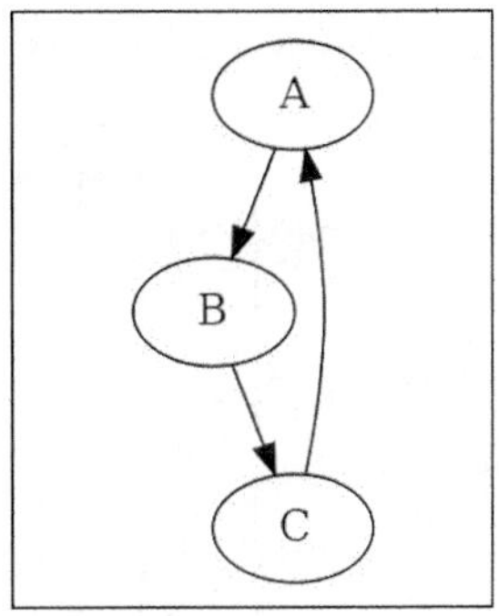

图 15-13

这个包使用 Graphviz（https://en.wikipedia.org/wiki/Graphviz）描述图的结构和样式。下面的代码生成一个非常简单的有向图，如图 15-13 所示。

```
library(DiagrammeR)
grViz("
digraph rmarkdown {
  A -> B
  B -> C;
  C -> A;
}")
```

DiagrammeR 扩展包也提供了一个更程式化的方式来构建图表。它输出一系列的函数以对图表执行操作。每个函数获取一个图表，并输出修改后的图表。因此，可以很方便地使用管道操作进行连接以生成流型图形。想了解这个扩展包的更多细节，请访问以下网址：http://rich-iannone.github.io/DiagrammeR。

3. 嵌入交互图

前面的内容中，我们演示了静态表（knitr::kable、xtable 和 formattable）和交互表（DT）。类似地，绘图也有静态图和交互图。不仅可以像上一节那样，将静态图像放在文档中，也可以在查看器或者输出文档中创建动态交互图。

事实上，与交互表相比，有更多扩展包是为生成交互图而设计的。并且，大多数扩展包都是利用现有的 JavaScript 库，使 R 的数据结构能够便于操作。接下来，我们介绍一些创建交互图最常用的扩展包。

ggvis（http://ggvis.rstudio.com/）是由 RStudio 开发的一个交互图扩展包，它利用了 Vega（https://vega.github.io/vega/）作为其后端支持：

```
library(ggvis)
mtcars %>%
  ggvis(~mpg, ~disp, opacity := 0.6) %>%
  layer_points(size := input_slider(1, 100, value = 50, label = "size"))
%>%
  layer_smooths(span = input_slider(0.5, 1, value = 1, label = "span"))
```

生成的交互图如图 15-14 所示。

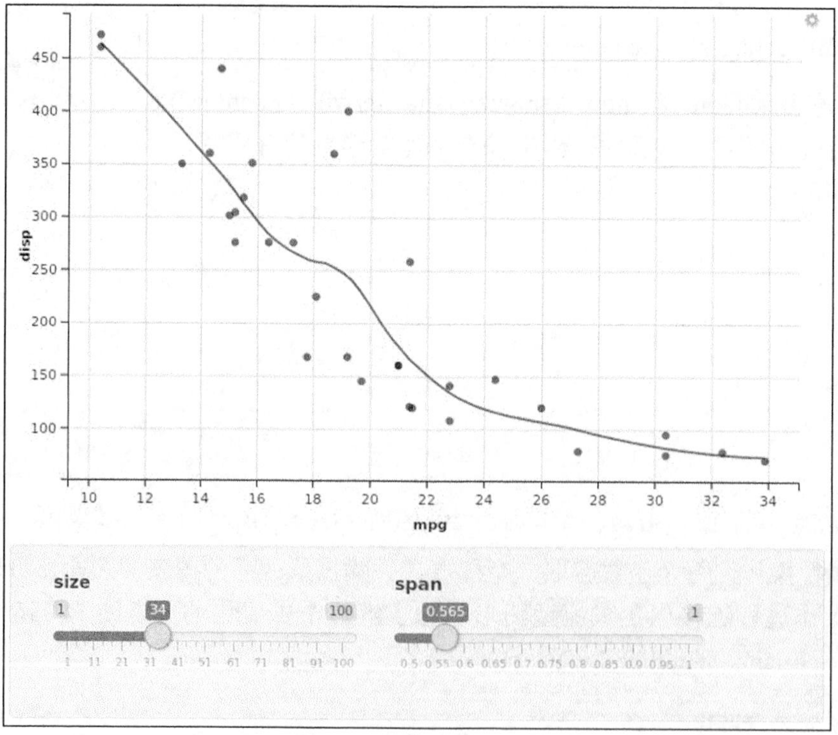

图 15-14

注意，这个扩展包的语法有点像 ggplot2，最好与管道操作符配合使用。

还有一个扩展包 dygraphs（https://rstudio.github.io/dygraphs/），它使用同名的 JavaScript

库（http://dygraphs.com/）。这个扩展包专门用于绘制具有交互功能的时间序列数据。

接下来的例子中，我们使用 nycflights13 扩展包提供的机场的气温数据。要绘制数据中所包含的每个机场每天的温度时间序列图，我们需要计算每天的平均气温代表日度数据，从而将数据格式由“长表”重塑成“宽表”，并将结果转换为 xts 时间序列对象。这样，每个机场都对应一个日期索引和温度数据：

```
library(dygraphs)
library(xts)
library(dplyr)
library(reshape2)
data(weather, package = "nycflights13")
temp <- weather %>%
  group_by(origin, year, month, day) %>%
  summarize(temp = mean(temp)) %>%
  ungroup() %>%
  mutate(date = as.Date(sprintf("%d-%02d-%02d",
    year, month, day))) %>%
  select(origin, date, temp) %>%
  dcast(date ~ origin, value.var = "temp")

temp_xts <- as.xts(temp[-1], order.by = temp[[1]])
head(temp_xts)
##                EWR     JFK      LGA
## 2013-01-01 38.4800 38.8713 39.23913
## 2013-01-02 28.8350 28.5425 28.72250
## 2013-01-03 29.4575 29.7725 29.70500
## 2013-01-04 33.4775 34.0325 35.26250
## 2013-01-05 36.7325 36.8975 37.73750
## 2013-01-06 37.9700 37.4525 39.70250
```

接下来，我们对数据 temp_xts 调用函数 dygraph( )，创建一个交互式时间序列图，该图带有时间范围选择器，且能动态高亮显示：

```
dygraph(temp_xts, main = "Airport Temperature") %>%
  dyRangeSelector() %>%
  dyHighlight(highlightCircleSize = 3,
    highlightSeriesBackgroundAlpha = 0.3,
    hideOnMouseOut = FALSE)
```

生成的交互图如图 15-15 所示。

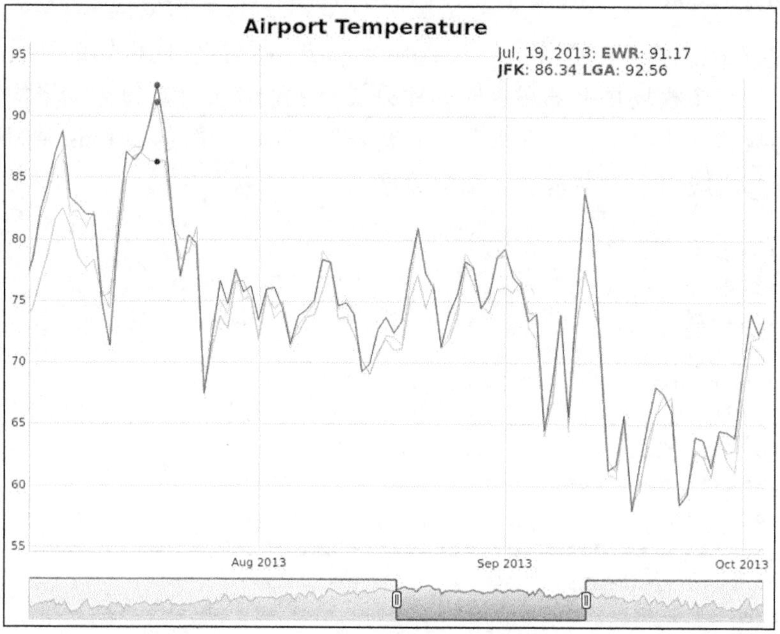

图 15-15

如果代码在 R 终端运行，浏览器会自动打开包含这个交互图的网页。如果代码在 RStudio 中运行，该交互图则会在 Viewer 窗格中显示。如果代码是 R Markdown 文档中的一个代码块，交互图将会嵌入到生成的文档中。

相较于静态图，交互图的主要优点就在于交互性、动态性，允许用户进一步检查和探索数据，而不是迫使用户只能从一个固定的视角查看数据。

此外，还有一些能够绘制交互式图形的强大且卓越的扩展包。例如，`plotly`（https://plot.ly/r/）和 `highcharter`（http://jkunst.com/highcharter/），它们基于 JavaScript 后端，用于创建多种多样的交互图。

对于 R Markdown 而言，除了我们前面演示的功能，它还能创建幻灯片、杂志文章、图书和网站。请浏览官方网站 http://rmarkdown.rstudio.com 了解更多信息。

15.2 创建交互式应用程序

上一节演示了 R Markdown 的部分功能，它是为创建动态文档而设计的。本节将快速介绍如何创建交互式应用程序，使用图形用户界面与数据进行交互。

15.2.1 创建 shiny 应用程序

R 本身是一个优秀的数据分析和数据可视化平台。然而，我们通常不会将 R 和分析脚本提供给客户，让客户自己运行。数据分析的结果不仅可以在 HTML 网页、PDF 文档或 Word 文档中显示，还可以呈现在交互式应用中，这种应用允许用户与数据进行交互，用户可以修改某些参数并查看结果如何发生变化。

由 RStudio 开发的一个功能强大的扩展包 shiny（http://shiny.rstudio.com/）就是专门为此设计的。shiny 应用程序不同于我们之前所演示的交互式图形。它在 Web 浏览器中运行，开发人员对网页中出现的内容，以及用户如何与它进行交互有完全的话语权。为了实现程序功能，一个 shiny 应用程序基本上由两个重要部分组成：一个是与 Web 浏览器交互的 HTTP 服务器，另一个是与 HTTP 服务器交互的 R 会话。

下面是一个最小的 shiny 应用程序。我们编写一个 R 脚本定义它的用户界面（`ui`）和服务器（`server`）逻辑。用户界面是一个 `boostrapPage`，包含一个 `numericInput` 用于接收一个整数表示样本容量，一个 `textOutput` 用于返回随机样本的均值。服务器（server）背后的逻辑就是根据输入 `input` 的样本容量（`n`）生成随机数，计算随机样本的均值，并放到输出结果 `output` 中：

```
library(shiny)

ui <- bootstrapPage(
  numericInput("n", label = "Sample size", value = 10, min = 10, max =
100),
  textOutput("mean")
)

server <- function(input, output) {
  output$mean <- renderText(mean(rnorm(input$n)))
}

app <- shinyApp(ui, server)
runApp(app)
```

现在我们已经完成了定义，可以在 RStudio 中运行这段代码，展示这个最小的 shiny 应用程序，运行结果如图 15-16 所示。

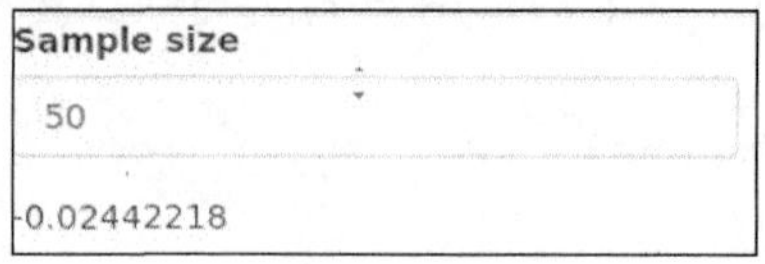

图 15-16

每次更改样本容量时，HTTP 服务器就会指令 R 后端重新运行一次，并更新输出的平均值。

尽管前面的例子没有什么实质用途，但它演示了一个 shiny 应用程序的基本组件。现在我们来看一个更复杂更有用的例子。

这个例子将几何布朗运动生成的许多路径进行可视化，几何布朗运动常用于股票价格建模。我们知道，几何布朗运动的结果取决于初始值、预期增长率（`r`）、波动率（`sigma`）、持续时间（`T`）和周期数（`periods`）。除了设定 `T = 1` 之外，我们允许用户修改其他所有参数。

现在，我们可以根据想要展示给用户的参数来定义 shiny 应用程序的用户界面。shiny 扩展包提供了以下列示的丰富的输入控件：

```
shiny_vars <- ls(getNamespace("shiny"))
shiny_vars[grep("Input$", shiny_vars)]
##  [1] "checkboxGroupInput"        "checkboxInput"
##  [3] "dateInput"                 "dateRangeInput"
##  [5] "fileInput"                 "numericInput"
##  [7] "passwordInput"             "selectInput"
##  [9] "selectizeInput"            "sliderInput"
## [11] "textInput"                 "updateCheckboxGroupInput"
## [13] "updateCheckboxInput"       "updateDateInput"
## [15] "updateDateRangeInput"      "updateNumericInput"
## [17] "updateSelectInput"         "updateSelectizeInput"
## [19] "updateSliderInput"         "updateTextInput"
```

为了控制生成路径的随机性，我们允许用户指定随机数种子（seed），这样相同的种子会生成相同的路径。定义用户界面的代码时，将 `seed` 作为 `numericInput` 的输入参数，将其他输入参数作为 `sliderInput` 的参数。而且，`sliderInput` 控件有一定的范围和步长，因此我们可以限定参数取值的合理范围。

用户界面不仅定义输入部分还定义输出部分，即在哪里显示什么内容。以下是 shiny 提供的所有输出类型：

```
shiny_vars[grep("Output$", shiny_vars)]
```

```
## [1] "dataTableOutput"     "htmlOutput"
## [3] "imageOutput"         "plotOutput"
## [5] "tableOutput"         "textOutput"
## [7] "uiOutput"            "verbatimTextOutput"
```

在这个例子中，shiny 应用程序只是将所有路径放在一起，用于展示相同参数产生的各种可能结果：

```
library(shiny)
ui <- fluidPage(
  titlePanel("Random walk"),
  sidebarLayout(
    sidebarPanel(
      numericInput("seed", "Random seed", 123),
      sliderInput("paths", "Paths", 1, 100, 1),
      sliderInput("start", "Starting value", 1, 10, 1, 1),
      sliderInput("r", "Expected return", -0.1, 0.1, 0, 0.001),
      sliderInput("sigma", "Sigma", 0.001, 1, 0.01, 0.001),
      sliderInput("periods", "Periods", 10, 1000, 200, 10)),
  mainPanel(
    plotOutput("plot", width = "100%", height = "600px")
  ))
)
```

定义了用户界面以后，我们需要实现服务器的逻辑，它主要根据用户指定的参数生成随机路径，并将它们放在同一幅图中。

以下代码是服务器逻辑的一个简单的实现。首先，设置随机数种子。然后，迭代调用 `sde::GBM`，通过几何布朗运动生成随机路径。在调用 GBM 之前，要先运行 `install.packages("sde")` 安装扩展包。

GBM 生成一条路径，`sapply( )`则将生成的所有路径组合成一个矩阵（`mat`），矩阵的每一列都代表一条路径。最后，我们调用 `matplot( )`，在一幅图中用不同颜色区分不同路径。

无论文本、图形还是表格，相关计算过程都是在 `render*` 函数中完成的。以下列出 shiny 扩展包提供的所有 `render` 函数：

```
shiny_vars[grep("^render", shiny_vars)]
## [1] "renderDataTable" "renderImage"   "renderPage"
## [4] "renderPlot"      "renderPrint"   "renderReactLog"
## [7] "renderTable"     "renderText"    "renderUI"
```

在这个例子中，我们只需调用 renderPlot( )，将绘图代码放到函数中。当输入参数被修改时，output$plot 函数将会转向用户界面中的 plotOutput("plot")：

```
server <- function(input, output) {
  output$plot <- renderPlot({
    set.seed(input$seed)
    mat <- sapply(seq_len(input$paths), function(i) {
      sde::GBM(input$start,
        input$r, input$sigma, 1, input$periods)
    })
    matplot(mat, type = "l", lty = 1,
      main = "Geometric Brownian motions")
  })
}
```

现在，用户界面和服务器的逻辑都准备好了。我们把它们结合到一起，创建一个 shiny 应用程序，并在 Web 浏览器中运行。

```
app <- shinyApp(ui, server)
runApp(app)
```

当参数被修改之后，绘图会自动更新，如图 15-17 所示。

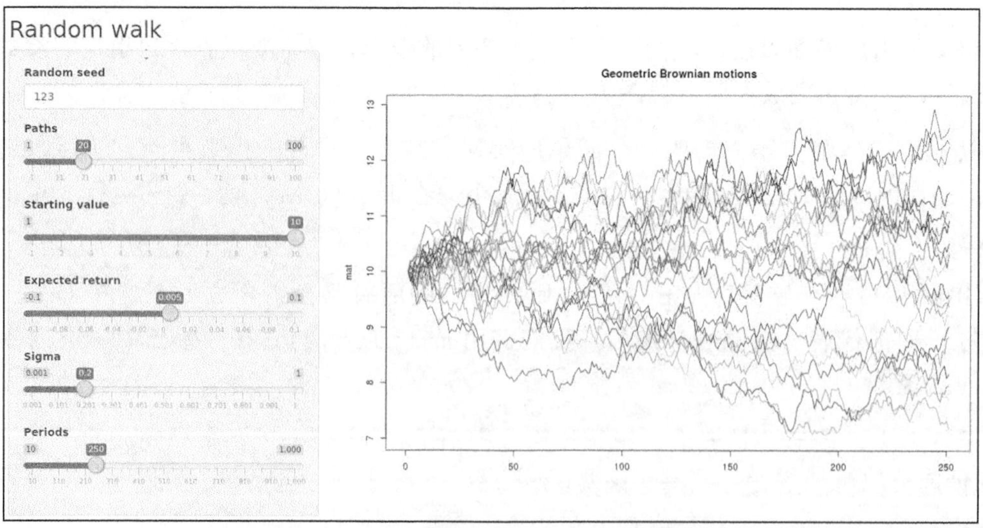

图 15-17

如果设置了一个显著为正的预期年化收益，所生成的路径将趋于增长而非下降，如

图 15-18 所示。

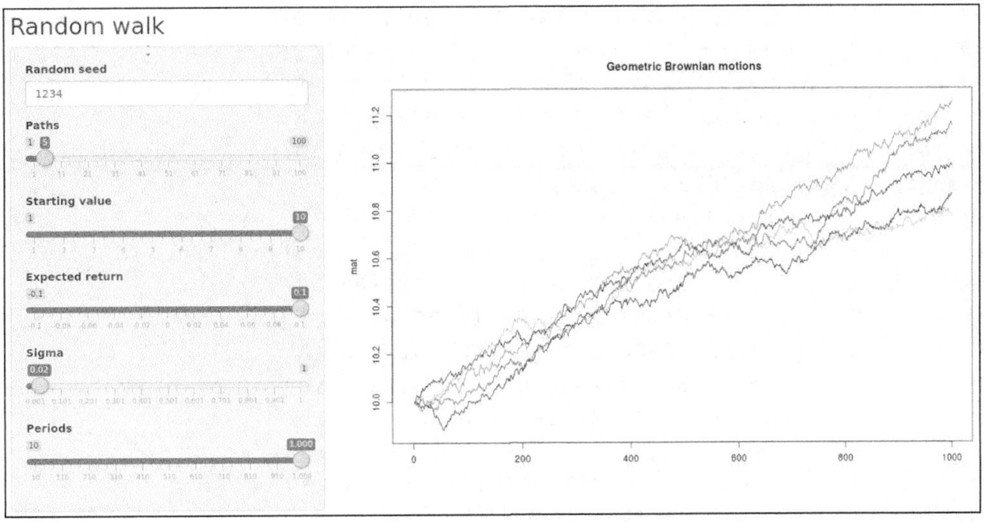

图 15-18

15.2.2 使用 shinydashboard

除了 shiny 扩展包提供的函数之外，RStudio 也开发了一个 shinydashboard 扩展包（http://rstudio.github.io/shinydashboard/），它呈现数据的方式就是专门用于概览或监测数据。

接下来的例子旨在说明创建一个简易仪表板有多简单，这个仪表板可以按每周和每月的时间刻度显示 CRAN 上下载量最多的最受欢迎的 R 扩展包。

数据源由 cranlogs（http://cranlogs.r-pkg.org） 提供。首先运行以下代码安装所需的扩展包：

```
install_packages(c("shinydashboard", "cranlogs"))
```

然后，快速查看一下 CRAN 下载数据的数据源：

```
library(cranlogs)
cran_top_downloads()
## No encoding supplied: defaulting to UTF-8.
##    rank  package count       from         to
## 1     1     Rcpp  9682 2016-08-18 2016-08-18
## 2     2   digest  8937 2016-08-18 2016-08-18
## 3     3  ggplot2  8269 2016-08-18 2016-08-18
```

```
## 4      4       plyr  7816 2016-08-18 2016-08-18
## 5      5    stringi  7471 2016-08-18 2016-08-18
## 6      6    stringr  7242 2016-08-18 2016-08-18
## 7      7   jsonlite  7100 2016-08-18 2016-08-18
## 8      8   magrittr  6824 2016-08-18 2016-08-18
## 9      9     scales  6397 2016-08-18 2016-08-18
## 10    10       curl  6383 2016-08-18 2016-08-18
cran_top_downloads("last-week")
## No encoding supplied: defaulting to UTF-8.
##     rank  package count       from         to
## 1      1     Rcpp 50505 2016-08-12 2016-08-18
## 2      2   digest 46086 2016-08-12 2016-08-18
## 3      3  ggplot2 39808 2016-08-12 2016-08-18
## 4      4     plyr 38593 2016-08-12 2016-08-18
## 5      5 jsonlite 36984 2016-08-12 2016-08-18
## 6      6  stringi 36271 2016-08-12 2016-08-18
## 7      7  stringr 34800 2016-08-12 2016-08-18
## 8      8     curl 33739 2016-08-12 2016-08-18
## 9      9      DBI 33595 2016-08-12 2016-08-18
## 10    10 magrittr 32880 2016-08-12 2016-08-18
```

熟悉了仪表板中显示的数据格式之后，就可以考虑构建仪表板了，这与构建典型的 shiny 应用程序完全相同。为了充分利用 shinydashboard 扩展包，最好提前浏览 http://rstudio.github.io/shinydashboard/structure.html，对它提供的优质组件有一个了解。

与创建 shiny 应用程序类似，我们从用户界面开始。这次，使用 dashboardPage、dashboardSidebar 和 dashboardBody 这 3 个函数。在仪表板中，我们想要显示扩展包的下载动态，以及每月和每周下载量最多的最受欢迎的扩展包。

我们把月度和周度的菜单放到侧栏中，这样用户可以选择需要查看的数据。在每一个标签页，把绘图和表格放在一起。在这个例子中，我们用 formattable 为下载列添加颜色条，使数据更具可比性且更加直观。

```
library(shiny)
library(shinydashboard)
library(formattable)
library(cranlogs)
ui <- dashboardPage(
  dashboardHeader(title = "CRAN Downloads"),
  dashboardSidebar(sidebarMenu(
    menuItem("Last week",
      tabName = "last_week", icon = icon("list")),
```

```
      menuItem("Last month",
        tabName = "last_month", icon = icon("list"))
    )),
    dashboardBody(tabItems(
      tabItem(tabName = "last_week",
        fluidRow(tabBox(title = "Total downloads",
          tabPanel("Total", formattableOutput("last_week_table"))),
          tabBox(title = "Top downloads",
            tabPanel("Top", formattableOutput("last_week_top_table"))))),
      tabItem(tabName = "last_month",
        fluidRow(tabBox(title = "Total downloads",
          tabPanel("Total", plotOutput("last_month_barplot"))),
          tabBox(title = "Top downloads",
            tabPanel("Top", formattableOutput("last_month_top_table")))))
    ))
  )
```

注意到，plotOutput( ) 是 shiny 包中的函数，而 formattableOutput( ) 函数则是由 formattable 包提供的。事实上，开发人员可以创建各种类型的 HTML 小工具，只要扩展包恰当地定义了 render* 函数和 *Output 函数来生成正确的 HTML 代码，我们就可以把这些小工具嵌入 shiny 应用程序中。

接下来，我们定义服务器逻辑。因为输出结果完全依赖于数据源，在调用函数 formattable( )和 plot( )之前要先下载数据。

```
server <- function(input, output) {
  output$last_week_table <- renderFormattable({
    data <- cran_downloads(when = "last-week")
    formattable(data, list(count = color_bar("lightblue")))
  })
  output$last_week_top_table <- renderFormattable({
    data <- cran_top_downloads("last-week")
    formattable(data, list(count = color_bar("lightblue"),
      package = formatter("span",
        style = "font-family: monospace;")))
  })
  output$last_month_barplot <- renderPlot({
    data <- subset(cran_downloads(when = "last-month"),
      count > 0)
    with(data, barplot(count, names.arg = date),
      main = "Last month downloads")
  })
```

```
  output$last_month_top_table <- renderFormattable({
    data <- cran_top_downloads("last-month")
    formattable(data, list(count = color_bar("lightblue"),
      package = formatter("span",
      style = "font-family: monospace;")))
  })
}
```

事实上，如果数据持续更新，我们就可以创建一个动态的仪表板，其中的表格和图表会定期更新。使用 reactiveTimer 和 reactive 是实现这项功能的关键。要了解更多信息，请查阅相关帮助文档。

用户界面和服务器逻辑都准备好之后，就可以运行应用程序了：

```
runApp(shinyApp(ui, server))
```

默认情况下，shiny 应用程序会显示第一次访问时的第一页。图 15-19 是 **Last week** 标签页面的屏幕截图，其中包括两个 formattable 数据框的选项卡。

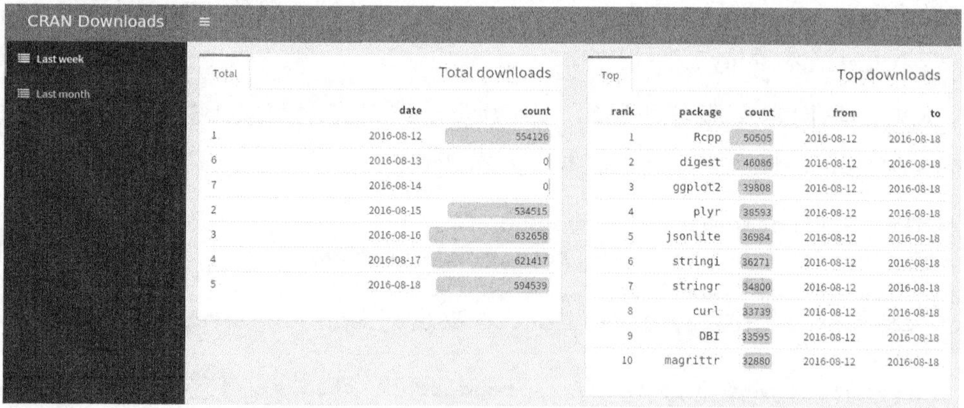

图 15-19

图 15-20 则是 **Last month** 标签页面的屏幕截图，其中包括一个直方图和一个 formattable 数据框。

> **小技巧：**
>
> 可以访问 http://rstudio.github.io/shinydashboard/examples.html 了解更多例子以及它们的实现代码。

图 15-20

15.3 小结

在本章中，我们演示了如何使用 R Markdown 生成动态文档，轻松地将表格、图表和交互式图表嵌入其中。然后，我们展示了一些简单的 shiny 应用程序的例子，它们基本上是以 R 作为后端的交互式网页应用程序。在掌握了这些高效工具之后，数据分析就会变得更加有趣，因为最终结果可以通过出色的交互方式展示出来。这样通常能够传递更多信息，从而获得更多见解，有助于更好地做出决策。

至此，我们已经读完了这本书。从熟悉基本概念、数据结构以及语言构造和特征开始，逐步深入地学习 R 编程语言，并通过广泛的例子来了解它们是如何满足实际数据分析的需求。为了帮助大家加深对 R 编程语言和数据结构行为的理解，我们讨论了几个进阶的主题，例如模型构建与评估、元编程和面向对象系统。掌握了上述知识后，我们探索了一系列更实用的主题，如使用数据库、数据操作技术、高性能计算、网页爬虫技术，以及创建动态文档和交互式应用程序等。

本书的内容涵盖了各种主题，帮助大家拓展视野，了解更多 R 和它的扩展包所能做的事情。现在，你会感觉有能力且更有信心使用正确的技术和方法通过 R 来解决数据分析问题。更重要的是，我希望本书能够让你更好地处理数据，并进一步地深入了解和应用其他有用的主题，如可视化、专业统计建模和机器学习。如果有兴趣更深入地学习 R，我强烈建议阅读 Hadley Wickham 所著的 *Advanced R*。

附录

术语表

第 1 章：

1．控制台（console）

2．编辑器（editor）

3．环境窗格（environment pane）

4．历史窗格（history pane）

5．文件窗格（file pane）

6．绘图窗格（plot pane）

7．扩展包窗格（package pane）

8．帮助窗格（help pane）

9．查看器窗格（viewer pane）

第 2 章

10．原子向量（atomic vectors ）

11．构建向量子集（subsetting vectors）

12．数值向量（numeric vectors）

13．字符向量（character vectors

14．逻辑向量（logical vectors）

15．矩阵（matrices）

16．数组（arrays）

17．列表（lists）

18．数据框（data frames）

19．数值矩阵（numeric matrices）

20．逻辑矩阵（logical matrices）

21．构建矩阵子集（matrix subsetting）

22．存取器（accessor）

23．水平（level）

24．控制流（flow control）

第 3 章

25．警告（Warning）

26．扩展包（package）

27．库（library）

28．屏蔽（masking）

第 4 章

29．表达式（expression）

30．随机数生成器（random number generator）

第 5 章

31．类型（type）维度（dimension）

32．元素提取操作符（element-extraction operator）

33．平行最大值（parallel maxima）

34．平行最小值（parallel minima）

35．元编程（meta programming）

36．截尾平均数（Trimmed Mean）

37．高阶函数（higher-order function）

38．边际（margin）

第 6 章

39．元符号（meta-symbols）

第 7 章

40．数据清洗（data cleansing）

41．数据处理（data manipulation）、

第 8 章

42．惰性求值（Lazy evaluation）

43．复制-修改机制（Copy-on-modify mechanism）

44．词法作用域（Lexical scoping）

45．环境（Environments）

46．空环境（empty environment）

47．执行环境（the executing environment）

48．封闭环境（the enclosing environment）

49．调用环境（the calling environment）

第 9 章

50．元编程（Metaprogramming）

51．函数式编程（Functional programming）

52．闭包（closures）

53．高阶函数（higher-order functions）

54．非标准计算（non-standard evaluation）

55．动态作用域（dynamic scoping）

第 10 章

56．S3 系统（S3 system）

57．S4 系统（S4 system）

58．RC（Reference class）

59．类（classes）和方法（methods）

60．继承（inheritance）

61．泛型函数（generic function）方法分派（method dispatch）

62．字段（slot）引用类（reference class RC）字段（fields）

63．公共字段和方法（public fields and methods）

64．私有字段和方法（private fields and methods）

欢迎来到异步社区！

异步社区的来历

异步社区（www.epubit.com.cn）是人民邮电出版社旗下 IT 专业图书旗舰社区，于 2015 年 8 月上线运营。

异步社区依托于人民邮电出版社 20 余年的 IT 专业优质出版资源和编辑策划团队，打造传统出版与电子出版和自出版结合、纸质书与电子书结合、传统印刷与 POD 按需印刷结合的出版平台，提供最新技术资讯，为作者和读者打造交流互动的平台。

社区里都有什么？

购买图书

我们出版的图书涵盖主流 IT 技术，在编程语言、Web 技术、数据科学等领域有众多经典畅销图书。社区现已上线图书 1000 余种，电子书 400 多种，部分新书实现纸书、电子书同步出版。我们还会定期发布新书书讯。

下载资源

社区内提供随书附赠的资源，如书中的案例或程序源代码。

另外，社区还提供了大量的免费电子书，只要注册成为社区用户就可以免费下载。

与作译者互动

很多图书的作译者已经入驻社区，您可以关注他们，咨询技术问题；可以阅读不断更新的技术文章，听作译者和编辑畅聊好书背后有趣的故事；还可以参与社区的作者访谈栏目，向您关注的作者提出采访题目。

灵活优惠的购书

您可以方便地下单购买纸质图书或电子图书，纸质图书直接从人民邮电出版社书库发货，电子书提供多种阅读格式。

对于重磅新书，社区提供预售和新书首发服务，用户可以第一时间买到心仪的新书。

用户账户中的积分可以用于购书优惠。100 积分 =1 元，购买图书时，在 

里填入可使用的积分数值，即可扣减相应金额。